土木工程专业研究生系列教材

环境岩土工程学

张　明　主编

严耿升　刘桃根　杨金文　副主编

中国建筑工业出版社

图书在版编目（CIP）数据

环境岩土工程学 / 张明主编；严耿升，刘桃根，杨金文副主编. — 北京：中国建筑工业出版社，2024.3
土木工程专业研究生系列教材
ISBN 978-7-112-29656-9

Ⅰ. ①环… Ⅱ. ①张… ②严… ③刘… ④杨… Ⅲ. ①环境工程－岩土工程－研究生－教材 Ⅳ. ①TU4

中国国家版本馆 CIP 数据核字（2024）第 055255 号

责任编辑：杨 允 李静伟
责任校对：刘梦然

土木工程专业研究生系列教材
环境岩土工程学
张 明 主编
严耿升 刘桃根 杨金文 副主编
*
中国建筑工业出版社出版、发行（北京海淀三里河路 9 号）
各地新华书店、建筑书店经销
国排高科（北京）信息技术有限公司制版
建工社（河北）印刷有限公司印刷
*
开本：787 毫米×1092 毫米 1/16 印张：18 字数：393 千字
2024 年 4 月第一版 2024 年 4 月第一次印刷
定价：**59.00** 元
ISBN 978-7-112-29656-9
（42356）

前言

FOREWORD

环境岩土工程是岩土力学与环境科学密切结合的一门新学科，它主要是应用岩土力学的观点、技术、方法去研究和解决与环境有关的岩土工程问题，为治理和保护环境服务。

环境岩土工程目前主要涉及两大类问题：（1）以自然环境为主导的人与自然环境之间的环境岩土工程问题。这类问题主要是由自然灾害引起的，如温室效应、振动影响、土壤退化、洪水灾害、水位变化、区域性特殊土的工程影响等。（2）以工程活动为主导的人与自然环境之间的环境岩土工程问题。这类问题主要是由人类自身引起的，例如城市生活垃圾及工业生产中的废水、废液、废渣等有毒有害废弃物对生态环境的危害；工程建设活动如沉桩、强夯、基坑开挖等对周围环境的影响；过量抽取地下水引起的地面沉降等。

根据人类工程建设活动的需要，结合环境岩土工程学科形成的背景和发展趋势，通过学习和总结国内外有关这方面的理论研究和工程实践，本书介绍了环境岩土工程的主要研究内容、方法及其最新进展。

感谢胡栋科、周方亮和赵留义等在本书编排过程中所付出的辛勤劳动。书中引用了许多科研和生产单位、高校及其研究人员的研究成果，在此一并表示感谢。

由于作者水平有限，书中难免有错误和不当之处，敬请读者批评指正。

作者

2023 年 06 月

目录

CONTENTS

第 1 章

绪　论

1.1　环境岩土工程的形成与发展

环境岩土工程（Environmental Geotechnology）一词，源自 1986 年 4 月美国宾州里海大学土木系美籍华人方晓阳教授主持召开的第一届环境岩土工程国际学术研讨会上发表的"Introductory Remarks on Environmental Geotechnology"论文之中，将环境岩土工程定位为"跨学科的边缘科学，覆盖了大气圈、生物圈、水圈、岩石圈及地质微生物圈等多种环境下岩土工程与其赋存环境之间的相互作用问题"，主要是研究在不同环境周期（循环）作用下水土系统的工程性质。

进入近代社会后，人类对工程活动的评价标准已经从追求局部利益的阶段发展到了追求整体利益、全球利益的阶段。现代社会对人类工程活动的评价标准已经冲破了国界线，要求全人类共同增强环境意识，共同思考人类赖以生存的地球状况，让世界各国人民携手保护环境。环境条件的变化，使人类意识到自我毁灭的危险，人类活动的评价标准随之不断扩展，诱使新学科不断地出现，老学科也不断地组合。环境岩土工程就是在这样的背景下发展起来的。

当今世界的十大环境问题可归纳为：（1）全球气候变暖；（2）臭氧层的耗损与破坏；（3）生物多样性减少；（4）酸雨蔓延；（5）森林锐减；（6）土地荒漠化；（7）大气污染；（8）水污染；（9）海洋污染；（10）危险性废物越境转移。

新形势下，国际国内面临的碳达峰、碳中和"双碳"目标，可持续能源开发、基础设施建设和生态环境保护等方面的挑战，给环境岩土工程领域带来新的挑战和机遇。对于环境岩土工程领域的学者和从业者，如何通过创新和多学科交叉的融合，从理论、技术、管理、实践等方面应对这些新挑战并化挑战为机遇，是亟需厘清的重点。近年来，国内外环境岩土工程的研究工作取得了很多新进展：（1）"双碳"目标引领环境岩土工程发展；（2）生态环境保护与地质灾害防治日趋重要；（3）新兴技术助力环境岩土工程上新台阶。未来的研究趋势包括：（1）环境岩土低碳技术研发与应用；（2）绿色生态修复及高效灾害预防；（3）基于新兴技术的深度学科交叉。

项目开发不仅是工程本身的技术问题，而是把环境作为主要制约条件。例如，大型水利项目必须考虑上下游生态环境的变化、上游边坡失稳、诱发地震等；比如采矿工程的尾矿库，其渗滤液可能造成地下水的污染，引起生物中毒。固体废弃物的处置、城市改造、居住环境改善等，需要考虑的问题不再是孤立的，而是综合的；不再是局部的，而是全面的。因此，岩土工程师面对的不仅是解决工程本身的技术问题，还必须考虑工程对环境的影响。所以，环境岩土工程必然要吸收其他学科，如化学、土壤学、生物学、气象学、水文学等，使之成为一门综合性和适应性更强的学科。这就是环境岩土工程新学科形成与发展的前提。环境岩土工程学科已经从原来作为岩土工程学科的一个分支，逐步发展成为一个研究内容不断丰富的独立学科。

1.2 环境岩土工程的研究内容

环境岩土工程是岩土力学与环境科学密切结合的一门新学科，它主要是应用岩土力学的观点、技术和方法，以治理和保护环境为服务宗旨，解决岩土工程建设活动过程中的潜在环境问题。目前，国外对环境岩土工程的研究主要集中于垃圾土、污染土的性质、理论与控制等方面；而国内则在此基础上有较大的扩展。就目前涉及的问题来分，大体可以归纳为两大类：

第一类是以自然环境为主导的人与自然环境之间的环境岩土工程问题。这类问题主要是由自然灾变引起的，如地震灾害、土壤退化、洪水灾害、温室效应、水土流失和海岸灾害等。

第二类是以人类工程活动为主导的人与自然环境之间的环境岩土工程问题。这类问题主要是由人类自身引起的，例如，城市垃圾及工业废水、废液、废渣等有毒有害废弃物对生态环境的危害，工程建设活动如沉桩、强夯、基坑开挖等对周围环境的影响，地下水过量抽取引起的地面沉降等。

表 1.2-1 列出了环境岩土工程的主要研究内容。从表中可以看出，自然灾变诱发的环境岩土工程问题与人类活动引起的环境岩土工程问题相互之间是有联系的。例如自然灾变导致的土壤退化、洪水灾害、温室效应等问题，也可能是由于人类不负责任的生产或工程活动，破坏了生态环境造成的。

环境岩土工程的主要研究内容 **表 1.2-1**

分类	成因	主要研究内容
自然灾变诱发的环境问题	内因	地震灾害，火山灾害
	外因	土壤退化； 洪水灾害； 温室效应； 水土流失等
人类活动引起的环境问题	生活、生产活动引起	地下水位升降引起的基础破坏、地面沉陷； 生活垃圾、工业有毒有害废弃物污染等
	工程活动引起	基坑开挖对周围环境的影响； 预制桩施工造成的挤土、振动和噪声对环境的影响； 强夯施工造成的振动、噪声对周围环境的影响； 城市轨道、综合管廊盾构施工对环境的影响等

1.3 自然灾变诱发的环境岩土工程问题

自然灾变诱发的环境岩土工程问题主要有地震灾害、土壤退化、洪水灾害、温室效应、水土流失等问题，各方面的具体叙述如下。

1.3.1 地震灾害

地震，又称地动、地振动，是地壳蕴藏能量的快速释放过程所造成的振动，能量释放是以地震波的形式在地壳中传播的一种现象。在地球内力作用下，组成地壳的岩石产生构造运动而引起弹性应变，当这种弹性应变超过岩体弹性变形极限时，岩体就会发生剪切破坏或沿原有的破裂带（面）而重新发生错动（滑移），这时积蓄的应变能突然释放，并以弹性波的形式传播出去而引起地震。弹性波在地层内传播（主波和次波），当主波和次波混合着沿地表传播时，则形成面波。面波对建筑物更具破坏作用。

地震是一种危害性很大的自然灾害。由于地震作用，不仅引起地表产生一系列地质灾害现象，如地面隆起、山体滑坡等；而且还造成各类工程结构物的破坏，如房屋开裂倒塌、桥孔掉梁、铁塔倾覆等。

此外，还存在由于人类活动所引起的地震，如水库蓄水、大级量爆破和深井注水等引起的地震。这种诱发地震一般影响区域较小，震级不高，因而其破坏性也较自然地震小。

地震的危害包括直接危害和次生危害两部分。

直接危害是由地震直接引起的。如由地裂引起的地面运动，有可能产生很大的永久位移。1906年美国旧金山地震，地面出现5m的水平位移。猛烈的运动使地面的加速度突然增加，大树被折断或连根拔起，建筑物、大坝、桥隧、管涵等被剪断。

次生危害如砂土液化、滑坡、火灾、海啸、洪水、区域性地面沉陷或隆起等。2004年12月26日，印度洋大地震，震级9.3级，引发海啸高达10余米，波及范围远至波斯湾的阿曼、非洲东岸索马里及毛里求斯、留尼汪岛等，地震和海啸造成22.6万人死亡。

地震及其次生灾害对人类的危害是相当严重的，特别是一些大地震对人类生命财产造成的损失非常惊人。地震对人类生命财产的危害，主要是由于房屋倒塌、大型建筑物破坏、大规模崩塌滑坡等造成的。因此，地震已成为许多科学工作者的研究对象，他们正致力于研究如何来预测地震和减少由此造成的损失。其研究重点主要包括作为防震设计依据的地震烈度的研究、工程地质条件对地震烈度的影响、不同地震烈度下建筑场地的选择以及地震对各类工程建筑物的影响等，从而能够为不同地震烈度区的建筑物规划及防震设计提供依据。

1）地震对建筑物的影响

（1）地震效应

在地震影响范围内，地壳表层出现的各种震害及破坏现象称为地震效应。对于工程建筑物来说，地震效应大致可分为地表破坏效应、振动破坏效应和斜坡破坏效应，它与场地条件、震级大小和距震中距离等因素有关。

①地表破坏效应

地表破坏效应可分为破裂效应和地基效应两种基本类型。前者指的是强震导致地面岩土体直接出现破裂和位移，从而引起附近的或跨越破裂带的建筑物变形或破坏。后者指的是地震使松软土体压密下沉、砂土液化、淤泥溯流变形等，而导致地基失效，使上部建筑物破坏。

②振动破坏效应

地震发生时，地震波在岩土体中传播而引起强烈的地面运动，使建筑物的地基基础以及上部结构都发生振动，给它施加了一个附加荷载即地震作用。当地震作用达到某一限度时，建筑物即发生破坏。这种由于地震作用直接引起建筑物的破坏，称为振动破坏效应。

③斜坡效应

地震导致斜坡岩土体失去稳定，产生各种斜坡变形破坏，引起斜坡地段所设置的建筑物产生位移或破坏，如崩塌、滑坡等，称为斜坡效应。斜坡效应不但对斜坡上建筑物造成破坏，有时还会破坏斜坡下方的道路以及其他各种建筑物。

（2）饱和砂土的地震液化

饱和砂土在反复的地震作用和其他动荷载作用下，由于孔隙水压力的升高，其抗剪强度或抵抗剪切变形能力丧失的现象，称之为砂土液化。

①砂土液化的危害

现场震害调查表明，在地震时，疏松而饱和的粉、细砂土地区将大量产生地滑、边坡坍滑、建筑物的沉陷倾斜甚至倒塌，并在地面周围常常发生喷砂冒水现象。在这方面，国内外的震例甚多。在国内，1975 年 2 月 4 日，辽宁海城发生了 7.3 级大地震，在营口、盘锦地区发生了大面积的砂土液化所造成的破坏；1976 年 7 月 28 日，唐山丰南地区发生了 7.8 级强烈地震，在滦县、天津、塘沽、乐亭一带，在极大的范围内发生喷砂冒水，出现了大面积的砂土液化现象。在国外，1976 年危地马拉 7.6 级地震、1977 年阿根廷 7.4 级地震和 1978 年日本 Miyagiken-oki 7.4 级地震，给这些地区造成了大面积砂土液化，使许多建筑物发生严重破坏。

液化多半发生于疏松饱和的砂土，然而目前已有许多证据表明，黏粒含量不高的黏性土（勘察规范称之为粉土）也会在地震中发生液化。例如，前面所说的 1975 年海城地震，就有大量粉土地基发生了大面积的液化；1976 年唐山地震中，天津等沿海地区也出现了类似现象。

②影响砂土液化的主要因素

饱和砂土的液化除与砂土的类型、密度、饱和度等砂土本身特性有关外，还与地震强度、初始静应力、地震历时、地下水位变化等外部作用的变化相关。

③砂土液化的判定方法

饱和砂土地基上的建筑结构抗震设计的首要任务，就是要进行砂土液化可能性的判定。

现今常用及新近出现的评价砂土液化的方法，主要是动剪应力对比法、规范判别法和剪切波判定法。

（3）饱和软土地基的震陷

震陷，就是饱和软土等土层在地震作用等往复荷载作用下产生的附加沉降。

①震陷的危害

震陷所引起的震害，在某些范围内是相当严重的。震陷可发生在多数地基土中，尤其在软黏土和饱和不排水砂土地基中更为严重。如唐山地震时，天津塘沽新港等沿海区域造成了软土地基上建筑物的普遍震陷，震陷量达30cm左右，有的建筑物发生了显著的倾斜；由通坨上行线咎各庄至坨子头的一段铁路，由于沂河故道砂层震后普遍液化，路面产生波状不均匀震陷，最大震陷量达2m；汉沽富庄村震前地形十分平坦，震后整个村几乎整体性震陷下沉，震陷量达2.8m左右，震陷面积达1～1.5km^2。又如1964年新泻地震时，新泻城内大约有340幢建筑物遭到震陷破坏，最大震陷量达3.8m，建筑物普遍发生沉陷和倾斜。

②震陷的计算分析法

震陷计算分析方法主要包括软化模式、残余变形模式以及简化法等。这些方法大多是建立在理论与试验结果相结合的基础上的。

2）地震的工程地质研究

地震的工程地质研究的任务是，查明地区的地震地质条件，确定地区的地震烈度，对建筑场地进行工程地质评价，比选抗震性能最好的建筑场地，预测地震对该场地地震效应的类型和特点，对砂土液化和饱和软土地基震陷问题作出评价和分析并提出防治措施。

（1）研究内容

①构造体系的分析。从区域地质研究入手，弄清场区所属构造单元和体系及其与其他构造体系的关系，主要分析判断所研究的地区有无活动性断裂及其规模和特点。由于断块运动往往造成接触地带的挤压、应力集中而成为地震活动带，因而应注意活动性断裂中的端点、拐点、交叉点、错裂点和最新活动性大的地段等。它们往往是震中的位置。据统计，活动性断裂延续长度达100km时，便具备了强震条件。在第四系岩层区，还应特别注意第四纪以来断裂最后一次活动的时间。

②破碎带特性的分析。断裂破碎带胶结差或未胶结，构造岩中有错动现象，断裂面上具有多组同方向不同深度的擦痕，构造岩中有新鲜的断层泥等，这些都是判定活动性断裂的标志。

③查明场地及其附近的地貌条件和自然地质现象。地区的切割深度、斜坡的坡度，特别是陡壁、悬崖对场地烈度影响较大。现有的滑坡、崩塌和岩溶洞穴等，对建筑物有很大威胁，应充分估计滑坡等在地震时可能活动的情况。

④查明建筑场地的土的类型、状态、厚度及分布情况等。特别注意软土层和可能发生液化的砂土层的分布范围、埋藏深度和厚度变化，分析场地在地震作用下可能发生的震害

类型和严重程度，作为抗震设计的依据。

⑤地下水的调查，主要是地下水埋藏深度的调查。地下水位的高低直接影响着地基土的性质和状态。

⑥历史地震资料的分析。沿断裂带，历史上地震震中有规律的分布，也是表明断裂活动性的重要资料。

（2）地震烈度的确定

地震震害程度取决于地震强度、地基条件和建筑物结构的抗震性能三个因素。地震强度是地震震害的主导因素；在同样地震强度下，地层条件则是主要作用。地震烈度是抗震设计的一个重要依据。工程地质工作者的主要任务是会同地震工作者确定震区的基本烈度，再根据建筑物的重要性、永久性、抗震性和在国民经济中的地位以及场地地质条件等，在基本烈度的基础上，按区别对待的原则进行分析研究，最终确定设计烈度。

1.3.2 土壤退化

土壤退化是指由于使用土地或由于一种营力或数种营力结合致使干旱、半干旱和亚湿润干旱地区雨浇地、水浇地或草原、牧场、森林和林地的生物或经济生产力的复杂性下降或丧失，其中包括风蚀和水蚀造成的土壤物质流失，土壤的物理、化学和生物特性或经济特性退化以及自然植被长期丧失。

1）荒漠化

是由于干旱少雨、植被破坏、过度放牧、大风吹蚀、流水侵蚀、土壤盐渍化等因素造成的大片土壤生产力下降或丧失的自然（非自然）现象。

（1）我国荒漠化的现状

①荒漠化土地面积大、分布范围广

根据《中国荒漠化报告》，我国荒漠化土地总面积为 $261.16 \times 10^4 km^2$，占国土面积的 27.2%。荒漠化土地中有 $114.8 \times 10^4 km^2$ 分布在干旱地区，$91.9 \times 10^4 km^2$ 分布在半干旱地区，$55.5 \times 10^4 km^2$ 分布在亚湿润干旱区。荒漠化土地占荒漠化地区总面积的 79.0%，高于全球 69.0%的平均水平。

②荒漠化类型复杂多样、发展程度高

按动力类型划分，我国荒漠化土地中有风蚀荒漠化土地 $160.7 \times 10^4 km^2$、水蚀荒漠化土地 $20.5 \times 10^4 km^2$、盐渍荒漠化土地 $23.3 \times 10^4 km^2$、冻融荒漠化土地 $36.3 \times 10^4 km^2$。按土地利用类型划分，有退化耕地 $7.7 \times 10^4 km^2$（占耕地总面积的 40.1%）、退化草地 $105.2 \times 10^4 km^2$（占草地总面积的 56.6%）、退化林地 $0.1 \times 10^4 km^2$。按发展程度划分，有重度荒漠化土地 $103.0 \times 10^4 km^2$（占荒漠化土地总面积的 39.3%）、中度和轻度荒漠化土地分别为 $64.1 \times 10^4 km^2$ 和 $95.1 \times 10^4 km^2$（分别占荒漠化土地总面积的 24.4%和 36.3%）。荒漠化土地占荒漠化地区总面积的比例和重度荒漠化土地比重都高于全球平均水平。

③荒漠化程度持续减轻但形势依然严峻

目前，我国已成功遏制荒漠化扩展态势，荒漠化土地面积以年均2424km^{2}的速度持续缩减。“十四五”期间，荒漠化防治工作按照“全面保护、重点修复与治理”的原则，坚持因地制宜、适地适绿，充分考虑水资源承载能力，宜林则林、宜灌则灌、宜草则草、宜荒则荒，全面保护原生荒漠生态系统和沙区现有林草植被，加大对干旱绿洲区、重要沙尘源区、严重沙化草原区、严重水土流失区的生态修复和沙化土地治理力度，将科学绿化要求贯穿防治、监管全过程，统筹推进山水林田湖草沙一体化保护和修复。继续深化履约和国际合作，积极参与全球荒漠生态治理，引导公约良性发展，加强与周边及“一带一路”重点国家的荒漠化防治合作，向全球分享中国经验，推动构建人类命运共同体。

（2）荒漠化的危害

我国荒漠化危害严重，每年造成的直接经济损失达 540亿元，而间接经济损失是直接经济损失的2～8倍，甚至达到10倍以上。荒漠化的危害主要表现在以下几个方面：

①荒漠化破坏生态环境，威胁人类生存，甚至使许多人沦为“生态难民”。

②荒漠化破坏土地资源，使可利用土地减少、质量下降，造成农牧业生产减产甚至绝收。

③荒漠化破坏交通、水利等生产基础设施，制约经济发展。

④荒漠化加剧了农牧民的贫困程度，影响社会安定和民族团结。

⑤荒漠化使生物质量变劣、物种丰度降低，对生物多样性构成严重威胁。

⑥荒漠化灾害肆虐，危害我国国土安全。

（3）荒漠化的防治

荒漠化防治是指通过人工措施消除荒漠化产生的人为因素，重建适于人类生存的生态环境，恢复和发展生产力，实现社会、经济的可持续发展。

荒漠化的发生和扩展，既有气候等自然原因，也有人为原因。由人口快速增长和生产经营方式粗放、落后导致的人为“六滥”是重要原因。因此，防治荒漠化必须坚持以防为主，防、治、用结合的途径。“防”是防止荒漠化的发生；“治”是治理已有荒漠化土地；“用”是开发利用荒漠化土地。

要根治荒漠化，首先是防。必须消除滋生“六滥”的根源，即控制人口增长，改变粗放、落后的生产经营方式。

其次是治。通过植树种草和工程、化学等综合措施，防止和消除荒漠化给生产生活带来的危害，改造荒漠化土地，恢复和提高其利用价值。

用，是指在治理的基础上，从农、林、牧、副、渔各个方面对荒漠化土地进行综合开发、综合利用，变潜在生产力为现实生产力。

防、治、用三个方面构成一个有机整体，紧密联系，不可分割。以防为主，以治理保开发，以开发促治理，寓治理于开发中，防、治、用有机结合，是根治荒漠化，实现荒漠化地区人口、资源与环境协调发展的根本途径。

2）盐渍化

土体盐渍化是在一定的自然和人为因素作用下盐分在地表土层中逐渐富集的结果。当土中含盐量超过一定标准时，土的物理力学性质产生较大变化，其含盐量越高，对土的性质影响越大。盐渍土中所含盐类主要是氯盐、硫酸盐和碳酸盐。盐渍土会侵蚀道路、桥梁、房屋等建筑物的地基，引起基础开裂或破坏。盐渍土对人类的危害是十分严重的，已经成为世界性的研究课题。其危害性主要表现在以下几个方面。

（1）破坏生态环境

由于含盐量变化造成土壤的酸碱度失调，一些昆虫难以生长，使得某些动物难以生存繁衍。在盐渍土地区，地下水中含盐量高，地下水变成苦水，使得动物和人类饮水成为问题。

（2）危害农业生产

在盐渍土的田地上，农作物受到极大威胁，在重盐渍的情况下，土地上甚至一片荒芜，寸草不生。

（3）影响道路交通

硫酸盐渍土随着温度的变化，本身体积产生变化，引起土体变形松胀，导致路肩和边坡失稳，易被风蚀。硫酸盐渍土填筑的路堤，由于季节性温差变化，会引起路基季节性隆起和下沉。用碳酸盐渍土填筑的路基，当含盐量超过 5%时，会引起路基土体强烈膨胀，再加上土体塑性强，透水性小，排水性差，造成路肩泥泞不堪和边坡坍塌。

由于降雨淋滤作用，易使表层土中盐分减少，造成退盐作用，使得路基变松，透水性改变，膨胀性增大，因而降低了路基的稳定性。

盐渍土路基在冬季易产生冻胀，而在春季消融下沉，翻浆冒泥，影响交通。

（4）腐蚀性

盐渍土是一种腐蚀性的土，它的腐蚀破坏作用表现在以下几个方面：

对于以硫酸盐为主的盐渍土，主要表现为对混凝土材料的腐蚀作用，造成混凝土的强度降低、裂缝和剥离。

对于以氯盐为主的盐渍土，主要表现为对金属材料的腐蚀作用，造成地下管道的穿孔破坏、钢结构厂房和机械设备的锈蚀等。

硫酸盐含量超过 2%或含氯盐含量超过 5%时，盐渍土能使沥青延展度普遍下降。碳酸钠和碳酸氢钠能使沥青发生乳化。

1.3.3 洪水灾害

从世界灾害发生历史来看，洪水灾害始终是现在和未来人类面临的主要自然灾害。仅 2021 年，世界水灾造成的直接经济损失高达 820亿美元，约占所有自然灾害造成损失（2700亿美元）的 1/3。

由于特殊的自然条件和现实因素，我国是世界上受洪水威胁最严重的国家之一。历时两个多月的1998年南北大水威胁着我国近百万平方公里的国土、两亿多的人口、0.2亿多公顷（3亿余亩）耕地，造成直接经济损失至少在1600亿元以上。

我国是水资源并不丰富，降雨时空分布不均，洪水灾害比较频繁的国家。河流的水系是气候、地形、岩石和土壤等条件构成的微妙平衡体。河流又是一个泥砂搬运系统，从上游和各条支流夹带的泥砂在下游河床内沉积下来。如果上游或支流流域内的森林植被遭到破坏，水土流失严重，致河床淤积，储水量减少，洪水发生时，水灾就不可避免，必将给人类的生命财产造成严重损失。

我国是世界上季风最为显著的国家之一。降水在时空分布上极不均匀。年降雨量由东南沿海的1600mm向西北内陆递减为不足200mm。我国大江大河的径流，在年际间或年内的变化也异常悬殊。径流的年际变差系数为0.2～0.6，有些河流还发生过连续3～8年的枯水期或丰水期。年内径流在雨季往往特别大，经常形成洪水，造成我国水旱灾害频繁发生。

在21世纪的前30～40年间，我国防洪事务面临着空前严峻的挑战。第一是在可预见的时间内，人类对灾害气象过程的可测与可控性难以有很大突破；第二是我国人口压力愈来愈大，由此将产生综合连锁效应；第三是社会经济规模也将进一步扩大，防范范围也随之加大；第四是经济与生活水平提高，对安全的期望值随之攀高；第五是社会在具体时期内可用于防洪事务的社会资源是有限的；第六是防洪事务必须在上述五项先决条件下，最有效地满足和服从国家发展大局与总体进程。

对于防洪事务这一集政治经济、社会事务、自然科学、工程技术为一体的巨型历史工程，必须有足够清醒的认识，这样才能基于我国的具体国情，逐步稳固地建成有效的、综合的防洪工程体系。因此，第一，必须对我国防洪情势要有充分理性的认识，对防洪目标的选定、防洪规划的制定、防洪工程建设时序的安排和防洪事务的运作，必须充分贯彻社会理性与科学理性的原则，才能保证我国防洪事务系统全面、连续稳定地提高；第二，单纯的工程措施与生态措施对我国的防洪问题是难以彻底解决的，必须立足于社会理性与科学理性，对地区间的协调、部门间的配合、学科间的合作、不同措施间的组合等予以全面的研究和考虑，这样才能形成现实可行的防洪策略，保证整个防洪体系的有效和高效运行；第三，必须基于社会创新，这样才能根本解决我国防洪问题。要坚持在改革的道路上，在对我国防洪及水利管理体制深入分析的基础上，提出适宜的管理制度；要基于我国的社会现实，在人与自然关系的基础上，探索谐适性的可持续之路；要立足于世界科学技术的制高点，挖掘知识经济的时代潜力，建成高度科技集成的多维防洪体系。

1.3.4 温室效应

人类工业生产活动和诸如毁林的其他活动正在排放愈来愈多的有害气体到大气层中，尤其是二氧化碳气体。每年把363亿t的二氧化碳送入大气层中，其中很多可能要在大气中停留100年或更长的时间。因为二氧化碳能很好地吸收来自地表的热辐射，故二氧化碳的作用好比是在地球表面上铺盖上一条被毯，使得大气层比没有二氧化碳存在时的情况要更暖。随着温度的增加，大气中的水汽量也会增加，这使得被毯作用加大，并引起更明显的增暖。

全球温度的增高，将导致全球气候的变化。由于世界各国工业化的蔓延和蓬勃发展，这种全球性气候变化将更加严峻。据估计，全球平均温度在今后将至少以每10年约0.25℃或一个世纪约2.5℃的速度上升。这种全球平均温度的变化将引起气候发生重大变化。

全球变暖的基本原理可以通过考虑两种辐射能来理解：一种是加热地球表面的来自太阳的辐射；另一种是射向太空的来自地球和大气的热辐射。平均说来，这两种辐射处于相对平衡的状态。如果这种平衡被破坏（如大气中二氧化碳的增加），则只有通过地球表面温度的升高来恢复平衡。

氮气和氧气分别占了大气的78%和21%，但它们既不吸收也不发射热辐射。而在大气中以相当小量存在的水汽、二氧化碳及其他一些微量气体如甲烷、氧化亚氮、含氯氟炷、臭氧等才是真正部分地吸收了地表发射的热辐射，对这种辐射起着遮挡作用，并引起实际平均地表温度（15℃）和仅包含氧气和氮气的大气状况下的地表温度（−6℃）之间有21℃的差别。这种遮挡称为"自然"温室效应，这些气体被称作温室气体。之所以称之为"温室效应"，是由于温室中的玻璃具有类似于温室气体的属性，来自太阳的可见光辐射和几乎无阻挡的地球热辐射都被玻璃吸收并将其反射回温室之中。玻璃因此成为帮助温室保持温暖的"辐射遮挡器"。

温室效应是由大气中自然存在的水汽和二氧化碳等气体所造成的。大气中的水汽量主要取决于海洋表面的温度，大部分水汽来源于海表的蒸发，是不受人类活动直接影响的。二氧化碳则不同，自工业革命以来，由于人类的工业生产及森林的毁坏，大气中的二氧化碳的含量已经发生了明显的变化，到目前为止，大约增加25%。在缺乏控制因子的情况下，预计大气中的二氧化碳将加速增加，它的大气浓度很可能在未来几百年内达到工业革命前的两倍。由于二氧化碳的增强温室效应，它的含量的增加正在导致全球变暖。

温室气体就是大气中那些吸收地表发射的热辐射、对地表热辐射有一种遮挡作用的气体。温室气体中最重要的是水汽，但是它在大气中的含量不直接随人类活动而变化。直接受人类活动影响的主要温室气体是二氧化碳、甲烷、氯氟烃和臭氧。如果不考虑氯氟烃以及全球各处显著不高的、难于定量化的臭氧变化的效应，那么目前二氧化碳的增加对增强温室效应的贡献大约是70%，甲烷大约是23%，而氧化亚氮则为7%左右。

植物和树木的光合作用过程是在光的照射下，吸收二氧化碳，释放氧的过程。在海洋中，也存在呼吸和光合作用。因此，植物、树木和海洋的存在和不被破坏，有助于缓解温室效应。

近年来，由于温室效应，海平面和沿海地区地下水位不断上升。

1.3.5 水土流失

水土流失是指由于自然或人为因素的影响，雨水不能就地消纳而顺势下流，冲刷地表土壤而造成水分和土壤同时流失的现象。由于其危害大、影响广，越来越多地引起多学科、多部门的重视。据最新资料，全球每年流失的土壤约600亿t。由于水土流失，全球耕地正以每年(700×2900)km^2的速度消失。在我国，水土流失现象尤为严重，全国水土流失面积超过356×10^4hm^2。我国每年流失的土壤超过50亿t，长江流域年土壤流失总量为24亿t，其中，上游地区年土壤流失总量达15.6亿t；黄河流域，黄土高原区每年进入黄河的泥砂多达16亿t。整体而言，我国水土流失面积和强度实现了双下降。水土流失在我国各地均不同程度地存在，据统计全国水土流失面积主要分布在大兴安岭-阴山-贺兰山-青藏高原东缘一线以东，尤以黄河上中游的黄土高原、长江上游的四川盆地周围、华南山地丘陵区和海河、辽河上游最为严重。

水土流失后果严重，影响极其广泛，对生态环境的影响巨大。

其一，水土流失使土壤肥力下降，土地贫瘠，地力降低，农作物产量降低。如黑龙江省大部分黑土地区在开发初期有机质含量达7%，而现在有机质含量不到3%，黑土有可能因此而变成黄褐土甚至黄土状黏土，这严重影响了黑龙江的农业经济发展。

其二，水土流失加剧了贫水地区的水资源供需矛盾。由于水土流失，土地变得贫瘠，土壤层变薄，土壤的蓄水能力变差，一些地区甚至石漠化，降雨在地表很快形成径流而流失，使地下水得不到充足地补给，而地下水的使用却在不断地增加。因此，地下水位逐年下降，破坏了地下水系统的平衡，加剧了贫水地区的用水矛盾，并引发一系列因地下水枯竭而造成的环境地质问题，比如产生地面沉降、地裂缝、沙漠化等。

其三，水土流失使水库淤积、河床抬高。例如黄河从中游带来的泥砂约有4亿t淤积在下游河道，河床因此每年升高10cm，某些河段甚至变成地上河，严重影响黄河的通航能力。

其四，水土流失使生态环境恶化。水土流失严重的地区，破坏的森林很难再恢复，局部气候环境发生变化，引起环境的恶化。

1）水土流失的影响因素

（1）自然因素

土质。比如，我国的黄土高原大部分土质质地疏松，遇雨易分解，抗侵蚀能力极差，造成该地区的水土流失。

降雨。降雨对水土流失的影响是非常大的。当雨水不足时，会影响植被的生长，引起风沙；而当雨水过多时，由于径流冲刷力的增强，土壤侵蚀强烈。

植被。植被是生态环境的重要组成部分，天然植被的破坏能加大土壤侵蚀。

地形地貌。沟壑纵横，坡陡沟深的地形也是影响水土流失的主要因素。

（2）人为因素

人口的增加与城市的发展：由于人口的快速增加，加大了土地的载荷；现代城市的快速发展，也在一定程度上造成了水土流失，使生态环境遭受破坏。我国城市的水土流失现象主要发生在改革开放之后，人类对土地不合理利用，如不合理的耕作制度和开矿，破坏了地表植被和稳定的地形，造成严重的水土流失。

2）水土流失的防治措施

治理水土流失，包括预防、管护、治理三方面内容。

（1）预防

宣传措施。通过大力宣传水土保持法律法规，不断提高社会各界的水土保持法律意识。

政策措施。针对当地水土保持生态建设存在的突出矛盾，根据水土保持法律法规，制定地方配套规范性文件，以政策调动农民参与治理的积极性。

监管措施。建立一支高素质的监督执法队伍，加大监督检查力度，严格落实开发建设项目、水土保持方案三同时制度，及时防控人为因素造成新的水土流失。

（2）管护

管护包括管理措施和看护措施。管理措施是为了调动全社会治理小流域的积极性，提高治理效果和治理水平所采取的项目管理措施；看护措施主要是为维护和保护治理成果而采取的措施，分为自管、专管和监管措施。

对属于个人所有或承包区域内的水土保持设施，主要以自管为主，村集体所有的水土保持设施，主要以村级管护员专管为主，对国有水土保持的公共设施主要以职能部门监管为主。

（3）治理

治理是指以小流域为单元，按小流域综合治理规划，由乡村组织协调进行治理。

1.4 人类活动引起的环境岩土工程问题

1.4.1 人类生产活动引起的若干环境岩土工程问题

（1）过量抽取地下水引起的地面沉降

随着世界人口的不断增长、工农业生产规模的不断扩大，人类目前不得不面对全球性缺水这样一个严重的环境问题。长期以来，人类在发展过程中，在改造自然的同时，没有注意对环境的保护。大量淡水资源被污染，使得原先就很有限的水资源越发不能满足人们的需要。在许多地区，地下水被大量不合理开采。城市大量抽汲地下水引起的地面沉降，造成大面积建筑物开裂、地面塌陷、地下管线设施损坏、城市排水系统失效，从而造成巨大损失。地面沉降主要与无计划抽取地下水有关，体现在地下水的开采地区、开采层次、开采时间过于集中。集中过量地抽取地下水，使地下水的开采量大于补给量，导致地下水位不断下降，地下水位的降落漏斗范围亦相应地不断扩大。开采设计上的错误或由于工业、厂矿布局不合理，水源地过分集中开采，也常导致地下水位的过大下降。北京市平原地区1992—2002 年为地表沉降初步发展阶段，自 2003 年以后不断加剧。截至 2014 年 7 月，北京形成了朝阳-通州沉降带和海淀-昌平-顺义沉降带，最大沉降速率达 15.2cm/a，严重沉降区（年均沉降超过 50mm）有 433km²。

除了人为开采外，还有许多因素也会引起地下水位的降低，并可能诱发一系列环境问题。例如，河流的人工改道、修建水库、筑坝截流、上游地区新建或扩建水源地等，能截夺下游地下水的补给量，矿床疏干、排水疏干、改良土壤等都能使地下水位下降。另外，工程活动如降水工程、施工排水等也能造成局部地下水位下降。

人工回灌是防治地面沉降的有效手段之一，且方法简单，并能起到蓄水储能的综合效果，但需水量大。应积极创造条件，在保证水质的前提下，进行回灌。各含水层组之间水力联系较好的地区，具有接受大气降雨入渗与河水补给的特点，可建设引雨回灌工程，利用雨洪资源渗漏回补地下水。

（2）废弃物处置造成的环境岩土工程问题

随着社会的进步、经济的发展和人们生活水平的不断提高，城市废弃物产量与日俱增。这些废弃物不但污染环境，破坏城市景观，还传播疾病，威胁人类的健康和生命安全。治理城市废弃物已经成为世界各大城市面临的重大环境问题。

经济的快速发展提高了人们的生活水平，促进了人类社会文明的进步，同时也产生了许多问题。越来越多的人口汇聚城市，使城市的人口数量膨胀。另外，人均生活消费产生的垃圾废弃物量也急剧增加，造成处理城市废弃物的任务越来越艰巨。废弃物如果不能合理处置，将对环境造成严重的污染。面对每天产出的数量相当庞大的废弃物，人类目前尚无法采用大规模的资源化的办法来解决它们。废弃物的贮存、处置和管理是目前亟待解决的重大课题。

目前，处理废物垃圾的主要方法有堆肥、焚烧和填埋。堆肥处理量少，易污染地下水。焚烧的一次性投资大，处理量少，需对设备经常进行维修。而废物垃圾填埋处理量大，投资少，并且是最终的处置方法。随着材料工业技术的日趋成熟，废弃物垃圾填埋体防渗的问题已经得到了较好的解决，所以废弃物填埋已逐步成为城市废弃物处理的主要方式和重点发展方向。例如，到 1996 年，中国香港的焚烧厂只剩下一台焚烧机（原有四台），到现在按计划也已关闭。据有关资料，2010 年全国 85%的垃圾将需要进行填埋处理。迄今为止，我国的北京、上海、广州、深圳、杭州、成都、佛山、汕头和湛江等十多个城市都已建成了卫生填埋场。

据粗略估计，我国卫生填埋所需的土地面积至少为几千万平方米。这些填埋场大多建设在城市近郊，有很高的利用价值，如何对废旧填埋场进行再利用已经成为人们关注的问题。废旧填埋场的再利用包括两个方面：一是在原有的老填埋场上继续埋生活垃圾，从而节省建设新填埋场所需的大量资金；二是对已稳定的填埋场进行安全处理后，用于修建公园，种植经济树木或建造构筑物。

另外，我国许多城市的废弃物填埋场是山谷型的，填埋场的稳定问题显得极为重要。

一旦发生失稳破坏，后果将不堪设想，进行补救很困难，往往耗费巨资。因此，填埋场的稳定问题也是一个重要课题。

1.4.2 人类工程活动引起的若干环境岩土工程问题

伴随着21世纪的到来，城市人口激增与城市基础设施相对落后的矛盾日益加剧，城市道路交通、房屋等基础设施需要不断更新和改善，促使我国大城市的工程建设进入了大发展时期。在城市中，特别是大中城市，楼群密集，人口众多，各类建筑、市政工程及地下结构的施工，如深基坑开挖、打桩、施工降水、强夯、注浆、各种施工方法的土性改良、回填以及隧道与地下洞室的掘进，都会对周围土体的稳定性造成重大影响。例如：由施工引起的地层运动，大量抽取地下水引起的地表沉降，将影响地面周围建筑物与道路等设施的安全，甚至致使附近建筑物倾斜、开裂和破坏，或者引起基础下陷而导致不能正常使用，更为严重的是引起给水管、污水管、煤气管及通信电力电缆等地下管线的断裂与损坏，造成给排水系统中断、煤气泄漏及通信线路中断等，给工程建设、人民生活及国家财产带来巨大损失，并产生不良的社会影响。事故的主要原因之一是对受施工扰动所引起的周围土体性质的改变和施工中结构与土体介质的变形、失稳、破坏的发展过程认识不足，或虽对此有所认识，但没有更好的理论与方法去解决。由于施工扰动的方式是千变万化、错综复杂的，因而施工扰动影响对周围土体工程性质产生的变化程度也不相同，如土的应力状态与应力路径的改变、密实度与孔隙比的变化、土体抗剪强度的降低、土体变形特性的改变等。以往人们很少系统地研究上述受施工扰动影响的土的工程性质变化及周围环境特性的改变。长期以来，人们利用传统的土力学理论与方法，以天然状态的原状土为研究对象，进行有关物理力学特性的研究，并将其结果直接用于上述受施工扰动影响的土体的强度、变形与稳定性问题，这显然不符合由施工过程所引起的周围土体应力状态的改变、结构的变化、土体的变形、失稳与破坏，从而造成的许多岩土工程的失稳与破坏，给工程建设与周围环境带来很大危害。因此，在确保工程自身安全的同时，如何顾及周围土体介质与构筑物的稳定，已经逐渐引起人们的重视。这些问题都属于环境岩土工程的范畴。

参考文献

[1] 胡中雄. 土力学与环境土工学[M]. 上海：同济大学出版社，1997.

[2] 胡卸文等. 铁路工程地质学[M]. 北京：中国铁道出版社，2020.

[3] R G M, Bolton H S, D. Liam W F. Effects of System Compliance on Liquefaction Tests[J]. Journal of the Geotechnical Engineering Division, 1978, 104(4).

[4] Koning H L. Some observations on the modulus of compressibility of water[J]. Proc. of the European Conf. on Smfe, 1963, 1.

[5] Seed H B I I M. A Simplified procedure for evaluating soil liquefaction potential[J]. ASCE Soil Mechanics and Foundation Division Journal, 1971, 97(9): 1249-1273.

[6] 住房和城乡建设部. 建设抗震设计规范 (2016 年版) : GB 50011—2010 [S]. 北京: 中国建筑工业出版社, 2016.

[7] 朱会强, 张明, 薛茹, 等. 中美抗震规范中地层液化判定标准对比[J]. 勘察科学技术, 2022, 241(1): 1-6.

[8] 本书编委会. 工程地质手册[M]. 5 版. 北京: 中国建筑工业出版社, 2018.

[9] 高彦斌. 土动力学基础[M]. 北京: 机械工业出版社, 2018.

[10] J. Houghton. 全球变暖: 第 4 版[M]. 戴晓苏, 石广玉. 等, 译. 北京: 气象出版社, 2013.

[11] 王涛等. Desert and Aeolian Desertification in China[M]. 北京: 科学出版社, 2011.

[12] 杨劲松, 王永, 尹金辉, 等. 我国冲积平原区洪水事件重建研究进展及展望[J]. 地球科学, 2020, 7: 1-26.

[13] 杨景春. 地貌学原理[M]. 北京: 北京大学出版社, 2017.

[14] 史志华, 刘前进, 张含玉, 等. 近十年土壤侵蚀与水土保持研究进展与展望[J]. 土壤学报, 2020, 57(5): 1117-1127.

[15] 陈同德, 焦菊英, 王颢霖, 等. 青藏高原土壤侵蚀研究进展[J]. 土壤学报, 2020, 57(3): 547-564.

[16] 袁再健, 马东方, 聂小东, 等. 南方红壤丘陵区林下水土流失防治研究进展[J]. 土壤学报, 2020, 57(1): 12-21.

[17] 刘纪根, 丁文峰, 黄金权. 长江流域水土保持科学研究进展及展望[J]. 长江科学院院报, 2021, 38(10): 54-59.

[18] 孙钧. 地下结构设计理论与方法及工程实践[M]. 上海: 同济大学出版社, 2016.

[19] 朱会强, 张明, 张波, 等. 黄河中下游冲洪积地层 PRC 管桩深基坑支护[J]. 河南科学, 2021, 39(6): 964-970.

[20] 楼春晖, 夏唐代, 刘念武. 软土地区基坑对周边环境影响空间效应分析[J]. 岩土工程学报, 2019, 41(S1): 249-252.

[21] 李泽民. 地下工程开挖对近接建筑物的影响研究[D]. 沈阳: 沈阳建筑大学, 2019.

[22] 秦会来, 黄俊, 李奇志, 等. 深厚淤泥地层深基坑变形影响因素分析[J]. 岩土工程学报, 2021, 43(S2): 23-26.

[23] 李方明, 陈国兴, 刘雪珠. 悬挂式帷幕地铁深基坑变形特性研究[J]. 岩土工程学报, 2018, 40(12): 2182-2190.

[24] 桑松魁, 白晓宇, 孔亮, 等. 层状黏性土中静压桩沉贯特性现场试验[J]. 岩石力学与工程学报, 2022(10): 2135-2148.

[25] 刘永超, 卫超群, 陆鸿宇, 等. 软土地区倾斜静力压桩法沉桩机理研究及应用[J]. 岩土工程学报, 2021, 43(S2): 158-161.

[26] 王永洪, 张明义, 刘俊伟, 等. 黏性土中单桩贯入桩-土界面超孔压和土压测试现场试验[J]. 岩土工程学报, 2019, 41(5): 950-958.

[27] 赵春风, 杜兴华, 赵程, 等. 中掘预应力管桩挤土效应试验研究[J]. 岩土工程学报, 2013, 35(3): 415-421.

[28] 刘睿. 强夯法在山区高填方机场地基处理工程中的应用与分析[D]. 包头: 内蒙古科技大学, 2020.

[29] 何海杰. 生活垃圾填埋场液气产生、运移及诱发边坡失稳研究[D]. 杭州: 浙江大学, 2018.

第2章

地震与环境岩土工程

由于自然和人为因素，建筑物经常遭受动荷载的作用。地震就是最严重、危害最大、破坏范围最广的自然动荷载。随着人类的进步、工业的发展和工程建筑的广泛展开，各种动荷载相继出现，人为因素对建筑环境也产生了不可忽视的影响。

地震是地球内部构造运动的产物，是一种自然现象。从我国两千多年的地震史料中可以看出，地震所造成的灾害是极其严重的。1556年的关中大地震，死亡人数高达80多万，为世界地震史上所罕见。20世纪以来，又发生过1920年海原地震、1976年唐山地震和2008年汶川地震，导致人民的生命财产蒙受巨大损失。在世界其他地方，地震造成的灾害同样也是十分严重的。1923年日本关东地震、1960年智利地震、1967年加拉加斯地震、2010年海地地震等地震，也造成了毁灭性的灾难。究其原因，主要是由于地震循环荷载作用所引起的一系列地基失稳问题，如震陷、液化、滑坡、地裂等。这些震害主要发生在松散砂土层、软弱黏土层和成层条件比较复杂的不均匀地层。

2.1 动荷载下的土体液化

2.1.1 土体液化的概念

土体液化现象是指地震振动促使饱和砂土或粉土趋于密实，导致孔隙水压力急剧增加。在地震作用的短暂时间内，这种急剧上升的孔隙水压力来不及消散，使有效应力减小，当有效应力完全消失时，砂土颗粒局部或全部处于悬浮状态。此时，土体抗剪强度等于零，形成“液体”现象。

（1）临界孔隙比

1925年Terzaghi创立了“土力学”，提出了有效应力学说，很好地解释了土体液化现象。

Casagrande（1936）根据无黏性土在剪切变形过程中体积变化的特性，即剪胀和剪缩，认为在无黏性土中存在一个临界密度。在此临界密度状态，土体经受任何大的剪切变形和流动时将无体积变化。如果一个低于临界密度的饱和无黏性土在连续剪切变形过程中孔隙水来不及排出，将引起孔隙水压力上升、有效应力下降、抗剪强度降低，以致失稳，甚至发生流滑；反之，则在任何情况下不会有流滑危险。Taylor（1948）在《土力学基础》一书中较详细地讨论了砂土临界孔隙比的试验测定方法问题，并与Casagrande最初采用的试验方法进行了比较。

Terzaghi（1950）认为细砂和粗粉砂的颗粒排列可以很不稳定，在轻微扰动作用下将失去平衡而重新排列，并沉落到更稳定位置。由于孔隙中的水不能及时排出，因此从颗粒排列结构失衡开始到新平衡建立的短时间内，沉积物呈现黏稠液体的性质，向周边流散，直至表面近于水平。

（2）饱和砂稳定性动力破坏的渗透理论

Moslov（1954）在Barkan（1948）的砂土振动压密试验结果的基础上，提出了一个临界加速度的概念。对于某一孔隙率的砂在容器内被振动时，只有当加速度大于某一临界加速度时，砂体才能发生压密，否则将不产生压密；并且临界加速度与孔隙率有一定关系。由于砂土有振动压密作用，对于饱和砂则必然会引起孔隙水的排出问题。由此，Moslov提出了一种“饱和砂稳定性动力破坏的渗透理论”。这个理论利用一维问题进行了说明，试验是把含饱和砂的盛器放在振动台上开展，根据砂土振动压密速率、Darcy定律和体积相容条件进行解答。

（3）动力三轴试验

黄文熙认为，以往按Moslov等提出的采用圆筒（或砂箱）进行饱和振动液化试验的条件不符合实际砂基和砂坡中的应力状态，应该用具有特殊加动荷载设备的三轴压缩仪来进行。通过改进的惯性式振动三轴仪，对淤泥质细砂进行固结不排水振动，发现在不排水振动条件下，试件中产生的最大平均孔隙水压力比u/σ_3受固结应力比σ_1/σ_3、周围固结压力σ_3、振动加速度a_v以及砂土干重度γ_d的影响。

固结不排水三轴振动试验只能测定饱和砂土试件在封闭状态下由振动引起的孔隙水压力变化，但是实际饱和砂基和砂坡中各微小体积单元并非为各自封闭的情况。因此，汪闻韶（1963）提出了饱和砂土振动孔隙水压力扩散和消散问题，并在之后（1964、1980、1981）作了进一步改进。实际上是在Moslov的一维动力渗透理论的基础上进行改进，将其扩充为三维问题，基本的体积相容方程为：

$$\frac{k\mathrm{grad}u_\mathrm{d}}{\gamma_\mathrm{w}}=-\frac{\partial n}{\partial t} \tag{2.1-1}$$

式中：u_d——振动引起的附加孔隙水压力；

$\frac{\partial n}{\partial t}$——饱和砂土孔隙率的变化速率，亦即砂土体积应变速率。

2.1.2 液化的机理

1）饱和土液化的机理

饱和砂土地震液化的主要原因，是由于地震作用造成的周期剪应力使深层土体中产生超孔隙水压力。当地面呈水平时，土层中的每一个土体单元可理想地被看作是受到一系列反复作用的应力过程。在地震前，单元体处于静止应力状态，竖向主应力为σ_0'，侧向力（水平向）为$k_0\sigma_0'$（k_0为砂的静止土压力系数）。在地震期间，水平面和竖直面上将产生周期性的剪应力τ_{hv}，引起单元体发生变形。

根据美国岩土工程学会土动力学委员会于1978年2月组织的讨论会，认为："液化是使任何物质转变为液体的作用和过程。在无黏性土中，这种转变是由固态到液态，它是孔压增加、有效应力减小的结果"。液化定义为一种状态的转变，而与起始扰动的原因、变形或地面破坏运动等无关。人们在反复实践和分析研究中逐渐认识到，当振动作用到土上时，土骨架会因振动影响而受到一定的惯性力和干扰力。由于各个土粒的质量不同，各土粒的排列状况不同，或各点作用的初始应力和传递到的动荷载强度不同，就会使各土粒上的作用力的大小、方向及其所产生的影响上都存在着差异，从而在土粒的接触点引起新的应力。当这种应力超过一定数值时，就会破坏土粒之间原来的联结强度与结构状态，使砂粒彼此间脱离接触。此时，原先由砂粒接触点所传递的压力，就转移传给孔隙中的水分来承担，引起孔隙水压力的升高。一方面，孔隙水在超静孔隙水压力的作用下向上排出；另一方面，土颗粒在重力作用下的沉落过程中将受到孔隙水向上排出的阻碍，使土粒处于局部或全部悬浮的状态，抗剪强度局部或全部丧失，土体将出现不同程度的变形或完全液化，随着孔隙水逐渐排出，孔隙水压力逐渐消散，土粒又逐渐沉落，重新堆积排列，压力重新由孔隙水传给了土粒承受，土即达到新的稳定状态。由此可以看出：

（1）在振动荷载的持续作用下，经历了压力由土颗粒传递给孔隙水，又由孔隙水传递给土颗粒这样两个发展阶段。

（2）从振动液化发展的阶段来看，饱和土能够发生液化现象，必须同时具备两个基本条件：①振动作用足以使土体的结构发生破坏；②在土体结构发生破坏后，土粒发生移动的趋势不是松胀而是压密。因此，密实的砂土在遭受振动作用以后，一方面它的结构不易因为振动而破坏；另一方面它的结构在遭受振动后趋向于松胀，土粒向上运动，孔隙水向下移，完全不具备土颗粒因悬浮而液化的条件。

（3）如果振动作用的强度较小，不会使土的结构破坏，则孔压上升、变形增大、强度降低的现象不明显或不出现。只有在动荷载强度超过前述的临界加速度或超过一定临界振次的情况下，才可能出现孔压的明显上升和变形的明显增大。

地震时饱和砂土（粉土）液化的主要原因是地基运动造成循环剪应力，从而产生超静孔隙水压力。这些剪应力是由于下卧岩层的剪切波向上传播而引起的。在交变周期应力的作用下，土体单元体经受多次反复变形，单元体内各土颗粒接触处发生相对滑动变形，土体体积趋于缩小。在不排水条件的情况下，这种滑动变形必然造成颗粒骨架承担的一部分有效应力传递施加到不可压缩的孔隙水上。随着有效应力向孔隙水的转移以及土骨架上有效应力的降低，土骨架回弹，其回弹量可认为等于土体体积的缩小量（事实上，孔隙水是可压缩的）。土骨架的体积回弹与孔隙水的体积缩小的相互作用决定着土中孔隙水压力增加的大小。

孔隙水压增加到上覆有效压力，松散砂土就产生显著的变形，剪应变可达20%或者更大。如果砂土没有足够的抵抗变形的能力，它就发生无限变形，即发生液化。密实砂土也可以产生正孔隙水压，但孔隙水压力不超过其上覆有效压力，甚至出现负孔隙水压力，因此随着往返应力的作用密实砂土仅发生有限应变。这是因为此时的密实砂土还有一定的抗拉或抗剪变形阻力。动荷载停止作用后，孔隙水压力随之不断下降，密实砂土抗剪或抗拉变形阻力不断增加，其抵抗所施加应力的能力也不断增强，砂颗粒在应力循环作用下仍处于稳定状态。

2）黄土液化的机理

饱和黄土的液化主要是由它的物理力学特性、微结构特征以及水电化学性质决定的。动荷载和水等外部因素的共同作用，都会影响土体强度（用黏聚力和内摩擦角表征），导致饱和黄土液化灾害。通常在黄土的饱和过程中，土中起胶结作用的可溶性盐类将部分溶解，土中黏粒等细颗粒吸水，导致土体黏聚力降低；土体内由于部分架空孔隙结构，孔隙周缘颗粒重排，浸水产生的土颗粒之间润滑作用，导致内摩擦角产生不同程度地减小，致使土体内摩擦力降低。因此，黄土在浸水后，黏聚力和内摩擦力的降低共同导致了土体强度衰减。对于饱和后变形稳定的土体，其大部分结构强度仍会保留，土骨架处于亚稳定状态。在动荷载作用下，亚稳态的土骨架再次变形，导致土体内孔隙体积被压缩，产生累积动孔隙水压力，使得土体有效应力持续减小，土骨架抗变形能力持续降低，直至土骨架的残余强度不足以抵御外界荷载，土体由于土骨架损毁而发生破坏。同时，由于动荷载的持续作用，使得土体内的动孔隙水压力稳定累积，从而造成土体在破坏后呈现近似流动状态。

从土动力学、水电化学和微结构角度对饱和黄土液化的研究分析表明，黄土液化与砂土液化在机理上并不完全相同。当黄土浸水处于饱和状态时（未湿陷前），饱和度一般为80%～95%，通常低于砂土的饱和度。中、大孔隙中充满了水，部分小孔隙和绝大多数微孔隙未充水，易溶盐 NaCl、KCl、Na_2SO_4 和 Na_2CO_3 部分溶解，中溶盐 $CaSO_4$ 也会溶解。在一定强度的动荷载作用下，由于原有微结构的存在，应变开始时以弹性为主，其孔压为弹性孔压。随着振次增加，易溶盐继续溶解，溶出的 Cl^- 又加速中溶盐的溶解（表 2.1-1），而中溶盐多呈次生结晶状态分布在黄土孔隙中，它的溶解会使中、大孔隙结构强度降低而崩溃，粉粒物质散离，落向这些孔隙。

液化前后孔隙水中离子浓度变化（mg/L）　　表 2.1-1

离子种类	Cl^-	NO_2^-	NO_3^-	SO_4^{2-}	Na^+	K^+	Ca^{2+}	Mg^{2+}
饱和水	< 0.5	< 0.5	< 0.5	< 0.5	< 0.5	< 0.5	< 0.5	< 0.5
饱和 1h 液化前	124	< 0.5	< 0.5	2202	111	6	449	207
饱和 1h 液化后	608	208	435	3900	570	10	830	250
长期饱和液化	117	2.0	0	2057	80	4.8	375	243
长期饱和液化	149	2.1	1.2	3716	122	8.2	723	408

在此过程中，一方面孔隙体积减小，孔隙水来不及排出而导致孔压快速上升，作用于土骨架的有效应力急剧降低，土的强度大幅度丧失，应变急剧增大，特别是残余应变由于微结构破坏而得到充分增长，这时的孔隙水压力称为结构孔压（或残余孔压）。它对应于轴

向动应力幅值开始减小到趋向于稳定之间的阶段。另一方面，随着孔压的继续升高，中溶盐进一步溶解，原先未充水的小孔隙和微孔隙由于孔壁隔水物质和胶结物质的溶解而充水，这在一定程度上消散了原先充水的大、中、小孔隙中的水压力，表现为这一阶段的轴向动应力幅值趋于稳定，而残余应变急剧增长。由于孔压的传递，使孔压上升受到一定的制约而达不到有效围压。尽管孔压达不到有效围压，但由于多孔隙结构的破坏，颗粒相互位移和重新排列，使颗粒间的密度增大，黄土仍产生较大的残余应变，表现出低抗剪性和高流动性，从而导致大面积的下沉或流动。

2.1.3 影响液化的主要因素

1）砂土液化的影响因素

在地震或动荷载等往复荷载的作用下，砂土液化是一个复杂的物理力学现象，而影响砂土液化的因素众多。众多学者通过试验和现场宏观调查，证明了饱和砂土的液化是砂土自身特性（内因）及外部变化作用（外因）这两大方面因素综合所致。土的物理力学特征属于内因，地震特征、土的初始应力状态等属于外因。

（1）内因方面

①土的类型

试验结果和现场调查证明，对于砂性土，级配均匀的比级配良好的更容易发生液化。不均匀系数越小，砂土越容易发生液化。当不均匀系数超过 10 时，砂土一般不易发生液化。在级配均匀的砂土中，粉、细砂比中、粗砂更容易液化。如图 2.1-1 所示，是 K.L 李等综合绘制成的易液化土的颗粒分布曲线。

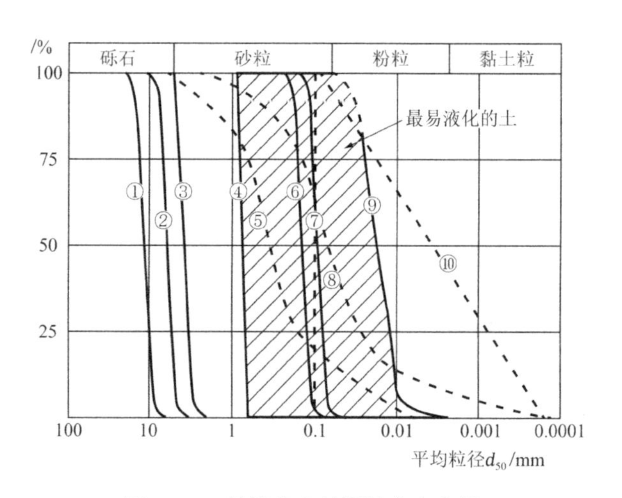

图 2.1-1　易液化土的颗粒分布曲线

②砂土的密实度

密实度是影响饱和砂土液化的一个重要因素。正如此前砂土液化机理所述，疏松砂土极易发生液化，而密实砂土即使在动荷载作用下孔隙水压力达到侧向固结压力，因其自身存在相当的抵抗能力而不至于发生液化。

通常用相对密实度作为饱和砂土密实状态的指标。对于同一种砂土来讲，相对密实度越高，液化敏感性越小，越不容易液化；反之，则越容易液化。在地震应力作用下，砂土受剪时孔隙水压力增大的原因在于松砂的剪缩性。当砂土密实度增大之后，其剪缩性就会减弱，一旦砂土具有剪胀性，剪切时内部产生负的孔隙水压力，土的抗剪能力增加。因此，土不会发生液化。例如，1964 年日本新泻大地震表明，相对密实度为 50%左右的地方，砂土普遍液化，而相对密实度超过 70%的区域就没有发生液化。各类试验结果也都证明了相对密实度对砂土液化性能的影响。根据均等固结循环荷载三轴试验结果，在给定循环作用次数下，引起液化所需的循环剪应力比与相对密实度之间的关系如图 2.1-2 所示。从图中可以看出，无论选用孔隙水压力达到侧向压力作为液化标准，还是选用应变达到 5%作为液化标准，液化应力比与相对密实度之间都是同一线性关系。当相对密实度大于 50%时，如果用前者作为标准，则液化应力比与相对密实度之间还近似地保持线性关系。然而若选用后者作为液化标准，则液化应力比与相对密实度间将是上翘的曲线关系。

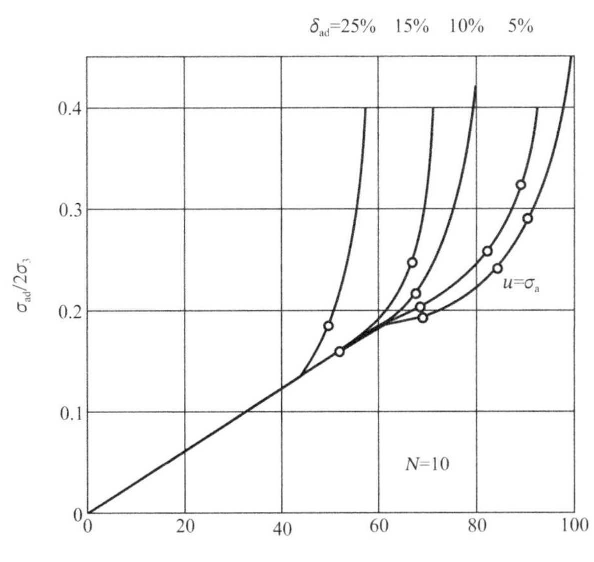

图 2.1-2　饱和砂土密实度对液化的影响

③饱和度

在完全饱和的条件下，认为水是不可压缩，一次循环剪切作用引起的孔隙水压力增量可由下式确定：

$$\Delta u = E_r \Delta \varepsilon_{r,d} \tag{2.1-2}$$

式中：Δu——孔隙水压力增量；

E_r——卸荷模量；

$\Delta \varepsilon_{r,d}$——第N次往返作用所产生的永久体积应变量。

在欠饱和的情况下，因含有的气泡水具有一定压缩性，则一次循环剪切作用引起的孔隙压力增量可由下式计算：

$$\Delta u=\frac{E_{\mathrm{r}}\Delta\varepsilon_{\mathrm{r,d}}}{1+n\dfrac{E_{\mathrm{r}}}{K_{\mathrm{w}}}} \tag{2.1-3}$$

式中：n——砂土的孔隙率；

K_{w}——含气水的体积压缩模量，是砂土饱和度S_{r}的函数，两者之间的关系可用下述简化公式表示：

$$\frac{1}{K_{\mathrm{w}}}=\frac{S_{\mathrm{r}}}{K_{\mathrm{w0}}}+\frac{1-S_{\mathrm{r}}}{u} \tag{2.1-4}$$

K_{w0}——不含气的水的压缩模量；

u——孔隙水压力。

这样，指定不同的饱和度S_{r}，按式(2.1-4)计算孔隙水压力的增长，由此可确定孔隙水压力升高到静止上覆压力所需的循环剪切作用次数之间的关系。

（2）外因方面

①地震强度

砂土在一定的初始约束力下，地震时是否发生液化，取决于地震所产生的动剪应力强度的大小。很显然，地震产生的剪应力大于砂土在初始约束压力下的抗液化强度时，砂土就会发生液化。

地震强度一般可由地震产生的地面运动烈度来反映。地震烈度的大小主要是由地面加速度来加以度量。日本新泻在过去四百年里，经历了 25 次地震，但在其城市及附近地区的松砂发生液化有历史记载的仅有三次。这三次地震的地面加速度，估计都超过 0.13g，最高约达 0.16g。其他 22 次地震的地面加速度估计在(0.005～0.12)g范围内，在该城市及其附近皆没有发生过砂土液化的记载。由此可见，地面运动烈度可看作估计砂土发生液化可能性的一个重要因素。

②初始应力

在地震作用下，土的孔隙水压力等于侧向固结压力是砂土产生液化的必要条件。侧向固结压力可用有效上覆应力和侧压系数来表示。固结压力越大，有效上覆应力也越大，砂土在给定的循环次数下产生初始液化所需的循环剪应力（即砂土的抗液化强度）则越大。很显然，若在其他条件相同的情况下，砂土就越不容易发生液化。动扭剪试验结果表明，在一定初始有效上覆应力条件下，砂土的抗液化强度随静止土压力系数增大而增大；砂土的抗液化强度与初始有效上覆应力呈正比。

③地震历时

地震历时，即地震震动的持续时间。在目前的室内试验研究中，地震历时常常用循环周数来反映，两者之间的相互关系见表2.1-2。

循环周数与地震历时的转换关系　　表2.1-2

地震震级	5.5～6.0	6.5	7.0	7.5	8.0
等效循环周数N_{eq}	5	8	12	20	30
地震历时/s	8	14	20	40	60

液化机理分析表明，孔隙水压力升高到侧向固结压力是砂土液化的必要条件。Seed等通过试验和研究，提出了循环剪切作用下砂土所产生的孔隙水压力u_w与循环周数N之间的关系，可由下式表示：

$$\frac{u_w}{\sigma_0'}=\frac{2}{\pi}\arcsin\left(\frac{N}{N_L}\right)^{\frac{1}{\theta}} \tag{2.1-5}$$

式中：σ_0'——固结压力，三轴试验时代表初始平均有效应力，单剪试验时代表初始垂直应力，现场条件下为初始上覆有效应力；

N_L——液化时的循环周数；

θ——与土的类型和试验条件有关的经验常数，Seed等认为，大多数土可取0.7。

由此可见，地震所产生的震动持续时间越长，亦即等效循环周数越大，则对应产生的孔隙水压力也越大，砂土液化的可能性也越大。

④地下水位变化

地下水位变化，直接影响了砂层液化的产生和发展。地下水位上升，导致地震动剪应力强度增强，砂土液化剪应力降低，进而削弱了砂土的抗液化强度，使得该情况下的砂土层更容易发生液化。

2）黄土液化的影响因素

（1）场地条件

黄土地区必须具备如下场地条件才有发生震动液化的可能：一是有地貌较为平坦或缓斜坡中存在更新世晚期和晚更新世以来的完整黄土地层；二是地下水位较浅或是有其他水源补给。

（2）含水率

黄土比砂土具有更高的液化潜势。当含水率高于塑限时，在一定强度的动荷载作用下，孔压能显著升高，有效应力降低，应变急剧增长，黄土出现液化现象。在一定的含水率范围内，随着含水率增加，孔压比增大，液化程度升高。

（3）干密度

干密度在一定程度上反映了黄土的孔隙结构，因此干密度也对黄土的液化潜势具有一定影响。通过对不同干密度击实黄土的液化试验研究发现，在动应力基本一定的条件下，液化振次随着干密度的增大而增加，说明干密度大的黄土在较长的地震历时下才会液化。

（4）塑性指数

Prakash等（1998）对饱和重塑黄土的液化试验研究结果表明，塑性指数I_P对液化应力比$\sigma_d/2\sigma_0'$有显著影响。当$I_P < 4$时，$\sigma_d/2\sigma_0'$随I_P的增大而降低；当$I_P > 4$时，$\sigma_d/2\sigma_0'$随I_P的增大而迅速升高；当$I_P = 20$时，$\sigma_d/2\sigma_0'$所对应的峰值加速度已超过 $4m/s^2$。考虑到我国具有液化潜势的马兰黄土和全新世黄土塑性指数一般为 5～20，而塑性指数$I_P > 17$的土已属于黏土。因此，当地基土的塑性指数$I_P > 20$时，可不必再考虑黄土的液化问题。

（5）孔隙结构

不同成因的黄土，其孔隙结构对动力荷载和水作用的敏感性不同，孔隙结构的成因分类与其大小分类具有较好的一致性。因此，按照孔隙成因和大小综合分类，可以很好地反映黄土在液化成灾过程中孔隙结构的变化特征。将孔隙分为大、中、小、微 4 种类型，通过对中、美、俄三国黄土的液化试验和孔隙结构分析结果的对比，发现中、大孔隙含量对黄土液化势有显著影响。其中，中孔隙含量的影响更为显著。当中、大孔隙含量大于 25%时，黄土具有显著液化势；当中、大孔隙含量小于 15%时，没有明显的液化势。

试验表明，黄土液化时中、大孔隙含量减少，微、小孔隙含量增大。其中，中孔隙的减少和微孔隙的增加最为显著。孔压比、液化应力比与中、小孔隙变化量具有一定的相关性，即液化应力比随着液化前后中孔隙的相对减少或微、小孔隙相对增大而线性减小。在相同的液化标准下，孔隙变化量越大的试样，液化应力比越小，试样越易液化。在动荷载作用过程中，液化振次越高，中孔隙破坏越多，导致微、小孔隙增多。在我国，黄土的各类孔隙含量由西北向东南，在土层中自上而下呈现出一定的规律性。如表 2.1-3 所示，黄土液化势随着孔隙变化表现出规律性。

我国不同地区黄土的孔隙变化 表 2.1-3

孔隙类别	孔隙含量变化		液化潜势
	自西北向东南	自上而下	
大孔隙	增高	显著减少	自西北向东南、自上而下，液化势变小
中孔隙	显著减少	递减	
小孔隙	减少	增多	
微孔隙	大幅度增多	增多	

2.1.4 土体液化的灾害

作为地震的次生灾害，砂土或粉土的液化给人类带来相当严重的危害，特别是历史上曾经发生过的一些大地震，给人类带来生命以及财产的损失是非常惊人的。

16 世纪发生在我国的一次大地震，造成 85万人丧生。1961 年后，国内发生过几次触目惊心的大地震，给我国人民带来了沉痛灾难。1961 年巴楚地震，西克尔土坝的坝基粉质壤土层液化造成严重沉陷和崩裂；1966 年邢台地震，滏阳河流域河流故道淤砂液化造成堤岸及河道建筑物的大量破坏；1969 年渤海湾地震，几座饱和松砂坝坡发生液化流滑；1975 年海城地震，盘锦地区大面积砂基液化造成各类建筑物破坏和石门水库土坝上游砂粒料坝坡的水下部分液化流滑；1976 年唐山地震，滨海地区发生了大面积砂土及少黏性土（或称轻粉质黏土）地基的液化。

在国外，1964 年日本新泻地震，砂土地基液化造成各类破坏；同年美国 Alaskan 地震，除多处水下滑坡造成的岸边破坏以外，地下约 20m 深处砂土透镜体的液化造成了 Anchorage 的灾害性地滑；1971 年美国 San Fernando 地震，Lower Van Norman San Fernando 坝发生了大规模的液化滑坡破坏。

日本新泻市位于日本本州岛中部，东京以北，西邻日本海，有很大范围的砂土地基。1964 年 6 月发生 7.5 级的强烈地震，使大面积的砂土地基液化，丧失地基承载力。新泻市机场建筑物震沉 915mm，机场跑道严重破坏，无法使用。当地的卡车和混凝土结构等重物在地震时沉入土中。原位于地下的一座污水池，地震后被浮出地面高达 3m。有的高层公寓陷入土中并发生严重倾斜，无法居住。据调查统计，1964 年新泻市大地震，共计毁坏房屋 2890 幢，都是由地基液化所致。新泻市在地震作用下大量房屋倒塌，究其原因，是饱和状态砂土地基没有进行处理，在强烈地震作用下砂土严重液化丧失承载力。由此可见，当地下水位浅，水下存在大面积的砂土与粉土时，必须进行液化判别工作。

1966 年 3 月，河北省邢台市发生 6.8～7.2 级地震，震中烈度 9～10 度。此次地震造成的地面破坏以地裂缝和喷水冒砂为主。极震区地形地貌变化显著，出现大量地裂缝、滑坡、崩塌、错动、涌泉、水位变化、地面沉陷等现象。喷水冒砂现象普遍，最大的喷孔直径达 2m，地下水普遍上升 2m 多。这次地震砂土液化的一个重要特点是：沿古河道不仅地裂缝及喷水冒砂普遍，而且位于古河道上的村庄比邻近河道村庄的破坏更严重；在同一村庄中，古河道通过地段的房屋又比其他地段的破坏严重。1976 年 7 月 28 日凌晨，唐山地区发生 7.8 级强烈地震。唐山市区位于地震震中区，地震烈度高达 10～11 度，几乎所有建筑物均遭到毁坏。唐山地震造成的液化面积十分巨大，震后航拍和现场考察证实，液化范围约 2.5万 km^2。因此，无论是破坏程度，还是波及规模，都是近现代地震历史上非常罕见的。唐山地震的砂土液化现象为我国规范中液化判别的修订起到了非常重要的作用，唐山地震液化场地数据占规范数据 60%。1999 年 9 月 21 日凌晨，7.3 级强烈地震发生在我国台湾省集集镇，俗称“9.21 地震”。其中，台中县、南投县是主要受灾区，地震造成人员死亡逾 2000 人，受伤 6534 人，是台湾省 20 世纪末期发生最大的地震。本次地震后，员林、南投、大肚溪等地区发生了大规模砂土液化现象，导致地层下陷、喷水冒砂、房屋倾斜和倒塌。2003 年巴楚-伽师强烈地震，发生在人口密集的冲积平原地区，由于该地区地下水埋深浅，土质疏松（地基下广泛分布粉砂、细砂），导致地震中喷水冒砂的震害现象十分显著。琼库尔恰克乡中学被液化冒出的水淹没。2008 年 5 月 12 日 14 时，我国四川汶川、北川境内发生 8 级强烈地震，最大烈度 11 度。汶川地震是新中国成立以来波及范围最大、破坏性最强的一次地震，其强度、烈度都超过了 1976 年的唐山大地震。中国地震局工程力学研究所的考察结果表明，此次大地震的液化分布范围也是新中国成立以来最大的一次，调查确认有 118 个液化场地和液化带，涉及 10万 km^2 的区域。此次地震的一个重要特点是砂砾土液化分布广泛，造成的危害也特别严重。对比我国以往发生的地震液化砂类，汶川地震液化场地的喷砂类型明显更加丰富，喷砂类型包括：粉砂、细砂、中砂、粗砂、砾石，甚至卵石。

由于黄土微结构所具有的独特动力性质，使其表现出很高的地震易损性。在我国中西部黄土地区，历次强震（$M_S \geqslant 8$ 的 6 次，$M_S \geqslant 7$ 的 22 次，$M_S \geqslant 6$ 的 52 次）都曾引起过严重的黄土液化地震灾害，人口伤亡达百万人以上，甚至一些小的地震也在震中区和丘陵地带引起了许多房屋和黄土窑洞变形和倒塌（例如 1986 年运城 3.1～3.7 级地震群）。1989 年塔吉克斯坦 5.5 级地震引起饱和黄土层的广泛液化，导致大规模泥流，淹没村庄，造成 220 多人死亡。在美国中东部黄土地区，1887—1888 年新马德里 7.8 级地震引起大面积液化，地面沉降，密西西比河的河水灌入，形成堰塞湖。

如表 2.1-4 所示，列出了黄土地区的一些典型地震灾害实例。这些震害实例均表明，黄土场地显著的地震动放大效应和严重的地震滑坡、液化和震陷是黄土地区主要地震岩土灾害。

黄土地区典型地震灾害实例 表 2.1-4

时间	震中	震级M_S	震中裂度	主要地质灾害	死亡人数
1303 年	山西洪洞	8	Ⅺ	滑坡、崩塌	20 多万
1556 年	陕西华县	8	Ⅺ	震陷	83 万
1920 年	宁夏海原	8.5	Ⅻ	滑坡、液化、震陷	32 万
1927 年	甘肃古浪	8	Ⅺ	滑坡、崩塌	10 万
1970 年	宁夏西吉	5.5	Ⅶ	滑坡	107
1995 年	甘肃永登	5.8	Ⅶ	滑坡、震陷	12
1989 年	塔吉克斯坦	5.5	Ⅶ	液化滑移	220

2.1.5 土体液化破坏的防止对策

土体液化与破坏是两个不同的概念，但是两者亦有一定联系，而岩土工程界所关心的是土体液化所引起的工程破坏或其他灾害。人们常说的防止液化，实际上是要防止土体液化所造成的灾害性破坏。在这个意义上，并不是专指土体是否发生液化，而真正的目的是防止土体因液化或与液化有关的可能产生或引发的灾害性破坏。当前工程设计中采用的判别和评价或防止土体液化的准则，主要是从宏观破坏现象中总结出来的经验准则，亦可称为是从工程角度出发的使用准则，并不是从物理概念出发的真正液化与否的判据。

液化主要发生在饱和无黏性土和少黏性土中。饱和度较低的土一般无液化问题，也不需要考虑液化破坏问题。所以，疏干土体也是一种有效的措施，例如降低地下水位、降低边坡浸润线（常用于尾矿坝和灰坝）等。

对于不能疏干的饱和土体，就应该从它是否会发生砂沸、流滑等方面来采取措施，还应考虑土体中孔隙水压力持续而非瞬态升高所引起的不稳定性。

流滑是造成土体液化最严重的现象，其根源在于土体结构太松（相对密实度多在 50% 以下），颗粒骨架结构呈准稳定状态，稍受扰动，就会发生崩解，同孔隙水一起形成流动状态。因此，防止饱和土体流滑的对策是要提高该土体的密实程度和颗粒骨架结构的稳定性，最有效的工程措施是振动加密。因为振动既可提高密实度，又可增加颗粒骨架结构的稳定性，这已被实验室和在现场原位试验中证实。当前常用的方法有：振冲加密、挤密桩、强夯等，填方的振动加密、振动碾压和强夯等。

循环活动与流滑不同，只有在累计变形达到某个允许值（D_f）标准后才算破坏。在循环活动性的发展过程中，虽然会出现瞬态液化和瞬态极限平衡状态，但不一定能达到足够的累计变形破坏标准。所以，在这种情况下，不能单纯以是否发生液化或是否出现极限平衡作为防止发生破坏的依据和准则，必须估计出循环活动产生的累计变形是否超过它的允许变形量。目前缺少完全可信和成熟的试验和分析方法，仍有赖于实验室和现场观测经验。防止土体流滑的各种工程措施，如振动加密、疏干、排水降压（指孔隙水压力）等，也适用于防止土体由于循环活动性引起的破坏。

防止土体液化破坏，还可采用桩基、化学灌浆和加化学掺合剂等措施。前者是把桩身穿过液化土层，打入非液化土层，以起支撑作用；后者则为填充土粒间的孔隙和胶结土粒，以提高土体颗粒骨架结构的稳定性。

2.2　地基震陷

2.2.1　震陷机理

震陷的宏观表现是地震引起的地面沉陷。不仅软黏性土（包括黄土）会发生震陷，砂土也可能发生震陷，例如饱和砂土液化后出现的地面下沉现象。

震陷是在强烈的地震作用下，由于土层震密、塑性区扩大或强度降低而导致工程结构或地面产生下沉。震陷的原因有多种，有的是由于地震作用引起的土体强度破坏，如饱和砂土液化、软土溯流；有的是由于地震作用引起的土体结构破坏，如土颗粒重新排列、孔隙压缩、洞穴塌陷等。1976 年唐山地震，引起了人们对软土地基的地震灾害的关注。近年来国内外学者利用动三轴、离心机振动台试验对软土的动力特性以及软土震陷量等问题开展了一系列研究，也取得相应成果。

在动应力作用下复杂的震陷机理给软土研究造成了困难，也是软土震陷研究成果较少的原因之一。郁寿松等提出的残余应变理论可以解释软土在动荷载作用下发生震陷的机理，即动荷载施加前后土体产生的不可恢复应变。Okamura 在软土地基抗震性能的离心机试验中总结提出，震动过程中孔隙水压力上升，有效应力降低是软土地基沉陷的主要原因，软土地基的沉降与震后路基下部应力降低引起的再固结有关，这一结论对软土震陷的原因做出了解释。众多学者研究表明，软土震陷的原因可以概括为：结构效应、软化效应、惯性效应与土体再固结变形效应。软土的结构性可以理解为土体沉积过程中由胶结物质形成的结构性强度，结构的不可逆性对震陷起到决定性作用。在地震应力循环作用下，土的静剪切模量降低，这一过程即为土体软化，借由软化前后的模量变化可估算震陷量。土体软化效应与地震瞬时作用效应将共同导致土体塑性变形区扩大而发生震陷。震后很长一段时间内，孔隙水压力逐渐消散而导致土体发生再固结沉降。软土的震陷机理十分复杂，其原因在于饱和软黏土低强度、低渗透性、高灵敏度、高压缩性、固结时间长的特征以及软土的结构效应、软化效应以及瞬时效应等作用，现有的研究成果还未将其完全解释清楚，因此软土震陷机理还有大量的研究工作需要开展。

在动三轴试验中黄土的动变形特征表现为：当一定峰值的地振动时程施加到土样时，在随机动应力的作用下，残余应变迅速增长直至试样破坏。土动力学试验和显微结构的研究结果揭示(张振中等, 1987)，具有颗粒接触架空孔隙结构的黄土在地震作用下易于震陷。这种黄土的粒间胶结力很弱，强度低，一旦遭受地震，大孔结构就可能破坏，粉粒落入大孔隙，其结果是黄土层的残余变形迅速增长，宏观上表现为黄土层地基的突然沉陷。黄土地基的震害不仅与黄土的物理、力学性质有关，而且与场地的地形、地貌有关。例如，黄土地裂和震陷大多发生在黄土塬、梁和阶地等地貌单元。

2.2.2 震陷研究现状

判别软土是否震陷是防御震陷的第一步，由于软土震陷机理的研究尚处于探索阶段，且现有规范对软土震陷的判别方法还没有给出统一的规定。因此，在软土震陷判别条件还未成熟的情况下，一些学者考虑根据震陷量来进行震陷判别。石兆吉提出通过计算标准建筑物的震陷量来进行震陷判别，并根据震陷值划分破坏等级。这种定量计算震陷的方法虽然较为合理，但是目前的软土震陷计算方法仍存在模型复杂、公式及参数众多等一列问题，这对于大型工程项目尚且适用，而对中小型项目则成本太大。因此，该方法实施起来具有一定困难。经验判别、震陷量估算、试测界限值和模型建立等方法虽存在合理性，但也有一定的局限性，其局限性表现在：一是地区性范围局限，需要大量参数数据库；二是结果局限，能否结合试验或经验规定进行综合性评价是目前软土震陷判别需解决的问题。

如今国内外对软土震陷的影响因素已有相对统一的认同，近年来也有不少学者以新的试验方法如离心机振动台试验分析软土地震反应。目前的研究成果仍存在两点问题：一是由于软土复杂的结构性与动本构关系的局限性所导致对软土动力特性以及影响因素的研究成果缺乏创新性；二是在于不同地区的软土受其成土条件影响，自身的参数变化很大，软土的参数指标如含水率、液塑限等参数与其动力特性之间有何联系，这一问题还有待进一步研究。

软土震陷属于由地震引起土体单元产生永久性偏应变的变形问题。震陷量估算是采用整体变形分析方法分析土体地震永久变形，将土体视为连续介质，采用土的弹塑性本构关系，结合试验进行研究，以有限元进行计算分析。传统的土的结构性模型一般都较为复杂、参数较多，参数确定需要大量的试验，且计算要求较高，大多需要进行数值模拟计算，工程技术人一般很难掌握，致使实际应用中受到一定的限制。因此，如何揭示强震作用下软土的震陷规律，分析软土在不同地震动特性作用下的震陷发展，提出估算软土震陷量的简单计算方法是今后软土震陷研究的重点。

相对于近代几次破坏性大地震中砂土液化、干砂和软土震陷灾害在地震工程界所引起的重视程度，黄土震陷问题在首次提出时因缺少实际震例而未引起足够重视，从而使得相关研究也相对滞后（王强等，2012）。近年来，随着我国西部大开发战略的加速实施，加之中西部黄土地区的强震多发背景，大量专家学者与工程技术人员已逐渐意识到黄土地震灾害的潜在威胁和巨大危害。目前，黄土场地震陷灾害研究已由早期所关注的成因机制、震陷性判定和震陷量估算等问题逐步转移到实际工程场地震陷灾害的评价预测及防治技术理论之上，并取得了一些具有理论意义和应用价值的科研成果。

在震陷性判定方面，张振中和王兰民提出的根据新黄土的孔隙比、含水率、剪切波速和相对密实度等指标判定黄土震陷性的技术标准现已纳入地方性抗震设计规范。在场地震陷量估算方面，由于现有的震陷系数估算公式仍存在计算烦琐、涉及参变量过多和适用性差等问题，目前仍以室内动三轴试验获取震陷系数的评价方法最为直接可靠。在抗震陷处理技术方面，借鉴湿陷性黄土地基处理技术，王兰民等研究了强夯法、挤密桩法和化学灌浆法等手段在改善黄土抗震陷性方面的效果，并提出了相应的黄土抗震陷性的处理技术和标准。

震陷性判定标准现已纳入地方性规范，但面对我国广大的黄土区域是否具有适用性尚需进一步开展大量的室内试验工作。场地震陷性评价仍以室内动三轴试验手段为准，现有的震陷量估算方法尚处在理论研究阶段而不具有工程应用性。震陷量估算的模型构建需要摆脱众多影响因素之间的关系迷局，从黄土震陷形成的物理力学机制着手或借助土力学方法着手。常用的湿陷性黄土地基处理技术如强夯法、挤密桩法和化学灌浆法等对震陷性黄土地基改良同样具有很好的适用性。黄土震陷实例在黄土地区的历次强震和中强震中均有发现，历史震害中发现的建筑物基础沉降、平坦场地重力型裂缝和低缓坡度的黄土地震滑坡可作为黄土震陷的例证。黄土场地震陷灾害受土性条件、地形地貌和地震动作用等因素的影响而表现出不同类型的发育模式，如震密型震陷、液化型震陷和震陷型滑坡。黄土场地震陷的力学机制研究不仅需要考虑黄土的结构特征和颗粒组分的区域性差异，还需要考虑干湿型黄土的水敏性差异和场地地形条件差异等因素的影响。震陷临界动应力受黄土的结构强度控制，同时水对其影响作用也很显著。

2.2.3 震陷对环境的影响

地震震陷给人类所带来的危害是极其巨大的，国内外有许多这方面的记载和报道。1976年7月28日唐山地震造成天津塘沽原交通部第一航务工程局四处的26栋宿舍楼突然下沉。该宿舍楼是1974年建成，地震前已下沉20cm左右，地震中又下沉了15～18cm，最大下沉25cm（四层楼），散水倒坡，建筑物整体倾斜（3.06%）。由于采用了整体性较好的筏形基础，虽然震前、震后累计总沉降量对于三层楼房已达30～40cm，四层楼房已达50～70cm，整体倾斜3.06%，但墙身和主体结构并未发生明显破坏。由此可见，在软弱地基上增加建筑物和基础的刚度是抗震的一个有效措施。如果结构刚度较弱，采用单独基础或条形基础，则房屋的损坏将严重得多。

历史震害表明，黄土地区的震害不仅与黄土的物理力学性质有关，而且受地形地貌的影响巨大。对于黄土墚、黄土塬边，主要的震害为滑坡，且滑坡通常在非常广阔的范围以成群连片的形式出现。1920年12月26日海原大地震（8.5级，12度）形成的滑坡严重密集区达4000km^{2}以上，西吉县一带（地震烈度为10度）滑坡连片，回回川滑坡的滑坡体长687m，宽359m，滑坡后壁至前缘高差约100m，滑动土层厚30～50m，下滑土方量766万m^3，滑动面的平均角度8.4°。对于黄土场地，则主要是震陷与地裂。苏联学者通过实地观测指出，干燥黄土状土，在8度地震时可能发生1m的下陷，形成长达50～100m、宽0.1～0.5m、深0.7～1.0m的裂缝。我国陕西华县1556年8级大地震，位于极震区的渭南县城内黄土地基上的鼓楼下陷1m多。因此，在兰州、西安、西宁等城市的建筑规划中，需对典型黄土场地在7、8及9度地震时可能的震陷作出预测。

2.3 国内外液化判定标准

2.3.1 概述

1）欧洲规范

欧洲规范是由欧洲共同体委员会鉴于各成员国国家标准对房屋建筑和土木工程的设计和施工各有不同的规定，从而提出建立一套协调统一的有关技术规定。

各成员国将欧洲规范转化为本国标准，必须接受全文（含附录），但可在规范前面增加本国标准扉页，在后面增加本国国家附录，其内容为本国数据参数（NDPs）。结构安全仍为各成员国的责任，考虑到国别间结构安全度的差异，与结构安全相关的参数值由各成员国确定。本国数据参数（NDPs）主要为：

（1）欧洲规范中给出的可选用值和（或）等级；

（2）欧洲规范中只给出了符号的值；

（3）国家特定的数据（地理、气候等），如风压、雪压分布图；

（4）欧洲规范给出的可供选择的方法，包括资料性目录的应用选择、有助于使用欧洲规范且与之无抵触的补充性参考资料。

Eurocode 8 为欧洲抗震设计规范，分成 5 个独立部分：

第一部分：结构的地震作用及一般要求，建筑物的设计总则，建筑物的各种结构材料和构件的专门规定，对现有建筑物的抗震加固和修复细则；

第二部分：有关桥梁的特殊规则；

第三部分：有关塔、桅杆和烟囱的特殊细则；

第四部分：有关罐、筒仓和管线的特殊细则；

第五部分：有关基础、挡土结构及大地质构造方面的细则。

2）美国抗震规范

美国抗震规范的发展可以分为以下三个阶段：

（1）初创

1925 年加州发生的 Santa Barbara 地震促成了美国第一个带有建筑抗震内容的规范：《统一建筑规范》（Uniform Building Code，UBC），该规范于 1927 年出版。出版机构是建筑官员国际会议（International Conference of Building Officials，ICBO），主要用于美国西部各州。

（2）发展

这一阶段的地方性抗震规范除了上述的 UBC 之外，又出现了 NBC 和 SBC，即国家建筑规范（National Building Code，NBC），主要用于美国东北部各州；标准建筑规范（Standard Building Code，SBC），主要用于美国中南部各州。这两本规范在技术上并不先进，主要采用了 ASCE 7 国家规范中的建议性条文。而与此同时，UBC 在美国加州结构工程师协会（Structural Engineers Association of California，SEAOC）的技术支持下蓬勃发展。SEAOC 于 1959 年出版了它的第一版蓝皮书，即《推荐侧向力条文及评注》（*Recommended Lateral Force Provisions and Commentary*）并持续修订。SEAOC 下设的应用技术委员会（Applied Technology Council，ATC）于 1978 年出版的 ATC 3-06 也成为日后各种抗震规范的重要参考。在这一阶段的后期，美国从 20 世纪 70 年代中期开始，联合 NSF，NIST，USGS 和 FEMA 等四家机构，展开了一项“国家减轻地震灾害计划”（National Earthquake Hazards Reduction Program，NEHRP），并于 1985 年出版了第一版 NEHRP Provision，并坚持续修订。NEHRP Provision 中的一些规定逐渐被 ASCE 7 采纳，进而反映在 NBC 与 SBC 中。

（3）统一

1995 年，UBC，NBC 与 SBC 三本规范的编制机构成立了国际规范协会 ICC（International Code Council），开始推动规范的统一。1997 年，SEAOC 推出了最新版的 UBC。同年，SEAOC 与 ASCE、ICC 等机构合作编制了最新版的 NEHRP Provision。

2000 年，以 1997 NEHRP Provision 为基础的 2000 IBC 规范正式发布实施，取代了 UBC、SBC 和 NBC 等规范，从而使美国的新建筑规范达到了统一。

IBC 每 3 年修订一次，可以把 IBC 视为一个规范门户，由它通向各个专门规范。在抗震设计方面，IBC 大多引用了 ASCE 7 的内容。ASCE 7 也是一个针对各种结构形式的总规范，只规定了设防目标、场地特性、设计地震作用、地震响应计算方法、结构体系与概念设计等普适的内容，至于具体的构件性能需求与构件详细设计的内容，ASCE 7 则援引到其他专门的规范，如混凝土结构要求符合 ACI 318 的要求。因此，统一后的抗震规范体系是"IBC—ASCE 7—ACI 318 等专门结构规范"的链式体系。

3）我国抗震规范

我国是一个幅员辽阔的国家，地震区分布广泛，地质条件差异大，并且各地区经济水平发展不均衡，使我国抗震规范的制定尚存在不完善之处。欧洲规范 EC8 制定时，既考虑了统一的必要性，又考虑了欧盟各国地震区的差异性。与我国《建筑抗震设计规范》GB 50011—2010 相比，在抗震设防水准、抗震设防目标、反应谱及地震动区划等方面有很多不同，这些方面的经验值得我国参考借鉴。

因此，本节将着重对比中国抗震设计规范与美国及欧洲抗震设计规范中的有关条款，展示这类条款的异同点，指明各种规范之间的差异所在，从而为全面了解美国和欧洲抗震设计规范奠定基础，为行业相关人员了解熟悉美国和欧洲抗震规范提供帮助，这是十分有意义的。

2.3.2 场地类型对比

1）中国国家标准《建筑抗震设计规范》（2016 年版）（简称国标）GB 50011—2010

（1）建筑场地类别的划分方法

第 4.1.2 条规定，建筑场地类别的划分，应以土层等效剪切波速和场地覆盖层厚度为准。

（2）土的类型划分

第 4.1.3 条规定，当无实测剪切波速时，可根据岩土名称和性状，按如表 2.3-1 所示划分土的类型，再利用当地经验，在如表 2.3-1 所示的剪切波速范围内估算各土层的剪切波速。

土的类型划分和剪切波速范围　　表 2.3-1

土的类型	岩土名称和性状	土层剪切波速范围/（m/s）
岩石	坚硬、较硬且完整的岩石	$V_s > 800$
坚硬土或软质岩石	破碎和较破碎的岩石或软和较软的岩石，密实的碎石土	$800 \geqslant V_s > 500$
中硬土	中密、稍密的碎石土，密实、中密的砾、粗、中砂，$f_{ak} > 150$ 的黏性土和粉土，坚硬黄土	$500 \geqslant V_s > 250$
中软土	稍密的砾、粗、中砂，除松散外的细、粉砂，$f_{ak} \leqslant 150$ 的黏性土和粉土，$f_{ak} > 130$ 的填土，可塑新黄土	$250 \geqslant V_s > 150$
软弱土	淤泥和淤泥质土，松散的砂，新近沉积的黏性土和粉土，$f_{ak} \leqslant 130$ 的填土，流塑黄土	$V_s \leqslant 150$

注：f_{ak} 为由载荷试验等方法得到的地基承载力特征值（kPa）；V_s 为岩土剪切波速。

（3）建筑场地覆盖层厚度的确定

第 4.1.4 条规定，建筑场地覆盖层厚度的确定，应符合下列要求：

一般情况下，应按地面至剪切波速大于 500m/s 且其下卧各层岩土的剪切波速均不小于 500m/s 的土层顶面的距离确定。

当地面 5m 以下存在剪切波速大于其上部各土层剪切波速 2.5 倍的土层，且该层及其下卧各层岩土的剪切波速均不小于 400m/s 时，可按地面至该土层顶面的距离确定。

剪切波速大于 500m/s 的孤石、透镜体，应视同周围土层。

土层中的火山岩硬夹层，应视为刚体，其厚度应从覆盖土层中扣除。

（4）土层等效剪切波速的计算

第 4.1.5 条规定，土层的等效剪切波速，应按下列公式计算：

$$V_{se} = d_c/t \tag{2.3-1}$$

$$t = \sum_{i=1}^{n}(d_i/V_{sei}) \tag{2.3-2}$$

式中：V_{se}——土层等效剪切波速（m/s）；

d_c——计算深度（m），取覆盖层厚度和 20m 两者的较小值；

t——剪切波在地面至计算深度之间的传播时间；

d_i——计算深度范围内第i土层的厚度（m）；

V_{sei}——计算深度范围内第i土层的剪切波速（m/s）；

n——计算深度范围内土层的分层数。

（5）建筑场地类别的划分

第 4.1.6 条规定，建筑场地的类别，应根据土层等效剪切波速和场地覆盖层厚度按如表 2.3-2 所示划分为四类，其中 Ⅰ 类分为 $Ⅰ_0$、$Ⅰ_1$ 两个亚类。当有可靠的剪切波速和覆盖层厚度且其值处于如表 2.3-2 所列场地类别的分界线附近时，应允许按插值方法确定地震作用计算所用的特征周期。

各类建筑场地的覆盖层厚度（m）　　表 2.3-2

岩石的剪切波速或土的等效剪切波速/（m/s）	岩土名称和性状	土的类型	场地类别				
			$Ⅰ_0$	$Ⅰ_1$	Ⅱ	Ⅲ	Ⅳ
$V_s > 800$	坚硬、较硬且完整的岩石	岩石	0				
$800 \geqslant V_s > 500$	破碎和较破碎的岩石或软和较软的岩石，密实的碎石土	坚硬土或软质岩石		0			
$500 \geqslant V_s > 250$	中密、稍密的碎石土，密实、中密的砾、粗、中砂，$f_{ak} > 150$kPa 的黏性土和粉土，坚硬黄土	中硬土		<5	≥5		
$250 \geqslant V_s > 150$	稍密的砾、粗、中砂，除松散外的细、粉砂，$f_{ak} \leqslant 150$kPa 的黏性土和粉土，$f_{ak} > 130$kPa 的填土，可塑新黄土	中软土		<3	3～50	>50	
$V_s \leqslant 150$	淤泥和淤泥质土，松散的砂，新近沉积的黏性土和粉土，$f_{ak} \leqslant 130$kPa 的填土，流塑黄土	软弱土		<3	3～15	15～50	>80

注：表中V_s系岩石的剪切波速。

2）欧洲抗震规范 EN 1998-1：2004

（1）场地类别分类

场地类别 **表 2.3-3**

场地类别	地层剖面描述	参数		
		V_{s30}/（m/s）	N_{SPT}/（锤击次数/30cm）	C_u/kPa
A	岩石或岩石类地质体，可包括上部不大于 5m 的软弱土覆盖层	> 800	—	—
B	非常密实的砂、砂砾，或非常硬的黏土组成的至少数十米厚的沉积层，其力学特征随深度逐渐增加	360～800	> 50	> 250
C	密实或中密的砂、砂砾或硬黏土沉积物，其厚度从数十米到几百米	180～360	15～50	70～250
D	从松散到中密的非黏性土（有或没有软黏土层）或主要由软到硬的黏性土组成的沉积物	< 180	< 15	< 70
E	V_s值为 C 或 D 类，且厚度在 5～20m 的表层沉积物覆盖在V_s > 800m/s 的基岩上			
S1	由（或包括）至少 10m 厚的高塑性（PI > 40）、高含水率的软黏土或淤泥组成的沉积层	< 100（示意性的）	—	10～20
S2	可液化土、高灵敏土沉积物或不属于 A～E 或 S1 的其他土层			

注：考虑深层地质的场地划分在国家附录中规定，包括根据第 3.2.2 条第 2 款和第 3 款定义水平和竖向弹性反应谱的参数 S，T_B，T_C和T_D的值。

第 3.1.2 条第 1 款规定，由地层剖面和如表 2.3-3 所示中的参数表示的场地类别 A、B、C、D 和 E 可用于考虑局部场地条件对地震作用的影响，也可进一步通过考虑深层地质对地震作用的影响来实现。

（2）场地类别的划分方法

第 3.1.2 条第 2 款规定，如果有平均剪切波速资料，应根据平均剪切波速V_{s30}对场地进行划分，否则应采用N_{SPT}值。

（3）平均剪切波速的计算

第 3.1.2 条第 3 款规定，平均剪切波速V_{s30}应根据下式计算：

$$V_{s30}=\frac{30}{\sum_{i=1}^{N}\frac{h_i}{V_i}} \tag{2.3-3}$$

式中：N——地下 30m 范围土层或岩层数；

h_i，V_i——第i土层或岩层的厚度（单位：m）和剪切波速（剪应变小于 10^{-5}）。

（4）特殊场地的处理

第 3.1.2 条第 4 款规定，当场地类型属于 S1 或 S2 类时，地震作用的确定需进行专门研究。对这两类土，特别是 S2 类，应考虑地震作用下土破坏的可能性。

注：如果沉积物属于 S1 类场地应特别注意。这种类型的土通常有较低的V_s，较低的内阻尼和线性性能范围的异常增大，能产生异常的地震场地放大效应和土-结构相互作用效应（见 EN 1998：2004 第 6 章）。在这种情况下，应通过专门的研究地震作用，以便建议反应谱与软弱黏土/粉土层的厚度和剪切波速V_s，以及上下土层刚度对比的关系。

此外，欧洲抗震规范 EN 1998-1：2004 英国国家附录的规定分条款第 3.1.2 条第 1 款如表 2.3-4 所示。

BS EN 1998-1：2004 中确定参数的英国值　　表 2.3-4

分条款	国家确定参数	欧洲推荐值	英国规定
第 3.1.2 条第 1 款	考虑深层地质的场地分类，包括根据 BS EN 1998-1：2004 第 3.2.2 条第 2 款和第 3 款定义水平和竖向弹性反应谱的参数S、T_B、T_C和T_D的值	无	对考虑深层地质没有要求。进一步的指导原则见 PD 6698

3）美国抗震规范 ASCE SEI 7-10

美标中场地类别划分见表 2.3-5。

场地类别分类　　表 2.3-5

场地类别	平均剪切波速$\overline{v}_s$	现场标准贯入击数平均值$\overline{N}$或无黏性土土层中的标准贯入击数平均值$\overline{N}_{ch}$（击/ft）	不排水剪切强度平均值$\overline{S}_u$/kPa
A. 坚硬岩石	> 5000ft/s 或 1524m/s	—	—
B. 岩石	2500～5000ft/s 或 762～1524m/s	—	—
C. 非常坚硬或坚实的土层、软质岩石	1200～2500ft/s 或 366～762m/s	> 50	> 2000psf 或 96kPa
D. 硬土	600～1200ft/s 或 183～366m/s	15～50	1000～2000psf 或 48～96kPa
E. 软黏土	< 600ft/s 或 < 183m/s	< 15	< 1000psf 或 48kPa
	此外，土层中有超过 3.048m（10ft）的具备以下特征的软黏土也可划分为此类：（1）塑性指数 PI > 20；（2）含水率$w \geqslant 40\%$；（3）不排水剪切强度$\overline{S}_u$ < 500psf 或 24kPa		
F. 需要进行场地反应分析的土体	满足以下条件时，场地均可划分为此类：（1）在地震作用下，场地土体易发生潜在破坏或失稳，如可液化土、高灵敏黏土以及易破坏的弱胶结黏土；（2）存在厚度大于 3m 的泥炭或高有机质黏土；（3）存在厚度大于 7.6 且 PI 大于 75 的极高塑性土；（4）存在厚度大于 37m 且$\overline{S}_u$小于 50kPa 的极厚软黏土或中硬黏土		

（1）平均剪切波速：

$$\overline{V}_s = \sum_{i=1}^{n} d_i / \sum_{i=1}^{n} \frac{d_i}{V_{Si}} \tag{2.3-4}$$

式中：d_i——地面以下 30m 范围内土层的厚度，$\sum_{i=1}^{n} d_i = 30\text{m}$；

V_{Si}——土体的剪切波速（m/s）；

（2）现场标准贯入击数平均值$\overline{N}$和无黏性土层中的标准贯入击数平均值$\overline{N}_{\text{ch}}$：

$$\overline{N} = \sum_{i=1}^{n} d_i / \sum_{i=1}^{n} \frac{d_i}{N_i} \tag{2.3-5}$$

$$\overline{N}_{\text{ch}} = d_{\text{S}} / (\sum_{i=1}^{m} \frac{d_i}{N_i}),\ \sum_{i=1}^{m} d_i = d_{\text{S}} \tag{2.3-6}$$

式(2.3-5)中，N_i和d_i针对无黏性土、黏性土以及岩石层；式(2.3-6)中，N_i和d_i仅针对无黏性土。此外，式(2.3-6)中的d_{S}为地面下 30m 范围内无黏性土层的总厚度。N_i为根据 ASTM D1586 进行标准贯入试验得到的未经修正的击数，且其值不大于 305 击/m，对于岩石层，N_i取为 305 击/m。

（3）不排水剪切强度平均值$\overline{S}_{\text{u}}$：

$$\overline{S}_{\text{u}} = \frac{d_{\text{c}}}{\sum_{i=1}^{k} \frac{d_i}{S_{\text{u}i}}} \tag{2.3-7}$$

式中：$\sum_{i=1}^{k} d_i = d_{\text{c}}$，$d_{\text{c}}$为地面下 30m 范围内黏性土层的总厚度；

$S_{\text{u}i}$——根据 ASTM D2166 或 ASTM D2850 确定的不排水抗剪强度，不超过 240kPa。

4）中、欧、英抗震规范差异的分析与评价

在场地划分方面，英国国家附录在欧标的基础上没有特别要求，因此下文主要进行中、欧标准的对比。

（1）场地土划分时，不同土类等效剪切波速定义的指标范围值有所区别

不考虑场地覆盖层的影响，中、欧规范中不同土类剪切波速划分的大致对应关系见表 2.3-6。

中、欧规范中各土类的剪切波速（m/s）　　表 2.3-6

规范	土层剪切波速				
国标 GB 50011—2010	＞800（I_0）	500～800（I_1）	250～500 （I_1、Ⅱ）	150～250 （I_1、Ⅱ、Ⅲ）	＜150 （I_1、Ⅱ、Ⅲ、Ⅳ）
欧标 EN 1998-1：2004	＞800（A）	360～800（B）	360～800（B） 180～360（C）	180～360（C） ＜180（D）	其他 （E、S1、S2）

注：表中括号内容为对应的场地类型。

（2）划分场地类别的指标不同

①国标 GB 50011—2010 第 4.1.2 条规定，按照土层等效剪切波速和场地覆盖层厚度划分场地类别。因此，具体的场地类别与地基承载力特征值、场地覆盖层厚度、土层剪切波速有关。

②欧标 EN 1998-1：2004 第 3.1.2 条中规定，以土层剪切波速V_s作为主要度量依据，另外还给出了不同场地类别对应的N_{SPT}和C_u值，作为确定场地类别的候补标准。因此，具体的场地类别与标准贯入试验的锤击数、土层剪切波速、土的不排水剪切强度有关。

（3）等效剪切波速计算公式相同，计算深度取值不同

①国标 GB 50011—2010 第 4.1.5 条规定，等效剪切波速计算深度d_c取覆盖层厚度和 20m 两者的较小值；

②欧标 EN 1998-1：2004 第 3.1.2 条规定，平均剪切波速计算深度取为 30m。通常情况下，场地土覆盖层越厚，设计反应谱的特征周期越长，欧标取计算深度为 30m，可认为不需要再考虑不同覆土厚度的影响；

③场地平均剪切波速的计算，国标 GB 50011—2010 第 4.1.5 条与欧标 EN 1998-1：2004 第 3.1.2 条第 2 款中所用的计算式相同，均采用等效剪切波速的计算公式。

（4）划分的场地类型不同

①国标 GB 50011—2010 第 4.1.6 条将场地类型分为Ⅰ（$Ⅰ_0$、$Ⅰ_1$）、Ⅱ、Ⅲ、Ⅳ共 4 大类 2 个亚类。

②欧标 EN 1998-1：2004 第 3.1.2 条第 1 款将场地类型分为 A、B、C、D、E、S1、S2 共 7 类。其中，场地土 A 和 D 分别代表硬质土层（$V_{s30}>800$m/s）和软质土层（$V_{s30}<800$m/s）；场地土 B 和 C 包括了中间特征的土层，它们之间的分界是$V_{s30}=360$m/s；场地 E 是一种特殊种类的土层，它是在坚硬的土层（种类 A）表面覆盖一层 5～20m 的软质土（种类 C 或者 D）。S1、S2 分别是高塑性黏土和可液化土、敏感的黏土，规范中没有给出定量化的指标。相较而言，欧标对高塑性黏土、可液化土和敏感性黏土的特殊类型做了专门定义，较国标更详细更明确。

③总体上讲，欧标 EN 1998-1：2004 场地分类的要求和类别比国标 GB 50011—2010 要细致一些。从提高抗震设防效果的要求出发，场地分类的划分应该越细越好。但由于目前使用的由场地类别确定的场地相关反应谱还很难与预期值相适应，加上诸如震源机制等其他因素的影响，可能掩盖由于场地条件造成的反应谱形状的差异。在这种情况下，过细的分档和连续化的划分意义不是太大。

（5）中、欧抗震规范中场地分类标准比较（表 2.3-7）

中、欧抗震规范场地分类标准比较　　表 2.3-7

规范	场地分类	备注
国标	$V_{s20}=150$m/s　250m/s　500m/s　800m/s	
	$Ⅰ_0$（$H=0$）	
	$Ⅰ_1$（$H<3$）　$Ⅰ_1$（$H<3$）　$Ⅰ_1$（$H<3$）　$Ⅰ_1$（$H=0$）	
	Ⅱ（$3<H<15$）　Ⅱ（$3<H<50$）　Ⅱ（$H\geqslant5$）	
	Ⅲ（$15<H<80$）　Ⅲ（$H>50$）	
	Ⅳ（$H>80$）	

续表

规范	场地分类				备注
欧标	$V_{s30}=180\mathrm{m/s}$	360m/s	800m/s		E、S1、S2 专门研究
	D	C	B	A	

注：H为场地覆盖土层厚度，单位 m；V_{s20}（V_{s30}）为地下 20m（30m）深度范围内的等效剪切波速值。

5）中美抗震规范差异的评价与分析

（1）基岩的定义不同

我国《建筑抗震设计规范》在 2010 年以前的版本中将 500m/s 作为区分基岩与土的剪切波速。在《建筑抗震设计规范》GB 50011—2010 中，为了与《核电厂抗震设计标准》GB 50267—2019 以及国外规范相对应，则将硬质岩（$V_s>800\mathrm{m/s}$）场地单独划分出来。美国规范对岩石的定义更细，根据剪切波速的不同分为坚硬岩石、岩石和软质岩石，其对硬质岩的定义比我国规范更严格（$V_s>1524\mathrm{m/s}$）。

（2）划分场地类别的指标不同

我国规范中将剪切波速和覆盖层厚度作为划分场地类别的两个指标。由于覆盖层厚度也是根据剪切波速确定，因此可以认为剪切波速是主要指标。美国规范将剪切波速、加权标贯击数和不排水剪切强度共同作为划分标准，并且对无黏性土和黏性土分别考虑，这种方法可以综合室外试验和室内试验的成果，针对不同性质的土体，对场地进行较为全面的评估。

（3）对场地土层的评估深度不同。

在我国规范中，等效剪切波速的计算深度取覆盖层厚度和 20m 两者间的较小值，即小于或等于 20m。在美国规范中，评估指标均取地面下 30m 范围内的加权平均值。此外，对于 E 和 F 类场地，还针对某些特殊性土，如可液化土、高灵敏软土等，还制定了额外的条件。对于 20m 以内存在软弱土体的场地，两国规范的评估结果比较接近；对 20～30m 内存在软弱土层的场地，美国规范则较我国规范有更明显的体现。

（4）两国规范中场地类别的对应关系。

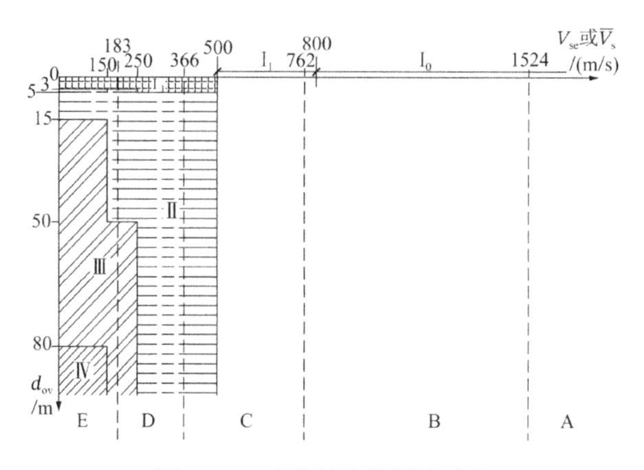

图 2.3-1 中美场地类别的对比

按照剪切波速和覆盖层厚度（d_{ov}），中国规范可以将场地划分为如图 2.3-1 所示的 5 个区域（I_0、I_1、Ⅱ、Ⅲ和Ⅳ）。为了便于比较，在图中还依据剪切波速值，按照美国规范划出了 5 个场地类别的区域（A、B、C、D 和 E）。由于 F 类与平均剪切波速无对应关系，因此在图中并不表示。由图可见，I_0类场地基本上涵盖了 A 和 B 类场地；I_1类场地基本相当于 C 类场地；Ⅱ类场地则横跨了 C、D 和 E 类场地，其相当于 D 类场地的可能性最大；Ⅲ类场地横跨了 D 和 E 类场地，其相当于 E 类场地的可能性最大；Ⅳ类场地相当于 E 类场地。F 类场地作为一种特殊场地，与中国规范的场地类别并无对应关系。

2.3.3　地震液化的对比及使用指南

1）中国国家标准《建筑抗震设计规范》（2016 年版）GB 50011—2010

（1）液化判别的前提条件

第 4.3.1 条规定，饱和砂土和饱和粉土（不含黄土）的液化判别和地基处理，6 度时，一般情况下可不进行判别和处理，但对液化沉陷敏感的乙类建筑可按 7 度的要求进行判别和处理，7～9 度时，乙类建筑可按本地区抗震设防烈度的要求进行判别和处理。

第 4.3.2 条规定，地面下存在饱和砂土和饱和粉土时，除 6 度外，应进行液化判别；存在液化土层的地基，应根据建筑的抗震设防类别、地基的液化等级，结合具体情况采取相应的措施。该条款的注释指出，本条饱和土液化判别要求不含黄土、粉质黏土。

（2）初判条件

第 4.3.3 条规定，饱和的砂土或粉土（不含黄土），当符合下列条件之一时，可初步判别为不液化或可不考虑液化影响：

①地质年代为第四纪晚更新世（Q_3）及其以前时，7、8 度时可判为不液化。

②粉土的黏粒（粒径小于 0.005mm 的颗粒）含量百分率，7 度、8 度和 9 度分别不小于 10，13 和 16 时，可判为不液化土。

注：用于液化判别的黏粒含量系采用六偏磷酸钠作分散剂测定，采用其他方法时应按有关规定换算。

③浅埋天然地基的建筑，当上覆非液化土层厚度和地下水位深度符合下列条件之一时，可不考虑液化影响：

$$d_u > d_0 + d_b - 2 \tag{2.3-8}$$

$$d_w > d_0 + d_b - 3d \tag{2.3-9}$$

$$d_u + d_w > 1.5d_0 + 2d_b - 4.5 \tag{2.3-10}$$

式中：d_w——地下水位深度（m），宜按设计基准期内年平均最高水位采用，也可按近期内年最高水位采用；

d_u——上覆盖非液化土层厚度（m），计算时宜将淤泥和淤泥质土层扣除；

d_b——基础埋置深度（m），不超过 2m 时应采用 2m；

d_0——液化土特征深度（m），可按如表 2.3-8 所示采用。

液化土特征深度（m） **表 2.3-8**

饱和土类别	7 度	8 度	9 度
粉土	6	7	8
砂土	7	8	9

注：当区域的地下水位处于变动状态时，应按不利的情况考虑。

（3）液化复判

第 4.3.4 条规定，当饱和砂土、粉土的初步判别认为需进一步进行液化判别时，应采用标准贯入试验判别法判别地面下 20m 范围内土的液化；但对规范第 4.2.1 条规定可不进行天然地基及基础的抗震承载力验算的各类建筑，可只判别地面下 15m 范围内土的液化。当饱和土标准贯入锤击数（未经杆长修正）小于或等于液化判别标准贯入锤击数临界值时，应判为液化土。当有成熟经验时，尚可采用其他判别方法。

在地面下 20m 深度范围内，液化判别标准贯入锤击数临界值可按下式计算：

$$N_{cr} = N_0\beta[\ln(0.6d_s + 1.5) - 0.1d_w]^{\sqrt{3/\rho_c}} \tag{2.3-11}$$

式中：N_{cr}——液化判别标准贯入锤击数临界值；

N_0——液化判别标准贯入锤击数基准值，可按表 2.3-9 采用；

d_s——饱和土标准贯入点深度（m）；

d_w——地下水位（m）；

ρ_c——黏粒含量百分率，当小于 3 或为砂土时，应采用 3；

β——调整系数，设计地震第一组取 0.80，第二组取 0.95，第三组取 1.05。

液化判别标准贯入锤击数基准值 N_0 **表 2.3-9**

设计基本地震加速度/g	0.10	0.15	0.20	0.30	0.40
液化判别标准贯入锤击数基准值	7	10	12	16	19

（4）地基的液化等级

第 4.3.5 条规定，对存在液化砂土层、粉土层的地基，应探明各液化土层的深度和厚度，按下式计算每个钻孔的液化指数，并按如表 2.3-10 所示综合划分地基的液化等级：

$$I_{lE} = \sum_{i=1}^{n}(1 - N_i/N_{cri})d_iW_i \tag{2.3-12}$$

式中：I_{lE}——液化指数；

n——在判别深度范围内每一个钻孔标准贯入试验点的总数；

N_i、N_{cri}——分别为i点标准贯入锤击数的实测值和临界值，当实测值大于临界值时应取临界值；当只需要判别 15m 范围以内的液化时，15m 以下的实测值可按临界值采用；

d_i——i点所代表的土层厚度（m），可采用与该标准贯入试验点相邻的上、下两标准贯入试验点深度差的一半，但上界不高于地下水位深度，下界不深于液化深度；

W_i——i土层单位土层厚度的层位影响权函数值（单位为 m^{-1}）。当该层中点深度不大于 5m 时应采用 10，等于 20m 时应采用零值，5～20m 时应按线性内插法取值。

液化等级与液化指数的对应关系　　表 2.3-10

液化等级	轻微	中等	严重
液化指数I_{IE}	$0 < I_{IE} \leqslant 6$	$6 < I_{IE} \leqslant 18$	$I_{IE} > 18$

（5）液化处理措施

第 4.3.6 条规定，当液化砂土层、粉土层较平坦且均匀时，宜按如表 2.3-11 所示选用地基抗液化措施；尚可计入上部结构重力荷载对液化危害的影响，根据液化震陷量的估计来适当调整抗液化措施。

不宜将未经处理的液化土层作为天然地基持力层。

抗液化措施　　表 2.3-11

建筑抗震设防类别	地基的液化等级		
	轻微	中等	严重
乙类	部分消除液化沉陷，或对基础和上部结构处理	全部消除液化沉陷，或部分消除液化沉陷且对基础和上部结构处理	全部消除液化沉陷
丙类	基础和上部结构处理，亦可不采取措施	基础和上部结构处理，或更高要求的措施	全部消除液化沉陷，或部分消除液化沉陷且对基础和上部结构处理
丁类	可不采取措施	可不采取措施	基础和上部结构处理，或其他经济的措施

注：甲类建筑的地基抗液化措施应进行专门研究，但不宜低于乙类的相应要求。

第 4.3.7 条规定，全部消除地基液化沉陷的措施，应符合下列要求：

采用桩基时，桩端伸入液化深度以下稳定土层中的长度（不包括桩尖部分），应按计算确定，且对碎石土，砾、粗、中砂，坚硬黏性土和密实粉土尚不应小于 0.8m，对其他非岩石土尚不宜小于 1.5m。

采用深基础时，基础底面应埋入液化深度以下的稳定土层中，其深度不应小于 0.5m。

采用加密法（如振冲、振动加密、挤密碎石桩、强夯等）加固时，应处理至液化深度下界；振冲或挤密碎石桩加固后，桩间土的标准贯入锤击数不宜小于规范第 4.3.4 条规定的液化判别标准贯入锤击数临界值。

用非液化土替换全部液化土层，或增加上覆非液化土层的厚度。

采用加密法或换土法处理时，在基础边缘以外的处理宽度，应超过基础底面下处理深度的 1/2 且不小于基础宽度的 1/5。

第 4.3.8 条规定，部分消除地基液化沉陷的措施，应符合下列要求：

处理深度应使处理后的地基液化指数减少，其值不宜大于 5；大面积筏基、箱基的中心区域，处理后的液化指数可比上述规定降低 1；对独立基础和条形基础，尚不应小于基础底面下液化土特征深度和基础宽度的较大值。

注：中心区域指位于基础外边界以内沿长宽方向距外边界大于相应方向 1/4 长度的区域。

采用振冲或挤密碎石桩加固后，桩间土的标准贯入锤击数不宜小于按本规范第 4.3.4 条规定的液化判别标准贯入锤击数临界值。

基础边缘以外的处理宽度，应符合规范第 4.3.7 条第 5 款的要求。

采取减小液化震陷的其他方法，如增厚上覆非液化土层的厚度和改善周边的排水条件等。

第 4.3.9 条规定，减轻液化影响的基础和上部结构处理，可综合采用下列各项措施：

选择合适的基础埋置深度。

调整基础底面积，减少基础偏心。

加强基础的整体性和刚度，如采用箱基、筏基或钢筋混凝土交叉条形基础，加设基础圈梁等。

减轻荷载，增强上部结构的整体刚度和均匀对称性，合理设置沉降缝，避免采用对不均匀沉降敏感的结构形式等。

管道穿过建筑处应预留足够尺寸或采用柔性接头等。

2）欧洲抗震规范 EN 1998-5：2004

（1）液化判别的前提条件

第 4.1.4 条第 2 款规定，当基土中有延伸的或厚的松散砂层（无论有无粉土微粒及黏土微粒），且地下水位接近地表面，应进行液化敏感性评价。这种评价应基于建筑寿命期内主要的自由场场地条件（地表标高、水位标高）。

（2）液化试验判别方法

第 4.1.4 条第 3 款规定，试验判别时，至少应包括现场标准贯入试验（SPT）或圆锥贯入试验（CPT）与室内测定的土颗粒粒径分布曲线。

（3）实测标准贯入击数的修正

第 4.1.4 条第 4 款规定，对于标准贯入试验（SPT），每贯入 30cm 测量的击数值应修正为参照有效上覆压力为 100kPa 和冲击能与理论自由落体能量的比率为 0.6 时的击数。当深度小于 3m 时，测量到的N_{SPT}值应减小 25%。

第 4.1.4 条第 5 款规定，上覆应力修正时，测量到的N_{SPT}值可以乘以因子$(100/\sigma'_{v0})^{\frac{1}{2}}$，$\sigma'_{v0}$值为进行标贯试验时，该标贯点处的有效上覆应力。修正因子$(100/\sigma'_{v0})^{\frac{1}{2}}$应不小于 0.5，且不大于 2。

第 4.1.4 条第 6 款规定，能量标准化要求将本条款（5）中得到的击数值乘以因子系数 ER/60，ER 等于 100 倍的试验设备能量比。

（4）无需进行液化判别的条件

第 4.1.4 条第 7 款规定，对于浅基础上的建筑物，如果自地表以下大于 15m 的深度内发现有饱和砂土，无需液化判别。

第 4.1.4 条第 8 款规定，当$\alpha \cdot S < 0.15$且至少满足下列中的一个条件时，也可无需液化判别：

①砂中塑性指数$I_P > 10$的黏土含量大于 20%；

②砂中淤泥含量大于 35%，经上覆应力和能量比修正的标准贯入锤击数$N_{l(60)} > 20$；

③纯净砂土，经上覆应力和能量比修正的标准贯入锤击数$N_{l(60)} > 30$。

（5）液化判别方法

第 4.1.4 条第 9 款规定，若液化危害无法忽略时，至少应根据岩土工程中行之有效的方法进行计算，计算方法的基础是根据过去地震中引起液化而建立的原位测试和临界动剪应力之间的场关联。

第 4.1.4 条第 10 款规定，附录 B 给出了水平地基条件下场关联不同原位测试的经验液化图表。在这种方法中，地震剪应力τ_e可以简化表达为：

$$\tau_e = 0.65 \times a \times S \times \sigma_{v0} \tag{2.3-13}$$

式中：σ_{v0}——总上覆应力；

a——A 类场地设计地面加速度a_g与重力加速度g之比；

S——土参数，按场地类别取值，具体见 EN 1998-1：2004，第 3.2.2 条第 2 款。

该公式适用于深度 < 20m。

第 4.1.4 条第 11 款规定，若场关联方法得到运用，在水平地层条件下，当地震引起的剪切应力超过一定比例λ的临界应力时，土体应被认为易受液化影响。

注：每个国家使用的λ值可参见该国的国家附录。λ值建议取为 0.8，对应的安全系数为 1.25。

附录 B 给出了简化液化分析的经验图表：

B.1 简化液化分析的经验图表代表根据过去地震中引起液化建立的原位测试和临界动剪应力之间的场关联。图表的水平轴为现场测试的土体特性，如标准贯入阻力或剪切波速V_s，纵向轴为地震剪应力（τ_e），通常根据有效上覆应力（σ'_{v0}）进行修正。所有图表中显示的是极限循环阻力曲线，将不液化区（右侧）和可液化区（曲线的左上侧）分开。不止一条曲线是按不同细粒含量的土或不同地震震级建立的。

B.2 基于标贯击数 SPT 的图表。对于纯砂和粉砂，使用最广泛的图表见图 2.3-2。按上覆应力和能量比修正后得到的标贯击数值$N_{l(60)}$见第 4.1.4 条。

当τ_e值小于临界值时，液化不会发生，因为土体表现为弹性变形，没有累积孔隙水压力发生。因此，极限曲线不外推到原点。标准应用时，若地震震级M_s（M_s为面波震级）不等于 7.5 级，图表中的纵坐标应乘表 2.3-12 中的因子 CM。

因子 CM 的取值　　表 2.3-12

M_s	CM
5.5	2.86
6.0	2.20
6.5	1.69
7.0	1.30
8.0	0.67

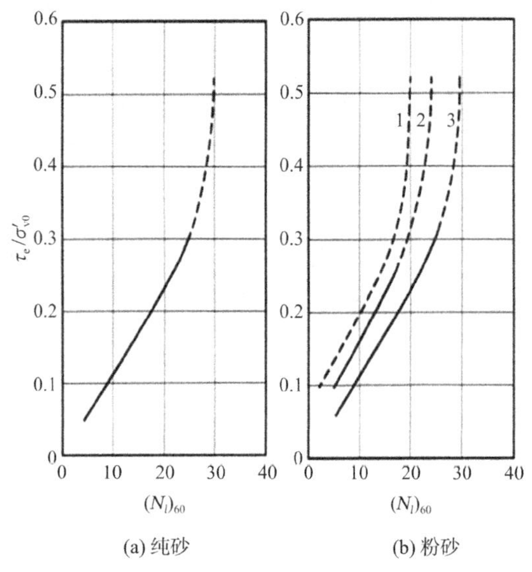

注：τ_e/σ'_{v0}为循环应力比；曲线 1：35%细颗粒；曲线 2：15%细颗粒；曲线 3：< 5%细颗粒。

图 2.3-2　纯砂和粉砂$M_s = 7.5$ 地震引起的液化应力比与$N_{l(60)}$值间的关系

（6）液化地基处理要求

第 4.1.4 条第 12 款规定，如果土体被揭示为易受液化影响，且能足够影响地基的承载力或稳定性，则应采取地基处理和桩基（将荷载传递给不液化地层）等方法来确保地基的稳定。

第 4.1.4 条第 13 款规定，抗液化的地基处理应该是压实土体以提高它的贯入阻抗超过危险范围，或者使用排水方法降低因地基振动引起的超孔隙水压力。

注：压实的可能性主要取决于细粒含量和土体的深度。

第 4.1.4 条第 14 款规定，单独使用桩基时，应注意由于液化地层对桩的支持损失引起的大荷载及液化地层的位置、厚度的不确定性。

此外，欧洲抗震规范 EN 1998-5：2004 英国国家附录的规定分条款第 4.1.4 条第 11 款见表 2.3-13。

BS EN 1998-5：2004 中国家确定参数的英国值　　表 2.3-13

分条款	国家确定参数	欧洲推荐值	英国决定
第 4.1.4 条第 11 款	上覆极限应力与已知的在过去地震中引起液化的临界应力的比值λ	$\lambda=0.8$	使用推荐值。进一步的指导原则见 PD 6698

3）美国抗震规范

美国规范推荐的简化 Seed 法如下所述：

（1）简述

针对适合的土类。一般而言，土体在具备以下特征时容易液化：级配均匀、土颗粒没有棱角、处于松散状态、新近沉积、土颗粒间胶结程度低、没有经过预压或地震振动。

判明地下水位。土体必须位于地下水位以下。

计算地震产生的循环应力比（CSR）。在分析液化时，首先需要确定的就是循环应力比，其中一个主要的计算参数是地面峰值加速度$a_{\max}$。大量研究实例表明，当$a_{\max}$小于 0.10g或地方震级M_L小于 5 级时，场地不需要进行液化分析。

通过标准贯入试验计算循环抗力比（CRR）。若 CRR 小于 CSR，则会发生液化，反之则不会。

确定安全系数（FS），即 CRR/CSR。

（2）地震产生的循环应力比 CSR

首先假定一个水平地面下存在一个具有单位宽度和长度的土柱，当地面在地震作用下产生最大水平运动加速度为$a_{\max}$，如图 2.3-3 所示，土柱的重量为$\gamma_t Z$，其中γ_t为土体重度，Z为距地表深度。作用在土柱上的水平地震作用F为：

$$F=ma=\frac{W}{g}a=\frac{\gamma_t Z}{g}a=\sigma_{v0}\frac{a_{\max}}{g} \tag{2.3-14}$$

式中：F——作用在单位宽度和长度的土柱上的水平地震作用（kN）；

m——土柱的总质量，其值为$\frac{W}{g}$（kg）；

W——土柱的总重量，对于单位宽度和长度的土柱，其值为$\gamma_t Z$；

γ_t——土体的总重度（kN/m³）；

Z——土柱距地表的深度；

a——土柱运动的加速度；

$a_{\max}$——地面水平最大加速度，其与震级M的关系可由如表 2.3-14 所示确定（m/s²）；

σ_{v0}——土柱底部的总上覆应力（kPa）。

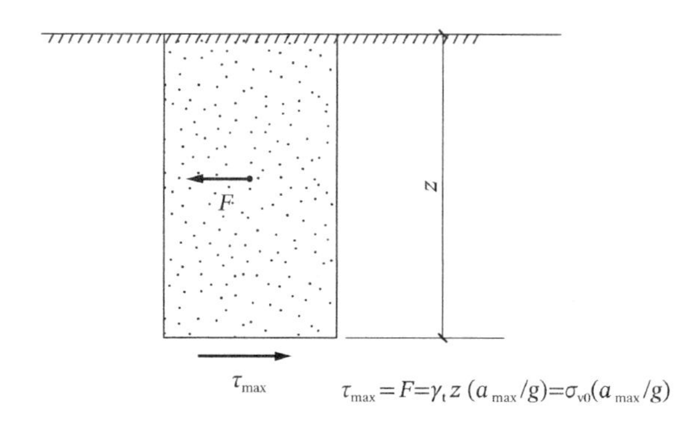

图 2.3-3　假想土柱在地震作用下的刚体运动

a_{max}与 M 的对应关系　　表 2.3-14

震级M	地面水平最大加速度a_{max}
5	0.09g
6	0.22g
7	0.37g
⩾8	⩾0.50g

如图 2.3-3 所示，在水平方向上进行力的合成后，作用在刚体土柱上的荷载F等于其底部的最大剪力，考虑土柱具有单位长度和宽度，F为最大剪应力τ_{max}：

$$\tau_{max}=F=\sigma_{v0}\frac{a_{max}}{g} \tag{2.3-15}$$

上式两边同除以上覆有效应力σ'_{v0}，则有：

$$\frac{\tau_{max}}{\sigma'_{v0}}=\frac{\sigma_{v0}}{\sigma'_{v0}}\frac{a_{max}}{g} \tag{2.3-16}$$

由于在地震作用下，土柱事实上并非保持刚体，其本身是可变形的，因此在上式的右侧需乘以一个与深度相关的应力折减系数，即：

$$\frac{\tau_{max}}{\sigma'_{v0}}=r_d\frac{\sigma_{v0}}{\sigma'_{v0}}\frac{a_{max}}{g} \tag{2.3-17}$$

r_d随深度的增加呈非线性减小，美国国家地震委员会建议，从工程实用的角度出发，r_d可按下式确定：

$$r_d=\begin{cases}1.0-0.00765z & z<9.15\text{m}\\ 1.174-0.0267z & 9.15\text{m}\leqslant z\leqslant 23\text{m}\end{cases} \tag{2.3-18}$$

由于地震时土层中任一点剪应力的时程变化呈不规则形状，具体应用时需用等效平均剪应力代替，即$\tau_{cyc}=0.65\tau_{max}$，将其代入式(2.3-17)，得到循环应力比为：

$$\text{CSR}=\frac{\tau_{cyc}}{\sigma'_{v0}}=0.65r_d\frac{\sigma_{v0}}{\sigma'_{v0}}\frac{a_{max}}{g} \tag{2.3-19}$$

（3）确定循环抗力比（CRR）

循环抗力比反映了在地震作用下土体的抗液化强度，可以采用室内动三轴试验或标准贯入、静力触探以及波速试验等原位试验来进行评价。由于砂性土的无扰动样取样相对困难且价格昂贵，原位试验是目前工程界较为常用的评价方法，其中标贯和静力触探以其相对成熟的试验方法和丰富的经验数据，得到了较为广泛的应用。以下介绍采用标准贯入试验指标确定 CRR 的具体步骤。

①标贯击数的修正

首先对标贯实测数据按下式进行试验方法的修正：

$$N_{60} = 1.67E_{\mathrm{m}}C_{\mathrm{b}}C_{\mathrm{r}}N \tag{2.3-20}$$

式中：N_{60}——经过试验方法修正后的标准贯入击数；

E_{m}——锤击系数（对于安全式落锤为 0.60；对于圆锤为 0.45）；

C_{b}——钻孔孔径系数（对于 65～115mm 孔径为 1.00；对于 150mm 孔径为 1.05；对于 200mm 孔径为 1.15）；

C_{r}——杆长系数（钻杆杆长小于等于 4m 时为 0.75；杆长 4～6m 时为 0.85；杆长 6～10m 时为 0.95；钻杆杆长大于等于 10m 时为 1.00）；

N——标贯实测数据。

在液化分析时，还需考虑上覆有效应力的影响，进行相应的修正，即：

$$(N_l)_{60} = C_{\mathrm{N}}N_{60} = (100/\sigma'_{\mathrm{v0}})^{0.5}N_{60} \tag{2.3-21}$$

式中：$(N_l)_{60}$——经过试验方法和上覆有效应力修正后的标贯击数；

C_{N}——上覆有效应力修正系数，其值一般为 1.7～2.0；

σ'_{v0}——上覆有效应力（kPa）；

②细粒含量的影响

细粒是指粒径小于 0.075mm 的粉粒和黏粒。细粒含量的增加可以提高土体的抗液化能力，以细粒含量 ⩽ 5%的纯净砂土为基准，其标贯击数可以通过下式转化为更高细粒含量土体的值：

$$(N_l)_{60\mathrm{cs}} = \alpha + \beta N_l \tag{2.3-22}$$

$$\alpha = \begin{cases} 0 & \mathrm{FC} \leqslant 5\% \\ \mathrm{e}^{1.76-\frac{190}{(100\mathrm{FC})^2}} & 5\% < \mathrm{FC} < 35\% \\ 5 & \mathrm{FC} \geqslant 35\% \end{cases} \tag{2.3-23}$$

$$\beta = \begin{cases} 1.0 & 5\% < \mathrm{FC} < 35\% \\ 0.99 + \dfrac{(100\mathrm{FC})^{1.5}}{1000} & \mathrm{FC} \geqslant 35\% \\ 1.2 & \mathrm{FC} \leqslant 5\% \end{cases} \tag{2.3-24}$$

式中：$(N_l)_{60\mathrm{cs}}$——经过细粒含量转化的标贯击数；

FC——细粒含量。

③确定 CRR

根据大量地震现场实测数据，包括液化场地和非液化场地，Seed 等学者在 1985 年提出了 7.5 级地震下标贯击数与 CRR 的对应关系，此后又根据一系列新的地震实测数据进行了改进，如图 2.3-4 所示。图中的三条曲线代表了细粒含量在 35%、15%和 ≤ 5%三种情况下 CRR 与$(N_l)_{60}$的近似关系。

对于$(N_l)_{60} < 30$ 的纯净砂（FC ≤ 5%），德克萨斯大学 Rauch（1998）提出用下式计算 CRR：

$$\mathrm{CRR}_{7.5} = \frac{1}{34-(N_l)_{60}} + \frac{(N_l)_{60}}{135} + \frac{50}{\left(10(N_l)_{60}+45\right)^2} - \frac{1}{200} \tag{2.3-25}$$

对于其余震级下的 CRR，可以乘以震级比例系数（MSF）来获得，即：

$$\mathrm{CRR} = \mathrm{CRR}_{7.5} \times \mathrm{MSF} \tag{2.3-26}$$

根据 2001 年美国国家地震委员会的研究报告，MSF 可按如图 2.3-5 所示的阴影部分确定。

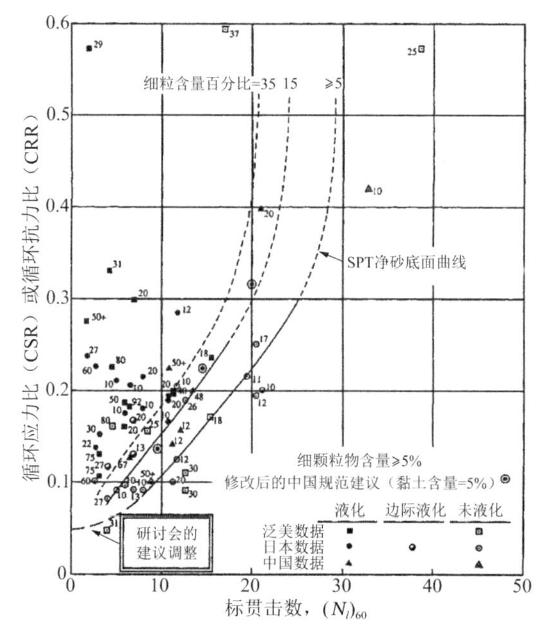

图 2.3-4　7.5 级地震下纯净砂循环抗力比与标贯击数的关系

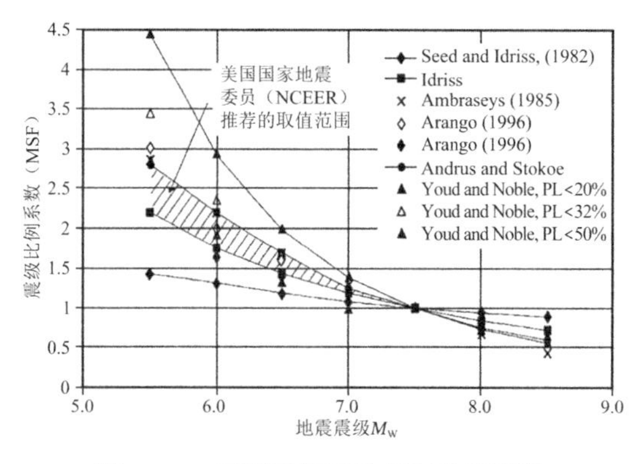

图 2.3-5　不同震级下的震级比例系数

4）中、欧、英抗震规范差异的分析与评价

在地震液化判别及处理措施等方面，英国国家附录在欧标的基础上没有特别要求，因此下文主要进行中、欧标准的对比。

（1）地震液化判别

砂土液化的影响因素主要包括土体的物理特性、初始应力条件、地层岩土构成以及地震的动力特性等。国标 GB 50011—2010、欧标 EN 1998-5：2004 在考虑砂土液化判别时，其基本原理均是在 Seed 简化判别法的基础上结合标准贯入试验（SPT），从砂土埋深H、地下水埋深h、上覆土有效应力σ_v'及标准贯入锤击数N等影响因素中选取若干个参数来建立判别公式，但仍存在以下区别。

①初判条件不同

国标 GB 50011—2010 第 4.3.3 条规定，按土体的地质年代、粉土中黏粒含量和浅基础的埋深与地下水位深度、上覆非液化土厚度之间的关系来进行液化初判，未直接考虑地震作用强度及场地土类型对液化的影响。

欧标 EN 1998-5：2004 第 4.1.4 条第 8 款规定，液化初判时，首先需考虑地震作用强度和场地土类型的影响，当地震作用强度较小、场地土类型较好时（满足$\alpha \cdot S < 0.15$），再按砂土中的黏粒或淤泥含量及修正后的标贯击数值作进一步判别。

②液化判别深度不同

国标 GB 50011—2010 第 4.3.4 条规定，除第 4.2.1 条规定可不进行天然地基及基础的抗震承载力验算的各类建筑，可只判别地面下 15m 范围内土的液化，其余情况下均需判定地面下 20m 范围内土的液化。

欧标 EN 1998-5：2004 第 4.1.4 条第 7 款规定，对于浅基础上的建筑物，只需判定 15m 深度范围内土的液化；对于深基础和桩基，则没有给出明确的液化判定深度，但规范第 4.1.4 条第 10 款推荐的地震剪应力τ_e的计算公式仅适用于深度 < 20m。

③建立计算公式所选取的影响因子不同

上覆有效应力σ_v'的影响。在施加剪力之前，循环荷载下土体抗液化的能力依赖于初始有效应力，通常情况下，上覆有效应力越大，土体越不易液化。欧标 EN 1998-5：2004 第 4.1.4 条第 11 款及附录 B 规定，可直接通过地震剪应力τ_e与上覆有效应力σ_v'的比值（循环应力比），与经验图表确定值和一定比例λ的乘积相比，来确定土体液化的可能性。国标 GB 50011—2010 则未直接考虑上覆土有效应力σ_v'对饱和砂土的影响，但计算标贯锤击数临界值N_{cr}时考虑了上覆土厚度的影响，相当于间接考虑了上覆土有效应力σ_v'。

实测标贯击数N的修正。中、欧规范都将标准贯入试验击数作为评价抗液化强度的指标。国标 GB 50011—2010 未考虑对实测标贯击数N的修正，而有关地下水位、试验点埋深的影响则体现在临界锤击数N_{cr}中。欧标 EN 1998-5：2004 第 4.1.4 条第 4～6 款规定，需对实测标贯击数N进行冲击能量、上覆有效应力等方面的修正，将N值修正为有效上覆压力为

100kPa 和冲击能与理论自由落体能量的比率为 0.6 时的击数$(N_l)_{60}$。

地震作用的影响。欧标 EN 1998-5：2004 第 4.1.4 条第 10 款，计算地震剪应力τ_e时，引入了 A 类场地设计地面加速度a_g与重力加速度g的比值a，其中设计地面加速度a_g是基于一定震级水平下与地震作用的大小有直接关系。国标 GB 50011—2010 则未直接考虑地面加速度对饱和砂土液化的影响，但第 4.3.4 条通过引入与地震烈度对应的液化判别标准贯入锤击数基准值N_0，间接考虑了地震作用强度的影响。

④液化判定的结果不同

国标 GB 50011—2010 第 4.3.5 条规定，通过计算深度 20m（或 15m）范围内所有可液化土体的液化指数之和，将场地的液化等级细分为轻微、中等及严重 3 种，以此来说明地震液化对场地稳定性的影响程度。

欧标 EN 1998-5：2004 第 4.1.4 条则只要求判定某个试验点或某一地层的液化可能性，对场地整体的液化程度未做定量判断。

（2）地震液化处理措施要求

国标 GB 50011—2010 第 4.3.6～4.3.9 条针对不同建（构）筑物的抗震设防分类及地基的不同液化等级，制定了详细的消除液化的标准。

欧标 EN 1998-5：2004 第 4.1.4 条第 12～14 款只是原则性地指出，当地震液化影响地基承载力和稳定性时，需进行地基处理或采用桩基，未提出具体的处理措施和要求。

5）中美抗震规范差异的评价与分析

从本质上来说，两种方法的思想都是根据原位试验指标得到的动强度与发生地震时导致土体液化的动应力之比，来判断场地液化的可能性。我国的规范法是在简化 Seed 法的框架下，采用人工神经网络模型，基于大量的现场液化与未液化实测数据并结合结构可靠度理论，得到了不同地面加速度、不同地下水位和埋深的液化临界锤击数，在《建筑抗震设计规范》GB 50011—2010 中，为了分开反映震级以及地震分组的影响，还引入了调整系数的概念。具体分析，两者的比较如下。

（1）判别深度

根据以往地震中实际观察到的现象，自地面起 20m 以下的深度范围内几乎不会发生液化，而随着采用桩基础建筑的逐渐增多，以往规范中 15m 的判别深度已不能满足工程要求，因此我国的新规范中要求液化判别一般均为 20m。Seed 法中判别深度的选择与我国类似，为 23m，主要体现在应力折减系数r_d中。

（2）细粒含量（FC）的影响

由于地震中低细粒含量土体的液化实例较多，因此此类土体是液化判别研究的重要基础。Seed 法在 FC < 5%时视为纯净砂，在 FC > 35%时则按 35%考虑，因此对高细粒含量的土体，其抗液化强度将在一定程度上被低估。我国规范法认为对液化起阻抗作用的细粒主要为黏粒，且主要针对粉性土，而在砂土中则不考虑黏粒的影响。因此，高细粒含量土的抗液化强度将被低估。

（3）原位数据的使用

两种方法都提出采用标准贯入试验数据作为评价抗液化强度的指标，但Seed法需对实测标贯数据进行锤形、杆长、上覆有效应力等方面的修正。我国规范法直接采用未经修正的实测数据作为抗液化强度，有关地下水位、试验点埋深的影响则体现在临界锤击数中。

（4）地震作用的影响

作为液化分析中的重要环节，地震作用的影响在两种方法的分析中有很大不同。Seed法在计算循环应力比CSR时要用到场地设计地震下的最大地面加速度a_{max}。美国在工程实践中，对于重要工程往往采用概率性地震危险性分析法（PSHA）和确定性地震危险性分析法（DSHA）综合确定a_{max}，一般工程则可以通过查询地震危险性区划图获得。此外，Seed法中的循环抗力比与标贯击数的关系是基于一定震级水平下。作为直接衡量地震大小的标度，震级能反映震源释放的能量等级，与地面峰值加速度有一定的对应关系。我国的规范法中则是根据不同地区的设计基本地震加速度确定标准贯入锤击数的基准值，并以调整系数β来反映设计地震分组。

（5）地基处理措施

中美两国的有关规范都对可能发生液化的地层提出了相应的处理措施。相比较而言，中国规范根据不同建筑物的抗震设防分类以及场地液化等级制定了细致的消除液化的标准，对于设计人员来说，更具备可操作性。美国的两部国家级通行规范2012IBC和ASCE SEI 7-10均未对液化场地提出具体的处理措施和要求，作为美国政府机构的FEMA（联邦应急管理署），虽然在其发布的规范FEMA273中提到了针对液化场地的几种措施，但仅是定性地给了指导意见，并没有具体规定。

2.3.4 抗震设防水准和抗震设防目标的对比

1）中国国家标准《建筑抗震设计规范》（2016年版）GB 50011—2010

国标GB 50011—2010采用三水准抗震设防目标，即“小震不坏、中震可修、大震不倒”，具体如下：

（1）小震不坏要求：当遭受50年内超越概率63%（重现期50年）的多遇地震时，结构一般不受损坏或不需修理，可继续使用；

（2）中震可修要求：当遭受50年内超越概率10%（重现期475年）的相当于本地区抗震设防烈度的地震时，结构可能损坏，经一般修理或不需修理后仍可继续使用；

（3）大震不倒要求：当遭受50年内超越概率2%～3%（重现期约2000年）高于本地区抗震设防烈度预估的罕遇地震时，结构不致倒塌或发生危及生命的严重破坏。

2）欧洲抗震规范EN 1998-1：2004第2.1条的规定

欧标EN 1998-1：2004采用两水准抗震设防目标，即“不倒塌要求、限制破坏要求”，具体如下：

（1）不倒塌要求：当遭受 50 年内超越概率 10%（重现期 475 年）的设计地震作用时，结构应设计和建造成能抵抗设计地震作用，无局部或整体倒塌，并在地震后能够继续保持结构的整体性和一定的残余承载力。

（2）限制破坏要求：当遭受 10 年内超越概率 10%（重现期 95 年）的比设计地震作用出现概率更大的地震作用时，结构应设计和建造成能抵抗地震作用，无损坏和使用上受限的情况发生。

欧标允许各国根据本国对地震灾害危险性的判断和经济水平来调整抗震设防水准，以上列出的设防水准是欧标推荐值。此外，欧洲抗震规范 EN 1998-1：2004 英国国家附录的规定见表 2.3-15。

BS EN 1998-1：2004 中国家确定参数的英国值　　表 2.3-15

分条款	国家确定参数	欧洲推荐值	英国规定
第 2.1 条	对于不倒塌要求，地震活动重现期T_{NCR}的参考值（或者，相等地，50 年的超越概率P_{NCR}的参考值）	$T_{NCR}=475$ 年 $P_{NCR}=10\%$	当缺少项目的具体评价时，重现期T_{NCR}应取 2005 年。 进一步的指导原则见 PD 6698
	对于限制破坏要求，地震活动重现期T_{DLR}的参考值（或者，相等地，10 年的超越概率P_{DLR}的参考值）	$T_{DLR}=95$ 年 $P_{NLR}=10\%$	当缺少项目的具体评价时，T_{DLR}和P_{DLR}的值采用建议值。 进一步的指导原则见 PD 6698

3）美国规范的规定

（1）以整体或局部倒塌的低概率抵抗 ASCE 7-10 所定义的“最大考虑地震”水准的地震动；

（2）通过意在保证非结构部件和体系与结构良好锚固及牢固连接，且保证建筑物的层间位移保持在不发生过度危险性范围内的设计措施，使得建筑物不产生对个体生命的明显威胁来抵抗强烈程度相当于“最大考虑地震”水准地震动 2/3 的“设计地震”地震动；

（3）仅以有限的损伤抵抗更常遇的、中等偏低强烈程度的地震动。

4）中、欧抗震规范差异的分析与评价

（1）水准要求和设防目标不同

国标 GB 50011—2010 采用三水准抗震设防目标，即“小震不坏、中震可修、大震不倒”，欧标 EN 1998-1：2004 采用两水准抗震设防目标，即“不倒塌要求、限制破坏要求”。

欧标 EN 1998-1：2004 与国标 GB 50011—2010 抗震设防目标和设防水准的对比可以用图 2.3-6 简单表示。

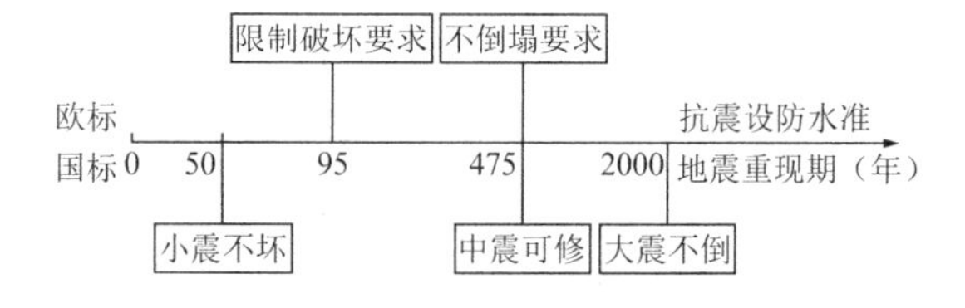

图 2.3-6　欧标与国标抗震设防目标和设防水准对比示意图

与欧标一致，英标也采用两水准抗震设防目标，但欧标的英国附录提出，按不倒塌要求进行构件设计时，应采用重现期为 2500 年的地震作用；至于限制破坏要求，其设防水准则与欧标一致。

（2）国标 GB 50011—2010 规定的各地区倒塌水准和限制破坏水准均不统一，欧标 EN 1998-1：2004 各地区的倒塌水准是统一的。

（3）欧标 EN 1998-1：2004 的“不倒塌要求”与国标 GB 50011—2010 的“中震可修要求”的抗震设防水准相同，在此水准下，国标的设防目标更为严格；英标的“不倒塌要求”则与国标 GB 50011—2010 的“大震不倒要求”的抗震设防水准基本相同。

（4）欧标 EN 1998-1：2004“限制破坏要求”与国标 GB 50011—2010 的“小震不坏要求”相比，设防目标基本相同，但设防水准较高，因此欧标“限制破坏要求”较国标“小震不坏要求”更为严格。

（5）欧标 EN 1998-1：2004 中没有高于设计地震水准的设防要求。

（6）国标 GB 50011—2010 进行结构设计时主要是弹性设计，限制破坏；欧标 GB 50011—2010 主要控制结构倒塌，减少人员伤亡。

国标和欧标在各地震水准下的验算要求比较见表 2.3-16。

国标和欧标在各地震水准下的验算要求　　　　表 2.3-16

地震水准	小震，限制破坏水准		中震，不倒塌水准		大震
验算要求	抗力验算	位移验算	抗力验算	位移验算	位移验算
欧标 EN 1998-1：2004	—	位移验算	抗力验算（构件设计）	或位移验算	—
国标 GB 50011—2010	抗力验算（构件设计）	和位移验算	不要求，由构造措施保证		位移验算

5）中美抗震规范的差异

中国规范采用了三水准设防思想，即多遇地震（小震）、基本烈度地震（中震）和罕遇地震（大震），在 50 年设计基准期内相应的超越概率分别为 63%、10%和 2%～3%（9 度区 2%，7 度区 3%），对应的重现期分别为 50 年、475 年和 2475～1642 年。其中，“中震”对应的烈度或地面运动峰值加速度由相应的地震烈度区划图或地震动参数区划图给出。

2000 年以前，美国的《统一建筑规范》（UBC）一直是以 50 年超越概率 10%的地震地面运动作为设计地震。后来研究表明，在 1.5 倍设计水准的地震动作用下，结构倒塌的可能性很小，当地震动大于 1.5 倍设计水准时，结构倒塌的概率会大幅度增加。因此，在 1997NEHRP 中提出了一个大小为 1.5 倍设计地震的极限地震概念。但由于各地的地质构造、震源机制等因素的差异，不同地区的地面运动超越概率和年超越概率（或重现期）的关系是不一样的。具体来说，在美国西部太平洋沿岸地区，50 年超越概率 2%（2500 年重现期）的地震大致是 50 年超越概率 10%的地震的 1.5 倍，与极限地震相当。在美国中东部地区，50 年超越概率 2%的地震大约是 50 年超越概率 10%的地震的 5 倍，远大于极限地震。可以看出，美国全国范围在同样的概率水平下产生了不同的倒塌概率水平。为了解决这一矛盾，在 2000 年以后的《国际建筑规范》（IBC）中，采用以 50 年超越概率 2%定义的最大考虑地震 MCE（Maximum Considered Earthquake）作为极限地震，并以此进行美国的地震动区划，以 MCE 的 2/3（1.5 的倒数）作为设计地震，使得美国的防倒塌水平达到统一。

2.3.5 反应谱的对比及使用指南

1）中国国家标准《建筑抗震设计规范》（2016 年版）GB 50011—2010

第 5.1.4 条规定，建筑结构的地震影响系数应根据烈度、场地类别、设计地震分组和结构自振周期以及阻尼比确定。其水平地震影响系数最大值应按表 2.3-17 采用，特征周期应根据场地类别和设计地震分组按表 2.3-18 采用，计算罕遇地震作用时，特征周期应增加 0.05s。

水平地震影响系数最大值 **表 2.3-17**

地震影响	6 度	7 度	8 度	9 度
多遇地震	0.04	0.08（0.12）	0.16（0.24）	0.32
罕遇地震	0.28	0.50（0.72）	0.90（1.20）	1.40

注：括号中数值分别用于设计基本地震加速度为 0.15g和 0.30g的地区。

特征周期值（s） **表 2.3-18**

设计地震分组	场地类别				
	I_0	I_1	Ⅱ	Ⅲ	Ⅳ
第一组	0.20	0.25	0.35	0.45	0.65
第二组	0.25	0.30	0.40	0.55	0.75
第三组	0.30	0.35	0.45	0.65	0.90

第 5.1.5 条规定，建筑结构地震影响系数曲线（图 2.3-7）的阻尼调整和形状参数应符合下列要求：

（1）除有专门规定外，建筑结构的阻尼比应取 0.05，地震影响系数曲线的阻尼调整系数应按 1.0 采用，形状参数应符合下列规定：

①直线上升段，周期小于 0.1s 的区段。

②水平段，自 0.1s 至特征周期区段，应取最大值（α_{max}）。

③曲线下降段，自特征周期至 5 倍特征周期区段，衰减指数应取 0.9。

④直线下降段，自 5 倍特征周期至 6s 区段，下降斜率调整系数应取 0.02。

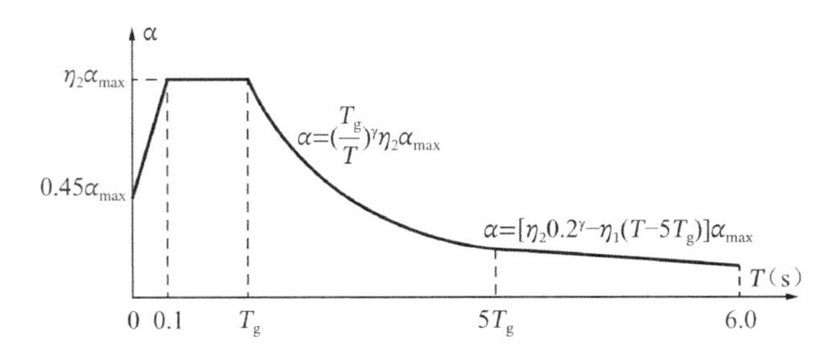

图 2.3-7 地震影响系数曲线

α—地震影响系数；α_{max}—地震影响系数最大值；η_1—直线下降段的下降斜率调整系数；γ—衰减指数；T_g—特征周期；η_2—阻尼调整系数；T—结构自振周期

（2）当建筑结构的阻尼比按有关规定不等于 0.05 时，地震影响系数曲线的阻尼调整系数和形状参数应符合下列规定：

①曲线下降段的衰减指数应按下式确定：

$$\gamma = 0.9 + (0.05 - \zeta)/(0.3 + 6\zeta) \tag{2.3-27}$$

式中：γ——曲线下降段的衰减指数；

ζ——阻尼比。

②直线下降段的下降斜率调整系数应按下式确定：

$$\eta_1 = 0.02 + (0.05 - \zeta)/(42 + 32\zeta) \tag{2.3-28}$$

式中：η_1——直线下降段的下降斜率调整系数，小于 0 时取 0。

③阻尼调整系数应按下式确定：

$$\eta_2 = 1 + (0.05 - \zeta)/(0.08 + 1.6\zeta) \tag{2.3-29}$$

式中：η_2——阻尼调整系数，当小于 0.55 时，应取 0.55。

2）欧洲抗震规范 EN 1998-1：2004

第 3.2.2 条第 1 款第（2）项规定，对于第 2.1 节第 1 条和第 2.2.1 条第 1 款所规定的两个地震作用水准，即不倒塌要求（承载能力极限状态-设计地震作用）和限制损坏要求，取相同的弹性反应谱形状。

第 3.2.2 条第 2 款给出了水平弹性反应谱：

（1）P 对于地震作用的水平分量，由弹性反应谱$S_e(T)$定义如下（图 2.3-8）：

$$0 \leqslant T \leqslant T_B：S_e(T) = a_g S\left[1 + \frac{T}{T_B}(2.5\eta - 1)\right] \tag{2.3-30}$$

$$T_B \leqslant T \leqslant T_C：S_e(T) = 2.5a_g S_\eta \tag{2.3-31}$$

$$T_C \leqslant T \leqslant T_D：S_e(T) = 2.5a_g S_\eta\left(\frac{T_C}{T}\right) \tag{2.3-32}$$

$$T_D \leqslant T \leqslant 4S：S_e(T) = 2.5a_g S_\eta\left(\frac{T_D T_C}{T^2}\right) \tag{2.3-33}$$

式中：$S_e(T)$——弹性反应谱；

T——线性单自由度体系的振动周期；

a_g——A 类场地的设计地面加速度（$a_g = \gamma_1 a_{gR}$）；

T_B——加速度谱常数段的下限；

T_C——加速度谱常数段的上限；

T_D——定义反应谱常位移区段起始值；

S——土系数；

η——阻尼修正系数，黏滞阻尼比为 5%时，$\eta = 1$。

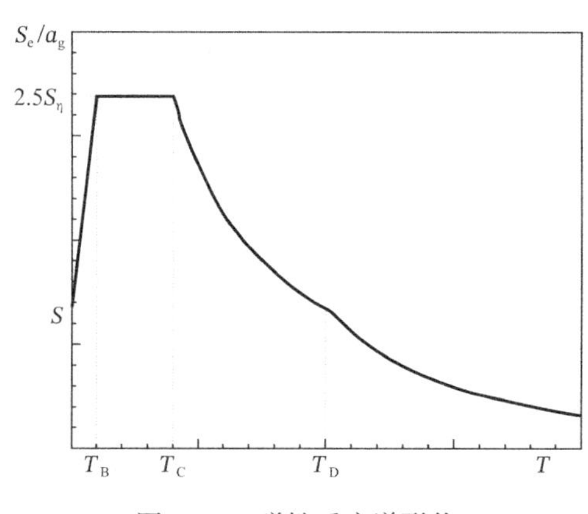

图 2.3-8　弹性反应谱形状

（2）P 取决于场地类别，周期T_B、T_C、T_D和土系数S规定了弹性反应谱的形状。

注 1：每种场地类别和谱形状的T_B、T_C、T_D和S值可见国家附录。如果不考虑深层地质情况，建议选取两种类型的谱：1 型和 2 型。如果对地震危险（用概率危险性评估方法定义的）有很大影响的地震表面波M_S不大于 5.5，建议取用 2 型谱。对于 1 型和 2 型谱，A、B、C、D、和 E 五种类型场地的T_B、T_C、T_D和S的建议值分别见表 2.3-19 和表 2.3-20。在阻尼比为 5%的情况下，如图 2.3-9 与图 2.3-10 所示分别给出了采用a_g进行标准化过程的推荐反应谱类型 1 和 2 的形状。如果考虑深层地质情况，在国家附录中定义不同的谱。

注 2：对场地类别S_1和S_2，应通过专门的研究确定相应的周期T_B、T_C、T_D和土系数S。

描述建议 1 型弹性反应谱的参数值　　　　表 2.3-19

场地类别	S	T_B/s	T_C/s	T_D/s
A	1.0	0.15	0.4	2.0
B	1.2	0.15	0.5	2.0
C	1.15	0.20	0.6	2.0
D	1.35	0.20	0.8	2.0
E	1.4	0.15	0.5	2.0

描述建议 2 型弹性反应谱的参数值　　表 2.3-20

场地类别	S	T_B/s	T_C/s	T_D/s
A	1.0	0.05	0.25	1.2
B	1.35	0.05	0.25	1.2
C	1.5	0.10	0.25	1.2
D	1.8	0.10	0.30	1.2
E	1.6	0.05	0.25	1.2

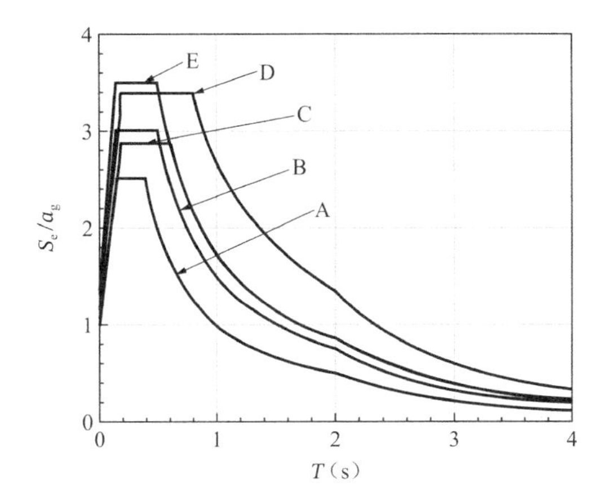

图 2.3-9　适用于场地类别为 A～E 建议的 1 型弹性反应谱（阻尼比为 5%）

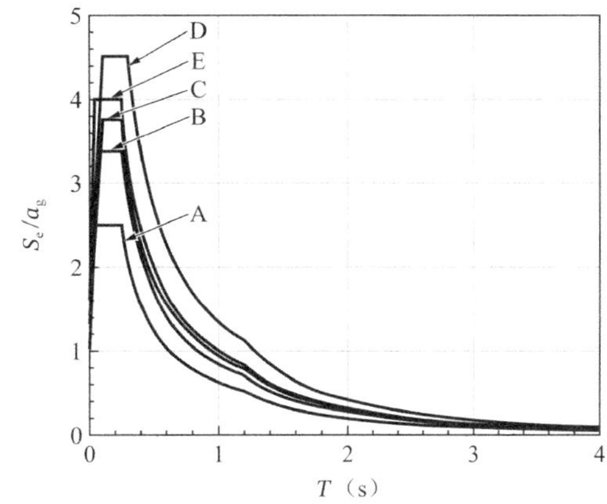

图 2.3-10　适用于场地类别为 A～E 建议的 2 型弹性反应谱（阻尼比为 5%）

（3）阻尼修正系数η由下式确定：

$$\eta = \sqrt{\frac{10}{(5+\zeta)}} \geqslant 0.55 \tag{2.3-34}$$

式中：ζ——结构黏滞阻尼比（%）。

（4）对于黏滞阻尼比不等于 5%的情况，EN 1998 相关部分给出了黏滞阻尼比的值。

（5）应通过下式，将弹性加速度反应谱$S_e(T)$转化为弹性位移反应谱$S_{De}(T)$：

$$S_{De}(T) = S_e(T)\left(\frac{T}{2\pi}\right)^2 \tag{2.3-35}$$

（6）式(2.3-35)通常适用于自振周期不超过 4.0s 的情况，对自振周期超过 4.0s 的结构，可采用更全面的弹性位移谱定义。

注：对第 3.2.2 条第 2 款第（2）项中的注 1 提及的类型 1 的弹性反应谱，在附录 A 中根据位移反应谱给出了这一定义。对自振周期超过 4.0s 的结构，利用式(2.3-35)从弹性位移反应谱推导弹性加速度反应谱。

第 3.2.2 条第 3 款第（1）项给出了竖向弹性反应谱：

地震作用的竖向分量用下面式(2.3-36)～式(2.3-39)的弹性反应谱表示$S_{Ve}(T)$：

$$0 \leqslant T \leqslant T_B：\ S_{Ve}(T) = a_{Vg}\left[1 + \frac{T}{T_B}(3.0\eta - 1)\right] \tag{2.3-36}$$

$$T_B \leqslant T \leqslant T_C：S_{Ve}(T) = 3.0a_{Vg}\eta \tag{2.3-37}$$

$$T_C \leqslant T \leqslant T_D：S_{Ve}(T) = 3.0a_{Vg}\eta\left(\frac{T_C}{T}\right) \tag{2.3-38}$$

$$T_D \leqslant T \leqslant 4S：S_{Ve}(T) = 3.0a_g\eta\left(\frac{T_D T_C}{T^2}\right) \tag{2.3-39}$$

描述 1 型和 2 型竖向反应谱的参数建议值 **表 2.3-21**

谱	a_{Vg}/a_g	T_B/s	T_C/s	T_D/s
1 型	0.90	0.05	0.15	1.0
2 型	0.45	0.05	0.15	1.0

注：T_B、T_C、T_D和S值见国家附录。推荐两种类型的竖向谱：1 型和 2 型。对定义地震作用水平分量的反应谱，如果对某地地震危险性起主导作用的表面波等级M_s不大于 5.5，推荐取用 2 型谱。对于 1 型和 2 型谱，A、B、C、D、和 E 五种类型场地的T_B、T_C、T_D和S的建议值分别见表 2.3-21。这些推荐值不适用于特殊场地类别S_1和S_2。

第 3.2.2 条第 5 款给出了用于弹性分析的设计谱：

为避免设计中进行复杂的非弹性结构分析，根据由弹性反应谱折减得到的反应谱（简称为“设计反应谱”），通过弹性分析来考虑主要由构件延性或其他机构来实现的结构耗能能力。这种折减是通过引入性能系数q来实现的。

黏滞阻尼比等于 5%时，如果结构反应是完全弹性的，性能系数q近似为结构承受的地震作用与设计中使用的最小地震作用的比值，设计中的最小地震作用是用常规的弹性分析模型确定的。性能系数值q也考虑了黏滞阻尼比不等于 5%时的影响。根据相关的延性等级，EN 1998 的各部分给出了各种材料和结构系统的性能系数。在结构不同的水平方向，其延性系数可能是不同的，尽管延性等级在所有方向应该是相同的。

对于地震作用的水平分量，设计谱$S_d(T)$由下面的表达式定义：

$$0 \leqslant T \leqslant T_B：S_d(T) = a_g S\left[\frac{2}{3} + \frac{T}{T_B}\left(\frac{2.5}{q} - \frac{2}{3}\right)\right] \tag{2.3-40}$$

$$T_B \leqslant T \leqslant T_C：S_d(T) = \frac{2.5a_g S}{q} \tag{2.3-41}$$

$$T_C \leqslant T \leqslant T_D：S_d(T) = \begin{cases} \dfrac{2.5a_g S}{q}\dfrac{T_C}{T} \\ \geqslant \beta a_g \end{cases} \tag{2.3-42}$$

$$T_D \leqslant T：S_d(T) = \begin{cases} \dfrac{2.5a_g S}{q}\left(\dfrac{T_D T_C}{T^2}\right) \\ \geqslant \beta a_g \end{cases} \tag{2.3-43}$$

式中：$S_d(T)$——设计谱；

q——性能系数；

β——水平设计谱的下限系数；

a_g、S、T_B、T_C、T_D含义同前。

注：β值可见国家附录，β的建议值为 0.2。

3）欧洲抗震规范 EN 1998-1：2004 英国国家附录的规定见表 2.3-22。

BS EN 1998-1：2004 国家确定参数的英国值　　表 2.3-22

<table>
<tr><th>分条款</th><th>国家确定参数</th><th>欧洲推荐值</th><th>英国规定</th></tr>
<tr><td>第 3.2.2 条第 1 款第（4）项，第 3.2.2 条第 2 款第（1）项</td><td>定义水平弹性反应谱形状的S、T_B、T_C、T_D参数</td><td>当不考虑深层地质影响时，对于 1 型反应谱［如果对地震危险（用概率危险性评估方法定义的）有很大影响的地震表面波M_s大于 5.5］：
<table>
<tr><td>场地类别</td><td>S</td><td>T_B/s</td><td>T_C/s</td><td>T_D/s</td></tr>
<tr><td>A</td><td>1.0</td><td>0.15</td><td>0.4</td><td>2.0</td></tr>
<tr><td>B</td><td>1.2</td><td>0.15</td><td>0.5</td><td>2.0</td></tr>
<tr><td>C</td><td>1.15</td><td>0.20</td><td>0.6</td><td>2.0</td></tr>
<tr><td>D</td><td>1.35</td><td>0.20</td><td>0.8</td><td>2.0</td></tr>
<tr><td>E</td><td>1.4</td><td>0.15</td><td>0.5</td><td>2.0</td></tr>
</table>
当不考虑深层地质影响时，对于 2 型反应谱［如果对地震危险（用概率危险性评估方法定义的）有很大影响的地震表面波M_s不大于 5.5］：
<table>
<tr><td>场地类别</td><td>S</td><td>T_B/s</td><td>T_C/s</td><td>T_D/s</td></tr>
<tr><td>A</td><td>1.0</td><td>0.05</td><td>0.25</td><td>1.2</td></tr>
<tr><td>B</td><td>1.35</td><td>0.05</td><td>0.25</td><td>1.2</td></tr>
<tr><td>C</td><td>1.5</td><td>0.10</td><td>0.25</td><td>1.2</td></tr>
<tr><td>D</td><td>1.8</td><td>0.10</td><td>0.30</td><td>1.2</td></tr>
<tr><td>E</td><td>1.6</td><td>0.05</td><td>0.25</td><td>1.2</td></tr>
</table></td><td>当缺少项目的具体评价时，可使用 2 型地震的推荐值，同时参见 PD 6698</td></tr>
<tr><td>第 3.2.2 条第 3 款第（1）项</td><td>定义竖向反应谱形状的a_{Vg}、T_B、T_C、T_D参数</td><td><table>
<tr><td>谱</td><td>a_{Vg}/a_g</td><td>T_B/s</td><td>T_C/s</td><td>T_D/s</td></tr>
<tr><td>1 型</td><td>0.90</td><td>0.05</td><td>0.15</td><td>1.0</td></tr>
<tr><td>2 型</td><td>0.45</td><td>0.05</td><td>0.15</td><td>1.0</td></tr>
</table></td><td>当缺少项目的具体评价时，可使用 2 型地震的推荐值，同时参见 PD 6698</td></tr>
<tr><td>第 3.2.2 条第 5 款第（4）项</td><td>水平设计谱的下限系数β</td><td>0.2</td><td>采用推荐值</td></tr>
</table>

4）美国抗震规范的规定

ASCE SEI 07-10 第 11.2 条中明确了有关定义：

最大考虑地震地面运动：规范中所考虑的最严重的地震作用，对应的概率水准是 50 年超越概率 2%，其表现形式有以下两类。

最大考虑地震平均峰值加速度：根据规范考虑最严重的地震作用，由几何平均地面峰值加速度确定的值，不随目标风险而调整，用于评估场地的液化、侧向流动、震陷以及其他与土体有关的指标。

目标风险最大考虑地震动反应加速度：根据规范考虑最严重的地震作用得到的水平地面运动的最大反应值，随目标风险而调整。

设计地震动：取相应最大考虑地震动值的 2/3。

对于地震动参数及反应谱，ASCE SEI 07-10 做了如下规定：

（1）第 11.4.1 条：区划加速度参数

区划加速度参数有S_S和S_l，由全国目标风险最大考虑地震动反应加速度区划图（5%阻尼、B 类场地）确定，分别对应于 0.2s 的短周期反应谱和周期为 1s 的反应谱。

（2）第 11.4.2 条：场地类别

基于场地土体性质，场地可以分为 A、B、C、D、E 及 F 6 类。

（3）第 11.4.3 条：场地系数和目标风险最大考虑地震反应谱加速度参数：

根据场地类别，对短周期 0.2s 和周期为 1s 的区划加速度参数（S_S和S_l）进行修正，即可得到 MCER 反应谱加速度参数（S_{MS}和S_{Ml}），如式(2.3-44)和式(2.3-45)所示。

$$S_{MS} = F_a S_S \tag{2.3-44}$$

$$S_{Ml} = F_V S_l \tag{2.3-45}$$

场地系数F_a和F_V，分别如表 2.3-23 和表 2.3-24 所示，对于中间值可采用线性插值。

场地系数 F_a **表 2.3-23**

场地类别	短周期的 MCER 反应谱加速度参数区划值				
	$S_S \leqslant 0.25$	$S_S = 0.5$	$S_S = 0.75$	$S_S = 1.0$	$S_S \geqslant 1.25$
A	0.8	0.8	0.8	0.8	0.8
B	1.0	1.0	1.0	1.0	1.0
C	1.2	1.2	1.1	1.0	1.0
D	1.6	1.4	1.2	1.1	1.0
E	2.5	1.7	1.2	0.9	0.9
F	需进行场地反应分析				

场地系数 F_V **表 2.3-24**

场地类别	周期为 1s 的 MCER 反应谱加速度参数区划值				
	$S_1 \leqslant 0.1$	$S_1 = 0.2$	$S_1 = 0.3$	$S_1 = 0.4$	$S_1 \geqslant 0.5$
A	0.8	0.8	0.8	0.8	0.8
B	1.0	1.0	1.0	1.0	1.0
C	1.7	1.6	1.5	1.4	1.3
D	2.4	2.0	1.8	1.6	1.5
E	3.5	3.2	2.8	2.4	2.4
F	需进行场地反应分析				

（4）设计反应谱加速度参数

对应于短周期 0.2s 和周期为 1s 的设计地震反应谱加速度参数分别为S_{DS}和S_{D1}，分别由式(2.3-46)和式(2.3-47)确定。

$$S_{DS} = (2/3)S_{MS} \tag{2.3-46}$$

$$S_{Dl} = (2/3)S_{Ml} \tag{2.3-47}$$

（5）设计反应谱

当由规范确定设计反应谱并且不需进行特定场地的地震动分析时，可画出如图 2.3-11 所示的设计反应谱曲线。

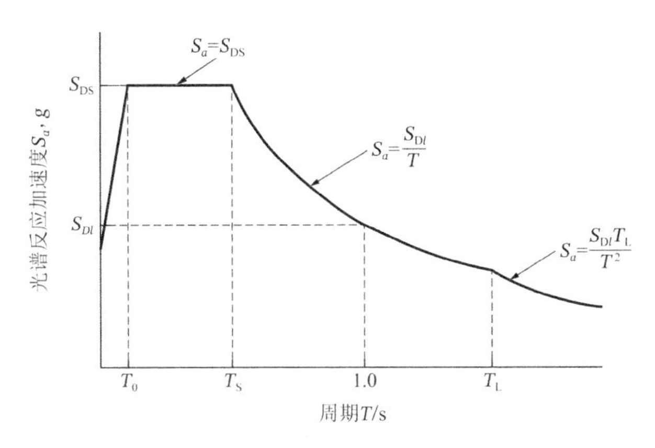

图 2.3-11　设计反应谱曲线

图 2.3-11 中的分段函数表达式如下：

①$T < T_0$段：

$$S_a = S_{DS}\left(0.4 + 0.6\frac{T}{T_0}\right) \tag{2.3-48}$$

②$T_0 \leqslant T \leqslant T_S$段：

$$S_a = S_{DS} \tag{2.3-49}$$

③$T_S \leqslant T \leqslant T_L$段：

$$S_a = \frac{S_D}{T} \tag{2.3-50}$$

④$T > T_L$段：

$$S_a = \frac{S_{Dl}}{T} \tag{2.3-51}$$

式中：T——结构的基本周期（s）。

$$T_0 = 0.2\frac{S_{Dl}}{S_{DS}} \quad T_0 = \frac{S_{Dl}}{S_{DS}}$$

5）中、欧、英抗震规范差异的分析与评价

（1）反应谱形状和形式的比较

国 GB 50011—2010 和欧标 EN 1998-1：2004 给出的设计反应谱的基本形状是相似的，都采用了上升段、平台段（加速度控制段）和下降段（速度和位移控制段）谱型，但是采用的数学表达式不同，而且设计反应谱的纵坐标亦不相同。

国标 GB 50011—2010 第 5.1.5 条以地震影响系数α的形式给出设计反应谱。地震影响系数α由设计基本地震加速度、设计地震分组、场地类别以及阻尼比确定。国标给出的设计反应谱只有一条，它代表了实际地震动反应谱两个方向的平均结果。

欧标 EN 1998-1：2004 第 3.2.2 条以加速度的形式分别给出水平和竖向 2 种弹性反应谱，并以地震表面波等级$M_s = 5.5$ 为界限，将反应谱分为 1 型和 2 型，并假定不同水准的地震弹性反应谱形状相同。以弹性反应谱为基础，引入性能系数q，将弹性反应谱折减后得到用于计算地震作用的设计反应谱$S_D(T)$。由于近年来，竖向地震分量在地震反应分析中的重要性越来越明显。因此，对于地震作用竖向反应谱的定义是我国抗震设计规范需要进一步研究和发展的。

英标国家附录 NA to BS EN 1998-1：2004 规定主要使用地震作用较小的 2 型反应谱，这是基于英国历史地震活动性较小、震级普遍较低的特点制定的要求。

（2）反应谱平台段值的比较

欧标 EN 1998-1：2004 中，平台段值$S_e(T) = 2.5a_g S_\eta$，当阻尼修正系数η确定时，主要由场地影响系数S和地震分区系数a_g决定，平台段值随着场地及各地设防地震动参数影响而发生变化。

国标 GB 50011—2010 中，a_{max}由设防地震动强度决定，未体现场地条件的影响，场地类别仅影响反应谱的特征周期。这实际上表示场地不影响反应谱的短周期段，只影响长周期段，并且场地的影响不随地震强度的改变而发生变化。这与地震发生时的实际情况有明显差异，可能会造成一些情况下的浪费和另外一些情况下的不安全。相较之下，欧标更为合理。

另外，国标 GB 50011—2010 反应谱平台段宽度为$T_g - 0.1$，欧标 EN 1998-1：2004 反应谱平台段宽度为$T_C - T_B$，在相同条件下，欧标反应谱平台宽度要大于国标反应谱平台宽度，对于中长期结构而言，欧标的地震作用也因此要高于国标。

（3）反应谱起始周期和终止周期的比较

国标 GB 50011—2010 中，平台段起始周期取为定值 0.1s，终止周期即特征周期T_g根据设计地震分组（考虑到近远震及震源机制）与场地类别确定。

欧标 EN 1998-1：2004 的反应谱中，平台段起始周期T_B和终止周期T_C是在考虑了近、远震影响的基础上，根据场地土类别进行判定的。

根据研究，起始周期及小于起始周期的谱形态对大量短周期结构、重力坝及核电站等影响较大。此时，较合理的做法是分别研究不同场地类别反应谱的起始周期。国标直接将起始周期取为定值 0.1s，相比之下没有欧标的要求严格，应进一步研究。

（4）反应谱衰减指数的比较

衰减指数γ，是对长周期部分影响最为显著的因素。

国标 GB 50011—2010 中，当阻尼比$\zeta = 0.05$ 时，曲线下降一段的衰减指数为 0.9，与欧标相比，国标反应谱在长周期段的下降趋势相对保守。

欧标 EN 1998-1：2004 中，长周期下降一段与二段的衰减指数分别为 1 和 2，反应谱在长周期段的下降速度加快，这反映出欧标长周期结构设防标准有降低的趋势。

（5）反应谱周期的比较

国标 GB 50011—2010 反应谱到 6s 截止，基本满足了我国绝大多数高层建筑和长周期结构的抗震设计需要。对于长周期结构，出于结构安全的考虑，国标还增加了对各楼层水平地震剪力最小值的要求，规定了不同烈度下的剪力系数，结构据此水平地震作用效应进行相应调整。

欧标 EN 1998-1：2004 反应谱周期到 4s 截止，对大于 4s 的长周期段，欧标建议采用与位移谱相结合的方式来决定设防地震动参数。当长周期段加速度谱值过低时，有可能使加速度反应谱在一定程度上因为取值太小而失去控制作用。

（6）反应谱代表的地震作用比较

总体上，在相同条件下，欧标 EN 1998-1：2004 的弹性设计反应谱短周期部分的取值高于国标 GB 50011—2010，但随着周期的加大，由于国标 GB 50011—2010 反应谱下降段衰减指数小于欧标，使得国标的反应谱值逐渐接近并超过欧标。

6）中美抗震规范差异的分析与评价

（1）平台段值的对比

中国规范中，地震影响系数最大值由抗震设防地震动强度决定，并未体现场地类别的影响；而美国规范中则通过 2 个场地影响系数F_a和F_V来调整不同场地的谱形，平台段值S_{DS}包含了与场地相关的调整系数F_a，而后者随设防地震动参数S_S的增加而减小。

（2）特征周期的对比

中国规范中，平台段起始周期为定值 0.1，终止周期T_g根据设计地震分组（考虑到近远震及震源机制）与场地类别确定；美国规范中，平台段起始周期T_0和平台段终止周期T_S都随场地影响系数F_a、F_V和地震动参数S_S、S_l而改变。两国规范都注重场地条件及近、远震对特征周期的影响，其中美国规范还考虑了地震动强度对特征周期的影响。

（3）衰减指数的对比

衰减指数γ是对长周期部分影响最为显著的因素。中国规范中的曲线下降衰减指数为 0.9，低于美国规范 0.5 倍T_g到 6s 的直线下降区间段，大部分对应于美国规范衰减指数为 1 的下降区间段。如果将周期延长到美国规范中衰减指数为 2 的下降控制段，则中国规范的长周期下降趋势将更显保守。美国规范中衰减指数有较大变动，反应谱在长周期的下降速度加快，这反映出长周期结构设防标准有降低的趋势。

2.4　地震动参数区划图的对比

1）中国国家标准《中国地震动参数区划图》GB 18306—2015

（1）范围

第 1 章规定，本标准适用于一般建设工程抗震设防，以及社会经济发展规划和国土利用规划、防灾减灾规划、环境保护规划等相关规划的编制。

（2）技术要素

附录 A 和附录 B 分别给出了Ⅱ类场地条件下基本地震动峰值加速度分区值和基本地震动加速度反应谱特征周期分区值。

附录 C 给出了全国各省（自治区、直辖市）乡镇人民政府所在地、县级以上城市的Ⅱ类场地基本地震动峰值加速度和基本地震动加速度反应谱特征周期。

附录 D 给出了场地类别划分指标。

附录 E 给出了各类场地地震动峰值加速度调整方式和调整系数。

附录 F 给出了图 A.1 各分区地震动峰值加速度的范围和图 B.1 各分区地震动加速度反应谱特征周期的范围。

附录 G 给出了采用本标准时地震烈度与Ⅱ类场地地震动峰值加速度的对应关系。

（3）基本规定

一般建设工程抗震设防应达到本标准规定的抗震设防要求。

社会经济发展规划和国土利用规划、防灾减灾规划、环境保护规划等相关规划的编制，应依据本标准规定的抗震设防要求考虑地震风险。

地震动参数可按基本地震动、多遇地震动、罕遇地震动和极罕遇地震动分别取值。

（4）Ⅱ类场地地震动峰值加速度确定

基本地震动峰值加速度

基本地震动峰值加速度应按《中国地震动参数区划图》GB 18306—2015 图 A.1 取值，其中乡镇人民政府所在地、县级以上城市基本地震动峰值加速度应按《中国地震动参数区划图》GB 18306—2015 表 C.1～表 C.32 取值。

《中国地震动参数区划图》GB 18306—2015 中图 A.1 分区界限附近的基本地震动峰值加速度应按就高原则或专门研究确定。

多余地震动、罕遇地震动、极罕遇地震动峰值加速度

多遇地震动峰值加速度宜按不低于基本地震动峰值加速度 1/3 倍确定。

罕遇地震动峰值加速度宜按基本地震动峰值加速度 1.6～2.3 倍确定。

极罕遇地震动峰值加速度宜按基本地震动峰值加速度 2.7～3.2 倍确定。

（5）Ⅱ类场地地震动峰值加速度反应谱特征周期确定

①基本地震动峰值加速度反应谱特征周期

基本地震动加速度反应谱特征周期应按《中国地震动参数区划图》GB 18306—2015 图 B.1 取值，其中，乡镇人民政府所在地、县级以上城市基本地震动峰值加速度反应谱特征周期应按《中国地震动参数区划图》GB 18306—2015 中表 C.1～表 C.32 所示取值。

《中国地震动参数区划图》GB 18306—2015 图 B.1 分区界限附近的基本地震动加速度反应谱特征周期应按就高原则确定。

多遇地震动、罕遇地震动加速度反应谱特征周期

多遇地震动加速度反应谱特征周期可按基本地震动加速度反应谱特征周期取值。

罕遇地震动加速度反应谱特征周期应大于基本地震动加速度反应谱特征周期，增加值宜不低于 0.05s。

②场地地震动参数调整

Ⅰ$_0$、Ⅰ$_1$、Ⅲ、Ⅳ类场地地震动峰值加速度应根据Ⅱ类场地地震动峰值加速度进行调整，调整系数可参见《中国地震动参数区划图》GB 18306—2015 附录 E 确定（表 2.4-1）。

场地地震动峰值加速度调整系数　　表 2.4-1

Ⅱ类场地地震动峰值加速度值	场地类别				
	Ⅰ$_0$	Ⅰ$_1$	Ⅱ	Ⅲ	Ⅳ
≤ 0.05g	0.72	0.80	1.00	130	1.25
0.10g	0.74	0.82	1.00	1.25	1.20
0.15g	0.75	0.83	1.00	1.00	1.00
0.20g	0.76	0.85	1.00	1.00	0.95
0.30g	0.85	0.95	1.00	1.00	0.95
≥ 0.40g	0.90	1.00	1.00	1.00	0.90

Ⅰ$_0$、Ⅰ$_1$、Ⅲ、Ⅳ类场地基本地震动加速度反应谱特征周期应根据Ⅱ类场地基本地震动加速度反应谱特征周期，按如表 2.4-2 所示确定。

场地基本地震动加速度反应谱特征周期调整表（s）　　表 2.4-2

Ⅱ类场地基本地震动加速度反应谱特征周期分区值	场地类别				
	Ⅰ$_0$	Ⅰ$_1$	Ⅱ	Ⅲ	Ⅳ
0.35	0.20	0.25	0.35	0.45	0.65
0.40	0.25	0.30	0.40	0.55	0.75
0.45	0.30	0.35	0.45	0.65	0.90

2）欧洲抗震规范 EN 1998-1：2004

第 3.2.1 条第 1 款规定，为满足 EN 1998 的要求，国家机关应根据局部危险性将国家领土划分为不同的地震区。每一个地震区划内的地震危险性假定是不变的。

第 3.2.1 条第 2 款规定，对于 EN 1998 的大部分应用，地震危险用单个参数描述，即 A 类场地的基准峰值加速度a_{gR}。在 EN 1998 的相关部分给出了具体类型结构的附加要求。

注：具体国家或地区采用的 A 类地面的基准峰值地面加速度a_{gR}，可由国家附录根据地震区划图确定。

第 3.2.1 条第 3 款规定，由国家机关选定的基准峰值加速度相当于由国家机关选定的不倒塌要求地震作用的基准重现期T_{NCR}（或等价于 50 年内的基准超越概率P_{NCR}）（见第 2.1 节第 1 条）。这一基准重现期的重要性系数γ_1取 1.0。对于其他的非基准重现期［重要性等级见第 2.1 节第 3 条和第 4 条，A 类场地设计地面加速度a_g等于a_{gR}乘以重要性系数γ_1（$a_g - \gamma_1 a_{gR}$）］见第 2.1 节第 4 条的注释。

第 3.2.1 条第 4 款规定，对于地震危险性低的情形，对一些类型或类别的结构可采用简化抗震设计方法。

注：按低地震危险性规定设计的结构类别、场地类别和地震区划的选择见国家附录。建议将 A 类地面设计加速度a_g不大于 0.09g（0.78m/s^2）或乘积a_gS不大于 0.1g（0.98m/s^2）的情况视为地震危险性。选择值a_g或乘积a_gS以定义小震情况的界限，见国家附录。

第 3.2.1 条第 5 款规定，对于极低地震危险性情况，不必遵守 EN 1998 的规定。

注：不必遵守 EN 1998 规定（低地震危险性情况）的结构类型、场地类别和地震区划的选定见国家附录。建议将 A 类地面设计加速度a_g不大于 0.04g（0.39m/s^2）或乘积a_gS不大于 0.05g（0.49m/s^2）视为极低地震危险性情况。选择值a_g或乘积a_gS以定义极低地震危险性情况的界限，见国家附录（表 2.4-3）。

BS EN 1998-1：2004 中国家确定参数的英国值　　表 2.4-3

分条款	国家确定参数	欧洲推荐值	英国决定
第 3.2.1 条第 1～3 款	地震区划图和其中的地面加速度	无	当缺少项目的具体评价时，采用 PD6698 给出的地震区划图中重现期 $T_{NCR}=2500$ 时的地面加速度
第 3.2.1 条第 4 款	低阈值地震活动的控制参数（识别和数值）	$a_g \leqslant 0.78\text{m/s}^2$ 或乘积$a_gS \leqslant 0.98\text{m/s}^2$	$a_g \leqslant 2\text{m/s}^2$（$T_{NCR}=2500$）
第 3.2.1 条第 5 款	极低阈值地震活动的控制参数（识别和数值）	$a_g \leqslant 0.39\text{m/s}^2$ 或乘积$a_gS \leqslant 0.49\text{m/s}^2$	$a_g \leqslant 1.8\text{m/s}^2$（$T_{NCR}=250$）

3）美国规范的规定

IBC2012 条款 1613.3.1 规定：参数S_S和S_1应如图 1613.3.1（1）～1613.3.1（6）中所示的 0.2s 和 1s 周期的反应谱加速度所确定。对于S_1小于等于 0.04 和S_S小于等于 0.15 的地区，结构物应该属于抗震设计分类中的 A 类。关岛和美属萨摩亚的S_S和S_1应分别取为 1.0 和 0.4。

4）中、欧、英规范差异的分析与评价

（1）区划图基本指标的差异

欧标 EN 1998-1：2004、英标规定仅采用基准峰值加速度作为区划图的唯一指标，其具体数值由国家附录根据地震区划图确定。

《中国地震动参数区划图》GB 18306—2015 以地震动峰值加速度和反应谱特征周期两个参数作为指标，作为工程设计时所需要的反应谱最主要参数，采用峰值加速度和反应谱特征周期双参数，更能满足一般工程主要是根据地震反应谱进行抗震设计的要求。同时，增加了反应谱特征周期作为基本指标，能特别强调地震环境对反应谱形状的控制作用。

目前采用地震反应谱的双参数作为地震动区划图的参数，世界上只有中国和美国采用，因此可以说我国地震动区划图的编制是较先进的。

（2）地震动参数分区时采用的概率水平和标准场地类型不同

《中国地震动参数区划图》GB 18306—2015 和欧标 EN 1998-1：2004 在进行地震动参数分区时，所采用的概率水平相同，均为 50 年超越概率 10%，相应的重现期均为 475 年；英标则采用重现期$T_{NCR}=2500$年的概率水平。

《中国地震动参数区划图》GB 18306—2015 在地震分区时采用的标准场地为平坦稳定的一般（中硬）场地（相当于欧标中的 B、C 类场地），欧标、英标采用的是 A 类地面（相当于国标中的I_0类场地），存在较大的差别。

（3）低或极低地震危险性的定义有所不同

欧标 EN 1998-1：2004 定义了极低地震危险性的界限为$a_g \leqslant 0.39\mathrm{m/s^2}$或乘积$a_{gs} \leqslant 0.49\mathrm{m/s^2}$可不必遵守抗震规范 EU8 的规定，与《建筑抗震设计规范》GB 50011—2010 第 1.0.2 条规定的“抗震设防烈度为 6 度及以上地区的建筑，必须进行抗震设计”的要求基本一致。英标定义的极低地震危险性界限为$a_g \leqslant 1.8\mathrm{m/s^2}$（$T_{NCR}=2500$），要高于欧标和国标的要求。

欧标 EN 1998-1：2004 和英标定义了低地震危险性的界限为$a_g \leqslant 0.78\mathrm{m/s^2}$或乘积$a_{gs} \leqslant 0.98\mathrm{m/s^2}$和$a_g \leqslant 2\mathrm{m/s^2}$（$T_{NCR}=2500$），国标则无此规定。

5）中美规范差异的分析与评价

（1）分析方法

两国地震动区划图的基本方法都是地震危险性概率分析方法。在基础资料方面，均注重活动断层的研究成果和新的地震台网资料的应用。但我国在编制区划图时，将均匀平稳的概率泊松模型与我国地震学家采用的非均匀、非平稳的确定性模型结合成为概率意义上的分段泊松模型，充分考虑了我国地震活动的时空不均匀性。美国的地震危险性分析是根据不同时段、不同地区的地震活动性资料建立多方案的地震危险性分析模型，对多方案模型的结果进行加权综合确定区划图结果。对地震活动较强的强震发生区，专门建立了有针对性的地震危险性模型。美国区划图中采用大背景震源区模型，可以较好地体现较大区域内地震活动的时间分布的非平稳性特征。在地震动参数衰减关系中，两国均注意东部和西部地区的差异。在美国区划图中，对西部地区的浅源地震、深源地震、俯冲带地震分别采用不同的衰减关系计算地震危险性，在方法上更加合理和客观。

（2）结果表述

两国均采用地震反应谱的双参数为参数，但形式有所不同。中国地震动区划图的结果是Ⅱ类场地 50 年超越概率 10%的峰值加速度分区图和阻尼比 0.05 的加速度反应谱特征周期分区图，以及不同场地的地震动峰值加速度调整方式和调整系数，地震动加速度反应谱特征周期值的调整值。美国地震动区划图给出了 50 年超越概率 2%的峰值加速度等值线图，以及阻尼比 5%的 0.2s 和 1.0s 的加速度反应谱等值线图。

参考文献

[1] Seed H B, Chan C K. Clay strength under earthquake loading conditions[J]. ASCE Soil Mechanics and Foundation Division Journal, 1966, 92(2): 53-78.

[2] Thiers G R, Seed H B. Cyclic Stress-Strain Characteristics of Clay[J]. ASCE Soil Mechanics and Foundation Division Journal, 1968, 94(2): 555-569.

[3] 石兆吉，郁寿松，翁鹿年. 塘沽新港地区震陷计算分析[J]. 土木工程学报, 1988(4): 24-34.

[4] 郁寿松，石兆吉，谢君斐，等. 上海地铁隧道振陷的计算分析[J]. 地震工程与工程振动, 1986(1): 53-62.

[5] Seed H B, Idriss I M. Simplified procedure for evaluating soil liquefaction potential[J]. Journal of Soil Mechanics and Foundations Division, 1971, 97: 1249-1273.

[6] 徐志英，沈珠江. 地震液化的有效应力二维动力分析方法[J]. 华东水利学院学报, 1981(3): 1-14.

[7] 魏琏，王广军. 地震作用[M]. 北京：地震出版社, 1991.

[8] 周健，屠洪权. 结构与地基国际学术研讨会论文集[M]. 南京：浙江大学出版社, 1994.

[9] 王强，邵生俊，王峻，张振中. 黄土场地震陷的灾害特征及成因研究综述[J]. 地震研究, 2016, 39(4): 692-702+718.

[10] 辜俊儒，李平，周春澍. 软土震陷研究现状与展望[J]. 防灾科技学院学报, 2017, 19(2): 32-37.

[11] 汪闻韶. 土的动力强度和液化特性[M]. 北京：中国电力出版社, 1997.

[12] 李善邦. 中国地震[M]. 北京：地震出版社, 2018.

[13] 王兰民. 黄土动力学[M]. 北京：地震出版社, 2003.

[14] 陈希哲. 地基事故与预防国内外建筑工程实例[M]. 北京：清华大学出版社, 1994.

[15] 王杰贤. 动力地基与基础[M]. 北京：科学出版社, 2001.

[16] 周锡武. 建筑抗震与高层结构设计[M]. 北京：北京大学出版社, 2016.

[17] Jakobsen J. Transmission of ground-home vibration in building[J]. Journal of Low Frequency Noise and Vibration, 1989, 7(3): 75-80.

[18] Lieb M, Sudret B. A fast algorithm for soil dynamics calculations by wavelet decomposition[J]. Archive of Applied Mechanics, 1998, 68(3-4): 147-157.

[19] Klein R, Antes H, Le D. Efficient 3D modelling of vibration isolation by open trenches[J]. Computer & Structures, 1997, 64(1-4): 809-817.

[20] Obermeier S F. The New Madrid earthquakes: An engineering-geologic interpretation of relict liquefaction features[R]. US: Geological Survey, 1989.

[21] Bwambale B, Andrus R D. State of the art in the assessment of aging effects on soil liquefaction[J]. Soil Dynamics and Earthquake Engineering, 2019, 125: 105658.

[22] Boulanger R W, Idriss I M. Magnitude scaling factors in liquefaction triggering procedures[J]. Soil Dynamics and Earthquake Engineering, 2015, 79: 296-303.

[23] Juang C H, Shen M F, Wang C F, et al. Random fieldbased liquefaction hazard mapping-data inference and model verification using a synthetic digital soil field[J]. Bulletin of Engineering Geology and the Environment, 2018, 77: 1273-1286.

[24] Ishihara K, Okusa S, Oyagi N, et al. Liquefaction-induced flow slide in the collapsible loess deposit in soviet Tajik[J]. Soils and Foundations, 1990, 30(4): 73-89.

[25] Puri V K. Liquefaction behavior and dynamic properties of loessial(silty) soils[D]. Missouri: University of Missouri-Rolla, 1984.

[26] 王兰民，刘红玫，李兰，等. 饱和黄土液化机理与特性的试验研究[J]. 岩土工程学报, 2000, 22(1): 89-94.

[27] 李松林. 动三轴试验的原理与方法[M]. 北京：地质出版社, 1990.

[28] 陈永明，王兰民，刘红玫. 剪切波速预测黄土场地震陷量的方法[J]. 岩石力学与工程学报, 2003, 22: 2834-2839.

[29] 孙军杰. 黄土场地震陷与桩基负摩阻力现场试验研究[D]. 兰州：兰州大学, 2010.

[30] 田兆阳. 软土场地震陷引起的桩基负摩阻力研究[D]. 廊坊：防灾科技学院, 2020.

[31] 江席苗. 汶川地震地基基础震害调查研究[D]. 上海：同济大学, 2009.

[32] 程宇慧，侯宏伟. 典型海相软土动强度-应变特性试验研究[J]. 土工基础, 2015(3): 5.

[33] 李楠. 基于 OpenSees 的软土震陷及其影响因素研究[D]. 哈尔滨：中国地震局工程力学研究所, 2015.

[34] 付佳. 土-结构动力相互作用导论[M]. 北京：科学出版社, 2021.

[35] Richart F E, Hall J R, Woods R D.土与基础的振动[M]. 徐攸在等，译. 北京：中国建筑工业出版社, 1976.

[36] 钱家欢. 土工原理与计算[M]. 2 版. 北京：中国水利水电出版社, 1996.

[37] 沈珠江. 理论土力学[M]. 北京：中国水利水电出版社, 2000.

第 3 章

施工与环境岩土工程

3.1 基坑开挖工程的环境土工问题

在基坑开挖过程中，从主动区到被动区，主应力方向发生旋转，而且围护墙与基坑壁之间的摩擦作用使土体各点的应力状态变得较为复杂。如图 3.1-1 所示，为基坑开挖过程中某一工况坑壁与坑底的应力状态。在基坑开挖过程中，土体处于卸载状态。通过模型试验，可以模拟基坑开挖过程中土体中任意点的应力路径，并对基坑开挖的破坏形态进行研究。

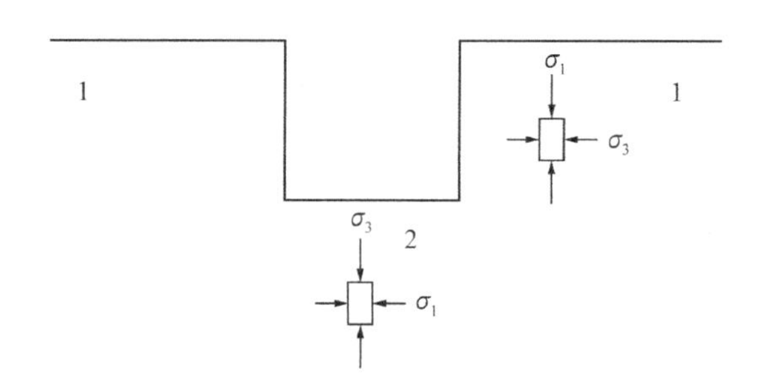

图 3.1-1 基坑开挖过程中坑壁与坑底的应力状态

3.1.1 深基坑工程及其环境土工问题

深基坑工程，在我国多采用地下连续墙或锚杆 + 灌注桩作为坑壁围护结构，其稳定性验算一般由以下 5 个部分组成：

（1）整体稳定性；

（2）支护结构抗倾覆稳定性；

（3）支护结构抗滑移稳定性；

（4）抗渗流稳定性；

（5）抗隆起稳定性。

1）基坑变形控制的环保等级标准

河南省制定了有关基坑变形监测预警指标，如表 3.1-1 所示。

基坑变形控制的环保等级标准　　表 3.1-1

序号	项目	累计值						变化速率/（mm/d）		
		绝对值			相对值					
		甲级	乙级	丙级	甲级	乙级	丙级	甲级	乙级	丙级
1	墙（坡）顶水平位移	30mm	40mm	50mm	0.002H	0.004H	0.006H	3	4	5
2	墙（坡）顶沉降	30mm	40mm	50mm	0.002H	0.004H	0.006H	3	4	5
3	支护结构深层水平位移	50mm	60mm	70mm	0.003H	0.005H	0.007H	3	4	5
4	锚杆、内支撑轴力	0.75f	0.80f	0.85f	—	—	—	—	—	—
5	立柱沉降	30mm	40mm	50mm	—	—	—	3	4	5
6	被保护对象处地下水位	1m	2m	3m	—	—	—	500	750	1000
7	基坑施工影响范围内建筑物、地面和地下工程设施沉降	20～50mm			0.002D			3		
8	建筑物扭转				1/3000～1/500					

注：H为基坑深度；f为构件承载力设计值；D为相邻承重结构水平距离。

2）基坑施工的时空效应问题

（1）基坑施工稳定和变形

基坑施工稳定和变形，除取决于土性外，还与以下因素密切相关。

①基底土方每步开挖的空间尺寸（平面大小和每步挖深）：它直接决定了每步开挖土体应力释放的大小。

②开挖顺序：采取支撑提前、快撑快挖的措施。

③无支撑情况下，每步开挖土体的暴露时间：它关系到土体蠕变变形位移的发展。

④围护结构水平位移：计算坑底以下、围护结构内侧，被动土压力区土体水平向基床系数β_{KH}。

⑤基底抗隆起的稳定性：计算出抗隆起安全系数。

（2）基坑施工的时空效应

按上述各点，考虑基坑施工的时空效应是谋求最大限度地调动、利用和发挥土体自身强度以控制地层变形的潜力，以求保护工程周边环境的重要举措，可概括为以下几点：

①开挖-支撑原则：分段、分层、分步（分块）、对称、平衡、限时。

②对于分段、分部捣筑的现浇钢筋混凝土框架支撑，要注意开挖时尚未形成整体封闭框架体系前的局部平衡。

③理论导向，量测定量，经验判断。用现场积累的第一手实测资料来修正、完善，甚至建立新的设计施工理论与方法。

④摈弃以大量人工加固基坑来控制其变形的传统做法。

（3）围护结构内、外主动与被动土压力的取值

①β_{KH}值的确定

β_{KH}是基坑开挖实测的变形值，经反演分析，得出计入开挖时空效应的一项等效平均值，而围护结构外侧主动土压力的取值，如表 3.1-2 所示。

土体主动侧压力系数取值（上海地区） 表 3.1-2

基坑保护等级	土性	主动侧压力系数
特级	软黏土 硬黏土	0.75～0.55 0.55～0.40
一级	软黏土 硬黏土	0.70～0.50 0.45～–0.35
二级	软黏土 硬黏土	0.60～0.45 0.40～0.30
三级	软黏土 硬黏土	0.60～0.40 0.40～0.20

②施工参数的选择

最主要的施工参数可选定为：

分层开挖的层数N（每支撑一排为一层）；

每层开挖的深度h（基本上为上下排支撑的竖向间距）；

每层分步的步长l（每两个支撑的宽度为一开挖步）；

基坑挡墙内的被动区土体，在每层土方开挖后，挡墙未有支撑前的最大暴露时间；

新开挖土体暴露面的宽度B和高度h；

对大面积、不规则形状的高层建筑深基坑，采用分层盆式开挖，则还有先开挖基坑中部，挡墙内侧被动区土堤被保留用于支承挡墙，其土堤的断面尺寸确定等。

3）地铁车站深大基坑的施工技术要求

对地铁车站基坑等长条形深大基坑的施工技术要求，其特点为：

（1）先撑后挖，留土堤；

（2）对支撑施加设计轴力 30%～70%的预应力；

（3）每步开挖及支撑的时限$t_r \leqslant 24h$；

（4）坑内井点降水，以固结土体，改善土性，减小土的流变发展。

4）变形监控

变形监控工作的内容主要包括：

（1）施工工况实施情况跟踪观察；

（2）日夜不中断的现场监测与险情、危险的及时预测和预报；

（3）定量反馈分析，信息化设计施工；

（4）及时修改、调整施工工艺参数；

（5）及时提出、检验、改进设计施工技术措施。

5）控制基坑变形的设计依据

控制基坑变形的设计依据及其设计流程框图，如图 3.1-2 所示。

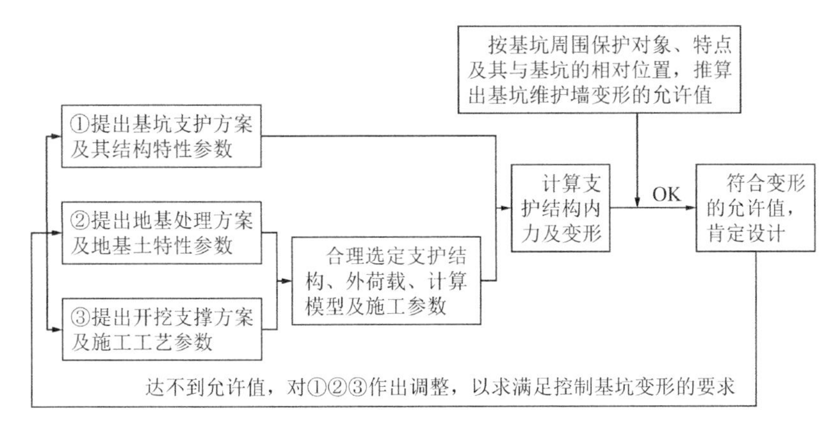

图 3.1-2　基坑工程控制变形的设计程序框图

3.1.2　深基坑周围地表沉降分析

在城市改造和建设中，深基坑开挖引起周围地表土的沉降问题越来越受到人们的重视。地表沉降将引起邻近建筑物、地下管道及电缆的破坏，从而造成巨大损失。因此，必须严格控制基坑周围土体的位移。

1）支护结构变位引起的地表沉降估算方法

（1）地表沉降曲线为正态分布

$$\delta(x)=\delta_{\max}\mathrm{e}^{-\pi\left(\frac{x}{r}\right)^2} \tag{3.1-1}$$

式中：$\delta_{\max}$——沉降值（mm）；

r——沉降盆地计算影响半径（m）。

（2）地表沉降范围

$$\varphi(x)=\int_{-\infty}^{x_{\mathrm{m}}}\frac{1}{\sqrt{2\pi}}\mathrm{e}^{-\frac{u^2}{2}}\mathrm{d}u \tag{3.1-2}$$

式中：$\varphi(x)$——标准正态分布函数；

x_{m}——墙顶到最大沉降的水平距离（图 3.1-3）。

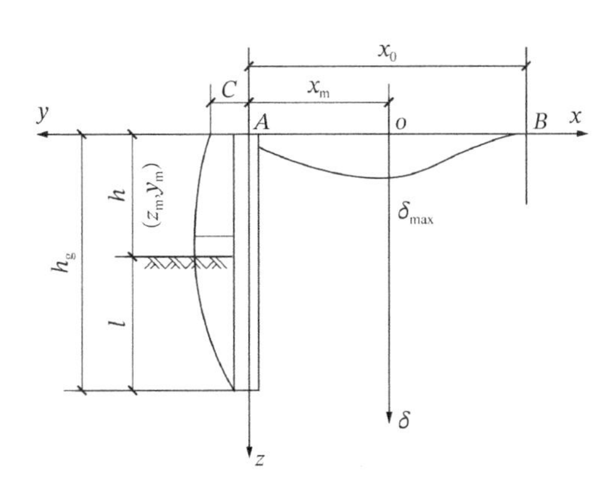

图 3.1-3　基坑开挖引起的支护结构侧移和地表沉降

（3）支护结构变位曲线包络面积F_w的计算

支护结构变位可利用竖向弹性地基梁模型和有限元方法计算得到支护结构的单元节点位移或通过实测得到，按最小二乘法可以拟合出支护结构的侧向位移曲线。设拟合曲线为：

$$y = az^2 + bz + c \tag{3.1-3a}$$

若已知支护结构的顶点坐标$(0, c)$和极值点(z_m, y_m)，可知：

$$a = \frac{c - y_m}{z_m} \tag{3.1-3b}$$

$$b = -\frac{2(c - y_m)}{z_m^2} \tag{3.1-3c}$$

支护结构侧向位移曲线围成的面积为：

$$F_w = \int_0^h y\,dz = \frac{1}{3}ah^3 + bh^2 + ch \tag{3.1-4}$$

（4）地表沉降的计算

$$r\delta_{max}\varphi\left(\sqrt{2\pi}\frac{x_m}{r}\right) = 0.85F_w \tag{3.1-5}$$

联立式(3.1-2)、式(3.1-4)、式(3.1-5)，可求得δ_{max}、x_m、r，进而可求得地表任一点的沉降值。

2）减小沉降的措施

将计算得到的地表某点沉降量δ与周围环境要求的允许沉降量$[\delta]$相比较，若$\delta \leqslant [\delta]$，则满足要求，否则必须采取有效措施，使$\delta \leqslant [\delta]$。具体措施为：

①采取刚度较大的地下连续结构；

②分层分段开挖，并设置支撑；

③基底土加固；

④坑外注浆加固；

⑤增加围护结构入土深度和墙外帷幕；

⑥尽量缩短基坑施工时间。

（1）降水时，应合理选用井点类型，优选滤网，适当放缓降水漏斗线的坡度，设置隔水帷幕；

（2）在保护区内设回灌系统；

（3）尽量减少降水次数。

3.1.3　深基坑开挖引起邻近地下管线的位移分析

基坑开挖使土体内应力重新分布，由初始应力状态变为重分布应力状态，致使围护结构产生变形和位移，引起基坑周围地表沉陷，从而对邻近建筑物和地下设施带来不利影响。不利影响主要包括：邻近建筑物的开裂和倾斜、道路开裂、地下管线的变形和开裂等。由基坑开挖造成的此类工程事故，在实际工程中屡见不鲜，给国家和人民财产造成了较大损失，越来越引起设计、施工和岩土工程科研人员的高度重视。

深基坑围护结构变形和位移以及所导致的基坑地表沉陷，是引起建筑物和地下管线等设施位移、变形和破坏的根本原因。

可以利用 Winkler 弹性地基梁理论，对受基坑开挖导致的地下管线竖向位移、水平位移进行分析。根据管线的最大允许变形，可以求出围护结构的最大允许变形，并可依此进行围护结构的选型及强度设计，也可根据围护结构的变形，预估地下管线的变形和预测地下管线是否安全。

1）地下管线位移计算

地下管线位移计算可按竖向和水平两个方向的位移分别计算。

2）基坑开挖引起地下管线变形的因素分析

（1）地基土种类（基床系数）

如图 3.1-4（a）所示，随地基基床系数K_V增加，地下管线的最大竖向位移逐渐减少，当K_V增大到某一值后（$K_V = 1.2 \times 10^4 kN/m^2$），地下管线的竖向位移增加幅度趋于平稳，即地基基床系数K_V的增加对竖向位移的影响已不显著。

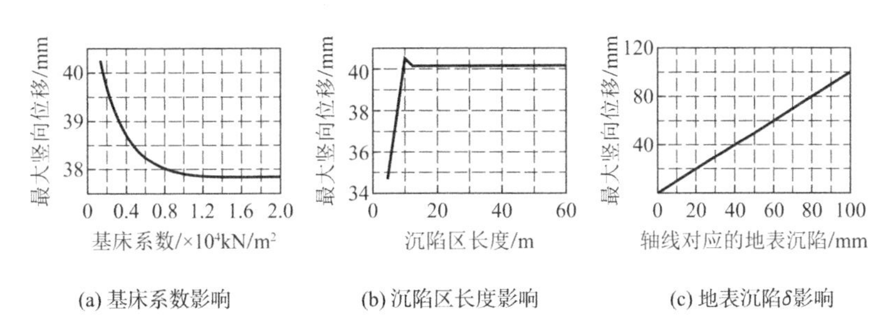

图 3.1-4　地下管线竖向位移影响因素分析

（2）沉陷区长度（亦即管线所平行的基坑边长）

如图 3.1-4（b）所示，在沉陷区长度 0～20m 以内，随沉陷区长度的增加，地下管线竖向沉陷量增大；然而沉陷区长度的进一步增加，出现地下管线竖向位移减小的现象，直至减小到某一程度后，地下管线的竖向位移稳定。

（3）地下管线所对应的地表沉陷量δ

如图 3.1-4（c）所示为地下管线所对应的地表沉陷量δ对其竖向位移的影响图。从图中可以得出，地表沉陷量δ对地下管线竖向位移影响较大，两者呈正比关系。地表沉陷是由围护结构的挠曲引起的（严格地讲，还有基底隆起的影响）。因此，有效地控制围护结构的位移是保证地下管线安全性的关键，是基坑开挖工程成败的关键。因而，必须树立起“变形控制”的思想进行围护结构设计，而不仅仅满足强度要求。

地下管线的水平位移也能得到类似的结论，不同的是：地下管线水平位移与围护结构的水平位移呈正比关系；对于围护结构为大变形的情况，地下管线水平位移随埋深y_0的增加而减小。

3.1.4 预制桩深基坑支护案例

1）研究场地

研究场地位于河南省开封市大梁路与夷山大街交叉口东南角，如图 3.1-5 所示。拟建建筑物为两层地下车库、多栋商业及主楼，商业及主楼基础形式为 PHC 管桩基础，地下车库为筏形基础，±0.00 绝对高程为 74.0m，基坑深度为 5.0～11.7m，3-3′断面基坑深度达 11.7m，基坑全周长约 1245m。

图 3.1-5 基坑平面位置图

2）地质条件

依据钻探、静力触探及土工试验成果，勘探深度范围内地层共分为 11 层，其中①层为杂填土（Q_4^{ml}）；②～⑪层为第四系全新统冲积（Q_4^{al}）而成的粉质黏土、粉土、粉砂或细砂。地层的物理力学指标由室内试验、标贯试验、静探试验等方法取得，经综合分析认为，整个场地同一层位土体性质无大的变异，属于同一工程地质单元，场区主要地层岩土物理力学特性指标如表 3.1-3 所示。

本研究选取支护最深处 3-3′剖面为分析对象，对应的地质剖面如图 3.1-6 所示。

场区主要地层岩土物理力学特性指标 表 3.1-3

岩性	含水率/%	干密度/（g/cm³）	孔隙比	塑性指数	直接剪切		静力触探		标贯击数/击
					黏聚力/kPa	内摩擦角/°	锥尖阻力/MPa	侧壁阻力/kPa	
②粉土	14.55	14.45	0.89	5.28	8.27	23.03	4.58	42.3	7
③粉土	23.61	15.05	0.77	8.93	13.69	22.03	0.92	16.8	3
④粉土	22.88	15.41	0.69	5.58	9.37	23.64	3.47	30.6	7
⑤粉质黏土	32.10	14.13	0.91	15.72	22.13	7.53	0.71	11.2	4

续表

岩性	含水率/%	干密度/(g/cm³)	孔隙比	塑性指数	直接剪切		静力触探		标贯击数/击
					黏聚力/kPa	内摩擦角/°	锥尖阻力/MPa	侧壁阻力/kPa	
⑥粉土	18.61	16.37	0.61	7.10	11.29	23.36	4.22	54.9	13
⑥$_J$粉土	18.83	16.40	0.62	5.90	9.86	23.06	1.35	21.9	7
⑦粉土	19.70	16.46	0.61	6.98	10.65	23.87	1.74	22.8	14
⑧粉砂	—	—	—	—	—	—	11.3	114.0	29
⑨粉质黏土	20.97	16.19	0.64	13.26	32.44	15.46	2.9	52.3	16
⑩细砂	—	—	—	—	—	—	25.7	179.8	46
⑪细砂	—	—	—	—	—	—	35.5	164.6	61

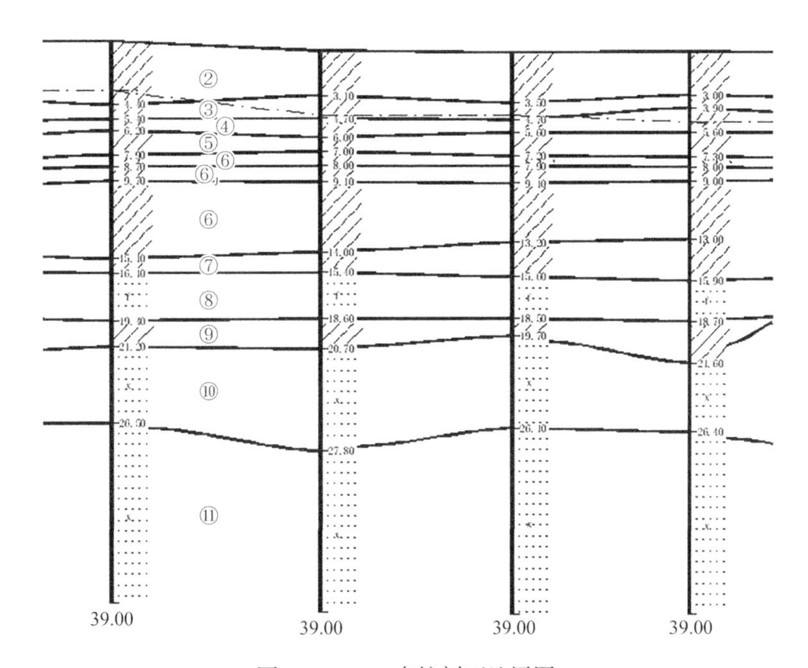

图 3.1-6　3-3′支护剖面地层图

3）基坑支护设计

结合当地工程经验与规范要求，本研究拟采用桩锚支护，设置三排预应力锚索，锚索配置见表 3.1-4，3-3′支护剖面如图 3.1-7 所示。基于上述概念模型，开展桩径、桩长与桩间距对支护效果影响的分析，提出适宜的桩基设计参数。

预应力锚索配置表　　　　表 3.1-4

锚索位置	间距/m	总长/m	自由段/m	锚固段/m
第一排	2.0	21.5	9.5	12.0
第二排	2.0	22.0	7.5	14.5
第三排	2.0	18.5	6.0	12.5

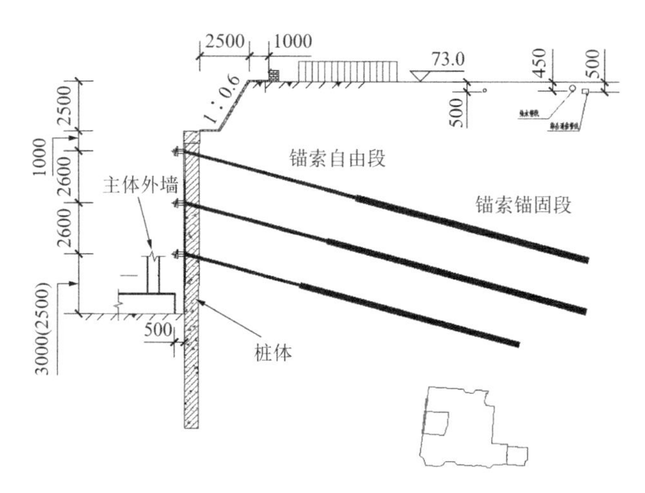

图 3.1-7　3-3′支护剖面

（1）桩径效应

以直径为 400mm、600mm 和 800mm 的 PRC 管桩为支护结构，桩间距均为 1000mm，桩长为 15m，锚索配置见表 3.1-4。如图 3.1-8 所示为桩后土体深层水平位移分布曲线。众所周知，随着桩径变化，基坑单位面积上围护结构的刚度随之变化。当桩径从 400mm 增大至 800mm 时，围护结构的整体刚度增加，相应的基坑围护结构周围土体变形也随之减小。朗肯土压力理论认为，随着埋深增大，桩后土压力逐渐增大并在悬臂支撑点附近达到极值。所有桩体深层水平位移最大值所对应的悬臂支撑结构点的深度位置都非常接近。数值分析显示，桩径为 400mm 时，水平位移最大值 26.5mm，最终位移量非常接近规范要求的 30mm 上限值。因此，桩径建议选择 600～800mm。

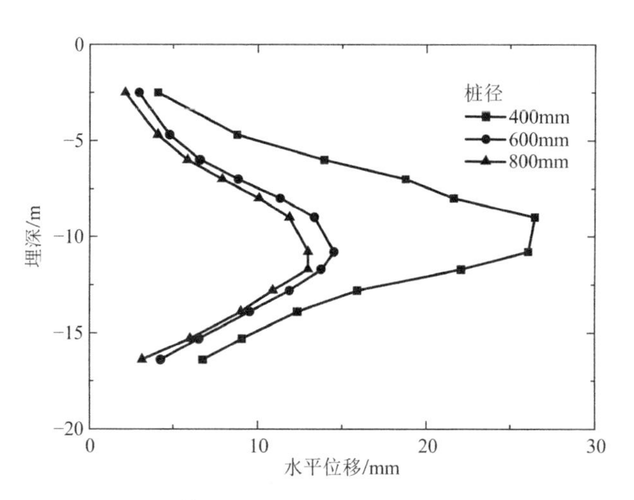

图 3.1-8　土体深层水平位移分布曲线（桩径不同）

（2）桩长效应

以桩长为 13m、15m 和 17m 的 PRC 管桩为支护结构，桩径均为 600mm，桩间距为 1000mm，三层锚索设置不变，土体深层水平位移分布曲线如图 3.1-9 所示。随着桩长增加，土体深层水平位移逐渐减小。总体而言，桩长对水平位移的控制作用并不明显。桩长设置为 13～17m 时，桩体入土深度 1.3～5.3m，均能保证基坑稳定。但是，已有经验表明，当桩体入土深度小于 2m 时，在不利条件组合情况下，坑底下的土体难以约束桩体并有向坑内变形的趋势，最终可能导致桩端发生踢脚破坏，引起基坑失稳。此外，模拟结果表明，当桩长为 15m 时，已满足结构稳定性要求，再增大桩长，意义不大。因此，从经济实用性角度，桩长建议值为 15～17m。

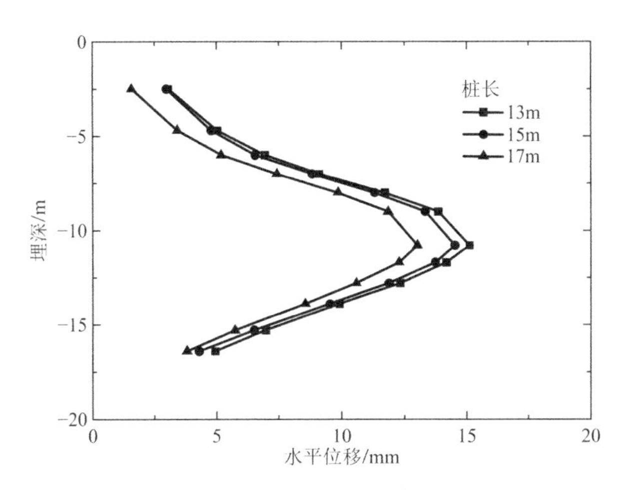

图 3.1-9　土体深层水平位移分布曲线（桩长不同）

（3）桩间距效应

以桩间距为 800mm、1000mm 和 1200mm 的 PRC 管桩为支护结构，桩径均为 600mm，桩长为 15m，三层锚索设置不变，土体深层水平位移分布曲线如图 3.1-10 所示。数值模拟结果显示，随着桩间距增加，土体深层水平位移量逐渐增大。在 800～1200mm 范围内，桩间距并不是影响基坑周围土体水平位移的关键因素。从深层水平位移量的角度分析，桩间距在 800～1200mm 范围内变化，均能满足技术要求。

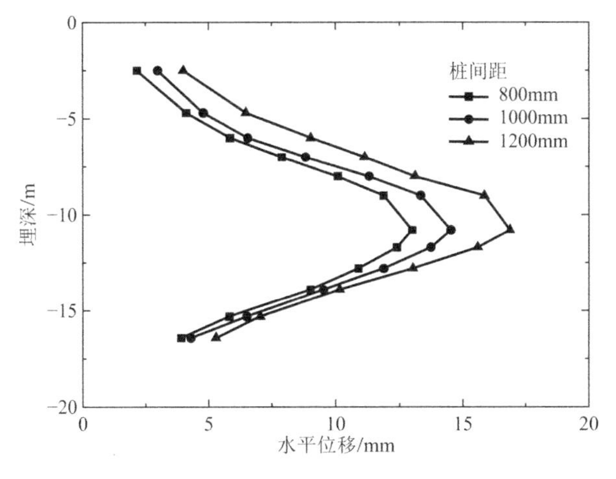

图 3.1-10　土体深层水平位移分布曲线（桩间距不同）

在深基坑支护工程中，由于桩-土相互作用可在土中形成土拱效应，桩间土不能够从桩间滑出。基于土拱效应，支护桩间距为：

$$s = l + d \tag{3.1-6}$$

其中，

$$l = \frac{2cd}{q}\frac{\sin\beta}{\sin\delta\cos\delta - \cos^2\delta\tan\varphi} \tag{3.1-7}$$

$$\beta = \arcsin\frac{(1+\sin\varphi)(\sin\delta\cos\delta - \cos^2\delta\tan\varphi)}{1-\sin\varphi} \tag{3.1-8}$$

$$\delta = 45^\circ + \varphi/2 \tag{3.1-9}$$

一般认为，在基坑工程中，桩后土压力是主动土压力，采用朗肯主动土压力公式近似得到：

$$q = (q_0 + \gamma h)\times\tan^2\left(45^\circ - \frac{\varphi}{2}\right) - 2c\times\tan\left(45^\circ - \frac{\varphi}{2}\right) \tag{3.1-10}$$

式中：s——桩间距（mm）；

d——桩径（m）；

c——黏聚力（kPa）；

φ——内摩擦角（°）；

q_0——地面荷载（kPa）；

γ——土体重度（kN/m^3）；

h——计算点埋深（m）。

地面荷载$q_0 = 10\text{kN/m}^2$，土体重度近似取$\gamma = 18\text{kN/m}^3$ 通过式(3.1-8)和式(3.1-9)计算，$\beta = 46.1°$；通过式(3.1-7)和式(3.1-10)计算，$l = 0.38\text{m}$；通过式(3.1-6)计算，$s = 980\text{mm}$。

综合数值分析以及基于土拱效应的理论计算结果，本研究建议桩间距设置为1000mm。

4）讨论

（1）PRC管桩“等效替代”灌注桩

经过计算，最终优化出桩径600mm、桩长15m、桩间距1000mm、三排预应力锚索的支护形式。开挖至设计深度后，基坑周围土体深层水平位移云图如图3.1-11所示。由图3.1-11可知，随着基坑开挖深度增加，基坑开挖的影响范围逐渐增大，基坑底部靠近内坑位置的水平位移值最大，并且向周边辐射趋于减小。由于锚杆的拉力作用，基坑上部桩周土位移量比下部的位移量小得多，从结果得到坑底最大位移值约为14.5mm。

对于基坑工程而言，支护结构的设计参数主要考虑桩体的抗弯和抗剪性能。当桩径相同时，PRC管桩存在某一桩型，能够保证上述力学性能与等直径的灌注桩相等，甚至优于灌注桩，此设计方法可视为基坑支护的PRC管桩“等效替代”。事实上，本研究上述分析过程完全可以用于同等抗弯、抗剪性能的灌注桩（与PRC管桩具有相同直径、桩长与桩间距）。在基坑设计领域，理正基坑支护软件是常用设计软件，但是理正软件并没有针对管桩的输入接口。本研究首先采用600mm的灌注桩进行基坑支护结构设计，再基于“等效替代”理念，采用PRC-1 600B110管桩直接替代灌注桩。事实上，许多技术与研究人员已开始采用这一思想用于软土地区的管桩基坑支护设计。

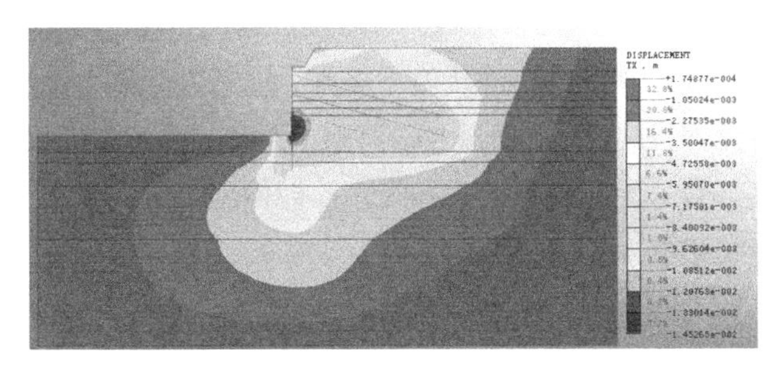

图 3.1-11　基坑周围土体深层水平位移云图

（2）PRC 管桩支护效果分析

如图 3.1-12 所示，为开挖完成后 zqk31 监测点深层水平位移监测曲线。图 3.1-12 也包括不同开挖工况的位移曲线，即基坑开挖 3.0m、施加三道锚索以及开挖至坑底设计标高三种工况。基坑监测点 zqk31 位于支护面中部，整体位移位于基坑内侧。一般而言，基坑深层土体水平位移分布形态与监测点位置有关，基坑拐角位置甚至会出现水平位移朝向基坑外侧的现象。本研究中的分析对象 3-3′剖面处于支护断面中间位置，距离拐角超过 35m，可认为图 3.1-12 所示深层水平位移数值对 3-3′剖面具有普适性。

此外，深层水平位移实测值普遍小于数值模拟数值，与董贵平等、郑轩等[13]的分析结果趋势相同，可能是由于岩土工程勘察报告中的土体物理力学参数取值保守所致。这意味着，采用数值模拟分析得到的位移数值是偏安全的。总体而言，实测值与模拟值变化趋势相同，二者具有很好的一致性，证明了“等效替代”理念的可靠性。

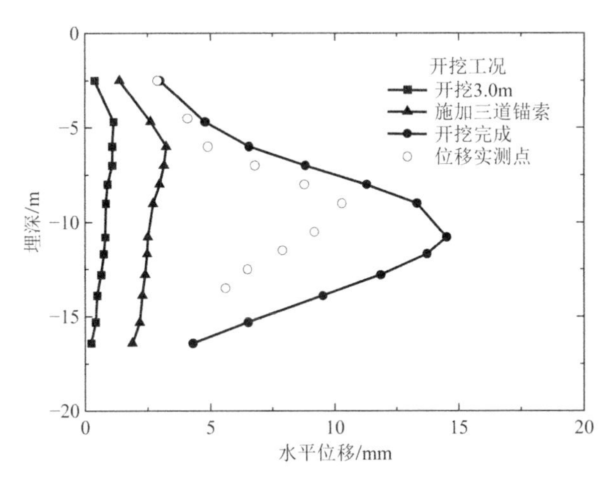

图 3.1-12　zqk31 监测点深层水平位移实测曲线

（3）PRC 管桩支护经济与工期优势

本研究依托工程的实际用桩数量为 412 根，总工程量为 5100m。根据市场调查，PRC 管桩与灌注桩综合单价分别为 406 元/m、622 元/m。与灌注桩相比，采用 PRC 管桩比灌注桩节省费用约 110万元，占预算数额 317.22 万元的 34.7%，具有明显的经济效益。

根据附近工程经验，灌注桩一般采用正循环施工，工效约 180m/d，PRC 管桩采用静压直接压入，工效约 260m/d。以本工程为例，与灌注桩施工相比，PRC 管桩可节约工期 8d。更为重要的是，作为装配式预制件，静压施工不受环保条件限制，能够保证连续施工。同时，PRC 管桩施工后无养护时间，无休止期，可直接开挖，对土方工程无影响。此外，PRC 管桩静压施工无笼筋焊接、泥浆外运等附加工序。即使施工中遇到沉桩困难或需要完全消除挤土效应，可选择长螺旋引孔处理，对工期并无影响。

3.2 打桩对周围土工环境扰动影响的特性研究

预制桩及沉管灌注桩等挤土桩在沉桩过程中，桩周地表土体产生隆起，桩周土体受到强烈挤压扰动，土体结构被破坏。如在饱和的软土中沉桩，桩表面周围土体将产生很高的超孔隙水压力，使得有效应力减小，导致土的抗剪强度大大降低，随着时间的推移，超孔隙水压力逐渐消散，桩间土的有效应力逐渐增大，土的强度逐渐恢复。因此，有必要探讨受打桩扰动后桩周土的工程特性，对合理进行桩基设计具有重要意义。

在桩贯入土中时，桩尖周围的土体被挤压，出现水平方向和竖直方向的位移，并产生扰动和重塑。有关研究资料表明，由沉桩而引起的地面隆起仅发生在距地表约4d（d为桩径）深度范围内，在这一深度以下，土体的位移即桩底附近土体的位移仍受到桩尖的影响。本节将通过理论分析及室内模型试验研究打桩对周围土体特性的扰动影响。

对于静压或锤击工艺而言，在成桩过程中，均产生挤土效应，这就造成桩周土体产生较大的应力增量，使得桩周土体的应力状态变得非常复杂。

单桩挤土效应可以采用圆孔扩张的弹塑性理论进行分析，桩土界面上的压力P_u为：

$$P_u = \left[\ln\left(\frac{E}{2(1+\mu)c_u}\right) + 1\right] c_u \tag{3.2-1}$$

式中：c_u——土的不排水抗剪强度（kPa）；

E——土的弹性模量（kPa）；

μ——土的泊松比。

扩张孔周围应力与孔隙水压力的变化如图 3.2-1 所示。

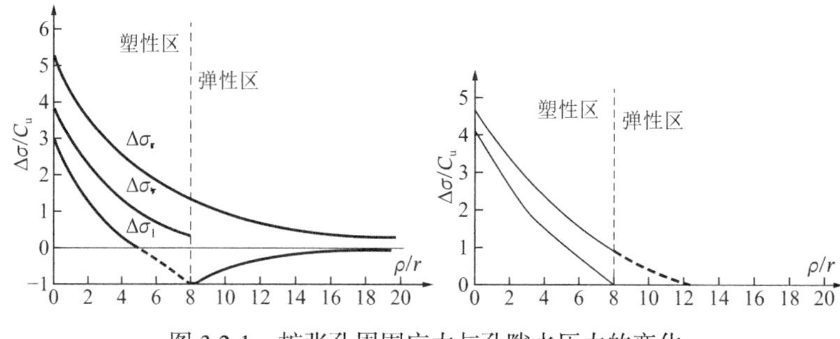

图 3.2-1 扩张孔周围应力与孔隙水压力的变化

图 3.2-2 给出了打桩过程中侧向挤压应力随时间的变化规律，在打桩间歇时侧向挤压应力衰减，在下一次打桩前侧向挤压应力趋于稳定。

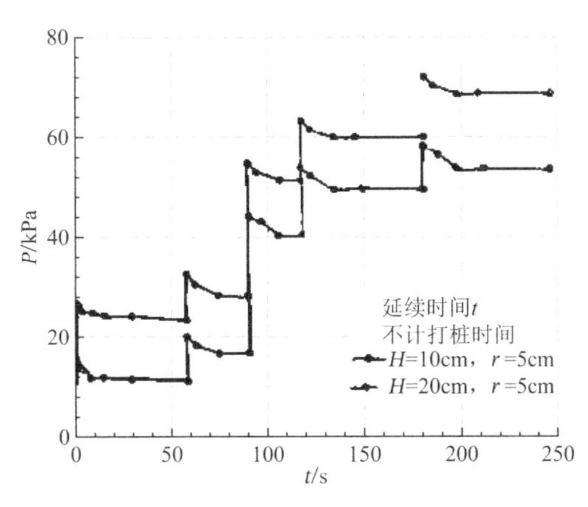

图 3.2-2　侧向挤压应力随时间的变化

在打桩过程中，不同深度侧向挤压应力随着桩体的贯入深度而发生变化。在桩体贯入深度内，侧压力基本呈线性变化，即使在桩体贯入深度以下一定范围，侧压力也受到桩体贯入的影响。打桩结束后，随时间的变化，侧向挤压应力趋于稳定，沿深度基本呈线性变化。

在打桩过程中，同一深度侧向挤压应力沿径向发生变化。侧向挤压应力沿径向呈指数衰减，在距桩周2d范围内衰减很快；在距桩周3d范围以外，侧向挤压应力衰减较慢；在距桩周5d范围以外，侧压力基本为静止压力。

打桩产生的挤土效应，对周围土体不仅产生侧向挤压变形，而且产生竖向变形。模型试验中测得土体变形情况如图 3.2-3 所示。在地表附近，桩周土体产生一定的隆起变形，其下部主要为向下的竖向变形及侧向挤压变形；在靠近桩底部，由于桩体贯入过程中的挤压冲击作用，产生挤压应力，形成动态塑性扰动，出现较大的竖向变形。从地表形态来看，紧挨桩体仍为竖向向下的变形，距桩周2d左右范围内属于隆起，而在距桩周5d左右范围外，变形非常小。

图 3.2-3　打桩引起的周围土体的变形

3.2.1 打桩挤土效应的理论分析

对桩的挤土效应分析目前多采用小孔扩张理论。在静压无孔管桩沉桩过程中，作用于桩周土体的竖向剪切应力与水平挤压应力会使得土体结构与力学性质发生改变。桩周土体的位移分布规律将随着土体性质变化而改变。通过研究发现，桩周土体的位移分布随沉桩深度变化而变化。静压管桩贯入过程中，桩周土体进行着较复杂的运动。单桩桩周土体运动的大致情况是：当桩贯入时，桩端土体受到排挤而产生扰动和重塑，同时做水平方向和竖直方向的运动，在离地面约 4 倍桩径深度范围的桩体附近，土体发生一定的向上隆起；当贯入深度较大时，由于上面土层的压力作用，桩身周围土体主要沿径向向外运动，而桩尖周围土体既有向下又有径向位置移动。

根据植桩过程，桩周土体可分为以下 4 个区域（图 3.2-4）：

Ⅰ区：强烈重塑区。植桩过程中，受到桩身拖曳，该区土体产生位移，发生变形，结构遭到破坏且完全重塑。

Ⅱ区：塑性区。沉桩引起该区土体出现塑性变形，影响非常严重。

Ⅲ区：弹性区。沉桩引起该区土体出现变形，但仍然保持弹性状态。

Ⅳ区：沉桩过程未影响该区。

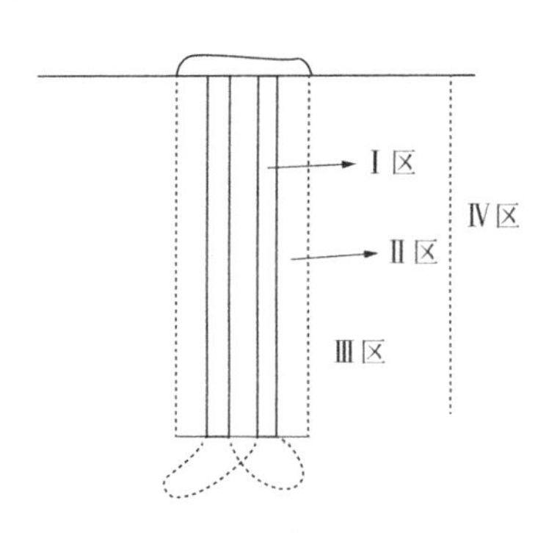

图 3.2-4　桩周土体弹塑性区分布

由图 3.2-4 可知，若仅研究桩身的桩周土体变形，忽略紧贴桩身部分土的竖向应变，可认为桩周土体变形为一个圆柱形孔扩张引起的变形，从而可以基于圆孔扩张理论解决沉桩过程问题，用平面应变的圆柱形孔扩张理论简化植桩过程。

圆孔扩张理论按对称问题可分为圆柱形孔扩张理论和球形孔扩张理论。基于圆柱形孔扩张理论，假定理想弹塑性土体服从 Tresca 和 Mohr-Coulomb 屈服准则，得到无限土体中孔壁承受均布内压力的解析解。

圆柱形孔扩张理论的基本假定和基本方程

（1）基本假定

①土体为各向同性的、均匀的理想弹塑性材料；

②土体饱和不可压缩；

③土体屈服满足 Mohr-Coulomb 准则；

④圆孔扩张前，土体有效应力认为各向同性；

⑤圆孔扩张问题视为轴对称平面应变问题。

圆柱形孔扩张问题是轴对称平面应变问题，如图 3.2-5 所示，在压力p作用下圆孔开始扩张，当压力p增大时，围绕着圆孔的圆柱形区域将由弹性状态进入塑性状态，塑性区范围随压力p增加而扩张。

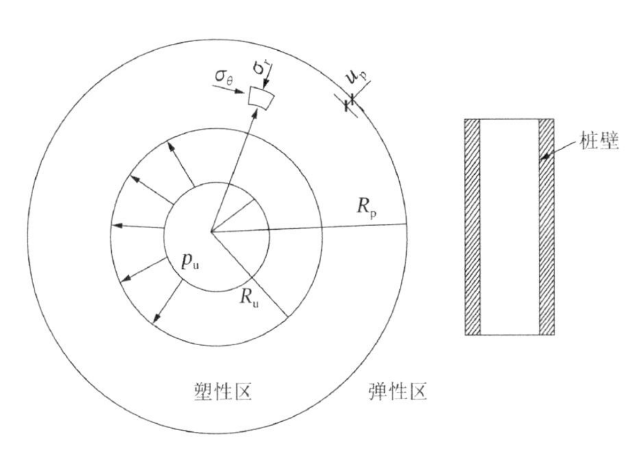

图 3.2-5　管桩圆孔扩张模型

R_u—圆孔扩张后的最终半径；R_p—塑性区最大半径；p_u—圆孔扩张的最终压力；σ_r—由圆孔扩张挤土引起的径向应力；σ_θ—由圆孔扩张挤土引起的切向应力；u_p—塑性区边界的径向位移

（2）基本方程

圆柱形孔扩张问题的基本方程如下：

平面应变轴对称问题的平衡微分方程：

$$\frac{\mathrm{d}\sigma_r}{\mathrm{d}r}+\frac{\mathrm{d}\sigma_r-\sigma_\theta}{r}=0 \tag{3.2-2}$$

几何方程：

$$\left.\begin{aligned}\varepsilon_r&=\frac{\mathrm{d}u_r}{\mathrm{d}r}\\ \varepsilon_\theta&=\frac{u_r}{r}\end{aligned}\right\} \tag{3.2-3}$$

弹性阶段的本构方程为：

$$\left.\begin{aligned}\varepsilon_r&=\frac{1-\mu^2}{E}\left(\sigma_r-\frac{\mu}{1-\mu}\sigma_\theta\right)\\ \varepsilon_\theta&=\frac{1-\mu^2}{E}\left(\sigma_\theta-\frac{\mu}{1-\mu}\sigma_r\right)\end{aligned}\right\} \tag{3.2-4}$$

Tresca 材料屈服准则表达式为：

$$\sigma_r-\sigma_\theta=2K \tag{3.2-5}$$

Mohr-Coulomb 材料屈服准则表达式为：

$$\sigma_r - \sigma_\theta = (\sigma_r + \sigma_\theta)\sin\varphi + 2c \times \cos\varphi \tag{3.2-6}$$

式中：ε_r、ε_θ——土体的径向应变和切向应变；

u_r——土体的径向位移；

μ——土体的泊松比；

E——土的弹性模量；

K——Tresca 常数；

c——土的黏聚力；

φ——土的内摩擦角。

（3）圆柱形孔扩张问题的弹性解

根据弹性理论，假定应力函数Φ只是径向坐标r的函数，考虑选取下列形式：

$$\Phi(r) = C_0 \ln r \tag{3.2-7}$$

式中：C_0——常数。

因此，由式(3.2-7)可得径向应力σ_r和σ_θ切向应力分别表示为：

$$\sigma_r = \frac{1}{r}\frac{\mathrm{d}\Phi}{\mathrm{d}r} = \frac{C_0}{r^2} \tag{3.2-8}$$

$$\sigma_\theta = \frac{\mathrm{d}^2\Phi}{\mathrm{d}r^2} = -\frac{C_0}{r^2} \tag{3.2-9}$$

根据边界条件确定常数C_0，当$r = R_0$时，$\sigma_r = p_0$代入式(3.2-8)，可得：

$$C_0 = R_0^2 p_0 \tag{3.2-10}$$

因此，弹性变形阶段解为：

$$\Phi = R_0^2 p_0 \ln r \tag{3.2-11}$$

$$\sigma_r = \frac{1}{r}\frac{\mathrm{d}\Phi}{\mathrm{d}r} = \frac{R_0^2 p_0}{r^2} \tag{3.2-12}$$

$$\sigma_\theta = \frac{\mathrm{d}^2\Phi}{\mathrm{d}r^2} = -\frac{C_0}{r^2} = \frac{R_0^2 p_0}{r^2} = -\sigma_r \tag{3.2-13}$$

平面应变轴对称条件下径向位移表达式为：

$$u_r = \frac{(1+\mu){R_0}^2}{E}\frac{p_0}{r} = \frac{(1+\mu)}{E} r\sigma_r \tag{3.2-14}$$

（4）圆柱形孔扩张问题的塑性解

①Tresca 材料圆柱形孔扩张的弹塑性解

对于服从 Tresca 屈服准则的理想弹塑性材料，将式(3.2-13)代入式(3.2-14)，可得：

$$\frac{\mathrm{d}\sigma_r}{\mathrm{d}r} + \frac{2K}{r} = 0 \tag{3.2-15}$$

上式积分得到：

$$\sigma_r = C_1 - 2K \ln r \tag{3.2-16}$$

式中：C_1——积分常数。

根据边界条件可知，圆柱形孔扩张后，当$r=R_u$时，$p_u=\sigma_r$，则可得：

$$C_1=p_u+2K\ln R_u \tag{3.2-17}$$

将式(3.2-17)代入式(3.2-16)、式(3.2-5)中，可得塑性区的径应力σ_r和切向应力σ_θ的应力场：

$$\sigma_r=p_u-2K\ln\frac{r}{R_u} \tag{3.2-18}$$

$$\sigma_\theta=p_u-2K\left(\ln\frac{r}{R_u}+1\right) \tag{3.2-19}$$

由式(3.2-18)和式(3.2-19)可知：若已知圆柱形孔扩张后的最终半径R_u及相应的内压力p_u，即可以计算塑性区内各点应力。

根据边界条件可知，当$r=R_p$时，$\sigma_r=\sigma_p$，同时应满足屈服条件，即可得：

$$\sigma_p-\sigma_\theta=2K \tag{3.2-20}$$

结合式(3.2-13)和式(3.2-20)，可得：

$$\left.\begin{aligned}\sigma_p&=K\\ \sigma_\theta&=-K\end{aligned}\right\} \tag{3.2-21}$$

结合式(3.2-18)和式(3.2-21)，可得最终压力p_u为：

$$p_u=K=2K\ln\frac{R_p}{R_u} \tag{3.2-22}$$

结合式(3.2-18)、式(3.2-19)和式(3.2-22)，可得最终压力p_u为：

$$\left.\begin{aligned}\sigma_r&=2K\ln\frac{R_p}{r}+K\\ \sigma_\theta&=2K\ln\frac{R_p}{r}-K\end{aligned}\right\} \tag{3.2-23}$$

因此，由式(3.2-22)可知，只需要确定R_p/R_u，就能得到最终压力p_u的值。

由于 Tresca 材料不存在塑性体积应变，若忽略了塑性区材料在弹性阶段的体积变化，就可认为塑性区总体积不变，那么圆柱形体积变化仅等于弹性区体积变化。

可得：

$$\pi R_u^2L-\pi R_0^2L=\pi R_p^2L-\pi\left(R_p-u_p\right)^2L \tag{3.2-24}$$

忽略u_p的平方项，可得：

$$R_u^2-R_0^2=2R_pu_p \tag{3.2-25}$$

简化可得：

$$u_p=\frac{R_u^2-R_0^2}{2R_p} \tag{3.2-26}$$

把式(3.2-26)代入式(3.2-14)中，即得：

$$\frac{R_{\mathrm{u}}^2-R_0^2}{2R_{\mathrm{p}}}=\frac{(1+\mu)}{E}R_{\mathrm{p}}K \tag{3.2-27}$$

将式(3.2-27)简化，简化可得：

$$\frac{R_{\mathrm{p}}^2}{R_{\mathrm{u}}^2}=\frac{E}{2(1+\mu)K}\cdot\left[1-\left(\frac{R_0}{R_{\mathrm{u}}}\right)^2\right] \tag{3.2-28}$$

即可得塑性区最大半径R_{p}与圆孔扩张后的最终半径R_{u}之比为：

$$\frac{R_{\mathrm{p}}}{R_{\mathrm{u}}}=\left\{\frac{E}{2(1+\mu)K}\cdot\left[1-\left(\frac{R_0}{R_{\mathrm{u}}}\right)^2\right]\right\}^{\frac{1}{2}} \tag{3.2-29}$$

将式(3.2-29)代入式(3.2-22)可得，最终压力p_{u}为：

$$p_{\mathrm{u}}=K+K\ln\left\{\frac{E}{2(1+\mu)K}\cdot\left[1-\left(\frac{R_0}{R_{\mathrm{u}}}\right)^2\right]\right\} \tag{3.2-30}$$

当$r=R_{\mathrm{p}}$时，$\sigma_r=\sigma_{\mathrm{p}}=K$，由式(3.2-13)可得塑性区边界的径向位移$u_{\mathrm{p}}$为：

$$u_{\mathrm{p}}=\frac{(1+\mu)K}{E}R_{\mathrm{p}} \tag{3.2-31}$$

根据边界条件，结合式(3.2-11)、式(3.2-13)可得弹性径向位移场u_{r}为：

$$u_r=\frac{(1+\mu)K}{E}\left(\frac{R_{\mathrm{p}}}{r}\right) \tag{3.2-32}$$

②Mohr-Coulomb 材料圆柱形孔扩张的弹塑性解

对于服从 Mohr-Coulomb 屈服准则的理想弹塑性材料，将式(3.2-13)代入式(3.2-14)，可得：

$$\frac{\mathrm{d}\sigma_r}{\mathrm{d}r}+\frac{2\sin\varphi}{1+\sin\varphi}\cdot\frac{\sigma_r}{r}+\frac{2c\cos\varphi}{1+\sin\varphi}\cdot\frac{1}{r}=0 \tag{3.2-33}$$

根据数学积分方法，将式(3.2-33)积分可得：

$$\sigma_r=-\frac{B_1}{A_1}+\frac{D_1}{r^{A_1}} \tag{3.2-34}$$

式中：$A_1=\frac{2\sin\varphi}{1+\sin\varphi}$，$B_1=\frac{2c\cos\varphi}{1+\sin\varphi}$，$D_1$是积分常数。

根据边界条件可知，圆孔扩张后，当$r=R_{\mathrm{u}}$时，$\sigma_r=p_{\mathrm{u}}$，则可得：

$$D_1=\left(p_{\mathrm{u}}+\frac{B_1}{A_1}\right)R_{\mathrm{u}}^{A_1} \tag{3.2-35}$$

式中：$\frac{B_1}{A_1}=c\cot\varphi$。

式(3.2-34)代入式(3.2-33)，可得塑性区的径向应力σ_r的应力场：

$$\sigma_r=(p_{\mathrm{u}}+c\cot\varphi)\left(\frac{R_{\mathrm{u}}}{r}\right)^{\frac{2\sin\varphi}{1+\sin\varphi}}-c\cot\varphi \tag{3.2-36}$$

式(3.2-36)代入式(3.2-6)，可得塑性区的切向应力σ_θ的应力场：

$$\sigma_\theta = \frac{1-\sin\varphi}{1+\sin\varphi}\left[(p_u + c\cot\varphi)\left(\frac{R_u}{r}\right)^{\frac{2\sin\varphi}{1+\sin\varphi}} - c\cot\varphi\right] - \frac{2c\cos\varphi}{1+\sin\varphi} \tag{3.2-37}$$

由式(3.2-36)和式(3.2-37)可知：若已知圆孔扩张后的最终半径R_u及相应的最终压力p_u，即可以计算确定塑性区内各点径向应力和环向应力。

根据弹塑边界条件可知，当$r = R_p$时，按塑性区考虑可得：

$$\sigma_r = \sigma_p \tag{3.2-38}$$

按弹性区考虑可得：

$$\sigma_r = \sigma_\theta \tag{3.2-39}$$

同时也应满足式(3.2-5)的屈服条件，则可得：

$$\sigma_p = \sigma_r = c\cos\varphi \tag{3.2-40}$$

结合式(3.2-35)和式(3.2-38)，可得最终压力p_u为：

$$p_u = c(\cos\varphi + \cot\varphi)\left(\frac{R_p}{R_u}\right)^{\frac{2\sin\varphi}{1+\sin\varphi}} - c\cot\varphi \tag{3.2-41}$$

因此，由式(3.2-40)可知，只需要确定R_p/R_u就能得到最终压力p_u的值。

由于 Mohr-Coulomb 材料存在塑性体积应变，需要予以考虑，那么圆柱形的体积变化等于弹性区与塑性区体积变化之和。

则可得：

$$\pi R_u^2 L - \pi R_0^2 L = \pi R_p^2 L - \pi(R_p - u_p)^2 L + \pi(R_p^2 - R_u^2)L\Delta \tag{3.2-42}$$

忽略u_p的平方项，简化可得：

$$(1+\Delta) - \left(\frac{R_0}{R_u}\right)^2 = 2u_p \cdot \frac{R_p}{R_u^2} + \left(\frac{R_p}{R_u}\right)^2 \Delta \tag{3.2-43}$$

由式(3.2-14)可得，弹塑性边界的径向位移u_p为：

$$u_p = \frac{(1+\mu)}{E} R_p \sigma_p \tag{3.2-44}$$

若考虑土中初始有效应力q，则可得：

$$u_p = \frac{(1+\mu)}{E} R_p(\sigma_p - q) \tag{3.2-45}$$

由式(3.2-36)可得：

$$\sigma_p = (p_u + c\cot\varphi)\left(\frac{R_u}{R_p}\right)^{\frac{2\sin\varphi}{1+\sin\varphi}} - c\cot\varphi \tag{3.2-46}$$

结合式(3.2-45)与式(3.2-46)，可得弹塑性边界的径向位移u_p为：

$$u_{\mathrm{p}}=\frac{(1+\mu)}{E}R_{\mathrm{p}}\left[(p_{\mathrm{u}}+c\cot\varphi)\left(\frac{R_{\mathrm{u}}}{R_{\mathrm{p}}}\right)^{\frac{2\sin\varphi}{1+\sin\varphi}}-(c\cot\varphi+q)\right] \tag{3.2-47}$$

将式(3.2-47)代入式(3.2-43)可得：

$$1+\varDelta-\left(\frac{R_0}{R_{\mathrm{u}}}\right)^2=2\frac{R_{\mathrm{p}}^2}{R_{\mathrm{u}}^2}\frac{(1+\mu)}{E}\left[(p_{\mathrm{u}}+c\cot\varphi)\left(\frac{R_{\mathrm{u}}}{R_{\mathrm{p}}}\right)^{\frac{2\sin\varphi}{1+\sin\varphi}}-(c\cot\varphi+q)\right]+\frac{R_{\mathrm{p}}^2}{R_{\mathrm{u}}^2}\varDelta \tag{3.2-48}$$

结合式(3.2-36)、式(3.2-38)和式(3.2-40)可知：

$$(p_{\mathrm{u}}+c\cot\varphi)\left(\frac{R_{\mathrm{u}}}{R_{\mathrm{p}}}\right)^{\frac{2\sin\varphi}{1+\sin\varphi}}=\mathrm{c}\cot\varphi(1+\sin\varphi) \tag{3.2-49}$$

由于土体扩张前后都具有各向同性的初始应力q，由式(3.2-49)可得：

$$(p_{\mathrm{u}}+c\cot\varphi)\left(\frac{R_{\mathrm{u}}}{R_{\mathrm{p}}}\right)^{\frac{2\sin\varphi}{1+\sin\varphi}}=(c\cot\varphi+q)(\sin\varphi+1) \tag{3.2-50}$$

将式(3.2-50)代入式(3.2-48)，整理简化得：

$$1+\varDelta-\left(\frac{R_0}{R_{\mathrm{u}}}\right)^2=\frac{R_{\mathrm{p}}^2}{R_{\mathrm{u}}^2}\left[\frac{2(1+\mu)(c+q\tan\varphi)\cos\varphi}{E}\right]+\varDelta \tag{3.2-51}$$

整理可得：

$$\frac{R_{\mathrm{p}}}{R_{\mathrm{u}}}=\left[\frac{1+\varDelta-\left(\dfrac{R_0}{R_{\mathrm{u}}}\right)^2}{\dfrac{2(1+\mu)(c+q\tan\varphi)\cos\varphi}{E}+\varDelta}\right]^{\frac{1}{2}} \tag{3.2-52}$$

若假定圆孔扩张前的初始半径R_0为 0，即认为圆孔扩张为无初始孔扩张，引入刚度指标的表达式为：

$$I_{\mathrm{r}}=\frac{E}{2(1+\mu)(c+q\tan\varphi)}=\frac{G}{S} \tag{3.2-53}$$

式(3.2-52)简化可得，塑性区最大半径与圆孔扩张后的最终半径之比为：

$$\frac{R_{\mathrm{p}}}{R_{\mathrm{u}}}=\sqrt{\frac{I_{\mathrm{r}}\sec\varphi(1+\varDelta)}{1+I_{\mathrm{r}}\varDelta\sec\varphi}} \tag{3.2-54}$$

在明确了塑性区边界后，可与实测数据对比，查明塑性区边界处是否为湿陷消除边界；同时桩间土应力、应变计算结果可作为土体自身物理状态变化的理论依据。

3.2.2 沉桩挤土效应原位试验

黄土湿陷性是指在土体自重或上部建筑物荷载作用下，受水浸湿后，土体结构迅速破坏并发生显著的附加沉降，强度迅速降低。对湿陷性黄土地基，通常采用一定的手段加固处理以降低或消除其湿陷性，提高地基承载力。湿陷性黄土地基处理方法主要有挤密法、垫层法、强夯法和化学加固法。挤密法主要通过成孔或夯扩成桩对桩周土发生横向挤压，使地基土体孔隙比减小、湿陷性消除或减小，从而达到地基处理目的。

当前，湿陷性黄土场地通常采用灰土挤密桩 + CFG 桩复合地基或钻孔灌注桩基础。但是，在现有碳达峰、碳中和国家战略和环境治理、扬尘管控、城市友好发展背景下，上述桩基工程工序繁杂，工期冗长且环境负效应明显，越来越不满足项目开发要求。

工程实践发现，管桩（即预应力高强混凝土管桩）具有单桩承载力高、桩身混凝土强度高、造价低等优点，且是预制构件，沉桩过程预计产生较大的挤土效应。事实上，管桩挤土效应对黄土湿陷的消除是可以预期的，但是消除效果并未从理论和实践上展开系统探讨。本研究选取河南省中等湿陷性黄土场地，开展管桩沉桩前后桩间土原位标贯和静力触探检测，并利用探井取原状样进行土体干密度、孔隙比和湿陷系数测试，分析管桩沉桩的挤土效应对黄土物理力学性能的影响，进而得到管桩沉桩后桩间黄土湿陷性的消除效果，并判定地基承载力的提高幅度，为我国黄土地区管桩消除湿陷的研究提供基础数据，服务于黄河中下游生态保护与高质量发展。

1）场地条件与试验设计

（1）场地条件

巩义地区的湿陷性黄土厚度相对较大，地下水埋藏深度较浅，被选作试验研究场地。根据沉桩前距离试验场地较近的 11、T12、13 和 14 勘探点成果（图 3.2-6 和图 3.2-7），试验场地 15m 深度范围地基土可分为 3 层，地层分界线位于地表以下 6.5m 和 14.5m 附近。土工试验结果表明，①层、②层和③层黄土均具湿陷性，湿陷等级为中等，场地湿陷下限大于 15m。各层岩土特征为：①层粉土（Q_3^{pl+dl}），呈褐黄色、黄褐色，稍湿，稍密，无光泽，干强度低，韧性低，含白色钙纹、斑点及钙质结核。②层粉土（Q_3^{pl+dl}），呈黄褐色、棕褐色，稍湿，稍密，无光泽，干强度低，韧性低，含铁锰质条纹及钙质结核。③层为粉土（Q_2^{pl+dl}），呈黄褐色、棕褐色，稍湿，稍密，无光泽，干强度低，韧性低，含铁锰质条纹及钙质结核。场地土体物理力学指标见表 3.2-1。试验场地典型颗分曲线如图 3.2-8 所示。

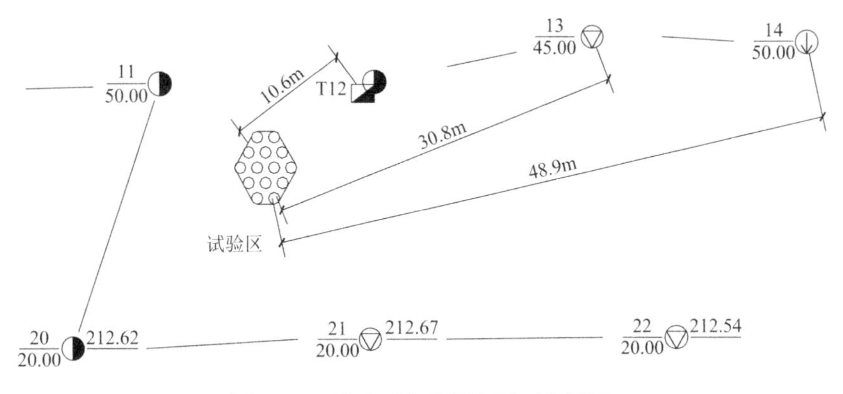

图 3.2-6　试验区与勘探点平面位置图

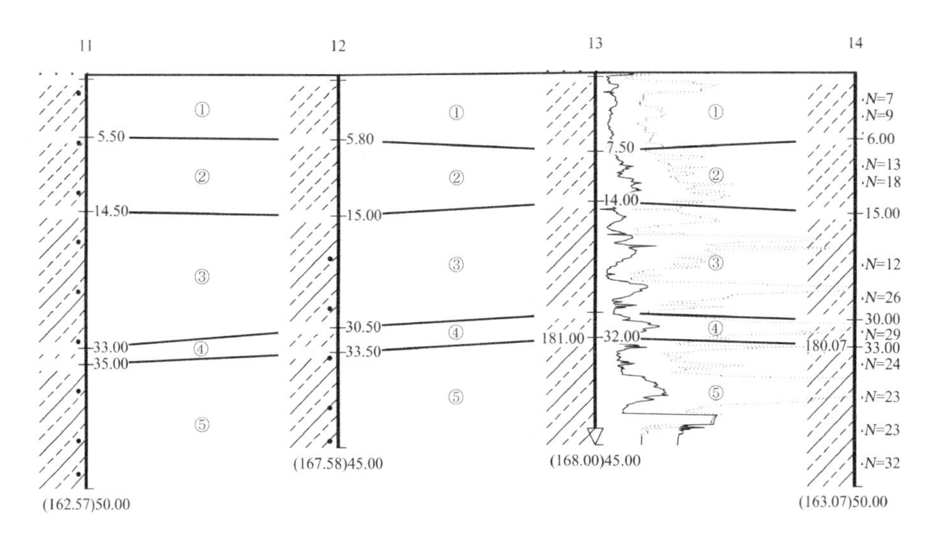

图 3.2-7 试验场地地质剖面图

地层物理力学指标统计表 **表 3.2-1**

层号	土层名称	含水率/%	天然重度/（kN/m³）	孔隙比	饱和度/%	塑性指数	液性指数	压缩试验		标贯击数	静力触探	
								压缩系数/MPa^{-1}	压缩模量/MPa		锥尖阻力/MPa	侧壁阻力/kPa
①	粉土	13.4	15.53	0.975	37.2	9.1	−0.45	0.18	11.7	8.7	2.14	77.4
②	粉土	16.3	16.33	0.919	44.7	9.0	−0.24	0.17	11.8	14.0	3.43	107.9
③	粉土	15.6	16.55	0.936	54.0	9.5	0.13	0.14	14.4	15.0	2.24	105.8

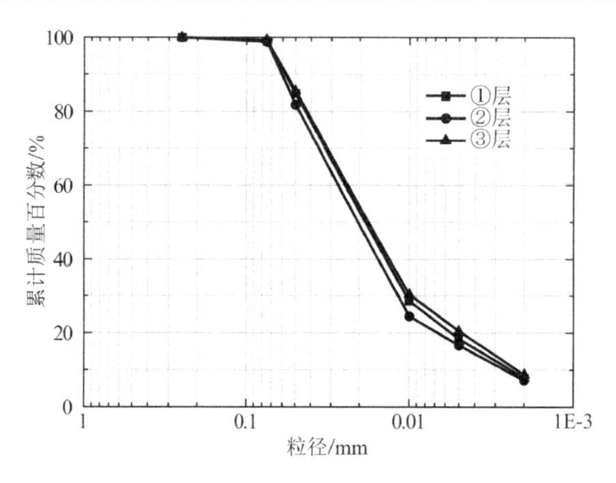

图 3.2-8 试验场地典型颗分曲线

（2）试验设计

管桩和检测点、取样点平面布置见图 3.2-9。采用梅花形布桩方案，桩径$D = 50$cm，桩身截面不变，桩头未做任何处理，桩间距$s = 150$cm，桩长$l = 15.0$m，沉桩在基坑开挖前实施，桩顶标高为地表，桩尖在②层。考虑城区施工噪声控制等环保要求，采用更具推广价值的静压法沉桩。建筑物基底设计埋深距地表 5.0m，依据《湿陷性黄土地区建筑标准》

GB 50025—2018 之规定，探井深度及钻探孔深度取地表以下 15.0m。为研究沉桩对桩底的挤密效果，静探孔深度为 17.0m。检测点位置设置 4 种：两桩之间，距桩中心点 75cm（1.5*D*），编号为 1；三桩之间，距桩中心点 87cm（1.75*D*），编号为 2；距桩中心点 150cm（3*D*），编号为 3；距桩中心点 300cm（6*D*），编号为 4。共设计并完成 4 个探井（TJ 表示）、4 个静探（JT 表示）以及 3 个标贯孔（BG 表示）。每个探井间隔 1.0m 取原状样，开展室内试验，包括湿陷系数、孔隙比和干密度试验。湿陷系数试验为评价沉桩前后桩间土湿陷性的变化；孔隙比和干密度试验为评价沉桩前后桩间土物理参数的变化。室内试验均严格依据《土工试验方法标准》GB/T 50123—2019 执行。

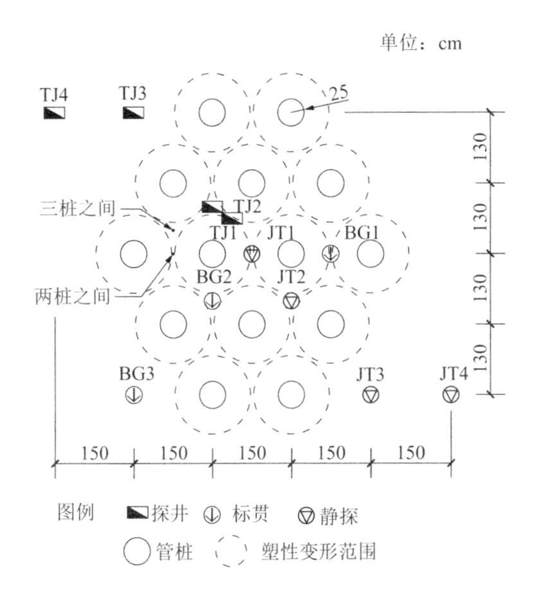

图 3.2-9　管桩和检测点、取样点平面布置图

2）试验结果

（1）湿陷系数

图 3.2-10 为检测点 TJ1、TJ2、TJ3、TJ4 与 T12 的湿陷系数试验结果。T12 距离试验场地约 10.6m，其勘察阶段的室内试验是在其他实验室开展，受人工和操作环境影响，T12 土样测试结果与本次试验数据存在较大差异，故不做对比分析。TJ4 距离管桩超 3*D*，可视为原始地层的测试结果。由图 3.2-10 可知，监测点 TJ1 湿陷完全消除，TJ2 湿陷由中等降至轻微，TJ3 和 TJ4 仍为中等。可见，管桩对湿陷消除效果明显。随着检测点与桩中心点距离增加，管桩湿陷消除效果降低。计算可知，检测点 TJ4①层、②层和③层的湿陷系数平均值分别为 0.049、0.026 和 0.022；沉桩完成后，检测点 TJ1①层湿陷系数平均值降至 0.013，②层为 0.007，③层为 0.008；TJ2①层湿陷系数降至 0.024，②层为 0.008，③层为 0.007；TJ3①层、②层和③层湿陷系数分别为 0.043、0.027 和 0.024，表明监测点 TJ1 和 TJ2 消除效果明显，TJ3 消除效果差。②层、③层湿陷消除效果优于①层，

原因可能是：埋深较大的黄土形成年代更久，溶滤更充分，固结成岩程度更高，土体更易发生脆性破坏，再加上上部土层存在，限制其向上位移，最终导致埋深较大的黄土湿陷消除效果较好。

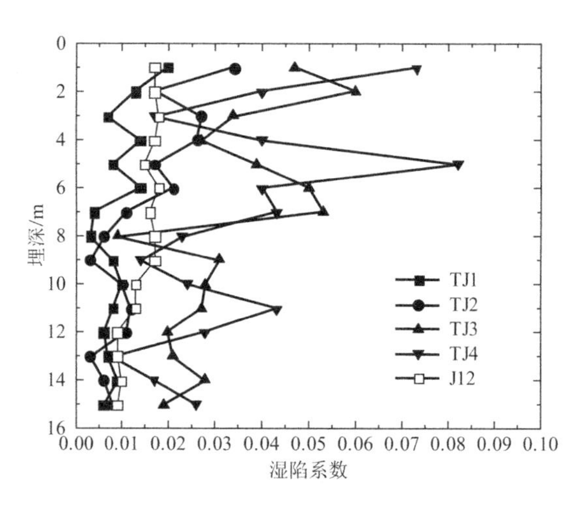

图 3.2-10　湿陷系数试验结果

基底标高按−5.0m 考虑，检测点 TJ4 自重湿陷量 13.5mm，湿陷量 358.5mm；检测点 TJ1 自重湿陷量 0，湿陷量 0；检测点 T2 自重湿陷量 0，湿陷量 44.3mm；检测点 TJ3 自重湿陷量 21.5mm，湿陷量 373.3mm。结果表明，当桩间距不超过 3*D*时，黄土湿陷消除或湿陷程度降低，超过 3*D*挤密效果不明显。如果场地采用大面积群桩，挤土效果预计更为明显，湿陷消除效果更佳。

此外，从试验结果可知，沉桩后桩间土湿陷下限分别为 0.0m（TJ1）和 6.0m（TJ2），而沉桩前黄土湿陷下限大于 15m，这意味着②层及以下黄土湿陷已彻底消除。城市高层建筑物基底埋深普遍超 5m，对于本研究场地的中等湿陷性黄土地基而言，桩间距为 3*D*基本达到消除湿陷的目的。

（2）标贯击数

BG2、BG3 以及 14 号孔的原位标贯试验结果如图 3.2-11 所示，其中 14 号孔为勘察阶段原位试验孔，距 BG1 约 50m。BG1 孔内检测到大量黏土，与其他孔相比，地层异常，不作对比分析。BG2 数据较为离散，但也基本能反映出地层变化特征。如图 3.2-11 可知，在 3 倍桩间距范围内，标贯击数（BG2 和 BG3）均比沉桩前（14 号）有所提高。此外，检测点至桩中心点距离从 1.5*D*增至 3*D*，标贯击数呈降低趋势。表 3.2-2 统计了各层标贯击数平均值。从表 3.2-2 可知，距桩中心点越近，桩间土标贯击数提高幅度越明显，以①层为例，$N_{BG2}=16.4$，$N_{BG3}=12.7$。由于①层、②层的初始物理力学状态较差，沉桩后①层、②层标贯击数提高幅度较为明显，以 BG2 为例，①层标贯击数增幅为 88.5%，②层标贯击数增幅为 47.1%。

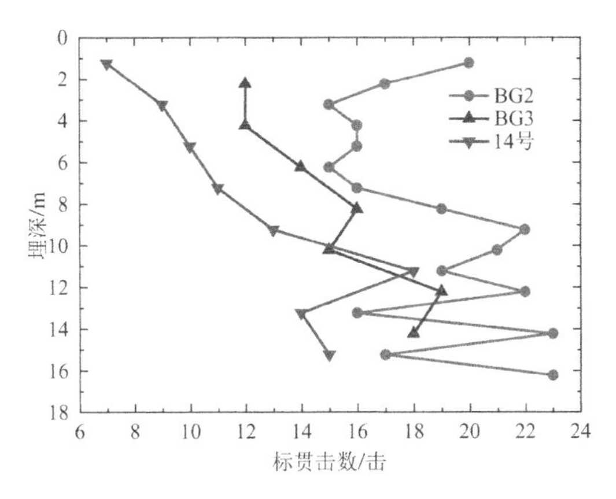

图 3.2-11　标贯试验检测结果

地层标贯击数平均值　　表 3.2-2

孔号	BG2	BG3	14 号
①层	16.4	12.7	8.7
②层	20.6	16.7	14.0
③层	19.5	18.0	15.0

（3）静探曲线

JT1、JT2、JT3、JT4 以及 13 号孔的锥尖阻力检测结果如图 3.2-12 所示。13 号孔为勘察阶段原位试验孔，距 TJ1 约 30.8m。原位检测过程中探头损坏，被迫更换，JT2 与其他三个检测点数据略有异常。如图 3.2-12 可知，在 6 倍桩间距范围内，锥尖阻力均比沉桩前（13 号）有所提高，①层尤为明显。此外，检测点至桩中心点距离从 1.5D增至 6D，锥尖阻力呈降低趋势。距桩中心点越近，锥尖阻力提高幅度越明显，以①层为例，$q_{JT1} = 4.87$MPa，$q_{JT2} = 4.80$MPa，$q_{JT3} = 3.07$MPa，$q_{JT4} = 2.80$MPa，$q_{13号} = 2.05$MPa。由于①层初始物理力学状态较差，沉桩后①层、②层的锥尖阻力提高幅度明显大于③层，与标贯试验检测结果形成相互印证。对于桩端以下 2m 地层而言，桩周土的锥尖阻力变化趋势不明显，说明沉桩对桩端以下土体力学强度影响有限。

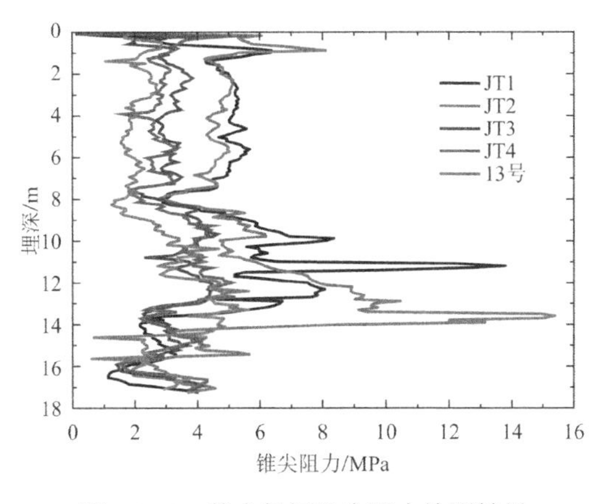

图 3.2-12　静力触探锥尖阻力检测结果

JT1、JT2、JT3、JT4 以及 13 号孔的侧摩阻力检测结果如图 3.2-13 所示。如图 3.2-13 可知，在 6 倍桩间距范围内，侧摩阻力均比沉桩前有所提高，与锥尖阻力检测结果类似。此外，检测点至桩中心点距离从 1.5D增至 6D，侧摩阻力亦呈降低趋势。距桩中心点越近，侧摩阻力提高幅度越明显，以①层为例，$f_{JT1}=214.6$kPa，$f_{JT2}=164.2$kPa，$f_{JT3}=91.4$kPa，$f_{JT4}=83.5$kPa。由于①层、②层初始物理力学状态较差，沉桩后①层、②层侧摩阻力提高幅度明显大于③层。对于桩端以下 2m 地层而言，桩周土侧摩阻力变化趋势不明显，进一步说明沉桩对桩端以下土体力学强度影响有限。

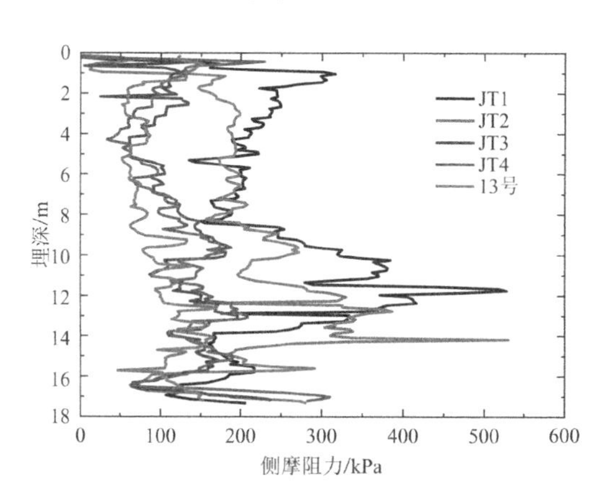

图 3.2-13　静力触探侧摩阻力检测结果

3）结果分析

（1）桩间土物理参数

图 3.2-14 表示沉桩前后原位土样断面处表观结构现场照片。TJ1 和 TJ4 取样深度均在地表下 10m 处。如图 3.2-14 所示，沉桩前，土体针状孔隙发育（图中圆圈处），现场土体手感较轻，掰之易碎；沉桩后，桩间土针状孔隙消失，层状挤压痕迹明显（图中白线位置处）。如图 3.2-14 所示，管桩沉入过程发生了明显挤土效应，导致桩周土针状孔隙减少，密实度增加，引起黄土湿陷潜势下降。从土体结构角度而言，管桩挤土效应具备消除黄土湿陷的能力。为进一步量化沉桩前后桩间土的物理指标变化规律，测试探井中原状黄土孔隙比和干密度。孔隙比和干密度亦是评价挤土效应发生作用的直接指标（刘祖典，1994）。沉桩前后，②层和③层湿陷系数接近，且③层较薄，本节仅以①层与②层为对象展开进一步分析。

图 3.2-14　沉桩前后原位黄土表观结构变化

将 TJ1～TJ2 的 60 个分层原状样孔隙比进行统计，①层和②层孔隙比平均值绘制于图 3.2-15。由图 3.2-15 可知，沉桩后桩间土孔隙比减小，说明土体被挤密。随着检测点至桩中心点距离从 1.5*D*增至 6*D*，孔隙比呈非线性增大趋势。对于管桩而言，桩间距在 3*D*范围内，孔隙比降低明显；桩间距在 3*D*～6*D*，孔隙比略有下降；桩间距超过 6*D*，孔隙比基本不变。基于孔隙比检测结果，根据《岩土工程勘察规范》(2009 年版) GB 50021—2001 可知，沉桩后黄土状态从稍密转为中密。这说明，管桩发挥作用、完全消除黄土湿陷的桩间距设置不应超过 3*D*。

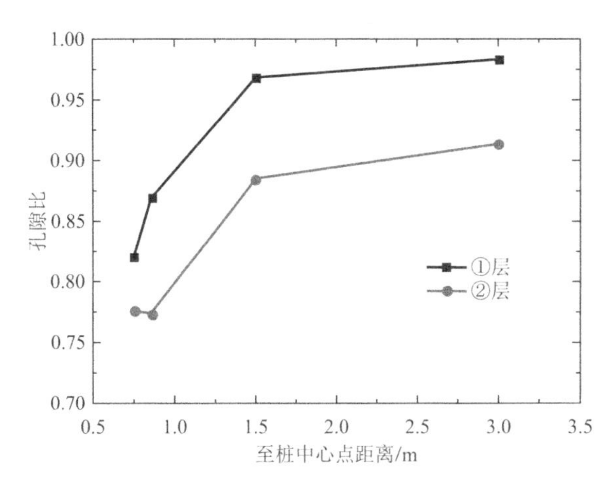

图 3.2-15　孔隙比随至桩中心点距离变化

将分层原状样干密度进行统计，①层和②层干密度平均值绘制于图 3.2-16。随着检测点距桩中心点距离增加，干密度呈非线性减小。距桩中心点 3*D*范围内，干密度降低明显；在 3*D*～6*D*范围内，干密度略有下降或基本不变；超过 6*D*，干密度基本不变。进一步说明，管桩完全消除湿陷的桩间距设置不应超过 3*D*。此外，孔隙比和干密度随至桩中心点距离的变化曲线具有高度一致性，一方面说明试验结果的可靠，另一方面与湿陷消除趋势亦基本一致。

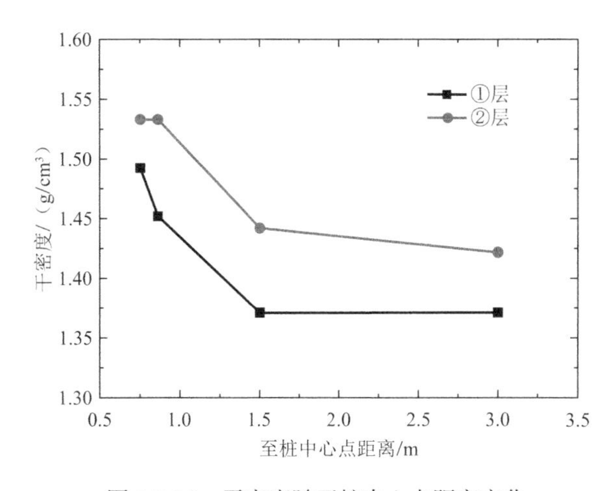

图 3.2-16　干密度随至桩中心点距离变化

（2）桩间土塑性变形范围

管桩沉桩的成孔过程可简化为向下运动的圆孔扩张过程，因而圆孔扩张理论被广泛应用于预制桩挤土效应分析（龚晓南等，2000）。在模拟桩的沉入过程时，认为桩体是由桩端在一系列点位球形孔扩张至一等效直径而形成的连续体。在圆孔扩张过程中，随着内压力的增大，围绕球形孔的圆形区域内的土体将由弹性状态进入塑性状态。由于圆孔扩张过程中桩侧土体受到很大的挤压力，桩周一定范围内的土体实际已进入破坏状态，故将桩周土体分为3个区域，依次为破坏区、塑性变形区、弹性变形区（肖昭然等，2004）。假设土体为各向同性理想弹塑性体，屈服不受水压力影响，圆孔扩张问题转化为轴对称平面应变问题，如图3.2-17所示。

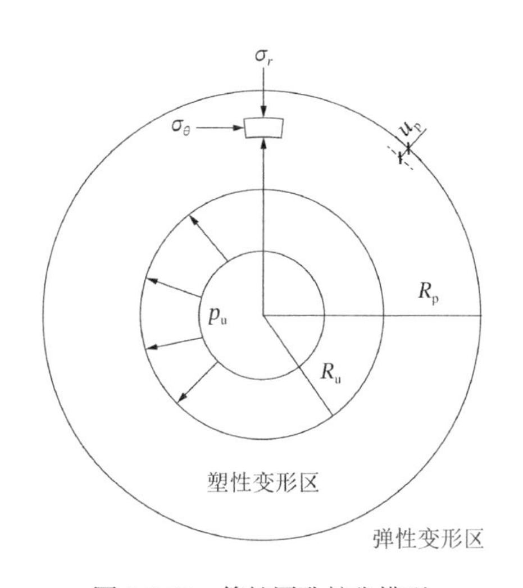

图3.2-17　管桩圆孔扩张模型

R_u——圆孔扩张后的最终半径；R_p——塑性区最大半径；p_u——圆孔扩张的最终压力值；
σ_r——由圆孔扩张挤土引起的径向应力；σ_θ——由圆孔扩张挤土引起的切向应力；u_p——塑性区边界的径向位移

研究表明，主应力对土体的屈服和破坏有较为显著的影响（李广信，2004）。本研究中黄土属于硬化土体，屈服和破坏不同。因此，采用修正剑桥模型，考虑土体在球应力作用下的塑性屈服（谢永健等，2009）。应用圆孔扩张理论，结合修正剑桥模型，推导出圆孔扩张引起的塑性变形区半径的解析解（宋勇军等，2011）。

$$\frac{R_p}{R_u}=\sqrt[3]{\frac{E}{(1+\mu)Mp\sqrt{\beta-1}+E\Delta}} \tag{3.2-55}$$

$$M=\frac{6\sin\varphi}{3-\sin\varphi} \tag{3.2-56}$$

$$p=\frac{\sigma_r+2\sigma_\theta}{3} \tag{3.2-57}$$

式中：E——土体弹性模量；

μ——泊松比；

φ——土体内摩擦角；

β——土的超固结比；

Δ——塑性区平均体积应变。

式(3.2-55)～式(3.2-57)中，土体物理力学参数可由试验确定，Δ作为已知值引进。实际上，Δ是塑性区应力状态函数，只有当应力状态已知时，才能确定Δ。为了克服这一困难，可采用迭代法求解（郑颖人等，1989）。本研究已知：$R_u = 0.25\text{m}$；$E = 7.0\text{MPa}$；$\mu = 0.30$；$M = 1.1$；$\beta = 1.5$。依据式(3.2-55)计算可知，$R_p = 720\text{mm}$，或桩间距为 2.88 倍桩径（R）。土体挤密成孔时的塑性区半径经验值为$R_p = (2.86\sim3.80)R$（龚晓南，2008），与解析解计算结果基本一致。这表明，本研究设置桩间距（$3D$）可基本保证桩间土发生塑性变形。结合$3D$范围内黄土湿陷试验结果，黄土湿陷消除区与塑性变形区几乎重合，在此基础上的桩间土变形具有不可恢复性。

（3）桩间土与单桩承载力

如表 3.2-3 所示，为沉桩前后标贯、双桥静力触探以及孔隙比的试验结果。14 号、13 号和 T12 分别作为沉桩前标贯、双桥静力触探和孔隙比取样孔；BG2、JT2 和 TJ2 分别作为沉桩后标贯、双桥静力触探和孔隙比取样孔。根据表 3.2-3 指标对比，表明管桩的挤土效果明显，3 倍桩间距梅花形布桩方案消除了湿陷性对黄土地基或桩基承载力的消极影响。根据区域经验（河南省住建厅，2014），依据标贯击数、静力触探以及含水率和孔隙比的试验结果，沉桩前后①层桩间土承载力特征值分别为 122～166kPa 和 170～212kPa，提高幅度 27.7%～39.3%；沉桩前后②层地基承载力特征值分别为 140～182kPa 和 200～242kPa，提高幅度 33.0%～42.9%。

若以②层为持力层，桩长为 15m。沉桩后黄土湿陷已消除，可基于原始地层土体孔隙比测试结果判断土体密实度。进一步依据经验参数法，查《建筑桩基技术规范》JGJ 94—2008，提出土体的极限侧摩阻力标准值和极限端阻力标准值。经验参数法仅为预估，标准值依据孔隙比线性内插提取。最终，沉桩后①层和②层极限侧摩阻力标准值分别为 26kPa 和 26kPa；②层极限端阻力标准值为 1400kPa。沉桩前，黄土具湿陷性，依据《建筑桩基技术规范》JGJ 94—2008，中性点深度$l_n = 7.5\text{m}$。由于是摩擦型桩，桩体 0～7.5m 范围内侧摩阻力为 0。沉桩前，仅②层 7.5～15.0m 范围提供侧摩阻力和端阻力，极限侧摩阻力标准值和极限端阻力标准值同样为 26kPa 和 1400kPa。根据土的物理指标与承载力参数之间的经验关系确定单桩竖向极限承载力标准值Q_{uk}见式(3.2-58)。

$$Q_{uk} = Q_{sk} + Q_{pk} = u\sum q_{sik} l_i + q_{pk} A_p \tag{3.2-58}$$

式中：Q_{sk}——总极限侧阻力标准值（kPa）；

Q_{pk}——总极限端阻力标准值（kN）；

u——桩身周长（m）；

q_{sik}——桩侧第i层土的极限侧阻力标准值（kN）；

q_{pk}——极限端阻力标准值（kN）。

计算可知，沉桩前和沉桩后Q_{uk}分别为580.9kN、887.05kN，提高幅度达52.7%，最终单桩承载力特征值可提高300kN以上。高层建筑基坑开挖深度通常在5m以上，采用本书的布桩形式，黄土湿陷已基本消除且可提高单桩承载力。管桩作为工程桩，可减少其施工个数和长度，经济效果明显。

挤密前后桩间土关键参数表 **表3.2-3**

统计项目	层号	沉桩前	沉桩后	承载力特征值/kPa（沉桩前/沉桩后）
标贯击数/击	①	8.7	16.4	130/185
	②	14.0	20.6	171/202
双桥静力触探P_s/MPa	①	3.3	5.6	166/212
	②	4.1	7.1	182/242
孔隙比	①	0.975	0.867	122/170
	②	0.919	0.773	140/200

注：双桥静力触探$P_s = q_c + 6.4 \times f_s$。

3.3 强夯作用下的土体环境理论与控制

强夯法，又称动力固结，是在重锤夯实法基础上发展起来的一种地基处理方法。它利用起重设备将重锤（一般80～250kN）提升到较大的高度（10～40m），然后使重锤自由落下，以很大的冲击能量（800～10000kJ）作用在地基上，进而在土中产生极大的冲击波，以克服土颗粒间的各种阻力等。这是一种简便、经济、实用的地基加固处理方法。法国人L.Menard于1969年提出了强夯法，并用于工程实践，先后在英国、德国、瑞典、荷兰、日本、科威特等国家采用，加固处理了各种各样的软弱地基。在我国，潘千里于1978年首先在技术刊物上介绍了强夯法加固地基的技术。从1978年11月到1979年6月在天津塘沽港的软土地基上，采用100kN的锤重、13m的落距，第一次进行了强夯试验，加固效果良好。1995年，上海市浦东国际机场采用强夯法成功地处理了淤泥质软黏土软弱地基。

强夯所产生的扰动包括强夯加固区域土体的有利扰动及所引起的周围环境公害的不利扰动两种。

在强夯施工过程中，夯击能量是通过振动波的形式引起地基土体挤压压密，由于振动波的传播过程中存在扩散和衰减等作用，使地基土中的应力状态变得十分复杂。试验结果表明，在同一锤击力、同一落距的夯击能量下，垂直方向上的总应力保持不变，水平方向上的总应力不断增大，水平侧压力系数最终为1。

如图3.3-1所示，强夯时的有效应力变化显著。随着孔隙水压力的不断增大以及水平总应力的增大，使得地基土由夯击前的$\sigma_z' > \sigma_h'$应力状态在夯击20次后转变为$\sigma_z' < \sigma_h'$的应力状态，即大小主应力方向旋转了90°。

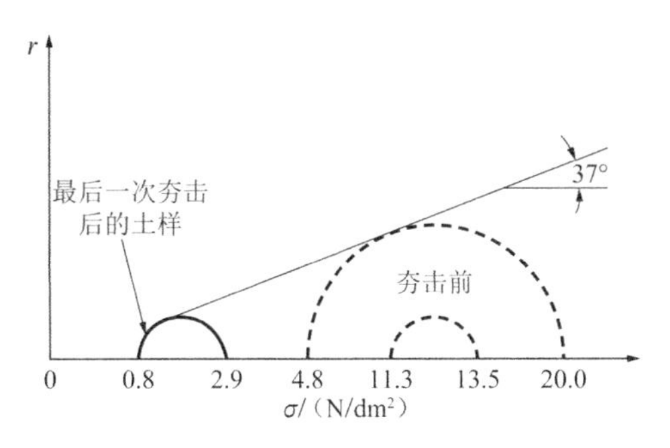

图 3.3-1　强夯后的应力状态与破坏条件的变化

对饱和土强夯加固地基的全过程进行模拟，获得饱和土在强夯作用下的动应力、动位移、孔隙水压力的变化规律，这也在一定程度上揭示了强夯作用的机理，试验结果如图 3.3-2 所示。

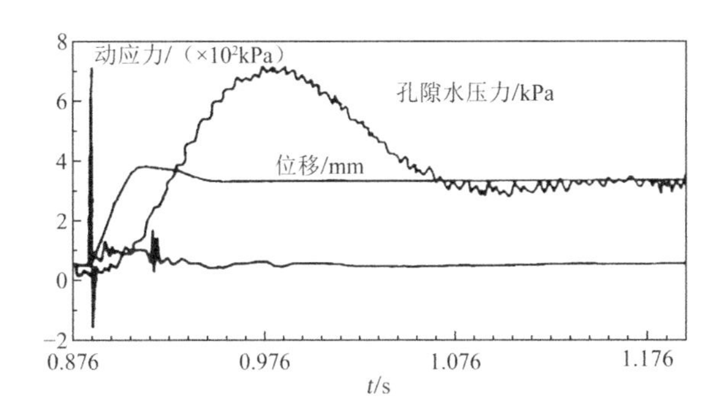

图 3.3-2　饱和土在强夯作用下的动应力、位移、孔隙水压力历时曲线

3.3.1　强夯施工的扰动区域划分

1）强扰动区

由于强夯产生的巨大冲击能量远大于土的极限强度，使土体产生冲击破坏，随之产生较大的瞬时沉降，引起锤底土形成土塞向下运动。由于锤底下土的应力超过土的极限强度，导致土体结构破坏，土体软化，使得土体侧压力系数增大。土体不仅被竖向压密，而且被侧向挤密，形成了如图 3.3-3 所示的 A 区，即强扰动区。该区动应力与自重应力之和超过土体的极限强度，且水平挤压引起水平扰动区域宽度增大。

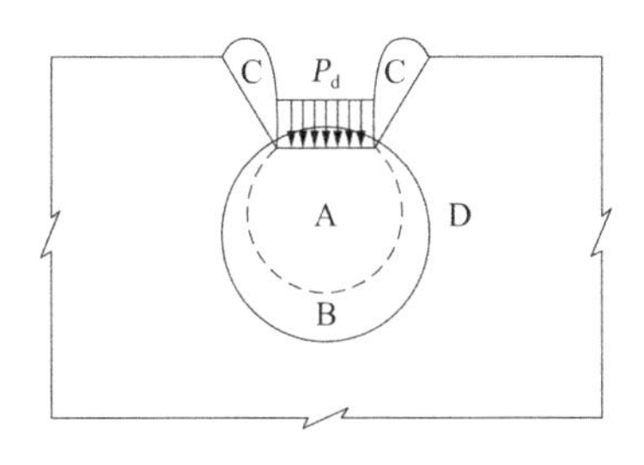

图 3.3-3　强夯地基扰动区域划分

2）中扰动区

在强扰动区外侧为中扰动区，如图 3.3-3 所示的 B 区。该区土中应力小于土的极限强度，但超过土的弹性极限。该区的土体可能部分破坏，但未被充分压实，而实际上该区的实测数据往往出现波动。

3）被动扰动区

由于锤底两侧土体中的动应力远大于土的自重应力，因此两侧土体因强夯作用而受到侧向被动挤压作用。夯坑两侧土体在侧向挤压应力作用下隆起，形成被动扰动区，如图 3.3-3 中的 C 区所示。

4）弱扰动区

在中扰动区 B 之外，动应力衰减大，动应力对该区土体的影响小，土体不再被挤压、压密或破坏，但是强夯引起的波动、振动将在该区产生环境振动影响，甚至危害邻近建筑物的安全，称为弱扰动区，如图 3.3-3 中的 D 区所示。

3.3.2 强夯扰动所引起的环境影响

强夯的巨大冲击能量可使附近的场地下沉和隆起并以冲击波的形式向外传播，对邻近的土体及周围建筑产生扰动影响，引起场地表面和建筑物不同程度的损伤与破坏，对人的身心健康造成危害并产生振动和噪声等环境公害。这种扰动所引起的环境公害是多方面的，下面仅对强夯引起的土体变形与振动扰动进行论述。

1）强夯引起的土体变形

（1）土体变形特征

强夯对土体变形性质的扰动可分为沉陷、隆起和振陷。

研究表明，在土中强夯，附近地表的变形特性随土质、含水率、孔隙比等的差异而变化。天然含水率较小时，夯坑深度较大，有的达到 5m，一般为 1～2m（也有的夯坑很浅，只有几毫米），夯坑侧面土的隆起与外移量较小，随后转为下沉及向坑心位移。如果天然含水率超过最佳含水率，夯坑相对深度较浅，夯坑侧面土的隆起与外移量较大。如表 3.3-1 所示，为某地基在 3000～5000kJ 单点夯后地表位移。如图 3.3-4 所示，为不同夯击能量下单点夯击数与夯沉增量的关系曲线。

某地基单点夯后地表位移 **表 3.3-1**

项目	至夯坑中心距离/m					
	2.5	3.75	5.0	7.0	10	15
垂直位移/mm	−8～−46	−5～−29	−2～−5	−2	−1～5	0
水平位移/mm	−20～−65	−2～−50	−2～−30	0	0	0

注：1. 对垂直位移，− 表示下降，+ 表示隆起；
2. 对水平位移，− 表示向夯坑中心位移，+ 表示离夯坑中心位移；
3. 强夯击数：13 击；强夯能量：3000～5000kJ。

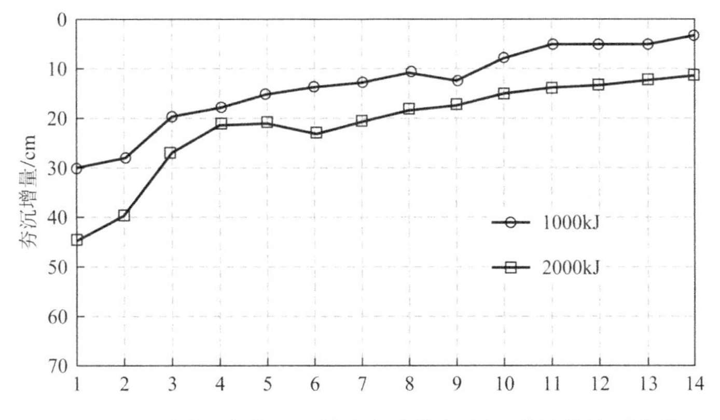

图 3.3-4　不同夯击能量下单点夯击数与夯沉增量的关系曲线

由图 3.3-4 可知，在同一夯击能量下，前 3 击，其夯沉增量最大；在 10 击以后，夯沉增量趋于稳定。如果在锤底加上适当厚度的碎石、砾石垫层，则在夯击时，在锤底形成土塞，如同增大锤高一样，能起着增大锤底强扰动区的效果。

（2）强夯所引起地基变形对周围建筑物的扰动影响

如表 3.3-2 所示，为强夯所引起的地基变形对周围建筑物的扰动影响。

强夯所引起地基变形对周围建筑物的扰动影响　　表 3.3-2

序号	单夯夯击能量/（kN·m）	夯坑边至建筑物的距离/m	建筑物附近地表速度V_{max}/（cm/s）	建筑物名称	对建筑物的扰动影响
1	115×15	8	0.95	档案馆	6 层顶掉下灰皮一块
2	115×15	2.5	7.74	3 层办公楼	原来有不少裂缝，夯后未增新裂，原有裂缝未增宽，该处地面沉降 2.2mm
3	115×15	1.8	12.34	2 层化验楼	夯后发现新裂缝，位于距夯点最近纵横连接的横墙，该处附近沉降测点下沉 11mm，远处下沉 2.9mm
4	115×14	9	4	简易小房	未发现问题
5	115×14	15	1	小麦砖筒仓	未发现问题
6	100×10	10		城市供水主干道	设隔振沟，未发现问题

2）强夯所引起的振动

强夯的振动特征

强夯施工过程中，在夯锤落地的瞬间，一部分动能转化为冲击波，从夯点以波的形式向外传播。其中，面波仅在地表传播而引起地表振动，其振动强度随着与夯点距离的增加而减弱。当夯点周围一定范围内的地表振动强度达到一定数值时，会引起地表与周围建筑物、构筑物的共振，从而使之产生不同程度的损坏和破坏等环境公害。研究这种环境扰动公害的目的在于：①合理选定夯击能量与夯击方式，使得强夯所产生的冲击振动不至于危及周围建筑物和构筑物；②根据振动特征制定相应的隔振与控制措施。

大量的研究与实测结果表明，选择地面振动的最大速度或加速度作为研究对象，可以较好地反映夯击振动的影响。考虑到结构物抗竖向振动的能力远大于抗水平振动的能力，振动造成结构物破坏的主要因素是振动速度或加速度的水平分量，因此将最大水平速度和最大水平加速度作为衡量夯击振动强度和建筑物破坏程度的工程标准。

从一些实测资料可以看出，强夯所引起的振动是一种瞬时型的冲击振动。某实测的典型夯击振动速度曲线如图 3.3-5 所示。由图可知，振动速度峰值强度的持续时间很短，为 0.05～0.08s；夯心附近振动的总延续时间也不超过 0.1～0.5s，振动 2～3 次。然而，在距夯心几十米远处，可达 1～2s，振动 10 余次。其振动周期与振动频率随着土质不同而变化，若土质相对松软，则振动周期就长；若土质相对坚硬，则振动周期较短。而且，振动周期和振动频率随着与夯心的距离增大而增大，振动周期一般为 0.025～0.2s，振动频率为 5～40Hz。两次夯击间隔时间为几分钟，其特性类似于爆破引起的振动。

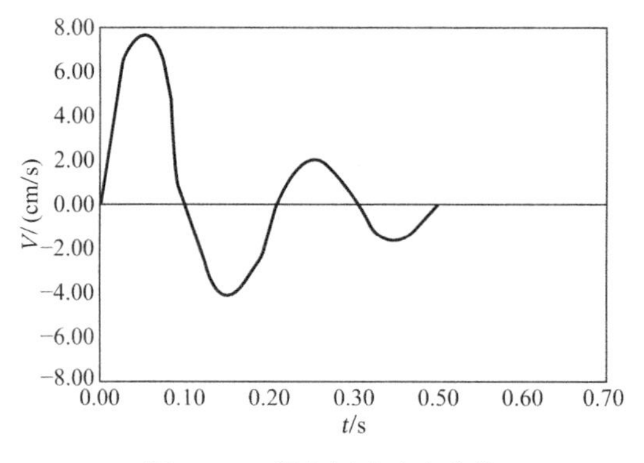

图 3.3-5 强夯振动速度曲线

由强夯引起的地面振动加速度与速度随着与夯点距离的增加而迅速减弱。图 3.3-6 给出了夯击能量为 3000kJ 的振动加速度和速度的变化曲线。由图可知，振动加速度与速度随至夯点距离呈负指数曲线衰减，在距夯点 20cm 以外，其量值急剧衰减，但这个很小的数值将扩展到距夯心很远的地方。

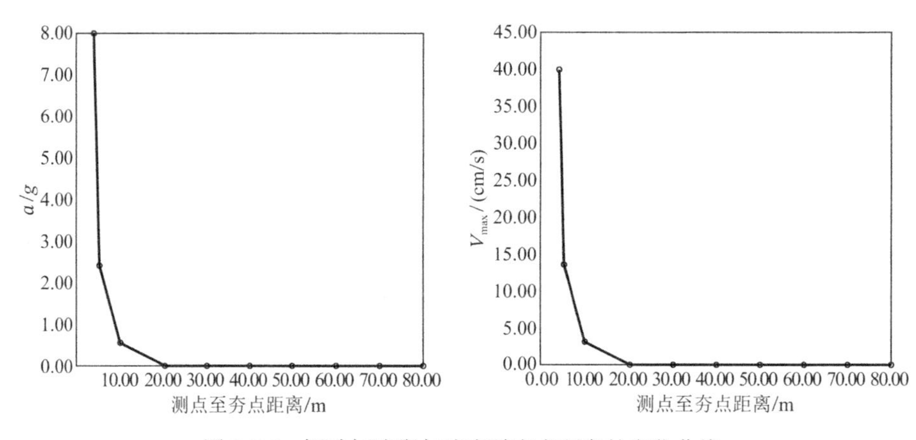

图 3.3-6 振动加速度与速度随夯点距离的变化曲线

由上述强夯振动特征可知，强夯所引起的振动与地震显然不同，危害也不同。实际上，强夯所引起的振动对周围建筑物的扰动影响，不仅与建筑物附近地面的最大振动速度、最大振动加速度、振幅、振动频率有关，而且与土质、建筑物本身的强度及刚度有着密切关系。根据大量实测统计资料，可以建立强夯振动对建筑物的扰动影响系数k的函数：

$$k = \frac{+2V + 100A - 6}{24} f \tag{3.3-1}$$

式中：V——建筑物附近地面最大水平速度（cm/s）；

A——建筑物附近地面振幅（cm）；

f——建筑物本身的强度刚度综合系数；对一般建筑物取 1.0，临时建筑物取 0.5～0.8。

根据k值的大小可将强夯振动对建筑物的不利扰动分为 3 个区域：

①强不利扰动区$k \geqslant 1$

在该区，地面最大水平加速度超过 0.5g，最大水平速度超过 5cm/s，振幅超过 1.0mm，会对一般建筑物造成一定的破坏。

②中不利扰动区 $0 < k \leqslant 1$

在该区，地面最大水平加速度介于 0.1g～0.5g，最大水平速度介于 1～5cm/s，振幅介于 0.2～1.0mm，对一般建筑物不会造成破坏，但对强度刚度较低的建筑物有一定的损伤。

③弱不利扰动区$k < 0$

在该区，地面最大水平加速度小于 0.1g，最大水平速度小于 1cm/s，振幅小于 0.2mm，对普通建筑物不会造成损伤。

上述各个不利扰动区域至夯点的距离一般随夯击能量的变化而变化。对 1000～3000kJ 的夯击能量，强不利扰动区，一般距夯点小于 10m；中不利扰动区，一般距夯点 10～30m；弱不利扰动区，一般距夯点大于 30m。

强夯振动同时产生噪声。据大量实测表明，即使在夯点 60m 以外，噪声仍超过 80dB，仍超过国家规定。振动与噪声对人体产生影响，特别对高层建筑居民影响更大。因此，若在城市居民区进行强夯施工，应采取合理的隔振、降低噪声的措施。

3）强夯扰动所引起的环境灾害控制

由于强夯施工会引起地表与周围构筑物不同程度的损坏和破坏，因此应根据地基土的特性，结合强夯对周围建筑物的不利扰动影响，确定最佳的强夯能量与强夯方案，同时考虑采取合理的隔振、减振措施，将强夯扰动所引起的环境灾害降至最低程度。

常见的隔振措施是挖掘隔振沟、钻设隔振孔。在中、强不利扰动区，采用隔振沟将可消除 30%～60%的振动能量。另外，也可对建筑物本身采取合理的减振、隔振措施。

3.4 盾构施工诱发环境灾害的理论与预测

盾构掘进引起的地层扰动，诸如土体地表沉降和分层土体移动、土体应力、含水率、孔隙水压力、弹性模量、泊松比、强度和承载力等物理力学参数的变化，是不可避免的。土体的扰动往往引发一系列环境灾害，遇到下述复杂情况时，环境灾害比较突出，需要得到很好的解决：

（1）盾构在地下管网交叉、密集区段掘进施工；

（2）盾构穿越大楼群桩；

（3）盾构通过不良地质地段（流塑性粉砂、富含沼气软弱夹层等）掘进施工；

（4）盾构紧贴城市高架（立交）或贴邻深大基坑掘进施工；

（5）同一地铁区间内，上、下行线盾构同向或对向掘进施工；

（6）上、下行线地铁，上、下位近距离交叠盾构掘进施工；

（7）盾构进、出工作井施工；

（8）浅埋、大直径盾构沿弯道呈曲线形掘进，而曲率半径很小；

（9）盾构纠偏，周边土体受挤压而产生过大的附加变形；

（10）超越或盾构遇故障停推，作业面土方坍塌；

（11）盾构作业面因土压或泥水加压不平衡，而导致涌泥、流沙；

（12）盾尾脱离后，管片后背有较大环形建筑空隙（地层损失），而压（注）浆不及时或效果不佳。

为此，研究盾构掘进中土体受施工扰动的力学机理，探讨其变形位移和地表沉降关联的环境土工问题，进而对设计、施工的主要参数进行有效控制，达到防治的要求，是一项当务之急。

隧道盾构掘进施工过程中，周围土体受到的扰动主要表现为应力状态和应变状态的变化。应力状态的改变主要包括总应力和孔隙水压力的改变，开挖和土拱作用引起的总应力变化，盾构掘进过程中的挤压作用和地下水位变化引起的孔隙水压力变化。把引起土体总应力和孔隙水压力变化的施工扰动简称为应力扰动。应力扰动也是土体应变状态改变的主要原因之一。土体应变状态的改变是由于应力扰动引起的黏弹塑性变形。

（1）隧道作业面附近的应力变化；

（2）盾构掘进时盾构与土体间的剪应力；

（3）隧道支护和注浆引起的土体径向位移；

（4）隧道开挖引起的土体扰动的固结变形；

（5）衬砌层的收敛变形；

（6）上覆浅层土体的稳定流变等。

Romo 提出了以上多种扰动因素引起的地表位移，认为地表位移与土层状况、覆盖层厚度、隧道直径、盾构结构种类、施工条件、盾尾空隙以及回填注浆等因素密切相关。盾构法施工引起周围地层变形的内在原因是土体的初始应力状态发生了变化，使得原状土经历了挤压、剪切、扭曲等复杂的应力路径。由于盾构机依靠后座千斤顶的推力前进，因此只有盾构千斤顶有足够的力量克服前进过程所遇到的各种阻力，盾构掌子面才能前进；同时，这些阻力反作用于土体，土体产生附加应力，引起土体变形甚至破坏。隧道开挖时，土体卸荷的程度沿隧道径向土体位移的增加而增大，如图 3.4-1 中的左半段曲线所示。当隧道支护受力与土体卸荷达到平衡时，隧道周围土体将不再卸荷。如果隧道不进行支护，土体持续卸荷最终将导致土体破坏并引起隧道坍塌。

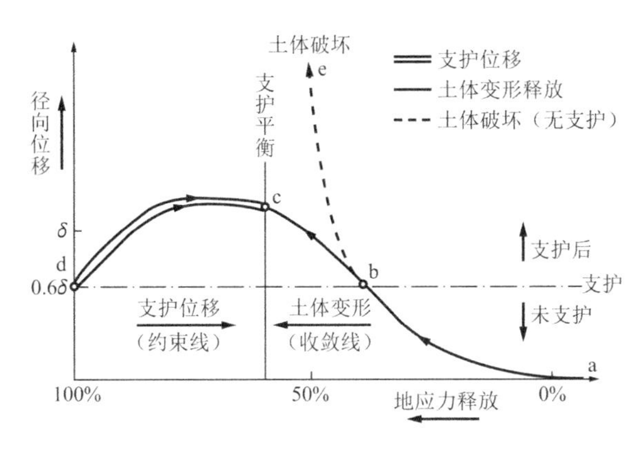

图 3.4-1　土地地应力释放与支护

图 3.4-1 中：a→b，支护前，隧洞径向位移随应力释放而加大，土体卸荷变形不断发展；b→c，支护后，土体卸荷情况大有改善，位移速率逐渐减缓，在 c 点处，隧道支护受力与土体卸荷释放力达到平衡；b→e，如不及时支护，土体将持续卸荷，最终将导致土体失稳破坏。如及时支护，则隧洞坍塌变形受支护约束，支护结构（管片衬砌）承担上覆土重和土体流变压力。

盾构掘进引起的地表位移沿盾构前进方向可以分为 5 个不同的区段，如图 3.4-2 所示。Ⅰ为初始沉降；Ⅱ为盾构工作面前方的沉降（土体隆起）；Ⅲ为盾构通过的沉降；Ⅳ为盾尾空隙沉降；Ⅴ为土体次固结沉降。初始沉降是由于盾构掘进扰动前方一定距离外的土体压密和孔隙比减小而引起的；盾构工作面前方的沉降（土体隆起）是正面土体受挤压而向上隆起以及孔隙水压力增加引起的；盾构通过的沉降是由于土体扰动和盾构与土体之间的剪切错动引起的；盾尾空隙沉降是土体脱离盾构支撑后应力释放引起的；土体次固结沉降是由于土体扰动，变形随时间增长引起的。这些沉降的原因及其产生机理如表 3.4-1 所示。由表可以看出，土体施工扰动是产生土体附加位移的主要原因，施工扰动引起土体应力变化并导致土体位移，而位移则主要是主固结压缩、弹塑性剪切和黏性时效变形三者的组合。

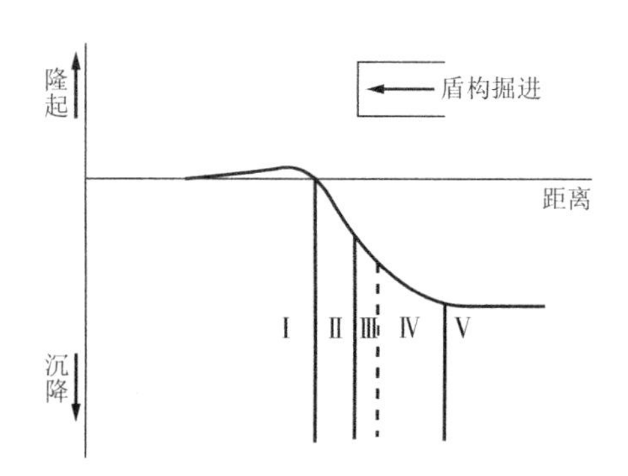

图 3.4-2　盾构掘进时地表位移分区

盾构掘进施工引起的土体沉降机理　　表 3.4-1

沉降类型	原因	应力扰动	变形机理
Ⅰ初始沉降	土体受挤压而压密	孔隙水压力减小，有效应力增加	孔隙比减小，土体固结
Ⅱ盾构工作面前方的沉降（土体隆起）	工作面处施加的土压力过大，上隆过小，沉降	孔隙水压力增加，总应力增加	土体压缩，产生弹塑性变形
Ⅲ盾构通过的沉降	土体施工扰动，盾构与土体间涌错，出土量过多	土体应力释放	弹塑性变形
Ⅳ盾尾空隙沉降	土体失去盾构支撑，管片后背注浆不及时	土体应力释放	弹塑性变形
Ⅴ土体次固结沉降	土体后续时效变形（土体后期蠕变）	土体应力松弛	蠕变压缩

3.4.1　盾构掘进的扰动因素

1）水和泥浆的扰动

盾构经过的地区，可能引起地下水含量和紊流运动状态的改变。另外，泥水盾构大量泥浆外排回灌，都会对周围环境产生不良影响。

2）对不良土层的影响

流砂给盾构法施工带来极大的困难，刀盘的切削旋转振动引起饱和砂土或砂质粉土的部分液化。含砂土颗粒的泥水不断沿衬砌管片接缝渗入，引起局部土体坍塌。对于泥水式或者土压平衡式盾构，一旦遇到大石块、短桩等坚硬障碍物，排除过程都可能引起邻近土体较大的下沉。

3）周围土体应力状态的变化

盾构法施工引起周围地层变形的内在原因是土体的初始应力状态发生了变化，使得原状土经历了挤压、剪切、扭曲等复杂的应力路径。由于盾构机前进是靠后座千斤顶的推力，因此只有盾构千斤顶有足够的力量以克服前进过程所遇到各种阻力，盾构才能前进。这些阻力反作用于土体，产生土体附加应力，引起土体变形甚至破坏。引起土体扰动的阻力主要包括盾构外壳与周围土层摩阻力F_1、切口环部分刀口切入土层阻力F_2、管片与盾尾之间的摩擦力F_3、盾构机和配套机械设备产生的摩阻力F_4、开挖面阻力F_5。当千斤顶总推力$T \geqslant F_1 + F_2 + F_3 + F_4 + F_5$时，盾构前方土体经历挤压加载并产生弹塑性变形。当千斤顶总推力$T < F_1 + F_2 + F_3 + F_4 + F_5$时，盾构机处于静止状态。

4）土体性质的变化

由于盾壳内径和管片外径制作误差，加上盾壳厚度，当管片脱出盾尾时，管片将与周围土体产生 2～3cm 的建筑间隙。如果建筑间隙不能及时得到注浆填补，上部土体就会向管片坍落，覆土层出现一些附加的间隙或裂缝，密实度降低。受扰动破坏的土体，要经过较长时间的固结和次固结，才能逐步恢复到原始应力状态。隧道纠偏时，一侧千斤顶超载，另一侧千斤顶卸载，引起两侧土体应力应变状态产生明显差别。扰动后土体的本构关系、物理力学参数变化也是必然的。

5）土体的位移影响

因受盾构推进的影响，盾构机前后、左右、上下各部位土体的位移状态是不同的。刀盘前部 0.5D范围内土体表现为向下、向刀盘开口内移动；(0.5～1.5)D范围内深层土表现为向推进方向移动，表层土向上、向前移动；盾构机后的表层土体表现为垂直下沉，深层土随盾壳拖带向前水平移动，土体和浆液的固结、次固结沉降都使土体产生向下的位移变形。盾构推进后，不同深度土层的扰动曲面叠加形成不同倾斜度的沉降槽。

3.4.2　土体受盾构掘进扰动的特点

1）盾构周边土体的开挖卸荷变形

（1）盾构掘进时，按收敛-约束曲线绘制的p-u-t关系曲线如图 3.4-3 所示。

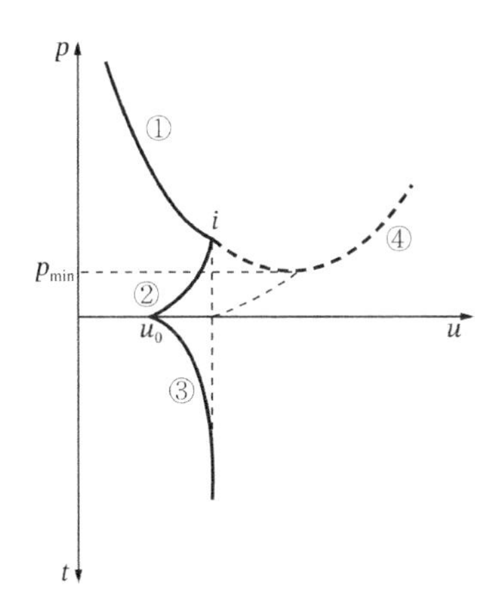

图 3.4-3　收敛-约束曲线

p——支护反力；u——位移；t——变形的持续时间；$p_{\min}$——理论上的最小支护抗力；u_0——支护前的土体变形
①土体特征曲线；②支护特征曲线；③支护位移随时间而持续增长；
④如未及时支护，土体应力和变形释放过大，最终导致失稳和破坏；地应力释放与支护抗力达到平衡

（2）土体地应力释放与隧洞支护的关系如图 3.4-4 所示。

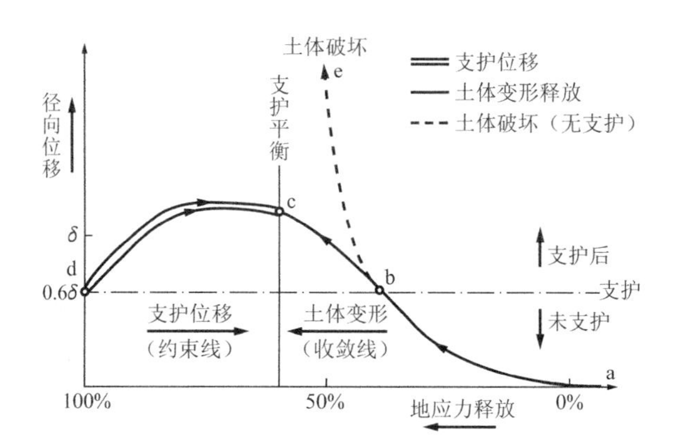

图 3.4-4　土体地应力释放与隧洞支护

2）盾构掘进时周边土体超孔隙水压力的分布及其变化

盾构掘进引起的周边土体超孔隙水压力的分布与变化情况如图 3.4-5 所示。

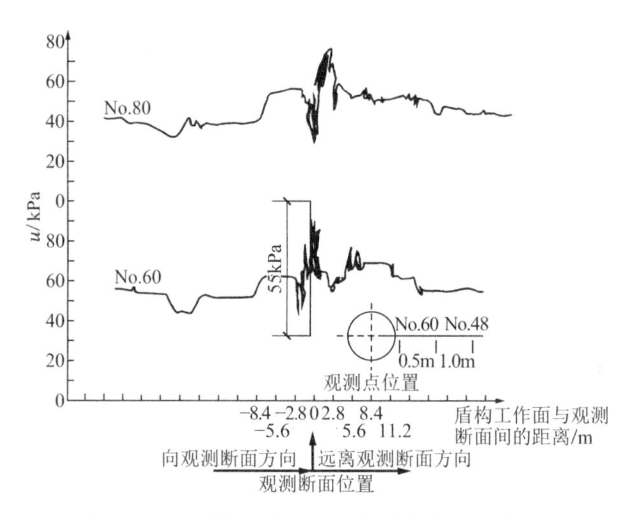

图 3.4-5　盾构掘进引起的超孔隙水压力变化

3）盾构掘进时土体受施工扰动的变形与地表沉降

（1）沿盾构掘进方向，地表位移可划分为 5 个不同区段，如图 3.4-2 所示。

（2）盾构掘进施工引起土体沉降的机理如表 3.4-1 所示。

（3）周围土体的施工扰动是周围土体产生过大附加位移的主要原因。

（4）周围土体的变形主要是主固结压缩、弹塑性剪切以及黏性时效变形三者之间的组合。

（5）受扰动的土层厚度与隧道壁径向位移δ_w间的关系为：

$$\Delta\delta = \frac{E_1(1-R_f)}{0.6\sigma_f}\delta_w \tag{3.4-1}$$

式中：$\Delta\delta$——从隧道壁起算，沿隧道径向受扰动土层的厚度；

E_1——受扰动土体的初始切线模量（取平均值）；

R_f——强度比（破坏比）；$R_f=\sigma_f/\sigma_u$，因σ_f/σ_u，故$R_f<1$；

σ_f——土体的破坏应力，即摩尔-库仑强度；

σ_u——按双曲线模型得出的土体强度渐进值；

δ_w——隧道径向位移，且$\min(\delta_w)=0$；$\max(\delta_w)$等于盾尾与管片外壁之间的空隙量。

3.4.3　盾构施工对土体的影响范围

盾构掘进过程可以看成是柱孔扩张过程（图 3.4-6）。图 3.4-6 中，a为隧道半径；R为塑性区外半径；p为扩张压力。盾构周围土体可以分为两个变形区，塑性变形区D_p和弹性变形区D_e。塑性区的大小（即外半径R）取决于扩张压力p和隧道半径a。

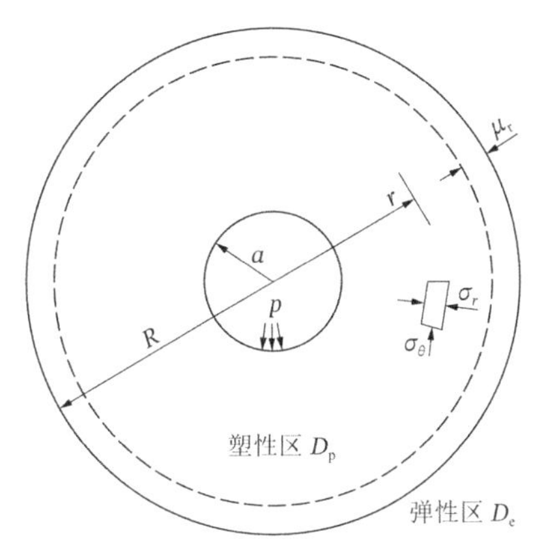

图 3.4-6　柱孔扩张示意图

盾构掘进的力学模型满足以下基本方程：

平衡方程

$$\frac{\mathrm{d}\sigma_r}{\mathrm{d}r}+\frac{\sigma_r-\sigma_\theta}{r}=0 \tag{3.4-2}$$

几何方程

$$\varepsilon_r=\frac{\mathrm{d}u_\mathrm{r}}{\mathrm{d}r} \qquad \varepsilon_\theta=\frac{u_\mathrm{r}}{r} \tag{3.4-3}$$

协调方程

$$\frac{\mathrm{d}\varepsilon_\theta}{\mathrm{d}r}+\frac{\sigma_r-\sigma_\theta}{r}=0 \tag{3.4-4}$$

本构方程

$$\varepsilon_r=\frac{1-\mu^2}{E}\left(\sigma_r-\frac{\mu}{1-\mu}\sigma_\theta\right)\varepsilon_\theta=\frac{1-\mu^2}{E}\left(\sigma_\theta-\frac{\mu}{1-\mu}\sigma_r\right) \tag{3.4-5}$$

边界条件

$$\sigma_r|_{r=a}=p \qquad \sigma_r|_{\to\infty}=K_0\gamma z \tag{3.4-6}$$

破坏准则

摩尔-库仑破坏准则：

$$|\tau_f| = c - \sigma_n \tan\varphi \tag{3.4-7}$$

式中：c——黏聚力；

φ——内摩擦角；

τ_f——抗剪强度；

σ_n——剪切面上的正应力。

式(3.4-7)在π平面上是一个六边形。

原状土具有应变软化现象，峰值强度后便逐渐趋向残余强度。峰值强度后，应力随应变增加而减小，最终趋于残余强度。原状土的应力达到初始屈服面$F(\sigma_{ij})=0$后，会降落到$F(\sigma_{ij})=0$上，屈服面$F(\sigma_{ij})=0$和$F(\sigma_{ij})=0$可以表示为：

$$F(\sigma_{ij}) = \frac{1}{2}(\sigma_1 - \sigma_3) - \frac{1}{2}(\sigma_1 + \sigma_3)\sin\varphi_p - c_p\cos\varphi_p = 0 \tag{3.4-8}$$

$$F(\sigma_{ij}) = \frac{1}{2}(\sigma_1 - \sigma_3) - \frac{1}{2}(\sigma_1 + \sigma_3)\sin\varphi_r - c_r\cos\varphi_r = 0 \tag{3.4-9}$$

式中：c_p和φ_p——土体的峰值黏聚力和峰值内摩擦角；

c_r和φ_r——土体的残余黏聚力和残余内摩擦角。

3.4.4 盾构掘进对土体扰动的变形控制

1）维护盾构开挖面的稳定及其控制方法

舱压和排土量控制：对土压平衡盾构而言，控制舱压能与前方自然水土压力相平衡；控制排土量和掘进速度，能维护开挖面的稳定；减少前方土体挤压（欠挖时）与松动（超挖时），能防止前方土体塑性破坏和塌方。

（1）控制方法一

按上海软土地区土压平衡盾构的施工经验，取：

$$\Delta p = |p_i - p_0| \text{（应控制在} \leqslant 0.03\text{MPa）} \tag{3.4-10}$$

式中：p_i——密封舱内压力；

p_0——盾构正前方静止土压力p_z与静水压力p_w之和，即$p_0 = p_z + p_w$。

这样，尚需满足隧道开挖面的稳定条件（Bmms，1989）：

$$\frac{|p_i - p_0|}{c_u} \leqslant 5.5 \tag{3.4-11}$$

式中：c_u——土体不排水抗剪强度。

由此可得控制方法一为：用式(3.4-10)和式(3.4-11)对舱压进行监控，以保持开挖面的稳定。开挖面目标土压值的拟定与控制要求为：进行盾构初推试验，对地表沉降、土层变形移动、土压力和孔压等做测定，再通过参数优化，实时调整、修正盾构施工参数。

（2）控制方法二

设上项压力差与开挖排土量呈线性关系变化：

$$M - 100 = a(p_i - p_0) \tag{3.4-12}$$

式中：M——开挖排土率，即实际排土体积与开挖体积理论值之比（%）；

a——斜率系数，$a = 50/E$；

E——土体弹性模量，对于黏性土可取$E = 100c_u$。

将式(3.4-12)代入式(3.4-12)得：

$$100 - 2.8 \leqslant M \leqslant 100 + 2.8 \tag{3.4-13}$$

由此可得控制方法二为：由式(3.4-13)进行控制，开挖排土量的允许变化率等于土体开挖体积理论值的 2.8%。但此值变化幅度小，在实践上较难掌握。

（3）同步注浆与二次注浆的注浆时间、浆压和浆量控制

管片脱出盾尾后，应及时注浆充填其间的建筑空隙，以减少地层损失及周边土体的卸荷变形；注浆方面的控制在于注浆压力和注浆量的掌握。

2）隧道轴线纠偏控制

隧道轴线纠偏控制能保证盾构掘进中的轴线定位走向与设计轴线尽可能一致，减小盾构纠偏量，从而缓和因盾构纠偏对周围土层的剪切挤压扰动，也有利于控制盾尾与管片后背间的间隙和地层损失。

（1）产生隧道轴线走向偏差的主要因素

①分组千斤顶推力不均衡；

②个别千斤顶漏油失控；

③开挖面排土不均衡；

④管片拼装误差；

⑤管片纵、环向螺栓松紧不对称；

⑥沿环圈注浆压力不对称；

⑦浆液流动性不理想；

⑧工程地质条件出现突变或渐变；

⑨盾构掘进速度不正常等。

（2）要求纠偏的控制标准

隧道实际掘进轴线与设计轴线间的偏差，当水平偏差或高程偏差大于 30mm 时，需要进行纠偏。

3）改正纠偏的措施

（1）调整分组千斤顶推力；

（2）沿纵缝和环缝垫贴一定厚度的楔形软木；

（3）校正定位管片的倾斜度；

（4）改进注浆方式和浆液性质；

（5）减小一次纠偏的幅度等。

4）施工应急控制

施工中应急采用的“三阶段注浆控制”方法包括预注浆、跟踪注浆和工后注浆，是一种施工被动控制方法。

5）盾构的主要设计、施工参数及变形控制参数与控制要求

盾构的主要设计、施工参数可拟定为：开挖排土量、超挖或欠挖量、掘进速度、盾构千斤顶推力、舱压力、管片后背同步充填注浆和二次压密注浆的浆压和浆量、盾构每次纠偏量和总的纠偏量等。

变形控制的各有关参数可拟定为：地表总沉降（隆起）量、差异沉降、地层内土体竖向位移、沿盾构周向土体位移、盾构侧向土体水平位移、管片变形与走动（移位）等。变形控制的要求为：从上述变形控制各指标值预测、预报工程险情与环境土工危害及其严重程度，确定是否需要在下一施工步序对上述若干施工参数作出必要的调整，并能定量化各参数调整后的修正值。

6）盾构掘进时邻近建（构）筑物的保护

针对盾构隧道所邻近的被保护对象，应分别制定以安全承受不同种类变形位移和差异沉降的技术参数。这些保护对象包括：

（1）邻近的已建、已运营地铁区间

对邻近地铁工程设施综合影响的定量尺度必须符合以下标准（上海市暂行技术标准）：

①在地铁工程（外边线）两侧 3m 距离内不能进行建筑施工；自地铁中线起算的 50m 范围内施工，要求严格符合以下②～⑥各点；

②地铁结构的绝对沉降量及水平位移量均应小于等于 20mm，地铁隧道产生纵向位移引起圆形管片衬砌结构的径向变形应小于等于 10mm；

③隧道水平和竖向变形曲线的曲率半径R应大于等于 15000m；

④隧道相对弯曲应小于等于 1/2500；

⑤由于建筑物垂直荷载（包括基础、地下室）以及降水、注浆等施工因素引起地铁隧道外壁的附加荷载应小于等于 20kPa；

⑥由于打桩、工程爆破等产生的振动，对地铁隧道引起的峰值振动速度应小于等于 2.5cm/s。

（2）邻近的建（构）筑物。

（3）地下管线（特别是煤气管、污水干管、动力照明电缆与光缆等）。

（4）上部及其附近的道路路面、路基。

（5）邻近的城市立交桥、高架道路。

（6）相邻的同步施工的工程等。

参考文献

[1] 张孟喜. 受施工扰动土体的工程性质研究[D]. 上海: 同济大学, 1999.

[2] 汤连生. 地基处理技术理论与实践[M]. 北京: 科学出版社, 2020.

[3] 魏汝龙. 开挖卸载与被动土压力计算[J]. 岩土工程学报, 1997(6): 88-92.

[4] 吕秀杰, 龚晓南, 李建国. 强夯法施工参数的分析研究[J]. 岩土力学, 2006(9): 1628-1632.

[5] 梁永辉, 王卫东, 冯世进, 等. 高填方机场湿陷性粉土地基处理现场试验研究[J]. 岩土工程学报, 2022, 44(6): 1027-1035.

[6] 徐永福, 孙钧. 隧道盾构掘进施工对周围土体的影响[J]. 地下工程与隧道, 1999(2): 9-13+46.

[7] 朱忠隆, 张庆贺. 盾构法施工对地层扰动的试验研究[J]. 岩土力学, 2000(1): 49-52.

[8] Lunardi Pietro. Design and construction of tunnels: analysis of controlled deformation in rocks and soils ADECO[M]. Springer, 2008.

[9] Yi X , Rowe R K , Lee K M. Observed and calculated pore pressures and deformations induced by an earth balance shield: Discussion[J]. Canadian Geotechnical Journal, 2011, 32(3): 476-490.

[10] Leca E, New B. Settlements induced by tunneling in Soft Ground[J]. Tunnelling & Underground Space Technology, 2007, 22(2): 119-149.

[11] 张庆贺, 朱忠隆, 杨俊龙. 盾构推进引起土体扰动理论分析及试验研究[J]. 岩石力学与工程学报, 1999, 18(6): 5.

[12] 孙钧. 市区基坑开挖施工的环境土工问题[J]. 地下空间与工程学报, 1999(4): 257-265.

[13] Bowles J E. Foundation Analysis and Design(5th ed)[M]. Singapore: Me Graw-Hill Book Company, 2004.

[14] 彭振斌. 深基坑开挖与支护工程设计计算与施工[M]. 武汉: 中国地质大学出版社, 1997.

[15] 龙驭球. 弹性地基梁的计算[M]. 北京: 人民教育出版社, 1981.

[16] 许朝阳. 软黏土中沉桩挤土效应的模型试验研究及数值模拟[D]. 上海: 同济大学, 1999.

[17] Cooke R W, Price G. Strain and displacements around friction pile[C]. Houston Texas: The 8th International Symposium on Mechanics of Foundation, 1973.

[18] 朱百里. 计算土力学[M]. 上海: 上海科学技术出版社, 1990.

[19] 潘千里. 国外一种新的地基加固方法-强夯法[J]. 建筑结构, 1978(6): 24-30.

[20] 周健, 贾敏才. 地基处理施工振动对环境的影响探讨[C]//上海: 首届环境岩土工程学术交流会论文集, 2002.

[21] Candel S M . Simultaneous calculation of Fourier-bessel transforms up to order N[J]. Journal of Computational Physics, 1981, 44(2): 243-261.

[22] Bufferfield R, Banerjce P K. The effects of porewater pressure on the ultimate bearing capacity of driven piles[C]. Tykyo: Proc 2nd South East Asian Regional Soil Mech. Found. Engng., 1970.

[23] Chopra M B, Dargush G F. Finite element analysis of time-dependent large-deformation problems[J]. International Journal for Numerical & Analytical Methods in Geomechanics, 1992, 16(2): 101-130.

[24] Gang Q, Henke S, Grabe J. Application of a coupled Eulerian–Lagrangian approach on geomechanical problems involving large deformations[J]. Computers & Geotechnics, 2011, 38(1): 30-39.

[25] Li N, Sun J J, Wang Q, et al. 2017. Progress review and perspective problems on loess foundation reinforcement by means of modification treatment[J]. Advances in Earth Science, 32(2): 209-219.

[26] Meyerhof G G. The ultimate bearing capacity of foudations[J]. Geotechnique, 1957, 4(4): 301-332.

[27] 高文生, 梅国雄, 周同和, 等. 基础工程技术创新与发展[J]. 土木工程学报, 2020, 53(6): 97-121.

[28] 高志傲, 李萍, 肖俊杰, 等. 利用常规直剪试验评价非饱和黄土抗剪强度[J]. 工程地质学报, 2020, 28(2): 344-351.

[29] 龚晓南, 李向红. 静力压桩挤土效应中的若干力学问题[J]. 工程力学, 2000, 17(4): 7-13.

[30] 龚晓南. 地基处理手册[M]. 3 版. 北京: 中国建筑工业出版社, 2008.

[31] 雷祥义. 中国黄土的孔隙类型与湿陷性[J]. 中国科学: B 辑, 1987, 17(12): 1309-1316.

[32] 李广信. 高等土力学[M]. 北京: 清华大学出版社, 2004.

[33] 李娜, 孙军杰, 王谦. 黄土地基改性处理技术研究进展评述与展望[J]. 地球科学进展, 2017, 32(2): 209-219.

[34] 刘松玉, 杜广印, 毛忠良, 等. 振杆密实法处理湿陷性黄土地基试验研究[J]. 岩土工程学报, 2020, 42(8): 1377-1383.

[35] 建设部. 建筑桩基技术规范: JGJ 94—2008[S]. 北京: 中国建筑工业出版社, 2008.

[36] 住房和城乡建设部. 湿陷性黄土地区建筑标准: GB 50025—2018[S]. 北京: 中国建筑工业出版社, 2018.

[37] 宋勇军, 胡伟, 王德胜, 等. 基于修正剑桥模型的挤密桩挤土效应分析[J]. 岩土力学, 2011, 32(3): 811-814.

[38] 肖昭然, 张昭, 杜明芳. 饱和土体小孔扩张问题的弹塑性解析解[J]. 岩土力学, 2004, 25(9): 1373-1378.

[39] 郑颖人, 龚晓南. 岩土塑性力学基础[M]. 北京: 中国建筑工业出版社, 1989.

[40] 周航, 袁井荣, 刘汉龙, 等. 矩形桩沉桩挤土效应透明土模型试验研究[J]. 岩土力学, 2019, 40(11): 4429-4438.

[41] 朱会强, 张明, 张波, 等. 黄河中下游冲洪积地层 PRC 管桩深基坑支护[J]. 河南科学, 2021, 39(6): 964-970.

第4章

地下水位与环境岩土工程

4.1 环境对地下水的影响

4.1.1 温室效应引起的地下水位变化

近年来，大气温室效应对全社会各个领域的影响越来越引起人们的注意。长期以来，人类大规模消耗石化产品，释放出大量二氧化碳，工农业生产排放出大量甲烷等气体，地球的生态平衡在无意识中遭到破坏，致使气温不断上升。IPCC在2021年提出，2011—2020年全球地表温度比工业革命时期上升了1.09℃，约1.07℃的增温是人类活动造成的，预计到21世纪中期，气候系统的变暖仍将持续。未来20年，全球升温将达到或超过1.5℃。预计到2100年，大气气温累计将升高4℃左右。全球性变暖，一方面百年一遇极端海平面事件将会每年都发生，叠加极端降水，洪水灾害将更为频繁；另一方面是南极冰盖崩塌、海洋环流突变、森林枯死等气候系统临界要素的引爆，将加剧温室效应的发展。温室效应使得全球变暖，表4.1-1概述了全球变暖引发的连锁反应。

全球变暖引起的连锁反应　　表4.1-1

产生的自然灾害		伴随的物理现象	引起的具体问题
海平面上升	地下水位上升	孔隙应力发展，有效应力降低 吸水 浮力增加	液化及震陷加剧，承载力降低 浸水下沉 自重应力减少
	河川水位上升	水头增大波浪冲击	堤防标准降低，浸透破坏
	水深加大	潮汐变化波浪冲击	变形下沉 滑动
大气循环变化		台风加降雨增加	风暴、洪涝灾害加重地滑、山崩、泥石流
地表温度上升		冻土消融风化加剧沙漠化	承载力下风化、残积灾害增加

全球变暖加长降雨历时、增大降雨强度、加速冰雪消融、加速海平面上升。据联合国预测，到2030年，海平面将上升20cm；到2100年，海平面将升高45cm。根据我国沿岸海平面变化预测模型的计算结果，我国沿岸相对海平面上升估计在2030年为6～14cm，2050年为12～23cm，2100年为47～65cm。海平面的上升，加上地面径流的增加，将导致

地下水位的上升。这种情况下，有必要对各类工程的影响作一分析和评估，这对于从事这方面的研究或设计无疑是有益的。

4.1.2 人为开采引起的地下水位降低

随着世界人口的不断增长，工农业生产的不断发展，人类不得不面对全球性缺水这样一个严重的环境问题。长期以来，人类在发展过程中，在改造自然的同时，没有注意对环境的保护。大量淡水资源被污染，使得原先就很有限的水资源越发不能满足人们的需要。以前地下水被不合理地大量开采，地下水的开采地区、开采层次、开采时间过于集中。集中过度地抽取地下水，使地下水的开采量大于补给量，导致地下水位不断下降，降落漏斗范围亦相应地不断扩大。开采设计上的错误或由于工业、厂矿布局不合理，水源地过分集中，也常导致地下水位的过大持续降低。

除了人为开采外，还有许多因素影响着地下水位的变化，如上游修建水库、筑坝截流或上游地区新建或扩建水源地，截夺了下游地下水的补给量；矿床疏干、排水疏干、改良土壤等都能使地下水位下降。另外，工程活动如降水工程、施工排水等也能造成局部地下水位下降。

4.2 地下水位变化引起的岩土工程问题

4.2.1 地下水位上升引起的岩土工程问题

降雨量短时间增大、喀斯特地区地下河流向的改变、地震活动异常、人工补水和灌溉等均会导致地下水位上升，产生一系列环境岩土工程问题。

（1）浅基础地基承载力降低

根据极限荷载理论，对不同类型的砂性土和黏性土地基，以不同的基础形式分析不同地下水位情况下地基承载力的结果得出，无论是砂性土还是黏性土地基，其承载能力都随地下水位上升而下降。黏性土有黏聚力，其承载力的下降率相对较小些，最大下降率在50%左右，而砂性土的最大下降率可达70%。由于地下水的浮力对基础设计非常敏感，至今结构和岩土专业仍未形成统一的提供地下水位指标范式。

（2）砂土地震液化加剧

地下水与砂土液化密切相关，没有水，也就没有砂土液化。研究发现，随着地下水位上升，砂土抗地震液化能力随之减弱。在上覆土层为3m的情况下，地下水位从埋深4m处上升至地表时，砂土抗液化能力的降低程度可达74%左右。地下水位埋深在2m处左右，为砂土的敏感影响区。这种浅层降低影响，基本上是随着土体含水率的提高而加大，随着上覆土层的浅化而加剧。

（3）建筑物震陷加剧

首先，对于饱和疏松的细粉砂地基土而言，在地震作用下因砂土液化，使得建在其上的建筑物产生附加沉降，发生所谓的液化震陷。

其次，对于软弱黏性土而言，地下水位上升既促使其饱和，又扩大其饱和范围。

因此，在地基设计中，必须考虑由地下水位上升引起的这些方面的削弱。

（4）土壤沼泽化、盐渍化

当地下潜水位上升接近地表时，由于毛细作用而使地表土层过湿而呈沼泽化，或者由于强烈的蒸发浓缩作用使盐分在上部岩土层中积聚而形成盐渍土。这不仅改变了岩土原来的物理性质，而且改变了潜水的化学成分，矿化度增高，增强了岩土及地下水对建筑物的腐蚀性。

（5）岩土体产生变形、滑移、崩塌失稳等不良地质现象

在河谷阶地、斜坡及岸边地带，地下潜水位或河水位上升时，岩土体含水率增大。比如：河流水位增大，浸润程度加剧，岩土被水饱和而软化，降低了抗剪强度；地表水位下降时，向坡外渗流，可能产生潜蚀作用、流砂和管涌等现象，破坏了岩土体的结构和强度；地下水的升降变化还可能增大动水压力。以上种种因素，促使岩土体产生变形、崩塌、滑移等。因此，在河谷、岸边、斜坡地带修建建筑物时，应特别重视地下水位的上升、下降变化对斜坡稳定性的影响。

（6）冻胀作用的影响

在寒冷地区，地下潜水位升高，地基土含水率增高。由于冻结作用，岩土中水分往往迁移并集中分布，形成冰夹层或冰椎等，使地基土产生冻胀、地面隆起、桩台隆胀等。冻结状态的岩土体具有较高的强度和较低的压缩性，但温度升高而产生岩土解冻，其抗压和抗剪强度大大降低。对于含水率很大的岩土体，融化后的黏聚力约为冻胀时的1/10，压缩性增高，使地基产生融沉，导致建筑物失稳开裂。

（7）对建筑物的影响

地下水位在基础底面以下的压缩层范围内发生变化，就能直接影响建筑物的稳定性。若水位在压缩层范围内上升，水浸湿、软化地基土，使其强度降低、压缩性增大，建筑物就可能产生较大的沉降变形。地下水位上升还可能使建筑物基础上浮，建筑物失稳。

（8）对湿陷性黄土、崩解性岩土、盐渍岩土的影响

当地下水位上升后，水与岩土相互作用，湿陷性黄土、崩解性岩土、盐渍岩土产生湿陷、崩解、软化，岩土结构破坏，强度降低，压缩性增大。这些将导致岩土体产生不均匀沉降，引起上部建筑物倾斜、失稳、开裂，地面或地下管道拉断等现象，尤其对结构不稳定的湿陷性黄土影响更为严重。

（9）膨胀性岩土产生胀缩变形

在膨胀性岩土地区，浅层地下水多为上层滞水或裂隙水，无统一的水位，且水位季节

性变化显著。地下水位季节性升、降变化或岩土体中水分的增减变化，可促使膨胀性岩土产生不均匀的胀缩变形。当地下水位变化频繁或变化幅度大时，不仅岩土的膨胀收缩变形往复，而且胀缩幅度也大。地下水位的上升还能使坚硬岩土软化、水解、膨胀、抗剪强度与力学强度降低，产生滑坡（沿裂隙面）、地裂、坍塌等不良地质现象，导致自身强度的降低和消失，引起建筑物的破坏。因此，对膨胀性岩土地基进行评价时，应特别注意场区水文地质条件的分析，预测在自然及人类活动下水文地质条件的变化趋势。

4.2.2 地下水位下降引起的岩土工程问题

地下水位下降往往会引起地表塌陷、地面沉降、海水入侵、地裂缝的产生和复活以及地下水源枯竭、水质恶化等一系列不良地质问题，并将对建筑物产生不良影响。

（1）地表塌陷

塌陷是地下水动力条件改变的产物。水位降深与塌陷有密切关系。当降深保持在基岩面以上且较稳定时，不易产生塌陷。水位降深小，地表塌陷坑的数量少，规模小；降深增大，水动力条件急剧改变，水对土体的潜蚀能力增强，地表塌陷坑的数量增多，规模增大。

（2）地面沉降

由于地下水不断被抽汲，导致地下水位下降，引起区域性地面沉降。国内外地面沉降的实例表明，抽汲液体引起液压下降而使地层压密是导致地面沉降的主要原因。国内有些地区，由于大量抽汲地下水，已先后出现了严重的地面沉降。如1921—1945年间，上海地区的最大沉降量已达2.43m；20世纪70年代初到80年代初的10年时间内，太原市最大地面沉降已达1.23m。地下水位不断降低而引发的地面沉降，越来越成为一个亟待解决的环境岩土工程问题。

（3）海（咸）水入侵

近海地区的潜水或承压水层往往与海水相连，在天然状态下，陆地的地下淡水向海洋排泄，含水层保持较高的水头，淡水与海水保持某种动平衡，陆地淡水含水层阻止海水的入侵。如果大量开采陆地的地下淡水，引起大面积地下水位下降，可导致海水向地下水开采层入侵，使淡水水质变坏，并加强水的腐蚀性。

（4）地裂缝的复活与产生

近年来，我国不仅在西安、关中盆地发现地裂缝，而且在山西、河南、江苏、山东等地也发现地裂缝。据分析，地下水位大面积、大幅度下降是发生地裂缝的重要诱因之一。

（5）地下水源枯竭，水质恶化

盲目开采地下水，当开采量大于补给量时，地下水资源就会逐渐减少，以致枯竭，造成泉水断流，井水枯干，地下水中有害离子量增多，矿化度增高。

（6）对建筑物的影响

当地下水位升降变化只在地基基础底面以下某一范围内发生变化时，对地基基础的影响不大，地下水位的下降仅稍增加基础的自重。当地下水位在基础底面以下压缩层范围内发生变化时，若水位在压缩层范围内下降，将导致岩土的自重应力增加，可能引起地基基础的附加沉降。如果土质不均匀或地下水位突然下降，也可能使建筑物发生变形、破坏。

4.3　地下水位与地面沉降

4.3.1　地面沉降及其影响因素

在天然条件和人为因素作用下，区域性地面标高的降低，称为地面沉降。导致地面沉降的主要影响因素，可以分为天然影响因素和人为影响因素。其中，地下水位波动对地面沉降具有重要的影响。

1）地面沉降的天然影响因素

天然影响因素主要有两类：

（1）海平面相对上升及土层的天然固结，导致地面沉降；

（2）地震的冲击作用，引起地面沉降。

2）导致地面沉降的有关人为因素

人为影响因素主要有三类：

（1）抽取地下液体及表层排水导致地面沉降，包括以下因素：

①水平向渗透力及覆盖层自重压力；

②动荷载的影响；

③水温对土层压密的影响；

④泥炭地、低洼地的排水疏干；

⑤有机质土（层）的氧化及体积缩变作用。

（2）开采地下深处的固体矿藏，也可能引起地面沉降。

（3）岩溶地区，塌陷是导致地面沉降的主要影响因素。

关于地面沉降的原因，各国科研人员经过长期的探讨，普遍认为：地壳运动导致的地面沉降有可能存在，但沉降速率很小；地面静、动荷载引起的地面沉降仅在局部地段内存在；抽取地下液体，引起贮集层内液压降低，从而导致地面沉降，是普遍存在且主要的原因。

4.3.2　人工回灌与地面回弹

1）回灌对地面沉降的影响

如前所述，抽取地下水导致地面沉降，是由于地下水位下降，导致孔隙水压力降低，土中有效应力增加，地层发生压密变形的外在表现。与之相反，对地下含水层进行人工回灌，则有利于稳定地下水位，并促使地下水位回升。土中孔隙水压力增大，土颗粒间的接触应力减小，土层发生膨胀，从而导致地面回弹，减缓地面沉降速率，减小地面沉降总量。例如，上海市区自 1944 年冬季进行人工回灌地下水以来，至 1974 年为止，地面标高基本上保持在 1945 年的水平，并略有回升，说明上海的地面沉降已初步得到控制。在地下水集中开采地区，如沪东工业区，回灌前的 1959 年 10 月至 1965 年 9 月，地面累计下沉 500～1000mm，回灌后的 1965 年 9 月至 1974 年 9 月，地面累计上升 18～34mm；同一时期，沪西工业区，回灌前的地面累计下沉 430～590mm，回灌后的地面累计上升 24～44mm。

2）地面回弹模型的建立与求解

相对于含水层的抽水压密过程而言，人工回灌导致的含水层回弹（膨胀）过程是完全弹性的，即回灌引起的含水层竖向膨胀变形符合弹性胡克定律：

$$\varepsilon_Z^Z(t) = a_1\gamma_w S^e(t) \tag{4.3-1}$$

式中：$\varepsilon_Z^Z(t)$——土骨架的竖向膨胀应变；

$S^e(t)$——地下水位回升值。

类似于地面沉降模型，地面回弹模型应为回灌渗流模型与竖向膨胀变形模型的耦合，如图 4.3-1 所示。

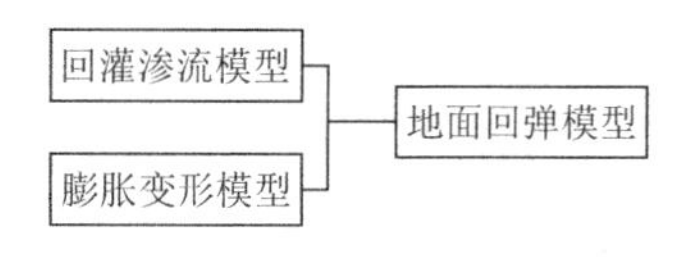

图 4.3-1　地面回弹模型建立

地面回弹模型可以通过近似解析解法、严格解析解法或数值法进行求解，以获得回灌引起的地下水位回升及相应的地面回弹的计算公式。

4.3.3　控制地面沉降的措施

对于自然因素引起的地面沉降，如近代沉积地层的天然固结、海平面的相对上升以及地质构造运动引起的地面沉降，是人力难以控制的。人类活动导致的地面沉降，可以通过人为的努力进行防治与克服。

1）统一制定经济发展规划

地面沉降导致地面高程降低以后，无论采取什么措施，令地面回升到原有高程都是非常困难的。许多学者认为，政府部门和城市规划工作者对此应有充分的认识，必须统一制定经济发展规划。工业化和都市化无计划地过量抽取地下水，由此引起的地面沉降实际上应归结为人类开采地下水和土地利用不合理的结果。因此，应该从经济建设规划上制定土地管理政策，结合土地开发条件与地质条件，避免滥用土地和地下水资源，防止地面沉降的发生、发展。

2）制定各种政策，合理控制开采地下水，控制与防止地面沉降

美国、日本等工业发达国家从 20 世纪 40 年代开始，政府部门就制定了各种政策、法

令，合理限制对地下水的开采。对于滥用地下水引起地面沉降问题，美国政府已从法律上给予了高度重视，制定了关于限制地下水开发的法令。在政府和法令的制约下，美国许多地面沉降现象大为改善。日本和意大利等国家也早已在限制用水方面制定了法令，以控制对地下水的开采量。如日本东京市从利根川取水，大阪市则从淀川取水，使地面沉降现象大为缓和。意大利波河三角洲、威尼斯市至米兰海岸地带也都严格控制地下水的开采量。威尼斯市自压缩地下水开采量以来，目前地面回升 30cm。1940 年，意大利公共工程部决定在波河三角洲面积达 10000hm^2 的气田区停止开采天然气。由于关闭了一些气井，在此后 5 年内，承压水位上升，地面沉降速率减小。我国从 2000 年开始实施南水北调工程，有效缓解了华北等地的地下水位下降和地面沉降问题。

3）人工补给地下水

世界各国均以人工回灌井注入水补给含水层作为控制或改善地面沉降的常规方法。人工回灌的作用体现在以下几个方面：

（1）缓和了地面沉降速率，个别情况下出现了小量的地面回弹。

（2）改变了地下水水质，如果控制得当，可以使地下水水质向好的方面转化，但如送入咸水或污水也可使水质恶化。

（3）利用不同的回灌季节，灌入不同水温的水，在需要时抽出使用可以节约能源。如冬季回灌低温水，夏季抽出作为工厂降温冷源，效果好、成本低。

（4）利用人工回灌技术建立地下水库，贮存地表余水，以调节水资源，解决缺水地区及缺水季节的用水问题。

但是，对于如何补偿地下水量以防止水位继续下降，仍旧是控制地面沉降措施的重要问题之一。

4）各种治理措施

除上述防治措施外，在滨海及海岸带地区，通常采取下列措施治理地面沉降：

（1）修建防洪堤、防潮堤、防潮闸和防潮泵站等；

（2）建立水下挡水、防冲丁坝，防止海潮、海浪冲蚀海岸；

（3）高压灌浆促使地面抬升，例如意大利在威尼斯附近的 Povglia 岛上进行高压灌浆试验，通过 10 年监测，证实地面回升了 10cm。

5）岩溶塌陷导致地面沉降的防治措施

为了防治岩溶或矿坑等塌陷而引起的地面沉降，采取的措施是以防为主，并结合充填。例如，印度已制定规划，对老矿坑的危险地带采用一种水、气并联系统进行填塞，对正在开采的矿坑进行严格监测。澳大利亚为监测拉特罗步煤田软煤层和上伏黏土层的沉降，已进行了 4000 个样品的固结试验，并用数学模型来预测可能产生的沉降量。

对于已经造成岩溶塌陷的地区，如在叙利亚大马士革采用的是开挖后充填低渗透性土料并夯实，以减少渗透性，阻止水流的入渗。

4.4 地下水位上升对砂土液化的影响

由砂土液化机理可知，在地震作用下，砂土层中孔隙水压力的产生和增长是砂土液化的必要条件。很显然，由温室效应及其连锁反应所引起的地下水位上升，必然会对砂土的液化产生重要影响。可以说，国内外近现代由地震引起砂土液化而造成灾难性破坏的大量震例表明，砂土的液化现象是抗震工程和岩土工程中的一大重要问题，而温室效应所引起的地下水位上升的潜在趋势，又提出了砂土液化影响因素这一个值得研究的重大课题。

4.4.1 地下水位上升引起的砂土液化势的变化分析

1）地震剪应力

众所周知，地震强度越大，地震加速度产生的对砂土单元的剪应力强度也越大。由Seed-ldriss 的砂土液化判别简化理论可得，在地震产生的地面最大加速度$a_{\max}$作用下，饱和砂土单元承受的等效平均地震剪应力τ_{eq}为：

$$\tau_{eq} = 0.65 r_d \frac{a_{\max}}{g} \sigma_V \tag{4.4-1}$$

式中：σ_V——上覆总压力；且

$$\sigma_V = \sum_{i=1}^{n} \gamma_i h_i \tag{4.4-2}$$

式中：γ_i——第i层土的重度γ，地下水位以上的土取土的天然重度，以下的土取饱和重度γ_{sat}；

h_i——第i层土层的厚度。

为简化分析起见，将所研究的砂土单元及其上覆层视为同一砂土层，此时式(4.4-2)即为：

$$\sigma_V = \gamma h_w + \gamma_{sat}(h_s - h_w) = (\gamma - \gamma_{sat}) h_w + \gamma_{sat} h_s \tag{4.4-3}$$

式中：h_w——地下水埋深；

h_s——土体单元处上覆土层的厚度。

在一定的地震强度和上覆土层厚度下，式(4.4-1)中的$\frac{0.65 r_d a_{\max}}{g}$项为一确定值。所以，地震剪应力$\tau_{eq}$正比于所研究的砂土单元的上覆总压力$\sigma_V$。

在式(4.4-3)中，一般有$\gamma - \gamma_{sat} < 0$，则$h_w$越小，$(\gamma - \gamma_{sat}) h_w$反而越大，即$\sigma_V$随$h_w$减小而增大。由此得到，地震产生的剪应力强度随地下水位的上升而增大。

2）砂土液化剪应力

由 Seed-Idriss 液化判别的简化理论可得，饱和砂土单元发生液化所需的水平地震剪应力τ_d（亦即砂土的抗液化强度）为：

$$\tau_d = \frac{C_r \sigma_{ad} \sigma'_V}{2\sigma_3} \tag{4.4-4}$$

式中：σ'_V——有效上覆压力，由下式确定：

$$\sigma'_V = \sum_{i=1}^{n} \gamma_i h_i \tag{4.4-5}$$

γ_i——第i层土的重度，地下水位以上的土层重度取天然重度γ，地下水位以下的取有效重度γ'。

同理，讨论如图 4.4-1 所示的砂土单元，此时有：

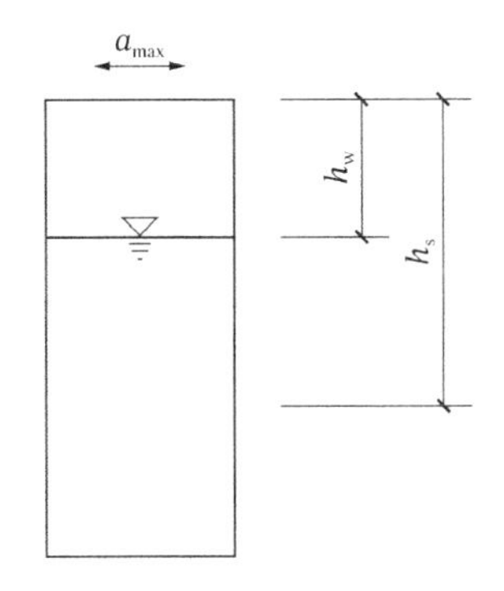

图 4.4-1　砂土单元

$$\begin{aligned}\sigma'_V = \gamma h_w + \gamma'(h_s - h_w) &= (\gamma - \gamma')h_w + \gamma h_s \gamma'(h_s - h_w) \\ &= (\gamma - \gamma')h_w + \gamma h_s\end{aligned} \tag{4.4-6}$$

在一定的地震强度、砂土相对密实度D_r和平均粒径d_{50}下，式(4.4-4)中$\frac{C_r\sigma_{ad}}{2\sigma_3}$项为一常量，则砂土液化剪应力$\tau_d$与$\sigma'_V$呈正比。因为$\gamma - \gamma' > 0$，所以$h_w$越小，$(\gamma - \gamma')h_w$也越小，$\sigma'_V$则越小。由此可见，随着地下水位的上升，砂土液化剪应力τ_d减小，砂土抗液化的能力降低。

3）等效砂土液化强度比

对于上述呈现出的地震剪应力或砂土液化剪应力随地下水位上升而增加或削减的趋势，将以等效砂土液化强度比τ_d/τ_{eq}随地下水位上升的变化的定量结果来综合评述。

如图 4.4-1 所示的砂土单元，由式(4.4-1)和式(4.4-4)得：

$$\frac{\tau_d}{\tau_{eq}} = \frac{\dfrac{C_r \sigma_{ad} \sigma'_V}{2\sigma_3}}{0.65 r_d \dfrac{a_{max}}{g} \sigma_V} \tag{4.4-7}$$

在地震强度、砂土相对密实度、平均粒径及砂土单元埋深一定的情况下，式(4.4-7)中第一分子式为确定值，令其为K。由式(4.4-3)及式(4.4-6)进而得：

$$\frac{\tau_d}{\tau_{eq}} = K \frac{\gamma h_w + \gamma'(h_s - h_w)}{\gamma h_w + \gamma_{sat}(h_s - h_w)} \tag{4.4-8}$$

当地下水位与所研究的砂土单元上覆层界限齐平时，即$h_s = h_w$，由式(4.4-8)得：

$$\frac{\tau_d}{\tau_{eq}} = K \tag{4.4-9}$$

当地下水位上升到地表时，即$h_w = 0$时，由式(4.4-8)得：

$$\frac{\tau_d}{\tau_{eq}} = K\frac{\gamma'}{\gamma_{sat}} = K\frac{\gamma_{sat} - \gamma_w}{\gamma_{sat}} \tag{4.4-10}$$

一般，γ_{sat}为1.8～2.3倍的γ_w。若取$\gamma_{sat} = 2\gamma_w$，由此产生的误差是可以满足工程上的精度要求。故式(4.4-10)即为：

$$\frac{\tau_d}{\tau_{eq}} = \frac{K}{2} \tag{4.4-11}$$

由Seed-Idriss的砂土液化判别的简化理论可知，τ_d/τ_{eq}越小，则砂土液化的可能性越大；当$\tau_d/\tau_{eq} < 1$时，砂土判定为液化发生。比较式(4.4-9)和式(4.4-11)可得，当地下水位由所研究砂土单元的界面深度处开始上升到地表后，砂土单元液化的可能性则增大了1倍。

4）液化时孔隙压力变化

由上述分析可知，砂土的液化势将由于地下水位的升高而增大。另外，地下水位的升高，减少了地震时超孔隙水压力的土层消散区，而致使孔隙水压力上升。若水位埋藏较深，在上覆土层较厚而透水性强的情况下，地震产生的孔隙水压力将在上覆土层内消散，并产生孔压区。

在地震后砂土液化、孔压消散的过程中，随着地下水位上升，高孔压区域也将随之上移到地表浅层，从而使浅基础建筑物遭到致命性破坏。

5）砂土液化的其他影响因素

（1）含水率的影响

分析表明，初始含水率对浅层砂土的液化影响比较敏感。地下水位上升，必然增大砂土的含水率。浅层砂土初始含水率的提高，促使砂土抗地震液化的能力减弱，这种减弱影响与上覆层厚度基本无关。

（2）饱和度的影响

饱和度S_r稍有增大，液化应力比就会明显减小；反之，S_r稍有减小，液化应力比就会明显增大。这就说明，饱和度对砂土液化具有较强的敏感性。地下水位的上升，必然加速砂土的饱和及扩大饱和的范围，这便致使液化应力比τ_d/σ_V显著下降，进而加剧砂土的地震液化。

（3）地下水埋深的影响

地下水位上升，地下水埋深减小。地下水位上升，减小了地下水的埋深，扩大了砂土地震液化可能发生的范围。这种扩大势态，随着上覆土层的减小而加剧。

4.4.2　地下水位上升引起的砂土液化的变化规律

1）液化强度比

由式(4.4-1)～式(4.4-4)，考虑上覆土层厚h_s、地下水埋深h_w时，可得液化强度比的公式为：

$$
\frac{\tau_d}{\tau_{eq}}=\frac{C_r\frac{D_r}{50}\left(\frac{\sigma_{ad}}{2\sigma_3}\right)_{50}\sum_{i=1}^{n}\gamma_i' h_i}{0.65r_d\frac{a_{max}}{g}\sum_{i=1}^{n}\gamma_i h_i}=\frac{C_r\frac{D_r}{50}\left(\frac{\sigma_{ad}}{2\sigma_3}\right)_{50}}{0.65r_d\frac{a_{max}}{g}}\cdot\frac{\gamma h_w+\gamma'(h_s-h_w)}{\gamma h_w+\gamma_{sat}(h_s-h_w)}
$$

$$
=\frac{C_r\left(\frac{\sigma_{ad}}{2\sigma_3}\right)_{50}}{32.5r_d\left(\frac{a_{max}}{g}\cdot\frac{1}{C_r}\right)}\cdot\frac{h_w+\beta(h_s-h_w)}{h_w+\alpha(h_s-h_w)}\frac{C_r\left(\frac{\sigma_{ad}}{2\sigma_3}\right)_{50}}{32.5r_d\left(\frac{a_{max}}{g}\cdot\frac{1}{C_r}\right)}\cdot\frac{h_w+\beta(h_s-h_w)}{h_w+\alpha(h_s-h_w)} \tag{4.4-12}
$$

式中：α，β——参数。

若$\tau_d/\tau_{eq}>1.0$，则认为砂土不发生液化；反之，液化发生。

2）液化强度比公式中各参数的确定

（1）a_{max}

经对有关资料的分析，拟取 7 度、8 度和 9 度地震烈度下的地面最大加速度分别为 0.10g、0.20g和 0.40g。

（2）C_r

根据前述的综合取值，取$C_r=0.54$，以偏于安全。

（3）$a_{max}/(gC_r)$

由以上可得，地震 7 度、8 度和 9 度时分别为 0.179、0.357 和 0.741。

（4）$(\sigma_{ad}/2\sigma_3)_{50}$

由三轴液化试验结果得到，相应于地震烈度 7 度、8 度和 9 度时，砂土平均粒径d_{50}为 0.1mm、0.2mm、0.3mm，所对应的液化应力比$(\sigma_{ad}/2\sigma_3)_{50}$分别为 0.214、0.234、0.254，0.194、0.218、0.241，0.175、0.200、0.225。

（5）r_d

如为 1m、3m、4m、9m 时的r_d分别为 0.99、0.98、0.97、0.91。

（6）β、α

由有关章节已得到：

$$
\beta=0.6241\frac{1}{1+\omega} \tag{4.4-13}
$$

含水率ω在 25%～100%范围内，β大致可划分为 3 档：0.3、0.4 和 0.5。而

$$
\alpha=\frac{\gamma_{sat}}{\gamma}=\frac{\gamma_w}{\gamma}+\frac{\gamma'}{\gamma}=\frac{\gamma_w}{\gamma}+\beta \tag{4.4-14}
$$

取$\gamma = 19\text{kN/m}^3$，$\gamma_w = 9.8\text{kN/m}^3$，代入式(4.4-12)得：

$$\alpha \approx 0.5 + \beta \tag{4.4-15}$$

同理，含水率ω在25%～100%范围内，α的取值为0.8、0.9和1.0。

（7）h_w

地下水埋深h_w考虑取0.0m、0.5m、1.0m、2.0m、4.0m和4.0m。

（8）D_r

D_r取50%、40%、70%。

3）结论

通过对不同参数下液化强度比进行计算分析，可得出以下规律：

（1）随着地下水位的上升，砂土抗液化的能力随之下降；

（2）地震强度较大时的地下水位上升对砂土抗液化能力的削弱影响比地震强度小时更强；

（3）在地下水位上升过程中，液化应力比较大或平均粒径较粗的砂土，抗地震液化能力较强；

（4）对同一种砂土而言，随着地下水位上升，相对密实度越低，砂土越疏松，液化的敏感性就越大，越容易液化；反之，就越难以液化；

（5）随着地下水位在浅表层上升，砂土的含水率必然增大，加速了土体的饱和，进而使得浅表层砂土在地震作用下更容易发生液化。

4.5 地下水位上升对震陷影响的分析

讨论如图4.5-1所示的分析层皆为同一砂层的情况。

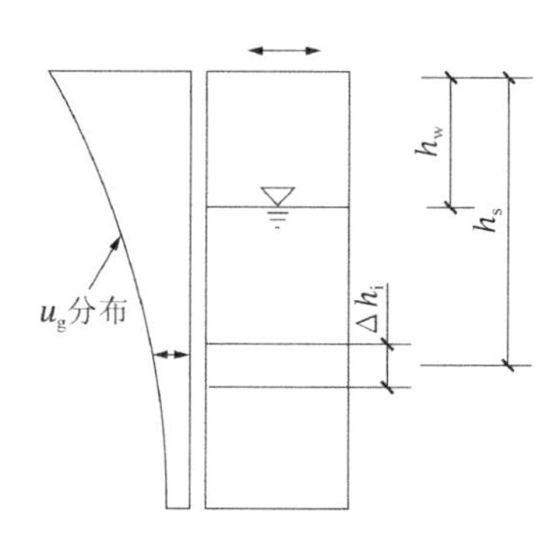

图4.5-1　震陷分析层

1）地下水位在单元层中点处时（$h_w = h_s$）：

$$\tau_{eq} = 0.65r_d\frac{a_{max}}{g}[\gamma h_w + \gamma_{sat}(h_s - h_w)] = 0.65r_d\frac{a_{max}}{g}\gamma h_w \tag{4.5-1}$$

$$\sigma_0' = \gamma h_w + \gamma'(h_s - h_w) = \gamma h_w \tag{4.5-2}$$

由式(4.5-1)、式(4.5-2)得：

$$\frac{\tau_{eq}}{\sigma_0'} = 0.65 r_d \frac{a_{max}}{g} \tag{4.5-3}$$

2）地下水位上升至距地表$h_s/2$时（$h_w = h_s/2$）：

$$\tau_{eq} = 0.65 r_d \frac{a_{max}}{g}(\gamma + \gamma_{sat})h_w = 0.65 r_d \frac{a_{max}}{g}(\gamma + \gamma' + \gamma_w)h_w \tag{4.5-4}$$

$$\sigma_0' = (\gamma + \gamma')h_w \tag{4.5-5}$$

由式(4.5-4)、式(4.5-5)得：

$$\frac{\tau_{eq}}{\sigma_0'} = 0.65 r_d \frac{a_{max}}{g}\left(1 + \frac{\gamma_w}{\gamma + \gamma'}\right) \tag{4.5-6}$$

一般，$\gamma = 16 \sim 20 kN/m^3$，$\gamma' = 8 \sim 13 kN/m^3$，水的重度$\gamma_w = 10 kN/m^3$，代入式(4.5-6)，则：

$$\frac{\tau_{eq}}{\sigma_0'} = (1.42 \sim 1.30) 0.65 r_d \frac{a_{max}}{g} \tag{4.5-7}$$

3）地下水位上升至地表时（$h_w = 0$）：

$$\tau_{eq} = 0.65 r_d \frac{a_{max}}{g} \gamma_{sat} h_w \tag{4.5-8}$$

$$\sigma_0' = (\gamma + \gamma')h_w \tag{4.5-9}$$

由式(4.5-8)、式(4.5-9)得：

$$\frac{\tau_{eq}}{\sigma_0'} = 0.65 r_d \frac{a_{max}}{g} \frac{\gamma_{sat}}{\gamma'} \tag{4.5-10}$$

取$\gamma_{sat} = 2\gamma'$，一般也能满足工程精度需要，于是式(4.5-10)即为：

$$\frac{\tau_{eq}}{\sigma_0'} = 2 \times 0.65 r_d \frac{a_{max}}{g} \tag{4.5-11}$$

比较式(4.5-3)、式(4.5-7)、式(4.5-11)可见，在地震作用下，地下水位自分析单元层中点处（即离地表h_s处）开始上升至距地表$h_s/2$时，对单元分析层的液化震陷影响来说，相对于将地震作用放大了 30%～42%，平均放大了 34%；当地下水位由h_s处上升到地表时，则将地震作用整整放大了 1 倍。于是有理由定性地认为，地下水位上升会加大液化震陷，增加地震危害。

为了定量地分析地下水位上升对震陷的影响程度，可以选择不同的地震烈度Ⅰ、初始剪应力比α、砂土的相对密实度D_r及地下水埋深，按上述液化震陷的简化计算方法进行震陷量的计算。

为简化分析，对于同一砂层按一层计算。取$h_s = 3m$，地下水位在h_s与地表之间变化，计算简图如图 4.5-2 所示。按简化计算步骤进行计算，最终结果见表 4.5-1 及图 4.5-3。表 4.5-1 中S_1及S_0分别为地下水位在$h_s = 3m$处和地表时的液化震陷值S。

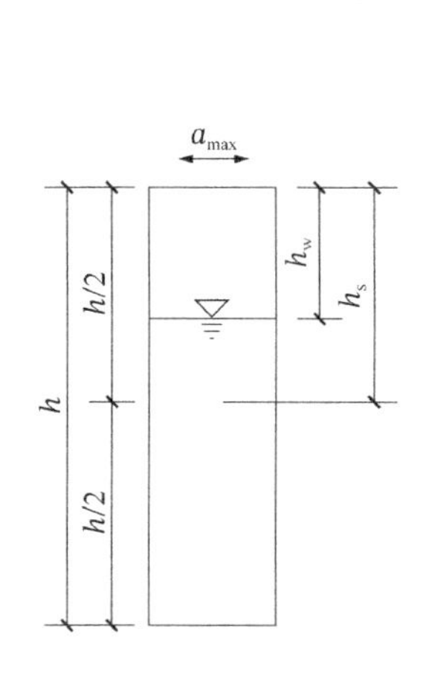

图 4.5-2　震陷计算层

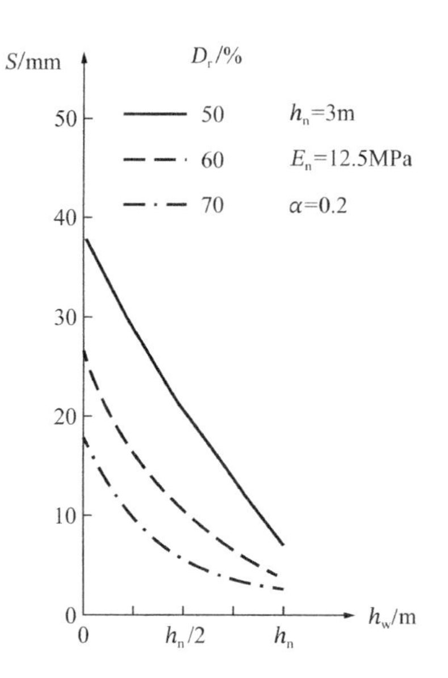

图 4.5-3　S-h_w关系曲线

各参数组合下的震陷值　　　　**表 4.5-1**

定值参数		变化参数		震陷值/mm	
				S_0	S_1
12.5MPa	$\alpha = 0.2$ $D_r = 50\%$	地震烈度 I	7 度	3.14	0.00
			8 度	37.44	9.54
	I = 8 度 $\alpha = 0.2$	相对密实度D_r	50%	37.44	9.54
			40%	24.98	4.18
			70%	18.74	2.10
	I = 8 度 $D_r = 50\%$	初始应力比α	0.0	48.00	12.22
			0.1	42.72	10.88
			0.2	37.44	9.54
			0.3	32.14	8.18

由上述定量分析结果可得，地下水位上升对液化震陷的影响具体如下：

（1）地下水位上升，对产生液化震陷的动荷因子的地震作用起放大影响；

（2）地下水位上升，对液化震陷起增大作用；

（3）地震作用越大，地下水位上升对液化震陷的影响越大；

（4）砂土越疏松，地下水位上升对液化震陷的影响越大；

（5）初始静剪应力越小，地下水位上升对液化震陷的影响越大。

参考文献

[1] Poland J F, Davis G H.Land subsidence due to withdrawal of fluids, reviews in engineering geology[J]. the Geological Society of America, 1969(2): 187-269.

[2] 秦同春, 程国明, 王海刚. 国际地面沉降研究进展的启示[J]. 地质通报, 2018, 37(Z1): 503-509.

[3] 崔振东, 唐益群. 国内外地面沉降现状与研究[J]. 西北地震学报, 2007(3): 275-278+292.

[4] 张介山. 郑州市地面沉降成因机理研究[D]. 郑州: 华北水利水电大学, 2021.

[5] Galloway D L, Jones D R, Ingebritsen S E. Land subsidence in the United States[J]. Center for Integrated Data Analytics Wisconsin Science Center, 1999, usgs circ. 1182.

[6] 史玉金. 上海地区地面沉降新特征及对重大市政设施影响研究[D]. 上海: 上海交通大学, 2018.

[7] 杨海瑞. 太原盆地地面沉降模拟[D]. 西安: 长安大学, 2015.

[8] 张玮鹏. 抽水引起的考虑起始比降的软土一维固结理论研究[D]. 杭州: 浙江大学, 2015.

[9] Helm D C. One-dimensional simulation of aquifer system compaction near Pixley, California: 1. Constant parameters[J]. Water Resources Research, 1975, 11(3).

[10] 周健. 地下水位与环境岩土工程[M]. 上海: 同济大学出版社, 1995.

[11] 李绍武. 中国城市地面沉降和岩溶塌陷的概况及其防治对策[J]. 地质灾害与防治, 1990(2): 57-62.

[12] 罗勇, 田芳, 秦欢欢, 等. 地下水人工回灌和停采对地面沉降控制的影响分析[J]. 水资源与水工程学报, 2020, 31(1): 52-57.

[13] 李雪华. 抽灌水引起地面沉降的现场试验及模拟研究[D]. 南京: 南京大学, 2019.

[14] Xie K H, Huang D Z, Wang Y L, et al. Axisymmetric consolidation of a poroelastic soil layer with a compressible fluid constituent due to groundwater drawdown[J]. Computers & Geotechnics, 2014, 56: 11-15.

[15] 张阿根. 地面沉降[M]. 上海: 上海科学技术出版社, 2005.

[16] 龚晓南. 岩土工程地下水控制理论技术及工程实践[M]. 北京: 中国建筑工业出版社, 2020.

第 5 章

城市地下空间与环境岩土工程

5.1 城市地下工程及其施工方法

远古时期，人类就开始利用天然地下空间。工业革命后，随着各种工程技术手段不断提高，人类开始大规模开发人工地下空间。总结百余年来城市化发展经验，以高层建筑、高架道路为代表，向上部空间发展的模式，虽然曾一度给城市发展带来活力，但是这并不是扩展城市空间的最佳选择。一种更为有效的途径是向地下发展，地下工程在扩大城市空间容量和提高城市环境方面有着广泛的应用前景。大规模建造城市地下工程，始于 20 世纪 50 年代。现在，地铁、地下停车场、地下街、综合管廊等城市地下工程已经成为一个现代化大都市必不可少的基础设施。

5.1.1 城市地下工程

城市空间按照上下层次可分为上部、地面和地下空间三部分。上部空间包括车行及人行高架道路、高层建筑物及高层构筑物等。地面空间包括道路、广场、低矮建筑物、绿地、水域等。地下空间指所有地表以下，以岩土体为介质的空间领域。

在城市地下空间建造的各类设施，称为城市地下工程。开发城市地下空间，解决城市用地与环境之间的矛盾正是发展城市地下工程的主要原因。城市地下工程的内容包括研究及建造各种城市地下设施的规划、勘测、设计、施工和维护等，是一门综合性应用科学与工程技术。

1）城市地下设施分类

根据使用目的，城市地下设施主要有以下 6 类：

（1）住宅设施：指各种地下或半地下住宅。我国的窑洞及北美等地的覆土式房屋就是典型的地下住宅。地下住宅有着显著的节能和改善微气候功能，但是在目前条件下，将地下住宅内部环境改造为高标准居住环境，使大量人口穴居地下，仍是不现实的。

（2）城市设施：为改善城市功能的各项设施，包括埋在地下的商业步行街、各类管线、变电站、水厂、污水处理系统、地下垃圾处理系统等。

（3）生产设施：在城市人口密集区，将有噪声污染、振动污染的工业厂房、变电站等，迁至地下，有益于改善城市环境、提高市民生活质量。

（4）交通设施：指运送物资或人员的地铁、街道、管线等。改善交通功能是大多数城市开发利用地下空间的主要目的。

（5）贮藏设施：地下空间有恒温性、防盗性好、鼠害轻等优点。节能、安全、低成本的地下仓库广泛用于储存粮食、食品、水资源、石油等。

（6）防灾、人防设施：地下空间对各种自然、人为灾害具有较强的综合防灾能力。地下人防设施在战时承担人防功能，而在和平时期仍可用于和平事业。

2）城市地下工程分类

可以从不同的角度对城市地下工程进行分类。

按周围环境的材料，分为岩石地层的地下工程和土质地层的地下工程两大类。岩石地层的地下工程除了人工洞室外，也包括改造利用天然溶洞、废弃坑井的情况。

根据建造方式不同，城市地下工程可分为单建式与复建式。单建式指独立建造的地下工程，地面上没有其他建筑物；复建式一般指各种建筑物的地下室部分。

按工程规模可分为：小型的一般性建筑物地下室，空间开阔的大型地下车库、地铁车站、地下工业厂房等，影响范围大、涉及面广的各种地下隧道。

3）城市地下工程的空间分布

地下空间是宝贵的城市空间财富。建造城市地下工程需考虑城市地上、地下三维立体开发，根据工程用途选择合理埋深，珍惜使用城市地下空间资源。鉴于目前城市地下工程建设的技术水平，合理的地下空间分布如表 5.1-1 所示。

合理的地下空间分布　　表 5.1-1

地下空间类型	0～10m	10～30m	30～100m
城市路面下的地下空间	地铁、地下道路、人行地道、地下仓库、地下街、共同沟	地铁隧道、地下河、地下干道、地下物资设施、基础设施（上下水管、高压煤气管等）	地下骨干设施（高压变电站、上下水处理设施）
道路用地以外的地下空间	地下街、地下住宅、办公用房、公共建筑、地下车库、地下泵站、变电站、集中供热设施	地下车库、地下泵站、地下变电站	地下骨干设施（高压变电站、上下水处理设施）
市区以外的地下空间	地下工厂、交通隧道（铁路、公路）、输水隧道、地下河	地下变电站、交通隧道、输水隧道、地下水坝、地下试验设施、储库	地下变电站、交通隧道、能源贮存、输水隧道、地下水坝、地下电力储存设施

5.1.2　城市地下工程的主要施工方法

选择城市地下工程施工方法，应根据工程用途和规模、地质条件、环境特点、施工设备、工期要求等因素，经综合技术经济比较后确定。开挖、出渣是施工过程中的主要工序，支护是为了保证施工安全、顺利地进行。衬砌一般是指混凝土衬砌、钢板衬砌，也包括其他承重性、装饰性、防水性衬砌；有时围岩稳定性好，可以省去衬砌。如北欧等地的许多地铁车站、地下娱乐设施的洞壁就是裸露岩石，配以适当的装饰，呈现出自然之美。城市地下工程中，常用的施工方法及其主要施工工序、适用范围列于表 5.1-2。

城市地下工程施工方法分类　　　　表 5.1-2

施工方法		适用范围
明挖法	敞口放坡明挖：现场灌注混凝土结构或现场装配预制构件、回填	地面开阔建筑物稀少，土质较稳定
	板桩护壁明挖：现场灌注混凝土结构或现场装配预制构件、回填	施工场地较窄，土层自立性较差，用工字钢、钢板桩、灌注桩、连续墙护壁
盖挖逆筑法	桩梁支承盖挖法：桩上架梁，加顶盖，恢复交通后，在顶盖下开挖，灌注混凝土构件	街道地面交通繁忙，土层较坚固稳定
	地下连续墙盖挖法：修筑导槽，连续成墙，加顶盖恢复交通，在顶盖保护下开挖，浇筑混凝土结构	街道地面交通繁忙，且两侧有高大建筑物，土层自稳性较差
浅埋暗挖法	盾构法：采用盾构机开挖地层，并在其内装配管片式衬砌，或浇筑挤压混凝土衬砌	松软含水地层
	顶进法：预制钢筋混凝土管道或钢管，边开挖，边顶进	穿越交通繁忙的道路和铁路、地下管线和建筑物等障碍物地区
	管棚法：顶部打入钢管，压注浆液，在管棚保护下开挖，立钢拱架，浇筑混凝土结构	松散地层
矿山法	台阶工作面法：分部或全断面开挖，锚杆、喷浆支护或复合衬砌	坚硬、稳定的地层
	导洞法：采用小断面导洞分层分次开挖，临时支护，施作衬砌	松散、不稳定地层
	掘进机法：采用岩石掘进机开挖，其后进行锚喷衬砌，必要时二次衬砌	含水率不大的各种岩层
水域区施工法	围堰法：筑堰排水后，按明挖法施工	较浅的水域，地下水补给量极少
	沉管法：优先在水下挖掘沟槽，将预制管段沉入其中，处理好接缝，回填后贯通	过江、湖、海的水底隧道

5.2　城市地下工程的环境岩土问题

城市地下工程中遇到的环境岩土问题，因规模和使用要求、施工方法、施工阶段而异，但问题的核心仍是岩土体强度、变形、水力特性以及岩土体与地下结构相互作用下的稳定性问题。

在不同阶段，城市地下工程所面临的主要环境岩土问题有不同的内容。工程选址时的主要问题是，判定拟建工程的区域稳定性和岩土体的稳定。该阶段，一般从场址周围的地形、地貌、地层岩性、地质构造、水文地质条件以及其他影响工程施工的不良地质现象等方面来判断岩土体的稳定性。工址确定后，除一般的岩土体稳定问题评价外，还要解决一些与设计有关的岩土体稳定方面的问题，如：评价岩土体对支护结构的压力，评价计算地下水对支护结构的压力，提出保护工程安全、提高岩土体及支护结构稳定性的加固措施。几乎所有浅埋城市地下工程，都会遇到影响地下管线、房屋地基及其他既有地下设施的棘手问题。这要求勘察阶段需要做周密的调查、测量，让新建地下工程避开这些设施，必要时拆迁一部分。但是很多高层建筑使用深基础，若新建地下工程从它附近通过，应作专题评价，勿使既有建筑受损。

5.2.1　城市地下隧道的环境岩土工程问题

地下隧道工程包括地铁区间隧道、地下街道隧道、地下人行通道以及地下商业步行街等。城市地下隧道所遇到的环境岩土工程问题与施工方法有关，若采用明挖法，主要问题是边坡、基坑的稳定问题；若采用暗挖法，则是围岩稳定、支护或衬砌的安全性及地表沉降问题。当隧道穿越江、河、海水底时，防止地下水渗漏的问题尤为突出。地下水问题分两个方面：一方面是渗入地下水量大，影响工作，恶化围岩稳定性；另一方面是水位下降幅度过大，致使周围建筑物沉降过大而遭受破坏。施工中除采用气压法、盾构法等施工手段外，在地面或洞室周围采用灌浆固结或冻结等方法。同时，施工中要作好环境监测，严格控制地下水位变化幅度不超过规定值。

水底沉管隧道地基稳定问题与一般地面建筑工程不同。一般建筑物的地基问题是在建筑物荷载作用下，地基的沉降变形与剪切破坏问题是地基所受荷载增加引起的问题。作用在水底沉管隧道地基上的附加应力很小，甚至有时比初始应力还低，所以地基很少有大幅沉降或剪切破坏。沉管隧道一般不需进行人工地基改造，施工中仅需整平沟槽表面即可，目的是防止地基不均匀变形引起局部管段受力过高。

城市中还有其他特殊隧道，如综合管廊、下水道。下水道干线的内径可达 7～8m，是十分复杂的结构。下水道一般为明挖隧洞，大小隧洞连成网络，有一定的坡度及断面尺寸要求，为便于检修，设置通气孔、检修道。施工中有地下障碍物、地下水、边坡及挡土墙稳定等问题。

5.2.2　大型地下洞室的环境岩土工程问题

地铁车站、地下工厂、地下仓库等大型地下洞室的特点是：地下洞室高度大、跨度宽、土石挖方量大，除特殊坚硬而完整的岩石外，一般很难利用周围岩土体的自稳性。岩土体失稳主要表现为大块岩石滑落，或大面积塌方。这些地下工程在选址时，要力求避开构造活动带及地质构造、水文条件复杂的区域，在条件允许的情况下尽量深埋，以期利于顶部成拱并减少对地面环境的影响。

地下空间具有独特的恒温、密闭、防护功能。近年来城市地下贮库发展迅速，这类贮库大多利用深部地下空间贮存石油、天然气等。增加贮库周围地下水压力可防止油、气外渗，甚至洞室可以无需衬砌，较为经济。地下水封贮库要求地应力不可过大、地下水水位稳定、围岩完整性好、无过大的裂隙通道、可以通过人工抽取或灌注地下水来改变贮库库存容量。

地下冷库除了一般地下洞室的工程地质要求外，尚应避开地热异常带、埋置在地下常温层内、没有大量地下水渗入。

5.2.3 地下工程运营期间的环境岩土工程问题

地震的发生具有很强的突发性，是可能造成城市地上及地下建筑物严重破坏的自然灾害之一。由于周围岩土体对地下结构的振动起了约束和阻尼作用，并且地震波从基岩向地面传播过程中加速度峰值有逐渐放大的趋势，相比于地上工程，地下工程具有良好的抗震性能。日本东京郊区的一项实测资料表明：地面峰值加速度设为 1，地下 10m 处为 0.7，地下 30m 处为 0.4，地下 100m 处仅为 0.2。纵然如此，在发生地震的任何情况下，地下空间也并非是绝对安全的。地震引起的软弱土层液化、震陷，不仅危害地面建筑物，而且还会破坏各类地下管线及其他地下结构。对于一些地下交通隧道，车辆动荷载会使周围土层软化，引起地面沉降。因此，在地震烈度较高的地区或受其他振动荷载作用较强的地下工程，选址应避开砂土、粉土等易液化地层，若难以回避，则必须在施工期对其进行处理。

几乎所有地下工程，在运营期间都或多或少地要遇到渗水问题。渗向地下设施的漏水不仅影响一些设备的正常使用，如不及时采取措施处理，还会有扩大的趋势。周围水、土大量流向地下设施，引起地层损失或土体固结，最终造成地面漏斗状沉降。地下上下水管道漏水，不仅影响周围水文地质环境，在土层湿陷性明显的地区，还会引起大面积湿陷沉降。

5.3 地下工程施工中地下水影响的计算与评价

地下水直接影响围岩的稳定性和工程的使用，地下工程防水历来是一个棘手的难题，也是建筑设计及建筑施工中的薄弱环节，且问题尤为突出。地下工程如果防水处理不当，就会给工程本身带来隐患。交付使用后，将发生渗漏现象，需耗费大量财力来进行维修，严重影响工程的使用功能和寿命。随着各类城市地下工程质量要求的不断提高，除了研究新型高质量的防水材料、防水工艺外，研究地下水对地下工程设计、施工、使用中的影响作用也是必不可少的。

5.3.1 地下水对地下工程的主要影响作用

地下水主要来源于大气降水以及径流补给，城市地下工程中往往还会遇到各种地下管道破裂出现的渗水。地下水通过静力、渗透力及化学作用对地下工程产生影响。

（1）静水压力作用

地下水位以下的结构要受到垂直于表面的静水压力，对结构产生浮力作用，这种浮力的大小可根据阿基米德原理确定。水底地下工程（如过江隧道）不仅要考虑土水压力大小来设计衬砌强度，而且还需设计合理的土下埋深，以利于用上部土体重力平衡浮力，防止结构物上浮。

（2）渗透力及渗透破坏

沿地下水渗流方向产生作用于岩土体骨架上的渗透力 j，其大小由下式确定：

$$j = \gamma_w i \tag{5.3-1}$$

式中：γ_w——水的重度；

i——水力坡度。

岩土体在渗透力作用下，其颗粒发生移动或颗粒成分及骨架结构发生改变的现象称为渗透破坏。渗透破坏常见有管涌和流土（砂）两种形式。渗透破坏的发生与渗透力大小、土的颗粒级配、密实度、渗透性等条件有关。如图 5.3-1 所示，给出了管涌破坏的临界水力坡度与细颗粒含量的关系。土中细颗粒含量小于 35%时，管涌破坏的临界水力坡度与渗透系数的关系见图 5.3-2。

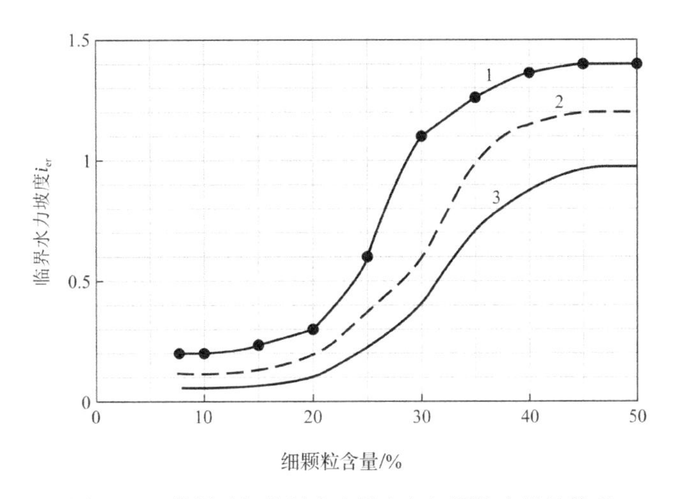

图 5.3-1　管涌破坏临界水力坡度与细颗粒含量的关系

1—上限；2—中值；3—下限

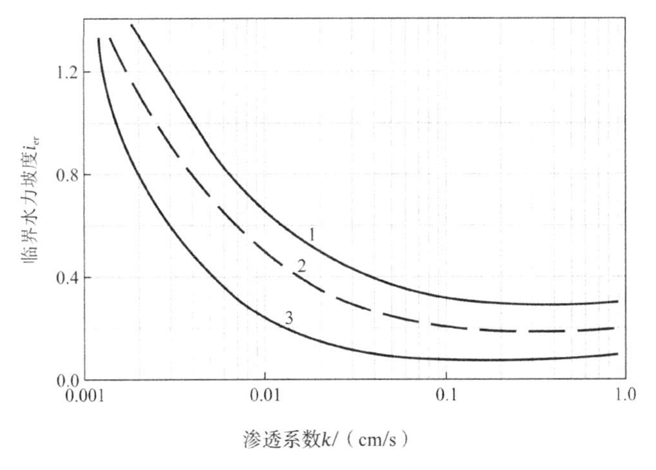

图 5.3-2　管涌破坏临界水力坡度与渗透系数的关系

1—上限；2—中值；3—下限

（3）地下水对软弱结构面及围岩的影响

地下水运动将对软弱结构面中的物质产生软化或泥化，使结构面的抗剪强度降低。动静水压力抵消了部分法向压应力，导致抗滑摩阻力减少。在自重作用下，促使有滑塌趋势的岩土体沿软弱结构面滑塌。对于破碎围岩，孔隙中充满水，增大了围岩自重荷载，使破碎围岩发生塌方的可能性增大。膨胀性围岩遇水膨胀，作用于支护、衬砌上的围岩压力增大，易发生底板悬垂式边墙外鼓、底板隆起等变形现象。在软弱胶结的砂岩、断层带以及土层中，地下水运动使其产生管涌/流土现象，引起泥砂流状塌方。

（4）施工中的涌水、突水

涌水指地下水从掌子面的孔隙和裂隙中大量涌出。突水指掌子面前方地质体在高水头地下水作用下，地下水和岩土体一起突然涌出，淹没已开挖的地段。涌水、突水的不良影响见表5.3-1。

涌水、突水的不良影响 **表5.3-1**

项目	产生条件及原因
工作面岩土体崩溃，埋没隧道	接近涌水带软弱胶结砂岩、泥岩、土体等自稳性差的软弱围岩，一旦涌水就容易崩塌
施工现场积水，设备被淹埋	开挖引起含水层或含水带被揭穿，发生较大的集中涌水，水量多，流速大
施工现场被泥石流淤积或淹没	地下水携带大量泥砂向开挖区段宣泄，造成淤积
产生地面沉降、坍塌、地裂缝	大量携带泥砂的地表水、地下水向开挖采空地段宣泄，水位迅速下降，自重应力、真空吸蚀、冲蚀作用造成地层损失

（5）地下水的化学性质对地下工程的影响

当地下水中含腐蚀性物质时，将影响衬砌、隔水材料的长期安全性。软水及pH值为6.5～6.7的水对混凝土也是有害的。因为，这些水中溶解的石灰质少，当其流经混凝土时，将溶解混凝土中的石灰质，使混凝土失去骨料，加大原有裂隙。黏性土中的硫化铁，暴露在空气中，经地下水作用后，将分解为硫酸，腐蚀破坏建材及设备。所以，土层中含有硫化铁时，开挖后需尽快衬砌，以免长久暴露在空气中，导致大量分解。若地下水中溶解有毒气体，将对施工中的人员安全构成很大威胁。

（6）埋藏条件对地下工程的影响

上层滞水接近地表且一般水量不大，地下工程施工中应优先考虑采用排水方法对其处理。潜水对结构物的稳定和工程施工都有影响。工程选址应选潜水位深的地带，尽量避免水下施工。当无法避免水下施工时，宜用排水、降低水位、隔离等措施减少潜水对施工的危害影响。承压水由于它的压力影响，开挖基坑时可能会使坑底土层产生隆起现象，甚至破坏。由于承压水水头高、水量大，施工中若揭穿了承压含水层后再实施排水将十分困难。裂隙水分布和涌水量方向均可能突然变化，并能与其他水体连通。地下工程施工中遇到裂隙水，则会引起水文地质条件的突然改变，发生涌水事故。地下工程施工影响范围内若有岩溶水活动，不但施工中可能突然涌水，而且对地下结构物的稳定和使用都有很大影响，必须事先注意。

5.3.2 地下水影响的预测分析

（1）基坑坑底突涌

若基坑下部有承压水层，开挖基坑减少了底部隔水层厚度。当隔水层较薄时，在承压水的水头压力作用下，基坑底板会被冲破，造成基坑坑底突然涌水。因此，当基坑底部与承压水含水层相距较近时，应保留一定厚度的隔水层以防止坑底被冲破，该隔水层最小厚度按下式计算：

$$\gamma h > \gamma_w H \tag{5.3-2}$$

式中：γ——隔水层土的重度；

γ_w——水的重度；

h，H——含义见图 5.3-3。

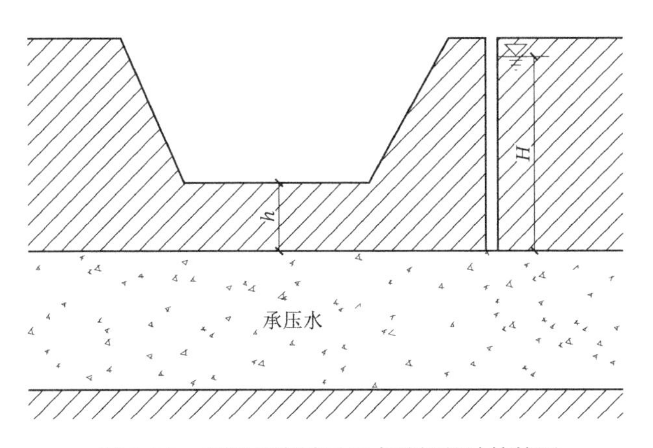

图 5.3-3　基坑坑底被承压水破坏的计算简图

（2）涌水量预测

地下水涌水的基本过程是：初期涌水→衰减涌水→稳定涌水。图 5.3-4 是对涌水过程的描述，曲线形状及涌水量大小因补给水源的有无及其水量大小而异。对于无限长隧道，埋深为H_0，半径为r，围岩均质各向同性，水力传导系数为k，隧道内壁的压力等于大气压力时，单位长度隧道段的涌水量可分为稳态涌水和非稳态涌水两种情况计算。

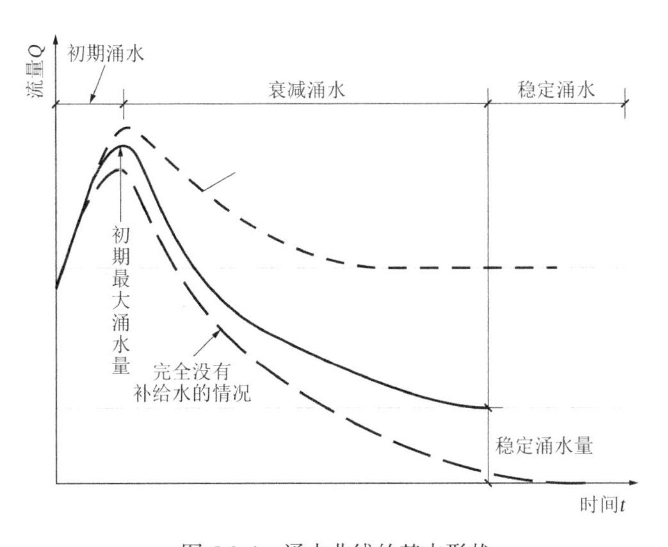

图 5.3-4　涌水曲线的基本形状

稳态涌水认为，在向隧道排水过程中，地下水位保持不变，即处于稳定涌水状态，单位长度涌水量Q_0为：

$$Q_0 = \frac{2\pi k H_0}{2.3\lg\frac{2H_0}{r}} \tag{5.3-3}$$

当隧道周围介质的单位储水量较低时，将在坑道周围形成一个地下水位不断下降的非稳定水流系统。单位长度隧道内的涌水量$Q(t)$为：

$$Q(t) = \sqrt{\frac{8}{3}ckH_0^3 S_y t} \tag{5.3-4}$$

式中：t——时间；

S_y——单位产水量；

c——试验参数，一般取 0.5～0.75。

式(5.3-4)是在地下水位剖面是抛物线形，且地下水流服从 Dupuit 水平流动的假设基础上导出的。

（3）突水量预测

地下隧道掌子面的突水量很难预测，其复杂性在于掌子面前方地下水的水头和水量、岩土体结构及其力学参数很难搞清楚。设想高压地下水与掌子面之间存在一个防突层，则产生突水的极限水头H为：

$$H = \frac{4\sigma_T h^2}{\gamma_w D^2} \tag{5.3-5}$$

式中：σ_T——岩体抗拉强度；

h——防突层厚度；

γ_w——水的重度；

D——隧道直径。

式(5.3-5)为纯理论公式。由此式可以看出，产生突水的极限水头与防突层厚度的平方、岩土体抗拉强度呈正比，与隧道断面积呈反比。

5.3.3 地下工程施工中的防水措施和堵漏技术

1）防水措施

工程中常用的防水措施有防水混凝土施工、卷材防水施工、刚性抹面防水、涂膜防水等。

（1）防水混凝土是依靠混凝土本身的密实度以达到防水的要求。它既起防水作用，又有承重、围护结构的功能，有成本低、易修补等特点。但防水混凝土不耐高温，抗腐蚀性差，施工缝是其防水的薄弱环节。

（2）卷材防水施工是用沥青或沥青玛蹄脂将几层油毡粘贴在结构基层的表面，沥青和沥青玛蹄脂起防水作用，油毡起骨架作用。这种防水层，防水性能较好，尤其是具有良好的韧性，能适应结构振动和微小变形，且耐酸碱介质的腐蚀；其缺点是：卷材材料的强度低，吸水率大，耐久性差，发生渗漏时难修补，且施工工序多，速度慢。

（3）刚性抹面防水是用石灰、水泥浆和水泥砂浆等构成防水层，水压力依靠防水层与结构部分牢固地结合，最终由结构部分承担。这种防水措施具有施工简便、取材容易、成本低、易修补等特点，对于那些防水要求较高的工程，也往往加一层水泥砂浆防水层作为辅助防水层；其缺点是：抗变形能力差，耐腐蚀性差，抗高温、低温性能差。

（4）涂膜防水技术是在混凝土或砂浆表面涂一定厚度的合成树脂、合成橡胶液体，经过常温交联固化形成具有弹性的防水、防潮薄膜。其优点是：质量轻、耐候性、耐腐蚀性优良、适用性强，对于各种形状部位都可以涂布形成无缝的连续封闭的防水膜，冷作业、操作简便、易维修。不足之处是：多数材料抵抗结构变形能力差，与潮湿部位的粘结力差，作为单一防水层，其抵抗地下水水压力的能力差。

2）堵漏技术

对于有渗漏现象的地下结构物须及时进行堵漏修补。修补方法有堵塞法、灌浆法、抹面法、卷材贴面法等。抹面法和卷材贴面法的施工操作同抹面防水施工和卷材防水施工，可根据渗漏情况对结构物进行全面或局部修补。堵塞法用于孔洞漏水或裂隙漏水。孔洞漏水时，若水压不大（小于 20kPa）可采用“直接堵漏法”处理，若水压、漏水孔较大则采用“下管堵塞法”处理。裂隙漏水时，若水压较小，则采用“裂隙直接堵漏法”；若水压大、裂隙长，则采用“下绳堵漏法”。

灌浆处理技术在工程中既能起到补强、加固的效果，还能起到防渗、堵漏的效果。常用的灌浆材料有水泥浆、水玻璃、甲凝、丙凝、环氧树脂等。灌浆方法有单液法、双液法和多液法。

5.4　城市地下工程的环境变异性

城市地下工程施工，必将影响周围建筑物的安全、地层的初始应力状态，以及岩土体的物理、力学、水理性质。城市地下工程引起的环境变异主要有地面变形、地基承载力改变、水文地质环境变化等。建造地下工程，必须保障施工中及竣工后的地上环境、地下环境、工程结构本身都安全可靠。土木工程技术人员的任务之一就是分析、预测施工期和竣工后的工程影响范围大小以及影响范围内环境的变异程度，并为此制定解决措施。地下工程的形状、规模、用途、施工方法、埋深及周围岩土体的性质是决定环境变异程度的主因。

5.4.1　地下开挖与地层变形规律

由于开挖施工形成地下采空区，即便采用盾构法、顶管法、地下连续墙、沉井法等施工方法也不能完全避免地层变形。地层变形指地面沉降、地面塌陷、地裂缝。由于岩土体与结构物的相互作用，地层变形势必影响地面建筑物以及地下管线，严重时甚至会使这些设施丧失使用功能，妨碍正常的城市生活，特别是在闹市区，建筑密集、各种房屋地基和地下管线复杂，这种情况尤为突出。

开挖施工导致地层变形的原因主要有三方面：周围地层出现应力重分布现象，改变了土体颗粒的运动方向，从而引起采空区周围土体重新稳定而造成地层损失；土体受扰动、剪切破坏形成的重塑土的再固结；地下水下降引起的固结沉降。地层损失包括：顶管、盾构等管道的外围孔隙因注浆填充不足引起的；隧道纠偏施工引起的；以及支护结构变形所引起的。地层损失量的多少取决于覆盖层厚度、岩土体力学特性、地下水条件、施工工艺等。

对于如何估算地下隧道施工引起的地面沉降量，Peck 在 1969 年提出地层损失的概念，认为施工期地面沉降是在不排水条件下发生的，沉槽体积等于地层损失量。计算沿隧道横向的地面沉降时，假设地层损失沿隧道纵向均匀分布，地表沉降曲线沿隧道横向呈近似正态分布曲线（图 5.4-1）。

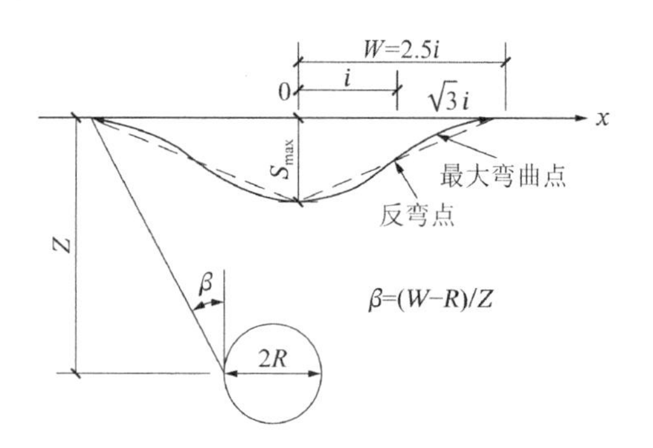

图 5.4-1　地表沿隧道横向沉降曲线

考虑土层扰动后的再固结沉降，修正后的横向沉降的 Peck 估算公式如下：

$$\left.\begin{aligned} S(x,t) &= \frac{1}{\sqrt{2\pi}}\left(\frac{V}{t}+Hk_x\right)\exp\left(\frac{-0.5x^2}{i^2}\right) \\ S_{\max} &= \frac{\sqrt{2\pi}pi}{Ek_x} \end{aligned}\right\} \tag{5.4-1}$$

式中：$S(x,t)$——地面上至隧道中轴线水平距离为x的计算点，在t时刻的沉降量；

$S_{\max}$——地面最大沉降量，发生在$x=0$处；

V——地层损失量$\left(\frac{m^3}{m}\right)$；

k_x——隧道上部土体的渗透系数；

P，E——隧道上部土体的平均孔隙水压力、平均压缩模量；

i——沉降槽宽度系数，沉降曲线反弯点至隧道中心的水平距离；

H——超静孔隙水压力的水头高度。

将地层损失分为两类，包括开挖面处发生的地层损失和隧道外围孔隙压浆不足、隧道纠偏等其他因素所引起的地层损失。沿隧道纵向的地面沉降量估算公式为：

$$S(y)=\frac{V_1}{\sqrt{2\pi}}\left[\Phi\left(\frac{y-y_i}{i}\right)-\Phi\left(\frac{y-y_f}{i}\right)\right]+\frac{V_2}{\sqrt{2\pi}}\left[\Phi\left(\frac{y-y_i'}{i}\right)-\Phi\left(\frac{y-y_f'}{i}\right)\right] \tag{5.4-2}$$

式中：S——地表距坐标原点y处的沉降量（图 5.4-2），隆起为负，沉降为正；

Φ——正态分布函数；

V_1——发生在开挖面处的地层损失$\left(\frac{m^3}{m}\right)$，超挖为正，欠挖为负；

V_2——由其他因素引起的地层损失$\left(\frac{m^3}{m}\right)$；

y_i，y_f，y_i'，y_f'——含义见图 5.4-2；

L——推进中的隧道管道长度。

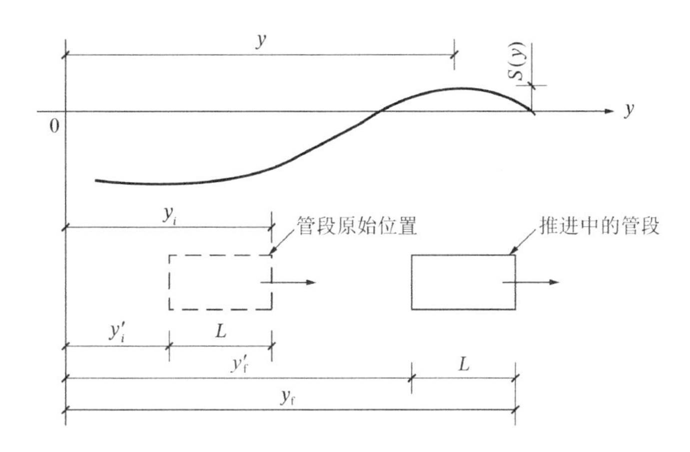

图 5.4-2　地表沿隧道纵向沉降曲线

5.4.2　地下工程施工对地基稳定性的影响

一般情况下，开挖地基建造地下室或地下车库可以减少基底附加应力，减少建筑物沉降，增强地基稳定性。众所周知，建筑物在基底以下有一应力影响范围，习惯上用压力泡确定影响范围大小。地下工程施工亦在其周围有应力重分布影响区，若这两个区域有所重叠，对地上建筑物而言是形成地下采空区，降低了地基承载力，增加了地基变形的不均匀性。

5.4.3　工程保护

地下工程施工必须采取切合实际的工程保护措施，以保护施工区周围的环境。工程保护是根据沉降估计值来预先防止危险性破坏的工程措施，其步骤如图 5.4-3 所示。常用的工程保证措施有隔断法、基础转换、地基加固、结构补强等。这些方法都是偏于安全和保险的，适用于地质条件差而保护要求较高的地段。

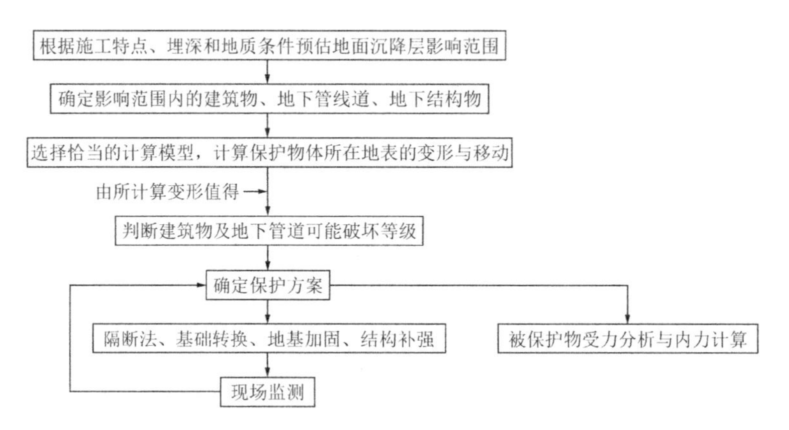

图 5.4-3　工程保护步骤

（1）隔断法

隔断法是在已有建筑物附近进行地下工程施工时，为避免或减少土体位移与沉降变形对建筑物的影响，而在建筑物与施工面之间设置隔断墙予以保护的方法。隔断法可以用钢板、地下连续墙、树根墙、深层搅拌桩、注浆加固等构成墙体。墙体主要承受施工引起的侧向土压力和地基差异沉降所产生的负摩擦力。

（2）基础托换技术

城市由于建筑物密集，经常遇到必须在已有建筑物的地下施工的情况，此时常用基础托换技术。其施工工序见图 5.4-4。

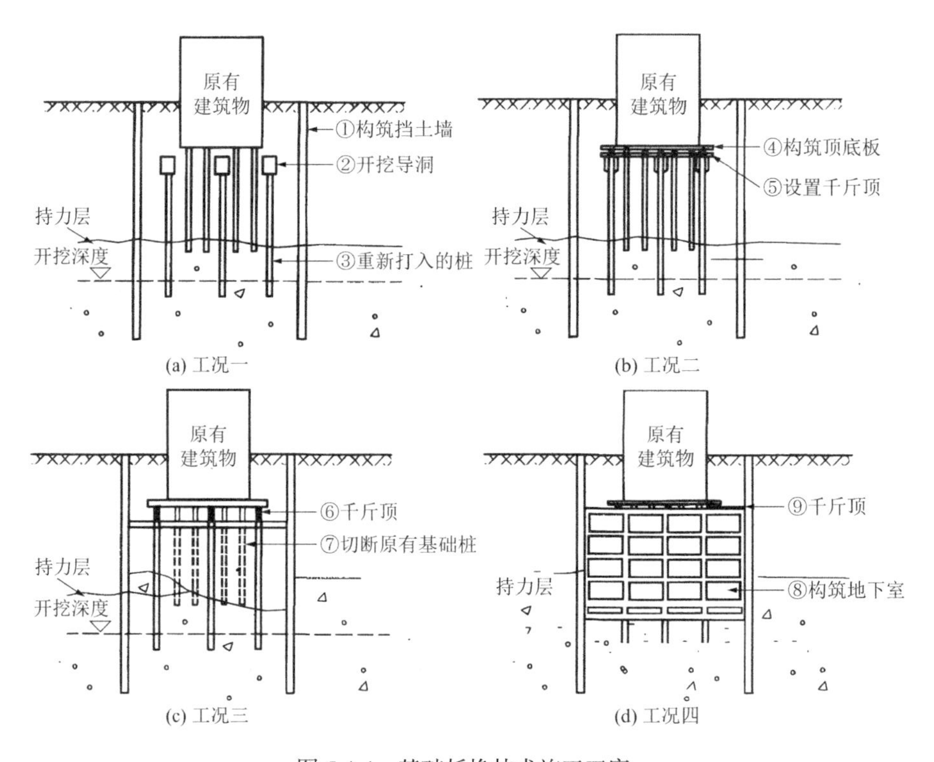

图 5.4-4　基础托换技术施工工序

（3）地基加固

对盾构法、沉井法等施工影响范围内的地基，注入适当的注浆材料，可以填充孔隙加固土体，从而控制由于施工引起的土体松弛、坍塌以及地基变形和不均匀沉降。

软土盾构施工造成的地层沉降量的大部分是在隧道衬砌完成后数日内发生的，这部分沉降量主要为盾构施工扰动的土体再固结所产生。为了加固受扰动的软土，减少后期沉降，一种实用的施工工艺是在隧道内部对衬砌顶部的土体实施二次灌浆。日本学者的研究表明：尽管二次注浆能有效减少软土沉降量，但注浆量超过一定量之后，地层沉降反而会因注浆量的增加而增加。有效的二次注浆量应当是注入区土体体积的 15%左右。

（4）地下管道、地上建筑物本体的保护

城市地下施工引起的地层沉降，越接近采空区沉降量越大。地下管线埋于地下，受地下工程的影响远大于地面建筑物。对于长度大的刚性管道，如煤气管、上水管、预制钢筋混凝土电缆隧道，需要预先埋设注浆管，在量测监控条件下以分层注浆法将管道底部沉陷的地基控制到要求的位置，尤其应当保护好管道接头处，必要时需开挖暴露管道以适当调整管底高度。

对地面建筑物采取加固措施，加强其刚度，使其适应地基沉降引起的变形，免受破坏，这也是一项常用的工程保护方法。

5.5　地下工程施工中的地质灾害预测、预报及防治

建造城市地下工程会引起周围地质环境变化，当这种变化达到一定程度时就会形成各种城市地质灾害。施工过程中，最常见的地质灾害有：地面沉降、塌陷、地裂缝；基坑边坡失稳、周围地层变形过大；地下洞室或隧道的围岩失稳塌方、支护结构破坏、涌水和突水。

5.5.1　地质灾害的预测、预报

防治城市地下工程引起的地质灾害，首先是对不良地质现象进行超前预测、预报，发现可能出现的问题，以便防患于未然。不良地质现象预报、预测的研究内容包括：

（1）收集资料。收集施工前的地质勘测资料，及施工过程中的地质资料。施工前的地质资料是认识场地地质特点的基础，施工中的地质资料是地质灾害超前预报的依据。

（2）结合工程特点，配合施工预报工程地质条件，估算出掘进中可能的地质灾害。

（3）提出超前防治施工地质灾害的方案。

常用的预测、预报方法有：

（1）在工程地质勘探的预测基础上，结合工程施工，采用可靠的勘测手段、精良的量测仪器进行综合分析确定。

（2）地质勘测时，多是垂直钻孔。地下工程施工中，可采用一些超前水平钻孔，以便

了解施工范围内更详细的地质资料。

（3）在地质条件特别差时，应特别注意监测。利用地质雷达的反射波探测前方的松散破碎体，用声发射仪对岩体的声波进行监测，分析岩爆的可能性。

5.5.2 地质灾害的工程防治措施

工程选址时，首先应根据地质勘测资料，分析出多地质灾害地段，若条件许可，应回避这些地段。城市地下工程受到使用要求及周围大量已建或规划在建建筑物的制约，可供选址的空间极为有限，而且往往是先规划，后勘测设计，这一点有别于其他大型土木工程的先勘测选址，后规划设计。城市地下工程防治地质灾害的手段通常是采取工程措施。在工程地质条件差的地层施工，除了采用盾构、顶管、沉管、沉井、地下连续墙方法之外，还有气压室法，分部开挖、分部支护法，以及冷冻法、超前灌浆和超前锚杆法等常用的辅助措施。

（1）气压室法：将整个开挖洞室段封闭起来，在进出口段做气密室，由洞外进入洞内要经过两层密封门，洞内气压大于大气压强 0.1～0.2MPa，用此超压减少地下水渗入量，改善围岩自稳状况。气压室法需要额外的设备投资，施工速度慢，只有在不得已的情况下才使用。上海的过江隧道曾采用过该方法。

（2）分部开挖、分部支护法：软弱地层中开挖大型地下洞室，目前常采用的方法是先开挖一小部分，然后进行支护，逐步扩挖，逐步支护。最常用的是双侧导坑法，先挖好一个侧导坑，支护好，再挖另一侧导坑，也支护好，最后再挖去中间遗留下的岩土体，在整个洞室断面开挖结束后，再做二次衬砌。

（3）超前灌浆、超前锚杆等方法：超前灌浆是开挖前先在掌子面上钻出深为 20～30m 的灌浆孔，进行压力灌浆固结，使开挖地段的岩石缝尽量胶结起来并减少漏水，然后开挖至灌浆深度一半时，再做一圈深孔灌浆，如此不断循环，始终保持开挖工作是在经过灌浆固结的地层中进行。超前锚杆是在掌子面部位向前方打入 4～5m 的锚杆，用喷浆或钢拱架支护，向前开挖 1～2m 后，再打入下一轮锚杆，始终保持开挖工作在顶部锚杆的保护下进行。

（4）冷冻法：若地下水多，难以施工时，将液氮注入地层，在地下洞室周围的岩土体全部冻结后再实施开挖。这种方法虽然非常昂贵，但是在经济条件允许的情况下，的确是一种能够保障施工安全顺利进行的措施。

5.5.3 城市地下工程的信息化设计施工

由于下面三方面的原因，城市地下工程必须进行信息化、动态化的设计施工。

（1）岩土体的力学性质表现为非均质、各向异性、非线性，任何一种本构关系模型及破坏准则都难以同岩土体的实际情况完全吻合。

（2）各种土工试验（室内试验、原位试验、模型试验）的应力状态、约束条件与实际情况往往相差很大，将这些试验参数应用于实际工程中，难免存在应力历史和应力途径不同的矛盾。

（3）即使用大型现场试验、大型计算机也不能将整个工址区域的所有复杂情况全部包容，鉴于影响地下工程安全、经济、合理性能的是一个多种复杂因素共同作用的模糊系统，常规力学计算方法难以描述地下结构与围岩的力学特征及动态过程。所以可以将工程施工视为模糊系统的输入信息，将监测视为模糊系统的输出信息。此输出信息间接地反映了结构及围岩的动态力学作用过程，再把监测结果反馈于设计施工方案，以获取修正参数、优化方案的功效。这一过程就是信息化设计施工。

5.6　城市地下空间与地下工程的可持续发展

5.6.1　城市地下工程可持续发展的概念

可持续发展要求仿照自然过程建立人类生态系统环境。人口、资源与环境可持续发展是涉及人类未来的大问题。保护城市地下环境，防治地质灾害是与城市经济建设密切相关的。可持续地建设城市地下工程是指充分认识地质规律以及城市发展与地下环境相互影响的规律，在此基础上科学地规划建造地下工程、保护地质环境、开发地下工程施工新技术，从而形成科学、有序的地下空间开发战略。

5.6.2　城市发展与地下工程、地质环境的关系

城市是现代经济、社会发展的主要载体。伴随着城市的迅速发展，世界各国普遍出现诸如建筑用地紧张、生存空间拥挤、交通阻塞、基础设施薄弱、生态失衡、环境恶化等称之为“城市病”的现象。各种“城市病”成为现代城市可持续发展的障碍。

人类开发城市空间遵循着“城市地面空间→城市高层空间→城市地下空间”的次序。开发利用地下空间是解决目前一系列“城市病”的一种有效途径。人们已经认识到地下空间、宇宙、海洋都是颇具开拓前景的人类新生活空间领域。城市地下空间作为一种新型国土资源，适时、有序地加以开发利用，使有限的城市土地发挥更大的作用，这是城市发展的必然趋势。

地下空间具有低噪声、低能耗、防震、防空袭等性能。开发利用地下空间有利于改善城市生态环境，提高城市总体防灾抗毁能力。城市地下工程亦有诸多不足之处，如：通视性差、自然光线受到限制、空气流通性差、防潮问题多，久居地下会给人造成不良心理反应，尤其是在建筑物密集的市区建造地下工程，会影响周围各类设施的安全使用，引发城市地质灾害。开发地下空间引起的主要城市地质灾害有：地层开挖造成地层损失，产生地面沉降、地裂缝；漏水、涌水或大规模人工降水改变了水文地质条件，使围岩稳定性更差，促成土层固结沉降；由于水位下降，在沿海城市甚至会造成海水入侵，使地下水环境进一

步恶化；沟槽开挖中的护壁泥浆、盾构及顶管施工中的管道外围回填浆液、灌浆加固中使用的水泥浆及化学浆等都会造成城市地下水水质污染。

5.6.3 城市地下工程建造技术及防灾技术

1）地下工程的规划

城市地下工程与地面工程相比，尽管运营费用较低，但前期投资大、工期长。地下建筑物一经建成就不大可能再被拆毁，填平一个地下工程要比开挖一个地下工程难得多。另外，由于地下空间是地上建筑物的基础部分，地上空间一经开发完善，其下部几米甚至几十米范围内的地下空间就难以再开发。所以，在城市规划中，必须兼顾地上、地下空间的协调发展以及地下空间本身的层次性开发。

城市地下工程总体规划大致应遵循的原则是：结合城市发展的预期目标，对地下交通、地下管线、地下公共设施、人防工程等需求进行预测，而后在统筹兼顾的基础上制定地下空间发展的最优方案；符合国家有关法律、法规；为当地经济、社会发展创造有利条件；根据地质环境、经济技术条件量力而行；贯彻建设和环境保护相结合的原则；体现城市艺术品位、民俗文化特点。

2）地下施工技术开发与地下结构物相互影响的研究

市中心地区地上、地下建筑物鳞次栉比，施工空间非常狭窄，从可持续发展的角度来看，有两个问题亟待解决：

（1）研究施工快、能耗小、对土体扰动小、环境污染少的地下施工技术。地下连续墙就是这样的先进施工技术之一。若能把结构施工工程师、结构设计工程师和机械工程师组织起来，对地下施工技术进行研究、改进，其社会效益和经济效益将十分可观。

（2）地下结构物在施工及使用期间的相互影响包括：基坑开挖卸载引起周围土体的变形、打桩及施工机械动载对土体变形性能的影响、盾构施工引起地表和周围土体位移、新建筑物对已建地下结构的影响等。诸多工程实例已经证明，为了控制这种影响，需要付出相当大的代价。然而如何准确地预测影响值，以达到安全、经济的设计目的，仍是一个很大的难题。

3）地下空间防灾技术

地下空间可为防治城市灾害提供场所，然而自身也有遭受灾害的危险。因而，有必要针对主要灾害开展设计对策的研究。地下工程遭受的主要灾害有震灾、火灾、涝灾。

唐山地震中，井下巷道衬砌基本完好无损，因而人们认为地下结构不会因地震而破坏。然而，在阪神地震的灾情调查中，发现地铁车站中柱与楼面的结构连接仍有可能因地震而坍塌，这给人们敲响了警钟。现行地下结构的抗震设计仍有薄弱环节，应当引起重视。目前，我国对地震条件下地下结构荷载的计算与设计研究尚少，尤其是对饱和软土地层中的地下结构的构造与计算，应当着重研究。

城市地下空间遭受火灾的损失往往相当惨重。鉴于火灾后果严重，对地下工程设计中消防措施的土建配合、消防技术设备等进行研究，据此制定相应的规定是尤为必要的。

导致地下空间经受涝灾的原因是地表积水涌入或结构漏水，对于穿越河道水底的隧道，应严格控制衬砌结构破坏引发大面积漏水。

4）地质灾害的防治

城市地区人口、建筑密集，建造地下工程一旦诱发了地质灾害，损失将相当严重。因此，开发城市地下空间必须将城市规划学、地下建筑结构学、工程地质学、环境学等各门学科有机地融合起来，尤其应当重视灾害地质学的研究。灾害地质学是融合工程地质学与环境学的一门学科，主要研究各类灾害发生的地质背景、形成机制、时空分布规律、发展趋势以及各类地质灾害的评价、预报、防治措施。

防治地质灾害应当遵循以下四个原则：

（1）地质原则：针对地质体破坏模式，以增强地质灾害体的自稳性为根本原则，尽可能不扰动或少扰动工程周围地层，按照地质体破坏机制对症施治，避免不清楚地质体与地下结构的相互作用规律，避免仅从工程角度或地质分析方面考虑问题。

（2）效益原则：地质灾害的防治往往需要投入大量资金，但直接效益不高。有资料显示，防治地下工程地质灾害的投入与效益比是1∶10。因此，在达到防灾目标的前提下，应尽量降低投资。

（3）目标原则：明确地质灾害防治目标是至关重要的。针对地质灾害体所处地理位置的重要性、自身规模、发展趋势设定整治目标，制定工程标准，避免把目标与标准随意提高或降低，不断积累实际工作经验，确定最佳目标函数。

（4）环境原则：地质灾害的整治应能改善地质体自身及周围的生态环境，而不是恶化周围环境。那种纯粹从工程角度出发，治好此地而恶化彼地的做法要绝对禁止。

参考文献

[1] 陶龙光，刘波，侯公羽. 城市地下工程[M]. 2版. 北京：科学出版社，2011.

[2] 谷兆祺，彭守拙，李仲奎. 地下洞室工程[M]. 北京：清华大学出版社，1994.

[3] 唐大雄. 工程岩土学[M]. 2版. 北京：地质出版社，2005.

[4] 陆兆溱. 工程地质学[M]. 2版. 北京：中国水利电力出版社，2001.

[5] 孙广忠. 工程地质与地质工程[M]. 北京：地震出版社，1993.

[6] 孙广忠. 地质工程学原理[M]. 北京：地质出版社，2004.

[7] 孙均. 地下结构设计理论与方法及工程实践[M]. 上海：同济大学出版社，2016.

[8] 钱家欢，殷宗泽. 土工原理与计算[M]. 2版. 北京：中国水利电力出版社，1996.

[9] 王平. 隧道工程[M]. 北京：科学出版社，2016.

[10] 易萍丽. 现代隧道设计与施工[M]. 北京: 中国铁道出版社, 1997.

[11] 刘天泉, 钱七虎. 城市地下岩土工程技术发展动向[J]. 煤炭科学技术, 1999(1): 5-9.

[12] 朱合华, 丁文其, 乔亚飞, 等. 简析我国城市地下空间开发利用的问题与挑战[J]. 地学前缘, 2019, 26(3): 22-31.

[13] 王云龙. 城市地下施工中环境岩土工程问题的探讨[J]. 山西建筑, 2007(1): 94-96.

[14] 周健, 屠洪权, 缪俊发. 地下水位与环境岩土工程[M]. 上海: 同济大学出版社, 1995.

[15] 姜功良. 浅埋软土隧道稳定性极限分析[J]. 土木工程学报, 1998, 31(5): 65-71.

[16] Memarian H. Engineering geology and geotechnics[M]. London: Newnes-Butterworths, 1995.

[17] Blyth, Gh F. A geology for engineers(7th ed)[M]. London: Edward Arnold, 1984.

[18] 宋玉香, 张诗雨, 刘勇, 等. 城市地下空间智慧规划研究综述[J]. 地下空间与工程学报, 2020, 16(6): 1611-1621+1645.

[19] 梁冰, 刘晓丽, 薛强. 地下工程与环境及其关键力学问题[C]//中国土木工程学会第九届土力学及岩土工程学术会议论文集 (下册), 2003.

[20] 周文波. 盾构法隧道施工技术及应用[M]. 北京: 中国建筑工业出版社, 2004.

第6章

特殊土

6.1 垃圾土

随着经济和社会的迅速发展，工业化与城市化进程加快，人口不断涌入城市，使城市废物和生活垃圾产生量急剧增多。这些垃圾如果不进行科学的无害化处理或防护处理，不仅占用大量土地，污染周围环境，破坏城市景观，而且传播疾病，对城市居民的健康和生存构成严重威胁，目前已成为社会的重要公害之一。因此，治理城市废物和生活垃圾已经成为世界各国所面临的重大环境问题。

据不完全统计，自1979年以来，我国的生活垃圾平均以每年8%～10%的速度递增，少数城市如北京、上海的增长率达15%～20%。1980年我国城市垃圾清运量仅3100万t，到1990年增加到6900万t，1998年已达1.15亿t，现在我国每年的垃圾清运量已超过1.5亿t。

在城市固体垃圾处理方面，目前常用的方法主要有填埋、焚烧发电、回收和混合堆肥等，其中卫生填埋是目前世界上最普遍采用的处理技术。它是在科学选址的基础上，采取必要的场地防护处理手段和合理的填埋结构，并采用严格封闭措施将垃圾与周围环境严密隔离，以最大限度地减少和消除垃圾对环境，尤其是对地下水源污染的一种技术。

固体垃圾的力学和物理性质是决定卫生填埋场设计和使用性能的重要因素。在进行垃圾填埋场规划和设计时，应考虑填埋场各控制系统是否能够满足长期、安全运行的稳定性要求，这就需要通过广泛的岩土工程分析来验证。在进行岩土工程分析时，正确评价和选择填埋垃圾土的工程性质指标是非常重要的，它直接关系到分析结果的合理性和可靠性。如表6.1-1所示，列出了垃圾土的工程性质指标在垃圾填埋场设计中的使用情况。目前，固体垃圾的工程性质研究已受到了国内外学者的广泛关注，也取得了一定的研究成果。

垃圾土工程性质指标的使用　　表6.1-1

工程分析项目	重度	含水率	孔隙率	渗透性	持水率	抗剪强度	压缩性
衬垫设计	√						
淋滤液估算及回流计划	√	√	√	√	√		
淋滤液控制系统设计	√						

续表

工程分析项目	重度	含水率	孔隙率	渗透性	持水率	抗剪强度	压缩性
地基沉降	√						
填埋物沉降	√		√				√
地基稳定	√					√	
边坡稳定	√					√	
填埋容量	√		√			√	

6.1.1 垃圾土的基本性质

为了满足环境保护和卫生方面的要求，对当天倾倒的城市废物和生活垃圾必须进行及时填埋。每天倾倒的城市废物和生活垃圾及其覆盖的填土所混合形成的一种新的组成与性质都非常特殊的散粒体固体堆积物，一般称之为垃圾土。垃圾土的物理力学性质和化学成分十分复杂多变，受当地的经济发展水平、风俗习惯、气候条件和地质条件等多种因素的影响。一般情况下，由于垃圾土中有机质的含量很高，在不同环境条件下，随着暴露时间或填埋时间的长短不同，垃圾土将发生不同程度的物理、化学和生物降解反应，从而引起其物理力学性质和化学成分不断地发生变化。虽然垃圾土的物理力学性质与一般土体的物理力学性质有较大差别，但从材料结构上看，它们都属于颗粒状散粒体结构，存在一定的相似之处。所以，垃圾土可被视为是一种性质不同于常见土类、建筑废弃物和矿产废弃物等特殊的杂填土。

由于各国经济发展水平不同，城市垃圾土的组成与成分差异很大，即使同一国家，不同的地域、季节、气候和生活习惯都可能使垃圾组成及其性质变化很大。因此，在正式进行填埋场设计时，不能简单套用国外的经验参数，必须结合国内各地区的具体情况进行室内外土工试验，取得可靠的工程设计参数。

1）垃圾土的组成与成分

与具有一定沉积历史的天然地基土不同，垃圾土的来源甚广，组成成分复杂，分布不均匀且随时间、地点而变。垃圾土组成成分不同，工程性质和填埋释放物就会出现很大的差异，对填埋场的稳定时间也会产生很大影响。垃圾土的复杂物质成分及其多变性是导致其工程性质复杂多变及填埋场稳定问题的主要原因。

（1）垃圾土的外观

从外观上来看，垃圾土的组成“颗粒”极不均匀，富含塑料袋、破碎玻璃、废弃金属、纤维和陶瓷等杂物，并且散发出强烈的恶臭。垃圾土浅部多为深灰色或黑色，含水率较大，呈半塑性状态，不时流出深黑色淋滤液，而垃圾土深部多呈半固态。

（2）垃圾土的物理组成

垃圾土的物理成分包括生活垃圾、城市废物和覆盖填土。其中，垃圾土中分层覆盖的填土主要是黏土。城市废物主要包括部分工业垃圾、办公垃圾和建筑垃圾，生活垃圾是垃圾土的主要物理成分，通常是指人们在日常生活中所产生的各种性质不同的固体废弃物。生活垃圾通常是多孔和非饱和的固体废弃物，一般可分为厨房类和废品类。其中，厨房类包括果皮核、蔬菜类、肉骨类和饮食类，废品类包括金属、玻璃、纤维、塑料、废纸、橡胶、陶瓷、砖瓦、炉灰和渣土等。国内外生活垃圾中厨房类和废品类成分的含量见表6.1-2，各成分的具体比例见表6.1-3。

国内外生活垃圾的成分含量（%）　　表6.1-2

地区	德国	日本	美国	英国	中国					
					上海	北京	福州	武汉	南宁	哈尔滨
厨房类	16.2	18.6	22.0	23.0	42.7	50.3	21.8	26.5	14.6	16.6
废品类	84.2	81.4	78.0	77.0	57.3	49.7	78.2	73.5	85.4	83.4

国内外生活垃圾中各成分比例（%）　　表6.1-3

地区		项目								
		厨房垃圾	塑料	纸类	纤维	砖瓦、炉灰、渣土	胶革、竹木	陶瓷、玻璃	金属	备注
中国	广州	48.76	3.35	3.11	2.11	37.70	2.10	2.16	0.70	1993年
	上海	42.70	0.40	1.63	0.47	53.79	—	0.43	0.53	1993年
	北京	50.29	0.61	4.17	1.16	42.27	—	0.92	0.80	1993年
	杭州	22.00	6.70	4.20	7.6	56.90	0.60	0.80	1.20	1999年
	哈尔滨	16.62	1.46	3.36	0.50	74.71	—	2.22	0.88	1993年
	南宁	14.57	0.56	1.83	0.60	81.50	—	0.64	0.47	1993年
	香港	28.00	17.00	20.00	6.00	18.00	3.00	4.00	4.00	1998年
美国		22.00	5.00	47.00	—	5.00	—	9.00	8.00	1998年
英国		28.00	2.00	33.00	—	19.00	—	5.00	10.00	1998年
瑞士		20.00	3.00	45.00	—	20.00	—	5.00	5.00	1997年

城市生活垃圾的成分比较复杂，不同地区、不同年份的城市生活垃圾的构成也不尽相同，其组成成分及比例具有很强的地域性和时间性，而且随经济发展水平和人们生活水平的提高及消费方式的变化而变化。如表6.1-2和表6.1-3所示生活垃圾的物理成分及其所占比例可以看出，随着经济发展水平和城市生活水平的提高，城市生活垃圾中厨房类有机物、废纸、塑料和容器废弃物（如罐头和饮料用的盒、罐、瓶等）所占的比例越来越高，而炉灰和渣土等无机物的含量越来越少。对于填埋时间较长的垃圾土，由于垃圾土内有机质的生物降解作用，易腐成分已经开始腐烂或完全腐烂，厨房垃圾、纸类、树叶以及部分纺织品等易降解物质已经不易分辨。根据人工分选法，可以把垃圾土的物理成分划分为有机质、无机质、塑料和杂物等，其中杂物包括玻璃、金属和陶瓷等体积较大的块体。这4种成分中，无机质所占比重最大，一般在50%以上；其次为塑料和杂物，几乎不发生分解反应，

性质比较稳定；有机质所占的比重较小，多在10%以下。

另外，垃圾土的组成成分在垃圾填埋场中随埋深变化而变化。一是深部垃圾土由于填埋时间比较长，有机质的生化降解比较彻底，因而有机质的含量随埋深增加而逐渐降低。二是与有机质相比，无机质、塑料和杂物等的性质比较稳定，随着埋深的增加，上覆压力逐渐增大，有机质的含量相对减少，无机质、塑料和杂物等的相对含量明显增加，垃圾土体也逐渐压密。因此，垃圾土的物理组成在深度上具有明显的变化趋势，而且随时间的发展这种趋势还会更加明显。

（3）垃圾土的化学成分

从化学成分上来看，垃圾土的化学成分分析主要包括总氮、总磷、有机质、重金属等物质的含量分析，pH值和垃圾土温度的测定等内容。如表6.1-4所示为杭州天子岭生活垃圾卫生填埋场中的化学成分表。垃圾土中化学成分的测定可以采用如表6.1-5所示的方法进行。

杭州天子岭生活垃圾卫生填埋场中的化学成分 表6.1-4

总氮/%	总磷/%	有机质/%	铜/（$\times10^{-6}$）	铅/（$\times10^{-6}$）	锌/（$\times10^{-6}$）	镉/（$\times10^{-6}$）	pH	温度/℃
0.33～0.5	0.27～0.37	7.3～15.3	181～297	145～308	447～896	<8	8.3～8.7	38.7～43.8

垃圾土化学成分的检测分析手段 表6.1-5

分析内容	检测分析手段
总氮	半微量开氏法
总磷	$HClO_4$-H_2SO_4消解、钼锑抗比法
有机质	重铬酸钾容量法-稀释热法
重金属	原子吸收分光光度法
pH值	pH计
垃圾土温度	温度计

（4）垃圾土的矿物成分

从矿物成分上来看，由于分层覆盖的填土是垃圾土的重要组成部分，所以垃圾土的矿物成分主要受填埋垃圾时所使用黏土的影响。垃圾土的主要矿物成分包括石英、$CaCO_3$、伊利石和长石等，其中石英含量最多，其次为$CaCO_3$。垃圾土的矿物成分一般比较稳定，与填埋时间和取样深度没有明显的内在联系。

（5）垃圾土的生物降解过程

垃圾经地表放置和填埋后，内部发生了一系列的物理、化学和生物变化过程。垃圾在填埋后，有机质在微生物的作用下降解，转化为可溶性有机小分子，随垃圾渗滤液排出或产生气体而释放。有关研究表明，填埋场可以产生大量的多种成分组成的气体，如表6.1-6所示给出了一些典型气体的成分。垃圾土中的塑料、陶瓷和玻璃等杂物的性质一般比较稳定，在整个填埋期中的绝对质量基本不变。

填埋场气体典型成分表　　**表 6.1-6**

成分	甲烷	二氧化碳	氮气	氧气	氢气	水蒸气	其他微量气体
含量/%	45～58	35～45	＜1～20	＜1～5	＜1～5	1～5	＜1～3

垃圾土中有机质的生物降解过程可以分为好氧分解阶段、厌氧甲烷不稳定阶段、厌氧甲烷稳定阶段和厌氧递减阶段。垃圾土在填埋初期，由于垃圾在地表放置或填埋后土中含有少量的氧，第一阶段进行好氧分解活动。好氧阶段反应速度较快，释放较多的热量，外部体现为土体温度的明显升高，有时达到 40℃以上，同时释放出大量的 CO_2 和 H_2O。当 CO_2 达到一定浓度后，便开始产生氢气，致使垃圾土中氧的含量大幅度下降，反应过程可持续数十天以上。产生的 H_2O 和外来水分（包括雨季降水、地表径流和侵入的地下水）混合而成的污水，通常称为淋滤液。此阶段产生的气体和液体对于垃圾土的强度和稳定性是不利的。

随着含氧量的逐渐降低，反应进入厌氧阶段。在厌氧甲烷不稳定阶段，甲烷的浓度开始增加，致使在填埋体中含气量增加，能威胁到垃圾填埋场的稳定和运营安全。某些填埋场中的甲烷浓度甚至可以高达 5%～15%的爆炸极限浓度，导致场区存在严重的爆炸隐患。一般情况下，前三个阶段历时大约可达 180d 以上，而其中厌氧甲烷稳定阶段占主要地位，它的时间长短受垃圾土的成分、当地气候条件以及埋藏深度等因素的影响，有时可持续多年。这个阶段又可依次分为酸性发酵和碱性发酵阶段，可通过测定垃圾土的 pH 值判断垃圾土正处于酸性还是碱性发酵阶段。厌氧稳定阶段是先达到 CO_2 的高峰期，然后甲烷逐渐达到峰值，垃圾土整体基本趋于稳定。最后，反应进入厌氧递减阶段，持续时间可达几年甚至几十年，反应过程比较缓慢。此反应阶段对垃圾土性质的影响比较小。

随着垃圾土中有机质生物降解反应的进行，其淋滤液的 pH 值将发生明显变化。在反应的初期，淋滤液的 pH 值较低，随着反应的持续进行而缓慢上升到中性偏碱性，维持数月之后再缓慢下降至弱酸性。这是因为在经历短暂的好氧分解阶段之后，垃圾土中有机质成分在厌氧状态下被分解为有机酸，参与甲烷的产生过程，pH 值随甲烷的缓慢生成而缓慢上升，直至甲烷的峰值；伴随大部分可生化降解物的消耗，甲烷的生成速度逐渐减缓，淋滤液的 pH 值下降至弱酸性。

通常可以用 CODcr 值和 BOD_5 值来衡量垃圾土中有机物的降解情况。CODcr 值主要是指有机物和少量无机物的含量，其中有机物主要为脂肪酸、高分子量腐植酸、中分子量灰黄物质以及少量芳炷、卤代烷炷等。BOD_5 值则为可以被好氧微生物分解的有机物含量。垃圾土中有机质的生物降解过程，也是一个 CODcr 值和 BOD_5 值不断变化的过程。在垃圾土中有机质生物降解反应的初期，即在好氧分解阶段，有机质的分解速度较快，而且易溶于水的有机物比较多，使得 CODcr 值和 BOD_5 值比较大。垃圾的不断填入促进了一些好氧和厌氧微生物的繁殖，随着易腐物的降解结束，CODcr 值和 BOD_5 值产生一个下降过程。垃圾土中易分解物质在微生物的作用下降解成小分子，并逐渐进入淋滤液中，使得 CODcr 值和 BOD_5 值逐渐回升。之后，甲烷的生成作用占据主导地位，而有机物的降解速率也相应地逐渐降低，导致 CODcr 值和 BOD_5 值开始呈逐渐下降的趋势，直至接近于零。

从本质上来说，垃圾土中有机物的降解过程是在微生物的作用下进行的。因此，垃圾填埋场可以被看作是一座大型的生物反应炉，其中固体废弃物和水是反应物，而气体和淋滤液为主要生成物。测定微生物菌群的数量和变化规律可以了解垃圾土性质的内在动态降解程度。降解反应的初期，好氧反应占据主导地位，随着氧的慢慢消耗，反应逐渐进入厌氧阶段。就微生物的变化而言，表现为淋滤液中真菌和放线菌的数量经过短期上升后逐渐减少，与此同时兼氧菌和厌氧菌（产甲烷菌）的数目则逐渐增大。

2）垃圾土的基本性质指标

城市固体垃圾土的基本性质指标主要包括垃圾土的重度、含水率、有机质含量、相对密度、渗透系数、孔隙比、持水率与凋萎湿度、压缩性和抗剪强度等，这些指标也是卫生填埋场设计中常被使用的重要工程参数。

（1）垃圾土的重度

垃圾土的重度变化幅度很大，不仅与组成成分、含水率、压实方法、压实程度、环境条件和填埋方式等有关，而且还随填埋时间和所处深度而变化。因此，在确定垃圾土的重度时必须弄清垃圾土的组成（包括覆土和含水情况）、垃圾土的压实方法和程度、垃圾土的填埋深度和填埋时间等问题。

由于我国的生活垃圾在填埋前大多没有经过分类投放和粉碎处理，填埋体一般具有大孔隙结构，且含有较多的塑料、废纸、金属、纤维等物质。它们在自重作用下的压密时间比较长，有机物在填埋场中的降解时间很长，垃圾土的含水率也比较大。所有这些原因都将对垃圾土的重度产生不同程度的影响，造成我国垃圾土的重度并不具有随埋深增大而呈有规律增大的趋势，而是具有较大的离散性，这与美国等发达国家填埋场垃圾土的天然重度随深度增加而明显增大的规律有所不同。这可能与国外发达地区实行垃圾分类投放与回收制度以及在回填前对垃圾进行粉碎处理有关。如表 6.1-7 所示，为国内外几个典型填埋场中垃圾土的重度与渗透系数的综合资料。

垃圾土的重度与渗透系数的综合资料　　表 6.1-7

资料来源	重度/（kN/m^3）	渗透性能	
		渗透系数/（cm/s）	测定方法
Fungarcdi 等（1979）	1.1～4.1		
Oweis 等（1986，1990）	6.4	1×10^{-3}～2×10^{-2}	粉状垃圾，渗透仪
Landva 等（1990）	10～14.4	10^{-3} 量级	现场试验资料估计或抽水试验
Oweis 等（1990）	9.4～14.1	1×10^{-3}～4×10^{-2}	试坑
Oweis 等（1990）	6.3～9.4（估计）	1.5×10^{-4}	变水头现场试验

续表

资料来源	重度/（kN/m³）	渗透性能	
钱学德（1994）	—	1.1×10^{-3}	试坑
浙江大学（1998）	8.2～13.8	9.2×10^{-4}～1.1×10^{-3}	现场试验资料估算
张澄博（1998）	7.0（干重度）	2×10^{-4}～4×10^{-3}	原状土室内试验
河海大学（2001）	5.3～15.6	9.21×10^{-3}	室内试验
谢强等（2003）	8.5～14.1	10^{-5}～1.1×10^{-4}	重塑土室内试验

垃圾土的重度可通过多种途径量测，如在实地用大尺寸试样盒或试坑测定，或用勺钻取样后在实验室测定，也可用γ射线在原位测井中测出，还可以测出垃圾土各组成成分的重度，按其所占百分比求出整个垃圾土的重度。如表6.1-8所示给出了不同压实程度和填埋时间垃圾土重度的平均值，其大小为3.1～13.2kN/m³。大范围变化的主要原因在于倒入垃圾的组成与成分不同、每天覆土量不同、处理方式不同、填埋时间不同、含水率和压实程度不同等。

垃圾土重度的平均值　　表6.1-8

<table>
<tr><th>资料来源</th><th colspan="3">垃圾填埋条件</th><th>重度/（kN/m³）</th></tr>
<tr><td>Sowerst（1968）</td><td colspan="3">卫生填埋场，压实程度不同</td><td>4.7～9.4</td></tr>
<tr><td rowspan="4">Navfac（1983）</td><td rowspan="4">卫生填埋场</td><td rowspan="3">未粉碎</td><td>轻微压实</td><td>3.1</td></tr>
<tr><td>中度压实</td><td>6.2</td></tr>
<tr><td>压实紧密</td><td>9.4</td></tr>
<tr><td colspan="2">粉碎</td><td>8.6</td></tr>
<tr><td rowspan="2">Nswma（1985）</td><td rowspan="2">城市垃圾</td><td colspan="2">刚填埋时</td><td>6.7～7.6</td></tr>
<tr><td colspan="2">发生分解并发生沉降以后</td><td>9.8～10.9</td></tr>
<tr><td>Landva and Clark（1986）</td><td colspan="3">垃圾和覆盖土之比为</td><td>8.9～13.2</td></tr>
<tr><td>Emcon（1989）</td><td colspan="3">垃圾和覆盖土之比为6：1</td><td>7.2</td></tr>
</table>

现今大多数垃圾填埋场在填埋时均对垃圾土进行适度压实，其压实比通常为2：1～3：1。根据美国等国家的经验，经过压实后的垃圾土，其平均重度可取9.4～11.8kN/m³。

（2）垃圾土的含水率

在填埋场设计中，垃圾土的含水率有两种不同的定义方法：一种是指垃圾土中水的重量与垃圾土干重之比，常用于土工分析；另一种定义为垃圾土中水的体积与垃圾土总体积之比，常用于水文和环境工程分析。本书如不特别指明，一般是指重量含水率。影响垃圾土天然含水率的主要因素可归纳为：

①垃圾土的原始成分（包括有机质含量）；

②当地气候条件；

③垃圾填埋场的运用方式（如是否每天覆盖填土、覆土厚度等）；

④淋滤液收集和排放系统利用的有效程度；

⑤填埋场内生物分解过程中产生水分含量；

⑥填埋场气体中脱出的水分数量。

根据有关实测资料，垃圾土的含水率通常随埋深的增大而呈现逐渐减小的趋势。这是由于随深度的增大和填埋时间的增加，垃圾土中由自重和有机物降解产生的渗滤液会经排水层而排走，从而使含水率降低。当然，在接近填埋场底部，可能会由于渗滤液汇集而导致垃圾土含水率增大。浅层垃圾土受季节气候条件影响较大，因而含水率变化较大且不稳定。多雨潮湿地区的垃圾土含水率一般比较高，而且雨季明显高于其他季节。如果能够对填埋的垃圾进行分选并使用渗透系数小于 10^{-7}cm/s 的黏土进行覆盖填埋，保证排水路径通畅，可以有效减小气候条件的影响，有效降低垃圾土的含水率。

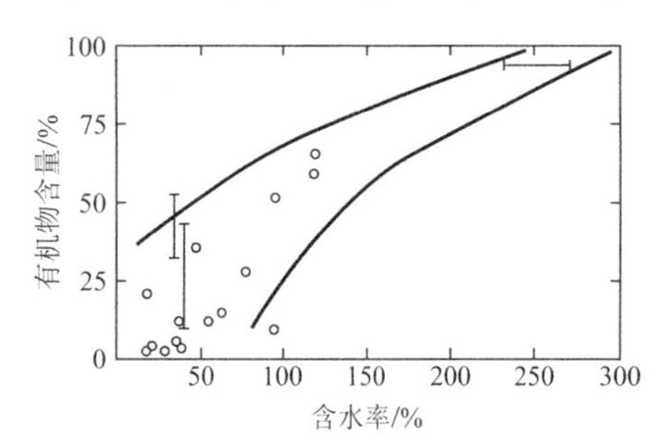

图 6.1-1　加拿大老填埋场试样的有机物含量与含水率的关系

垃圾土的含水率通常远大于普通砂土和天然黏土，而且随垃圾土中有机质含量的增加而增大。如图 6.1-1 所示，当垃圾土中有机质含量在 25%～60% 范围内变化时，垃圾土的含水率为 20%～135%。

我国垃圾土的天然含水率不但高而且变化很大，例如杭州天子岭垃圾土的含水率最高达 188%，最小为 41.6%，一般分布在 60%～110%之间；深圳市下坪填埋场垃圾土的含水率多为 30%～46%。美国等国家垃圾土的含水率一般为 10%～35%，见表 6.1-9。通过对比可知，我国垃圾土的天然含水率略偏高。这说明在设计填埋场时需进一步加强封顶系统的防渗作用，并采取措施保证渗滤液收集和排放系统长期有效。

国外垃圾土的常用工程性质指标　　　　**表 6.1-9**

资料来源	重度/（kN/m³）	体积含水率/%	孔隙率/%	孔隙比
Rovers 等（1973）	9.2	16	—	—
Fungandi 等（1979）	9.9	5	—	—
Wii（1979）	11.4	8	—	—
Walsh 等（1979）	14.1	17	—	—
Walsh 等（1981）	13.9	17	—	—
Schroder 等（1984）	—	—	52	1.08
Owas 等（1990）	6.3～14.1	10～20	40～50	0.67～1.0
Yuen 等（2000）	8.3	55（重量含水率）	55	—

（3）垃圾土的有机质含量

由于垃圾土中的有机质具有复杂的化学成分且易分解，其含量对填埋场的沉降和填埋容量有很大影响。事实上，相当一部分有机质含量在自然条件下并不会发生降解。Golueke 认为，有机质含量的 56%（正态分布）可定义为可降解物质。Coduto 等认为，有机质分解引起的沉降可达垃圾土厚度的 18%～24%。这一比例是非常可观的。因此，在分析垃圾土的压缩和填埋场的沉降时不考虑有机质降解显然是不全面的。为了理解有机质降解对垃圾土沉降的作用，至少有 3 个问题必须考虑：

①可降解的有机质含量；

②有机质的降解速率；

③如何将有机质的降解转化为垃圾土的沉降。

从总体上说，有机质的降解速度由水解作用决定，而有机质水解作用过程通常可由下式表示：

$$M_c(t) = M_c(0)e^{-kt} \tag{6.1-1}$$

式中：$M_c(t)$——时间t时的有机质质量（kg）；

$M_c(0)$——初始时刻的有机质含量（kg）；

t——填埋时间（年）；

k——有机质降解速率，其大小与垃圾土的含水率、填埋方式、场内温度、微生物种类和 pH 值等条件有关。Farquhar 等建议降解速率k为 0.365/年，Cheng 认为降解速率k一般介于 0.012～0.788/年。

一般来说，经济较发达地区垃圾中的厨余有机质（易降解）、纸和塑料所占的比例较大，煤灰和渣土所占的比例较低，而经济发展相对落后的地区情况则相反。与发达国家相比，我国城市垃圾土中的有机质，特别是纸类的含量普遍偏低。对于我国沿海和南方各大中城市而言，其城市卫生填埋场垃圾土中的有机质含量普遍介于 20%～60%之间。如表 6.1-10 所示，为我国部分城市垃圾土的有机质含量统计数据。

我国部分城市垃圾土的有机质含量（%）　　**表 6.1-10**

城市	上海	北京	天津	武汉	广州	哈尔滨	西安	贵阳	深圳	呼和浩特
有机质	38.78	40.72	52.08	17.45	28.40	26.75	23.64	13.67	61.00	6.30
无机质	53.93	52.08	36.46	77.61	65.00	69.63	72.00	82.42	22.00	80.44
废品率	7.29	7.20	11.46	4.94	6.60	3.62	4.36	3.91	17.00	13.26

垃圾土中有机质含量的测定可以在室内采用灼烧法进行。垃圾土在 550°C高温下灼烧至恒重时的灼烧失重与烘干土重的比值，即为垃圾土中有机质的含量。对垃圾土而言，灼烧失重包括有机质、塑料、纸以及易挥发物等一些不稳定物质，因此垃圾土中有机质的含量与生活垃圾的成分分析结果比较符合。就一般垃圾土而言，灼烧失重量随埋深增加而减小。这是因为垃圾土中可灼烧部分中含有一定量的易腐化成分，这些成分将随着填埋时间的增长而不断进行生化降解反应而转化为稳定的碳质。

（4）垃圾土的相对密度（颗粒相对密度）

垃圾土的相对密度是烘干的垃圾土与同体积 4℃纯水之间的质量比或重量比。垃圾土的相对密度一般采用室内真空抽气法进行测定。由于垃圾土中的有机质含量较高，且可能含有一定量的可溶性盐，在测定相对密度时，多采用煤油代替蒸馏水作试剂。具体测试时，取在 60～70℃温度下烘干后的代表性垃圾土样 50g 左右，置于 500mL 瓶中，称瓶土质量 m_{12}，向瓶中注入煤油约 200mL，并保证煤油完全浸没垃圾土，然后置入真空干燥器内进行真空抽气，真空度需接近 1.01×10^5Pa，并保持 1h 以上，再称取瓶、煤油和干垃圾土的质量m_{123}和瓶与同体积的煤油质量m_{13}，则垃圾土的相对密度可采用下式进行计算：

$$G_s=\frac{m_{12}-m_1}{[m_{13}+(m_{12}-m_1)-m_{123}]/G_3} \tag{6.1-2}$$

式中：G_3——煤油的相对密度，取 0.7995；

m_1——瓶的质量；

m_{12}——瓶和干垃圾土质量；

m_{13}——瓶和煤油质量；

m_{123}——瓶、煤油和干垃圾土质量。

垃圾土的相对密度与垃圾土中有机质的含量直接相关，有机质含量多，相对密度小，无机物含量越多，相对密度越大。从总体上讲，垃圾土的相对密度一般小于天然砂土和黏性土（2.6～2.8），略小于有机质土（2.4～2.5），且随埋深增加略有增大，这与垃圾土的组成成分有关。根据实测结果，杭州天子岭垃圾土的相对密度最小值为 1.72，最大值为 2.53，大多分布在 2.0～2.4 之间，具有明显的离散性，这主要是由垃圾土结构的复杂性造成的。

（5）垃圾土的渗透系数

正确给定垃圾土的水力参数对设计填埋场淋滤液收集系统以及制定淋滤液回灌计划十分重要。根据发达国家的应用经验，垃圾土的渗透系数可以通过现场抽水试验、大尺寸试坑渗漏试验和实验室大直径试样的渗透试验求出，也可根据填埋场的降水量和渗滤液产出体积随时间的变化关系进行估算。

几个典型填埋场中垃圾土的渗透系数如表 6.1-7 所示。由这些试验结果可以看出，垃圾土平均渗透系数的数量级为 10^{-4}～10^{-3}cm/s，与洁净的砂土基本相当。随着填埋深度和填埋时间的增大，垃圾土逐渐变得密实，其渗透系数逐渐减小。陆晓平等通过重塑垃圾土的室内变水头试验发现，垃圾土的渗透性和黏性土的渗透性相似，其渗透系数一般随固结应力增大而减小，但其减小的速率要比黏性土大得多。对于正常固结垃圾土，其渗透系数的对数与固结应力之间呈线性关系变化。超固结应力条件下，两者之间呈非线性关系，而渗透系数与超固结比之间近似呈线性关系。

塑料对于垃圾土的渗透系数影响很大，它的存在可以大幅度降低垃圾土的渗透系数。大尺寸的金属、玻璃和碎石等杂质以及填埋垃圾所使用的黏土中存在的碎石，会提高垃圾土的渗透系数。因此，严格地进行黏土（渗透系数 < 10^{-7}cm/s）分层填埋以及垃圾的分选填埋，可以有效地减小填埋场内垃圾土的渗透系数。

（6）垃圾土的孔隙比

垃圾土的孔隙比主要取决于垃圾土的组成成分和压实程度。与普通土类相比，垃圾土由于形成时间比较短，组成颗粒尺寸大小不一，没有形成一定的致密结构，其孔隙率较大。据实测资料，国内垃圾土的孔隙率普遍比国外高，目前国内垃圾土的孔隙率为 65%～80%，国外的垃圾土孔隙率为 40%～52%。从填埋深度上看，浅部垃圾土属新近填埋，其生化降解反应进行得不彻底，使垃圾土的组成颗粒和孔隙都比较大；深部垃圾土填埋时间较长，其生化降解反应进行得比较彻底，并在上部自重压力下形成了比较密实的内部结构，因而孔隙比随埋深逐渐变小，近似呈指数函数关系。据实测资料，国外垃圾土的孔隙比随其组成成分和压实程度的不同，其值在 0.67～1.08 之间变化。

杭州天子岭垃圾填埋场垃圾土的实测 e-lg$z$关系如图 6.1-2 所示，其孔隙比大多介于 2～4 之间。e-lg$z$曲线在深度z为 12～16m 存在明显的转折点，转折点前后的e-lg$z$均呈明显的线性变化，转折点之后直线的斜率增大。

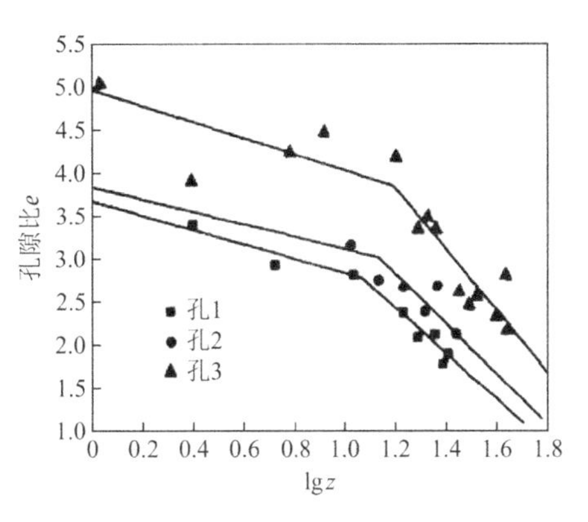

图 6.1-2　杭州天子岭垃圾土的孔隙比随深度变化曲线

6.1.2　垃圾土的压缩性

垃圾土的沉降变形是垃圾卫生填埋场设计和填埋场施工运行性能评价的重要问题之一，也是长期困扰工程师和业主的难题。垃圾填埋场中的大多数结构系统，如衬垫系统、淋滤液收集与排放系统、废气收集与处理系统、封顶覆盖系统等的设计和完整性均受到填埋场沉降的影响。同样，填埋场有效填贮容量的增加、填埋场封顶后的规划与利用（如修建道路或建造公园等）以及其最终经济效益的评估等，也都受到填埋场沉降的直接影响。过大的沉降可能会使填埋场形成凹塘、积水成池，甚至引起覆盖系统和排水系统的开裂破坏，造成淋滤液渗漏和填埋废气逸散，对地下水源和周围环境产生严重的二次污染。垃圾土的压缩指标是进行填埋场沉降估算的基本参数。因此，对垃圾土的压缩性和填埋场的沉降量进行较为准确的计算与评估，已成为岩土工程师与环境工程师所普遍关心的问题。

国外对垃圾土压缩性的研究始于 20 世纪 40 年代，早期的工作主要集中在填埋场址的特性及其可行性的研究上，目的是选择合适的填埋场地。随着卫生填埋实践的迅速发展，现今的研究重点已转为通过分析垃圾土的沉降特性来探索如何提高填埋场效益和进一步扩容等方面。

1）垃圾土的压缩机理

城市固体垃圾土的组成成分多变，结构不稳定，其压缩变形常常在填埋后就会立即发生，通常在填埋完成后的一两个月内发展较快，并且在很长一段时间内难以稳定。因此，在服务期内和封顶后，填埋场都会产生较大的沉降变形。垃圾土组成成分的复杂多变性使得其压缩变形机理相当复杂，主要机理可概括如下。

（1）物理压缩：指垃圾土在受到荷载作用时由于颗粒发生畸变、弯曲、破碎和重定向等产生的压缩变形，这种机理同有机质土的压缩机理基本类似。物理压缩由垃圾土自重及其所受到的荷载引起，在填埋初期、主固结期和次压缩期内都会发生。

（2）错动（Raveling）：指垃圾土中的细颗粒向大孔隙或洞穴中运动。这个概念常常难以和其他机理区别开来。实际上，这种现象在普通土体的压缩过程中也会发生，但垃圾土由于存在的孔洞较多，所以较为普遍。

（3）固结与流变（Consolidation and Rheology）：与一般土体基本相同，主要是指垃圾土内的孔隙水和气体的消散以及垃圾土颗粒骨架的调整。

（4）物理化学变化（Physical-Chemical Change）：指垃圾土的有机成分因腐蚀、氧化和燃烧作用引起的质量及体积减小。

（5）生化分解（BioChemical Decomposition）：指垃圾土中的有机质因发酵、腐烂及氧化分解等作用所引起的质量和体积的减小。

根据上述垃圾土压缩变形的主要机理可知，影响垃圾土压缩变形的因素很多，各个因素之间又是互相作用和互相影响。这些影响因素主要包括：

（1）垃圾土及其覆盖层的初始密度和初始孔隙比；

（2）垃圾土中可分解成分的含量及分解速率；

（3）压实程度；

（4）填埋高度；

（5）覆盖压力及应力历史；

（6）淋滤液水位及其涨落；

（7）环境因素及其他影响因素，如大气湿度、微生物种类和含量；

（8）含水率、温度、pH 值、填埋体内的气体或自身所产生的气体等。

垃圾土沉降的特点就是它的无规律性。在填埋竣工后的 1～3 个月内，垃圾土由于自重或加载而产生的沉降较大，待超静孔隙水压力消散后或在超静孔隙水压力很小的情况下，垃圾土在很长时间内又产生较大的次压缩变形。垃圾土的总压缩量通常随时间和填埋深度而变化，在自重作用下，垃圾土沉降的典型值为其初始层厚的 5%～30%，且大部分沉降发生在填埋后的第 1～2 年内。其沉降速率随填埋时间逐渐减小，随填埋深度逐渐增大。如图 6.1-3 所示，给出了选自 22 个填埋场的有代表性的垃圾土沉降曲线。

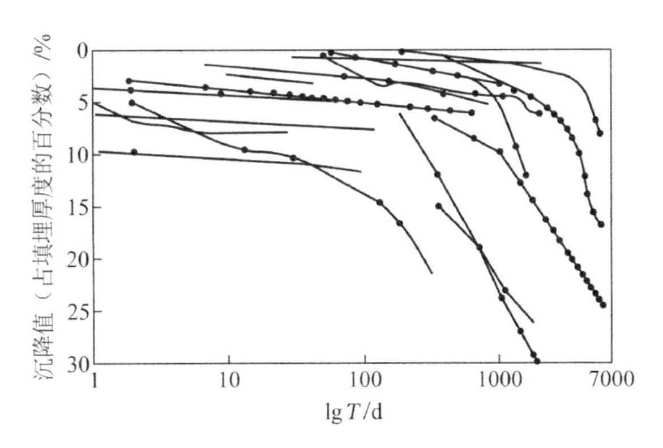

图 6.1-3　22 个垃圾填埋场的沉降与时间对数关系曲线

2）垃圾土的压缩性指标

垃圾土的压缩变形量是压力和时间的函数，目前多采用传统的土体压缩理论进行分析。反映垃圾土压缩性的指标与普通土体相同，主要包括压缩系数、压缩模量、压缩指数和固结系数等。

根据国内外有关文献资料及试验结果，垃圾土的沉降规律与泥炭土的沉降规律比较相似，总沉降仍由初始沉降、固结沉降和次固结沉降组成。加载后垃圾土在经历了快速的初始沉降和固结沉降之后，接下来主要是长期的次固结（Secondary Cmpression）引起的附加沉降。在次固结阶段，垃圾土内几乎不会产生超静孔隙水压力集中的现象。由于初始沉降完成得相当快，多在荷载施加后的瞬间就完成，一般很难被察觉到，通常都将初始沉降和固结沉降合在一起，称为主固结（Primary Compression）。由此可见，垃圾土的压缩过程一般可分为主固结和次固结，如图 6.1-4 所示。与天然土体主固结和次固结不同的是，垃圾土的主固结受自重压力和有机质降解的影响，次固结除了与垃圾土骨架结构调整有关外，垃圾土内与时间有关的由物理化学作用和生化分解作用等所产生的变形对次固结量的影响也很大。

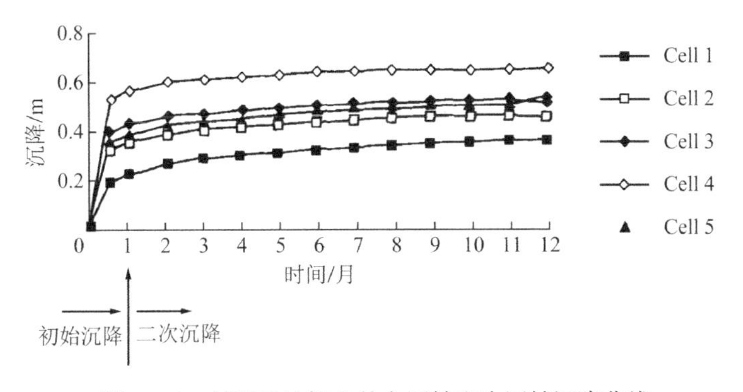

图 6.1-4　封顶后垃圾土的主固结和次固结沉降曲线

在计算垃圾土由于垂直应力增加所引起的主固结时，常用的参数为主压缩指数C_c及修正主压缩指数C'_c，其定义分别为：

$$C_{\mathrm{c}}=\frac{\Delta e}{\lg\frac{\sigma_1}{\sigma_0}} \tag{6.1-3}$$

$$C_{\mathrm{c}}'=\frac{\Delta H}{H_0\lg\frac{\sigma_1}{\sigma_0}}=\frac{C_{\mathrm{c}}}{(1+e_0)} \tag{6.1-4}$$

式中：e_0——初始孔隙比；

H_0——垃圾土初始层厚；

σ_0——初始垂直有效应力；

σ_1——最终垂直有效应力；

Δe，ΔH——受力后孔隙比和层厚的变化。

垃圾土在恒定荷载作用下，可以用次压缩指数C_{a}及修正次压缩指数C_{a}'来估算主压缩结束以后所产生的次压缩量。当垃圾土上作用的荷载不变时，C_{a}及C_{a}'的定义分别为：

$$C_{\mathrm{a}}=C_{\mathrm{a}}\frac{\Delta e}{\lg\left(\frac{t_2}{t_1}\right)} \tag{6.1-5}$$

$$C_{\mathrm{a}}'=\frac{\Delta H}{H_0\lg\left(\frac{t_2}{t_1}\right)}=\frac{C_{\mathrm{a}}}{(1+e_0)} \tag{6.1-6}$$

式中：t_1——次压缩开始时间；

t_2——次压缩结束时间；

其余符号同前。

C_{a}及C_{a}'与垃圾土的化学及生物成分有关。产生次固结的最主要原因是有机质分解引起的体积减小，但这一点至今尚未得到足够重视。

上面各式中的各项压缩指标可通过现场静载荷试验、现场旁压试验、室内压缩试验和固结试验等手段确定，也可通过对垃圾土在恒荷载作用下的沉降速率和沉降值的现场实测结果反分析得到。常用的实地观测手段包括航拍测量、填埋场表面水准点的测量、沉降观测标、套筒测斜仪等。如表 6.1-11 所示，给出了国内外一些典型填埋场垃圾土的压缩指数。

国内外一些典型的垃圾土修正压缩指数 **表 6.1-11**

资料来源	修正主压缩指数C_{c}'	修正次压缩指数C_{a}'
Sowers（1973，$e_0=3$）	0.100～0.410	0.025～0.075
Zoina（1974）	0.150～0.330	0.013～0.030
QMivere（1975）	0.250～0.300	0.070
Rao 等（1977）	0.160～0.235	0.012～0.046
Landva 等（1984）	0.200～0.500	0.0005～0.029
Oweis and Khera（1986）	0.080～0.217	—
Edil 等（1995）	—	0.012～0.075
Walls 等（1995）	—	0.033～0.056
河海大学（2001）	0.130～0.460	—

压缩指数C_c值主要取决于垃圾土的组成成分和初始孔隙比e_0。Sowew 认为，对于有机质含量相同的垃圾土，主压缩指数C_c值大致与其初始孔隙比呈正比，为e_0的 0.15～0.55 倍，如图 6.1-5 所示。对于任意一给定的值，不同类型垃圾土的C_c值的变化较大。一般主要由大量食物垃圾、木材、毛发及罐瓶等组成的垃圾土，有机质含量较高，其C_c值较大；而对于有机质含量较低、回弹性能较差的垃圾土，其C_c值较小。泥炭的C_c最大值要比目前所观测到的垃圾土的C_c最大值大约 1/3。

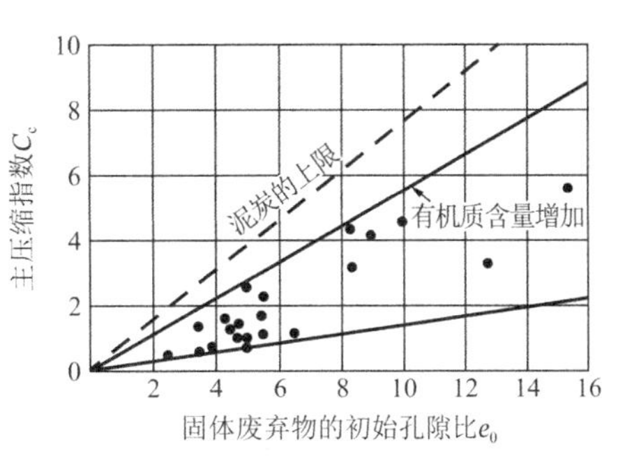

图 6.1-5　垃圾土的主压缩特性

根据国外的实测资料，对于大多数现代填埋场，修正主压缩指数的典型值为 0.17～0.36。杭州天子岭垃圾土的修正主压缩指数约为 0.28，与国外的经验值相符。

Landva 等求得垃圾土的次压缩指数为 0.002～0.03；Keene 根据沉降平台现场观测资料求出的C_a为 0.014～0.034；Sowers 认为，对于有机质含量相同的垃圾土，次压缩指数C_a值也与其初始孔隙比e_0似呈正比，如图 6.1-6 所示。由上述资料可知，垃圾土的次压缩指数C_a值主要取决于垃圾土的组成成分和初始孔隙比。不同的垃圾土类型，C_a值的变化范围较大，这可能与垃圾土物化和生化腐烂降解的潜能和速度等相关。如垃圾土中可分解的有机质含量较高且环境适宜（温暖、潮湿、地下水位变化能使新鲜空气进入垃圾土内等），有机成分易腐烂分解，C_a值就高；反之，若垃圾土中富含惰性材料且环境不适宜时，其C_a值就较低。

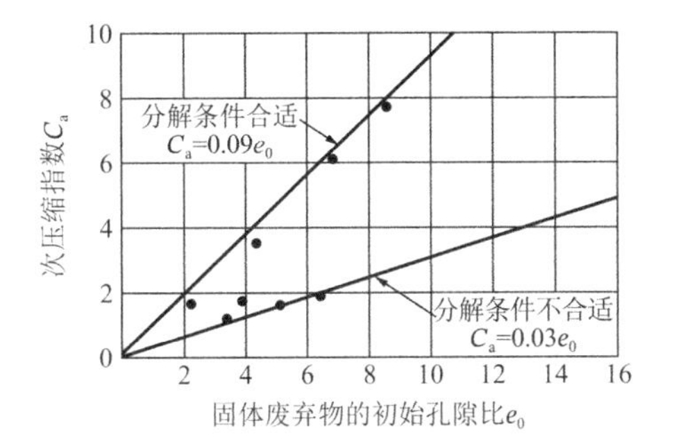

图 6.1-6　垃圾土的次压缩特性

对工程分析而言，使用最广泛的压缩参数是修正次压缩指数C'_a。根据国外的实测资料，对于大多数现代填埋场，修正次压缩指数的典型值为 0.03～0.10，比一般黏土的C'_a值（为 0.005～0.02）要大得多。杭州天子岭垃圾土的修正次压缩指数约为 0.15，比国外的经验建议值略大。

修正次压缩指数C'_a值不仅与垃圾土初始孔隙比e_0和初始层厚H_0有关，还与应力水平和起始时间的选择有关。填埋场填埋时间是很长的，在进行沉降速率分析时应充分考虑这一点。根据经验，垃圾土的沉降可持续 10～20 年，通常可取值的使用年限为 20 年。

此外，C'_a值并非常量。在垃圾土填埋结束后的短时间内（通常是在 200～650d 之间），其沉降时程曲线的斜率相对较小（即C'_a值相对较小），而在后续时间内，其斜率通常有较大的增加，即C'_a值相对增大。Yen 等根据 3 个大型卫生填埋场的沉降观测结果还发现，垃圾土的沉降速率随填埋深度的增加而增加，随垃圾土填埋厚度的增加而增大。Yen 等的观测结果表明，C'_a的增长效应存在一个临界深度，在填埋深度达到 27～31m 时就基本消失。

需要指出的是，垃圾土由于不断地发生多种物理、化学和生化反应，使得其固结压缩性质与普通土类相比不尽相同。在外力作用下，垃圾土中的水和气体逐渐被排出，颗粒骨架被压密，封闭气体体积被压缩，宏观上表现为土层的压缩变形，这与普通土类是一致的。然而，垃圾土中的有机质在微生物的作用下发生降解，不断地产生水和气体。这样，垃圾土中的有机质在被压缩的同时发生生物降解，垃圾土中的液体和气体也存在一定的补给源，这种补给一直持续到物理、化学和生化反应结束为止。因此，对垃圾土样进行短时间的固结压缩试验，通常不能完全反映垃圾土的全部压缩过程，难以精确地获取其固结参数。目前，垃圾土的固结参数多结合现场沉降数据进行估算或修正。

6.1.3 垃圾土的强度特性

垃圾土的强度特性是垃圾土的重要力学性质之一。垃圾填埋场的边坡稳定性、裂缝形成和滑坡产生主要由垃圾土的强度控制。填埋场封顶后的规划与利用也与垃圾土的强度密切相关。工程实践和室内试验都证实了填埋场的滑坡等破坏是由于受剪应力作用的结果，剪切破坏是垃圾土强度破坏的重要特点。因此，垃圾土的强度问题实质上就是其抗剪强度问题。本部分主要阐述垃圾土的强度指标及其测定方法，并简要讨论一些影响垃圾土抗剪强度的若干因素。

1）垃圾土的强度机理和抗剪强度指标

垃圾土作为一种特殊的颗粒状材料，通常认为其抗剪强度也是由颗粒滑动和滚动摩擦、颗粒咬合作用以及颗粒破碎、排列和定向作用等提供的剪阻力组成，其中起主要作用的是颗粒之间的滑动和滚动摩擦。另外，塑料、薄膜、纸张以及树枝等“加筋相”，尤其是纤维状成分的“加筋作用”，对垃圾土强度的贡献也不容忽视。对于垃圾土中摩擦阻力的存在，人们认为是自然的。但垃圾土中是否存在黏聚阻力的问题，目前还有一定的争议，如 Howland 等认为垃圾土的强度特征主要是摩擦。Mitchell 却指出在垃圾土的抗剪强度计算中应包含一个黏聚力分量（他们认为这或许不是“真正的”黏聚力，而是因颗粒的交叠或咬合作用引起的）。不过，考虑到垃圾土中通常含有较多的有机质和塑料、纸张等纤维状“加筋”成分，以及黏滞性较强的淋滤液的存在，使得垃圾土有可能在上覆荷载作用下产生一定的黏聚阻力。这一观点可以通过在垃圾填埋场中观察到的较高竖直切面仍能保持长期稳定这一事实加以证明。因此，在研究垃圾土的抗剪强度时，对其黏聚特征也应引起足够重视。

垃圾土的抗剪强度与一般土体一样，也具有随其法向应力增加而增大的特征。因此，垃圾土的强度特性目前多沿用传统土力学的原理和方法，采用摩尔-库仑强度理论来表示，即其抗剪强度指标采用内摩擦角φ和黏聚力c来表述。

根据摩尔-库仑强度理论，这些参数需用破坏条件来确定。但当垃圾土的变形达到事先规定的大小而仍未发生破坏时，也可采用某种变形准则来确定，即将垃圾土的抗剪强度参数定义为某种应变的函数，如采用轴向应变ε_1作为强度参数的特征值。

2）垃圾土抗剪强度指标的确定方法

由于填埋场垃圾土的组成成分复杂多样，多孔、非饱和、不连续性和时间变异性的物质，垃圾土的各种组成成分及其与基底土体之间变形不相容，同时垃圾土的取样和试样制备较为困难，因而要获得能真实全面反映垃圾土强度特征的指标不是一件很容易的事情。国外学者从 20 世纪 70 年代就开始进行这方面的探索。目前，国内外估算和确定垃圾土抗剪强度参数主要的方法有：常规的室内试验或现场试验。对填埋场边坡的破坏实例静载荷试验资料进行反分析、间接的原位测试等。

（1）室内试验

室内试验主要包括小型三轴压缩试验、大型三轴压缩试验、小型无侧限抗压试验、小型直剪试验和大型直剪试验等。其中，三轴试验和无侧限抗压试验多采用薄壁取土器或冲击式取土器取得的原状试样，直剪试验多采用重塑试样或完全扰动试样。

采用室内试验直接测试垃圾土抗剪强度指标的一个主要难题就是很难取得未经扰动的、可较好反映垃圾土颗粒级配及成分构成的代表性试样。由于垃圾土的颗粒大小差异较大且分布极不均匀，往往使小尺寸室内试验的试样尺寸与垃圾土中的最大颗粒尺寸相比显得太小，给试样制作成形带来较大困难。另外，室内试验多采用扰动试样、重塑试样或经人为处理过的试样，通常导致小尺寸室内试验结果的离散性较大，难以真实反映原位垃圾土的实际特性。此外，未经改进的常规小尺寸三轴压缩仪和直剪仪不能适应垃圾土的大变形破坏特性。

（2）现场试验和原位测试

现场试验和原位测试方法主要包括大型直剪试验、十字板剪切试验、旁压试验、标准贯入试验和静力触探试验等。

现场十字板剪切试验假设垃圾土的强度为各向相同，即十字板四翼矩形片旋转时形成的圆柱体的两端部剪切面上与圆柱体侧面剪切面上的垃圾土抗剪强度相同，否则试验结果就会产生较大误差。然而，垃圾土抗剪强度的非均匀性和各向异性限制了十字板剪切试验在垃圾土中的推广应用。

目前，标准贯入试验和静力触探试验等原位测试方法在垃圾土中应用的主要局限性在于垃圾土的抗剪强度指标和标贯击数或探头贯入阻力之间还没有建立起有意义的经验换算关系。

利用旁压试验曲线推算垃圾土的抗剪强度指标时，因假定塑性区没有体变，即旁压器的扩张变形是由孔周土体的剪切变形所引起，这对具有一定渗透能力的垃圾土来说会产生一定误差，但对饱和或接近饱和的垃圾土，用来估算其不排水剪切强度仍然可行。

（3）反分析方法

垃圾土抗剪强度的反分析方法通常是基于荷载板试验、堤岸或填土试验、未破坏的垃圾土边坡或破坏的垃圾土边坡等资料进行。

由垃圾土边坡实例或荷载试验结果反算强度参数的方法在很多文献中提到过。通常要使c、φ满足两个平衡方程，然后利用安全系数$F_s = 1$ 求出这两个未知数。由于有些填埋场的边坡并未破坏，其$F_s > 1$，求出的强度偏于保守。

根据荷载板试验和堤岸或填土试验结果反算抗剪强度指标时，通常难以确定准确的破坏面和破坏条件，并且强度参数共有两个，它们之间的关系也是未知的，这可能会导致对垃圾土抗剪强度的估算结果不准确。

由垃圾土边坡的具体资料反演抗剪强度参数时，其反分析结果对边坡的安全系数极其敏感，如果填埋场边坡没有失稳，则难以获得正确的安全系数，假定的安全系数往往会使反演结果不可靠。

目前，在对垃圾土的抗剪强度进行评价时，国外多采用现场直剪试验结果或根据边坡破坏实例进行反分析。如美国 Maine 州中心填埋场在现场采用 1.49m^2 的混凝土剪切盒对填埋材料进行了 6 组大直径直剪试验，其法向力通过堆放大的混凝土块施加；美国很多填埋场在进行边坡稳定分析时多采用根据新泽西 Global 填埋场、Maine 填埋场和 Eastern Ohio 填埋场边坡破坏面反演的抗剪强度参数。

如图 6.1-7 所示为某些垃圾土的现场大型直剪试验结果，由于垃圾土具有粒状和纤维状特征，试验结果和颗粒状土有些类似，其黏聚力$c = 0$～23kPa，内摩擦角$\varphi = 24°$～41°。

被认为是可靠的并可用于垃圾土抗剪强度校核的野外和室内试验数据归纳见表 6.1-12，这些数据可用于已知稳定的现有垃圾填埋场进行反分析后求得的数据的进一步补充。

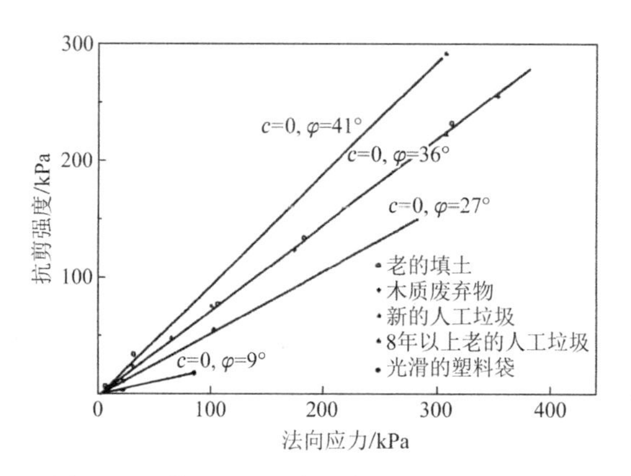

图 6.1-7　某些垃圾土的现场大型直剪试验结果

可用于垃圾土抗剪强度校核的 c、φ 值　　　　表 6.1-12

资料来源	试验类型	试验结果	说明
Pagcrtto 等（1987）	由荷载板试验反算	$\varphi \leqslant 22°$，$c = 29$kPa	无垃圾土类型及试验过程资料
Landva 等（1990）	室内直剪试验	$\varphi = 24°$～39°，$c = 22$～19kPa	粉碎垃圾，正应力不大于 480kPa
Richardson 等（1991）	现场大型直剪试验	$\varphi = 18°$～46°，$c = 10$kPa	正应力 14～38kPa，垃圾土的平均重度约 15kN/m^3
Eid 等（2000）	由破坏实例反演和现场大型直剪试验	$\varphi = 35°$，$c = 0$～50kPa	Cincinnati.Qcbal Maine 和 Eastern Ohio 填埋场垃圾

3）垃圾土的抗剪强度特性及其影响因素

垃圾土通常富含有机质和纤维成分，其性状不像典型的无机土，反而更接近于纤维质的泥炭，并具有明显的粒状和纤维状特征。影响垃圾土强度特性的主要因素包括：

（1）有机质和纤维素含量；

（2）垃圾土的填埋时间和降解程度；

（3）压实方式和压实程度；

（4）垃圾土的组成成分、颗粒大小和含水率等。

同时，垃圾土的强度也是其法向应力和剪切方向的函数，垃圾土的抗剪强度通常随法向应力的增加而增大。在直剪试验中，当剪切方向与垃圾土的填埋层面平行时，其抗剪强度最小。另外，垃圾土的大变形特性使得其抗剪强度指标的确定同破坏标准的选择密切相关，选择不同的应变破坏标准，其对应的抗剪强度会有很大差别。

影响垃圾土抗剪强度的因素复杂多样，其测定和估算又与典型试样和破坏标准的选择以及试验方法密切相关。根据大量文献资料统计，垃圾土抗剪强度指标的分布范围很大，内摩擦角介于 10°～53°之间，黏聚力在 0～100kPa 范围内变化，这为垃圾土抗剪强度指标的估算带来了一定的困难。

如图 6.1-8 所示为某重塑老垃圾土的固结排水三轴压缩试验的典型曲线，相应的应力路径和强度包线如图 6.1-9 所示。由图可知，垃圾土的变形和强度特性具有如下两个特点：（1）在相当大的轴向压缩变形（轴向应变接近 40%）条件下，试样仍未发生破坏或达到峰值；（2）随着轴向变形的增加，垃圾土的强度持续不断地增加。实际上，根据大量文献资料，除直剪试验外，无论是在工程实践中还是在现场和室内试验中，尚未在垃圾土中观测到明显的破坏面。据此，Singh 等认为利用摩尔-库仑理论来描述垃圾土的强度特征可能是不合适的，并建议采用变形准则来确定其破坏标准。目前国内外大多取轴向应变 = 20%作为确定垃圾土抗剪强度参数的标准。

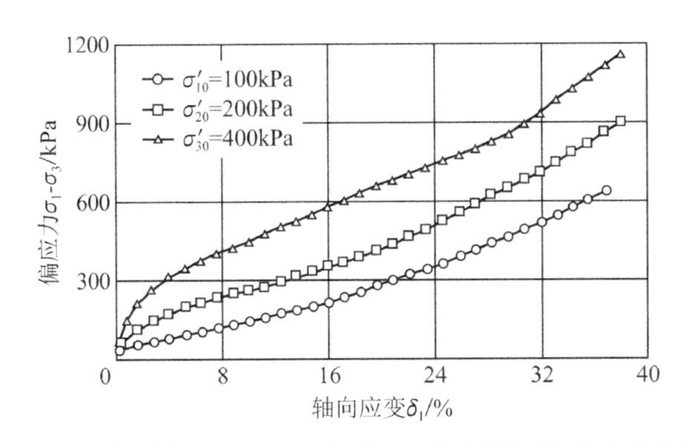

图 6.1-8　某重塑老垃圾土固结排水三轴压缩试验的典型曲线

垃圾土所具有的大变形有关的强度特性和垃圾土中的纤维状成分及其含量密切相关。这些纤维状成分如塑料、纺织品等对垃圾土来讲会起到“加筋”作用，产生附加黏聚力，在垃圾土发生变形时，尤其是在发生较大变形的条件下，会增强其强度和变形能力。根据如图 6.1-9、图 6.1-10 所示的试验结果可知，在应变较小时，黏聚力值受塑料等“加筋相”的影响较小；当应变较大时，黏聚力主要取决于塑料等“加筋相”的特性。塑料等“加筋相”的含量对垃圾土内摩擦角的影响没有对黏聚力的影响大，不含塑料和含较多塑料垃圾土的内摩擦角差别不大。此外，由图 6.1-10 还可以看出，内摩擦角通常会在轴向应变ε_1发展到 20%左右时达到其最大值，但黏聚力在相当大应变的情况下仍未达到极值状态。

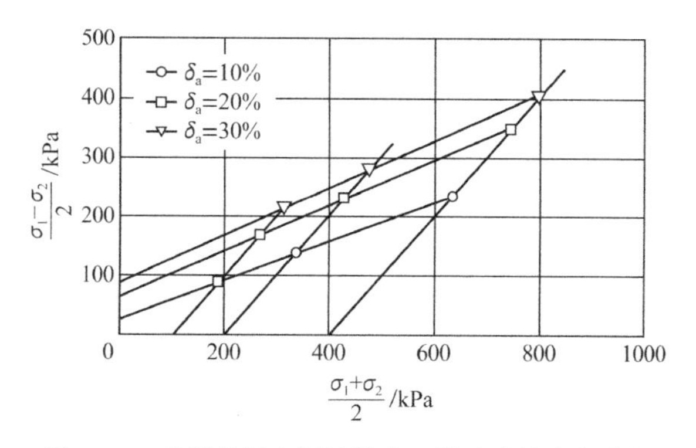

图 6.1-9 重塑垃圾土固结排水三轴试验的应力路径

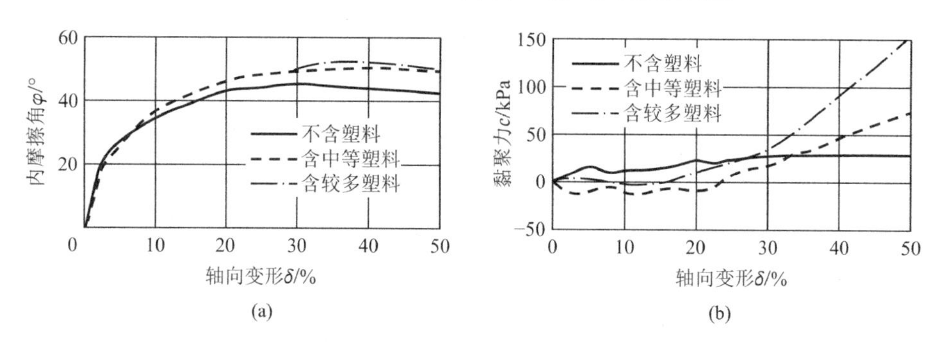

图 6.1-10 塑料等“加筋相”对黏聚力和内摩擦角的影响

如图 6.1-11 和图 6.1-12 所示为一经典的美国城市垃圾土在不同密实条件下和不同最大粒径$d_{\max}$下的φ值变化曲线。由图可知，垃圾土的密实度和最大颗粒粒径对内摩擦角φ具有一定程度的影响。该垃圾土的组成成分如表 6.1-13 所示。

某典型美国城市垃圾土的组成成分机器重度 表 6.1-13

类别	重量百分比/%	各成分相应重度/（kN/m³）	
		干燥状态	吸水饱和状态
废食品	5～42	1.0	1.0
废纸	20～55	0.4	1.2
废塑总制品	2～15	1.1	1.1
碎布	0～4	0.3	0.6
金属	6～15	6.0	6.0

续表

类别	重量百分比/%	各成分相应重度/（kN/m³）	
		干燥状态	吸水饱和状态
玻璃	2～15	2.9	2.9
木料	0.4～15	0.45	1.0
灰烬及岩石成分	0～15	1.8	2.0
蔬菜及易腐烂物	4～20	0.3	0.6

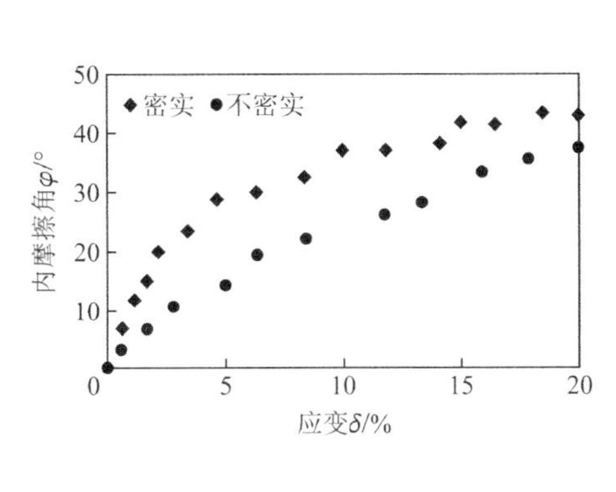

图 6.1-11　某典型垃圾土不同密实度条件下φ值变化

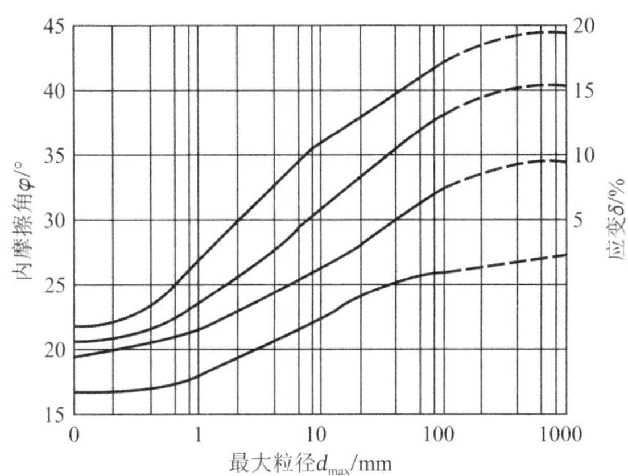

图 6.1-12　某典型垃圾土不同最大粒径d_{max}水平下φ值变化

如图 6.1-13 所示为表 6.1-13 中典型垃圾土的黏聚力c值随含水率ω的变化曲线。由图可知，此垃圾土的黏聚力随含水率增大而逐渐减小，近似呈双直线关系。

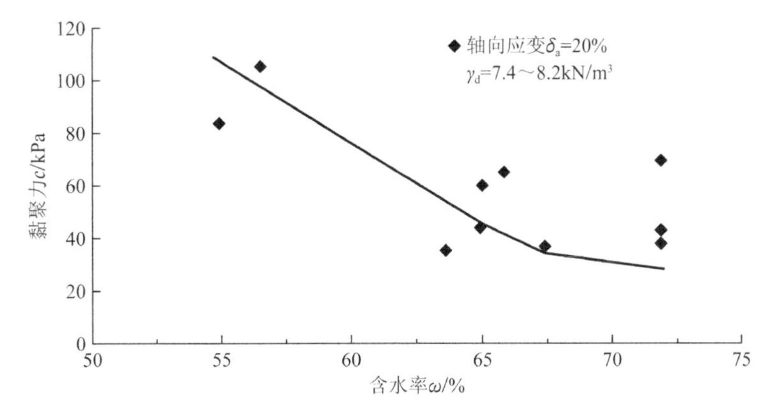

图 6.1-13　某典型垃圾土黏聚力c随含水率ω的变化曲线示意

如图 6.1-14 所示，为表 6.1-13 中垃圾土在不同法向力σ作用下抗剪强度τ的近似值。其中，A 区内的法向应力水平为 $0 \leqslant \sigma < 20$kPa，黏聚力c粗略地取为 20kPa，内摩擦角$\varphi = 0°$；B 区的法向应力范围为 20kPa $\leqslant \sigma < 60$kPa，黏聚力$c \approx 0$，内摩擦角$\varphi \approx 38°$；C 区对应的法向应力较高，$\sigma \geqslant 60$kPa，黏聚力$c \geqslant 20$kPa，内摩擦角$\varphi \approx 30°$。

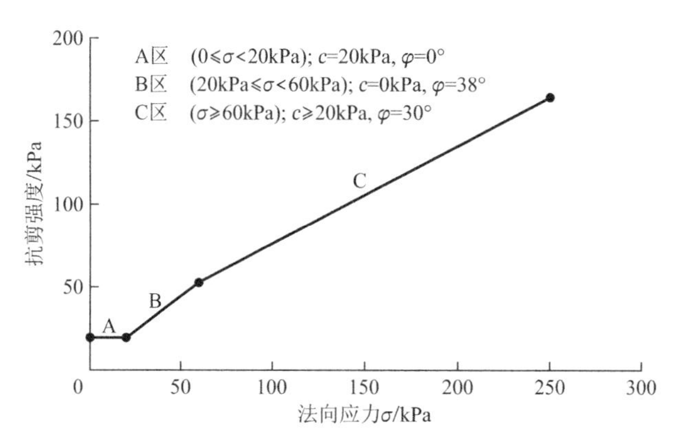

图 6.1-14 某典型垃圾土的抗剪强度包线

Eid 等以 1996 年发生在美国俄亥俄州最大一次城市的垃圾填埋场边坡失稳事故为例，采用现场试验、室内试验及失稳边坡反分析等手段，研究了填埋场垃圾土的剪切强度指标，发现其典型抗剪强度值主要分布在一个狭窄的条带状范围内，垃圾土的有效应力内摩擦角φ'大致为 35°，黏聚力c'介于 0～50kPa 范围内，平均值为 25kPa。

Kavazanjian 等统计了大量有关垃圾土强度的文献资料，结合观察到的在填埋场垃圾土中挖一直立壁面达 6m 的深沟，其沟壁仍能保持长期稳定这一事实，认为垃圾土的抗剪强度包线具有双线性性质，即垃圾土具有一条折线形的摩尔-库仑强度包线。当法向应力低于 30kPa 时，取$c = 24\text{kPa}$、$\varphi = 0°$；当法向应力大于 30kPa 时，则取$c = 0$、$\varphi = 33°$。

杭州天子岭垃圾土的固结不排水和不固结不排水试验以及静力触探试验的试验结果见表 6.1-14。结果表明，垃圾土的黏聚力随埋深增加而增大，但不同深度的内摩擦角值较为一致。垃圾土属加工硬化体，其应力应变关系与 Duncan-Chang 模型基本一致。同时，现场静力触探试验结果表明，垃圾土的力学性能大致随埋深增加而呈现增强的趋势。

杭州天子岭垃圾土的抗剪强度参数 **表 6.1-14**

试验类型	直剪试验	UU 试验	CU 试验	
			有效应力强度	总应力强度
c/kPa	4.6～31.4	0.0～10.2	1.3～16.0	0.0～12.8
φ/°	40.4～49.6	10.5～19.0	25.0～41.4	21.0～29.5

通过对垃圾土进行长期稳定分析表明，抗剪强度参数的变化主要决定于垃圾土的特性。对卫生填埋场的垃圾种类来说，并没有直接的证据表明其抗剪强度会随时间发生重大变化。如果垃圾土内因局部分解而留下软弱带或空穴，其整体抗剪强度减小，但这种强度衰减很难通过室内剪切试验察觉出来。

国内外的研究表明，典型垃圾土是一种强度较大的材料，在填埋场设计中，穿过垃圾土的边坡破坏可能不是一个重要问题。填埋场的边坡破坏通常发生于衬垫系统内的接触面或下卧软土层中。因此，当进行边坡稳定分析时，不仅要正确估计垃圾土的强度特性，还应考虑垃圾土、衬垫和下卧软土等不同材料间的应变协调性，正确计算软弱接触面和不良地基的强度特性。

6.1.4 垃圾土的动力特性

垃圾填埋场与其他构筑物一样，也会受到动力荷载，如地震作用和交通荷载等的作用。因此，在设计垃圾填埋场时也应考虑动力问题，特别是在地震活动区域。一旦垃圾填埋场在动力荷载作用下产生滑坡或者淋滤液和废气回收系统或顶部覆盖层及底部垫层衬砌发生开裂，会对垃圾填埋场下游造成严重的二次污染。在美国、欧洲和东亚一些国家和地区都对垃圾填埋场抗震问题进行了研究，并在设计垃圾填埋场时考虑抗震问题。

在对垃圾填埋场进行动力稳定分析时，首先必须了解垃圾土的动力特性和动力本构关系。对此，国外已有许多知名学者做了相当多的研究，也取得了一定成果。目前，研究垃圾土动力特性的主要途径包括室内试验（循环三轴试验、循环直剪试验和共振柱试验）、振动台试验、现场波速试验以及实际地震观测资料反分析等。美国加利福尼亚垃圾填埋场的强震实测数据是研究垃圾土动力特性最常采用的资料。Matasovic 等联合运用现场波速试验、室内大型循环单剪试验以及地震反演等手段对填埋场垃圾土的动力特性进行了研究，结果证明垃圾土的归一化动剪切模量和归一化阻尼比剪应变的变化关系符合曼辛准则，并给出了建议值，结果也表明 OⅡ 垃圾土在中小应变时是一个良好的线性材料，只有当循环剪应变超过 0.1%时，剪切模量才会显著减小。其他学者（如 Augello、Ling、Anderson 等）结合室内和现场试验结果，采用不同的物理模型对地震记录进行反演，也得到了类似结论。

由于垃圾土组成成分的多样性和随时间的多变性以及原状垃圾试样制备的困难性，到目前为止，还严重缺少有关垃圾土动力特性的试验和实测数据资料。垃圾土的动力本构关系主要还局限在简单条件如线弹性或等价线弹性关系、一维模型和常剪切模量等。为了深入研究垃圾土的动力特性，为垃圾填埋场的动力分析提供较准确的计算参数，尚需对垃圾土进行各种室内外动力试验。本书利用循环三轴试验对城市垃圾土的动力特性进行研究，对不同循环荷载条件下城市垃圾土的动模量和振动残余应变进行分析，给出了它们的计算公式。

（1）试验方法

试验所用的城市垃圾土试样取自德国 Hannover 垃圾填埋场地中心的钻探孔，该垃圾土的主要组成材料见表 6.1-15。

垃圾土主要组成材料 **表 6.1-15**

垃圾土的组成	占总重量的百分比/%
木材	3.0
金属	3.6
塑料和包装材料	14.1

续表

垃圾土的组成	占总重量的百分比/%
纺织材料	2.4
纸张和硬纸板	24.1
其余物质（土）	52.8

试验采用垃圾土重塑试样，在垃圾土中加入5%含量的塑料颗粒（$d<31.5$mm），得到重塑垃圾土试样，该重塑土样的颗粒级配曲线如图6.1-15所示。固结后的各垃圾土试样的重度范围为9.5～10.9kN/m^3，固结后各垃圾土试样的含水率范围为20.5%～30.0%。

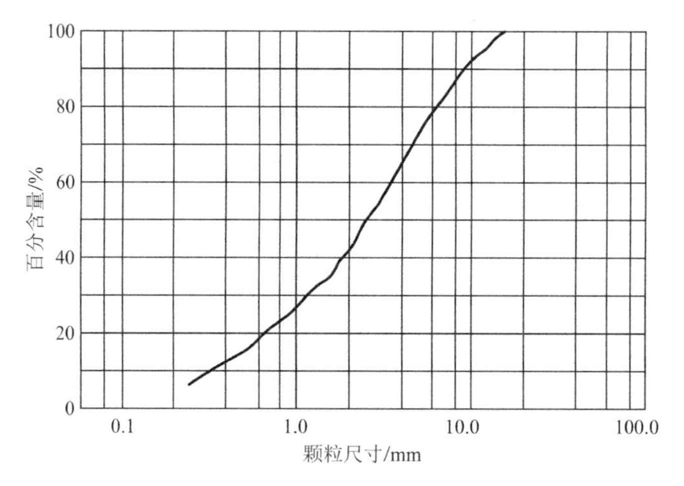

图6.1-15　重塑垃圾土试样的颗分曲线

试验在德国波鸿大学的循环三轴仪上进行，三轴试样直径为100mm，共进行了4组循环三轴排水试验，加载情况见表6.1-16。试验中对试样分别施加两种不同荷载，一种为循环压缩，另一种为循环压缩和伸长，分别模拟交通荷载和地震作用情况。循环荷载频率为1Hz，固结压力分别为200kN和100kN。

试验加载情况　　表6.1-16

试验序号	固结压力/kN	循环荷载应力/（kN/m^2）	循环周数
1	200	25，50，75，100	25
2	200	±25，±50，±75，±100	25
3	200	±100	1000
4	100	±50	1000

（2）动压缩模量

如图6.1-16所示，为第2组试验重塑垃圾土的动压缩模量E随循环荷载周数变化的曲线。可以看出，重塑垃圾土的动压缩模量E随循环轴向应力σ_d和循环轴向周数的增加而降低。

如图6.1-17所示，为第3和第4组试验重塑垃圾土在不同固结压力下的动压缩模量E

随循环荷载周数变化的归一化曲线。由图可见，动压缩模量可用固结压力进行归一。当振动周数小于 50 周时，动压缩模量随循环周数的增加而降低；当振动周数大于 50 周时，动压缩模量随循环周数的增加略有增大；但随着振动周数的变化，动压缩模量E降低或增大的幅度有限。

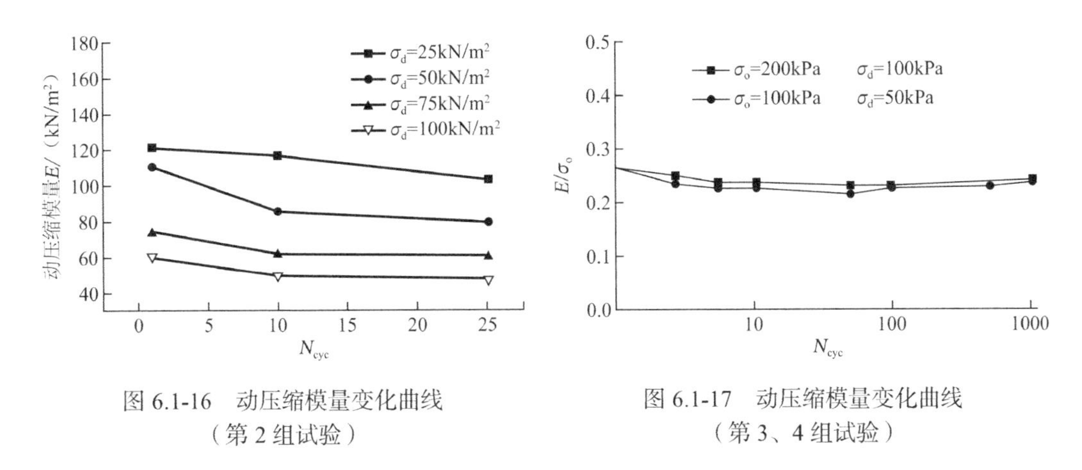

图 6.1-16　动压缩模量变化曲线（第 2 组试验）

图 6.1-17　动压缩模量变化曲线（第 3、4 组试验）

如图 6.1-18 所示为第 2～4 组循环压缩和伸长试验中重塑垃圾土在不同固结压力、不同循环应力和不同循环周数下的动压缩模量随轴向动应变ε_a变化的归一化曲线。该曲线可用下式表示：

$$\frac{E}{\sigma_o}=\frac{0.663}{\left(1+\frac{\varepsilon_a}{0.222}\right)} \tag{6.1-7}$$

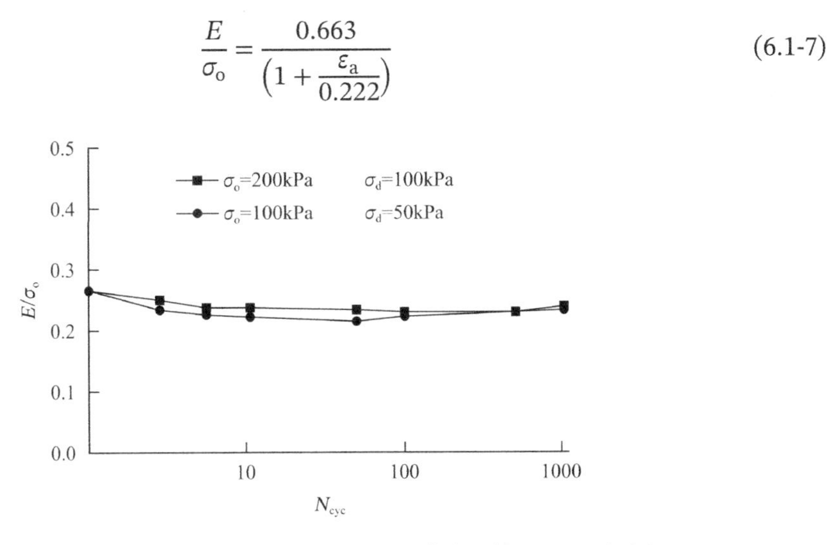

图 6.1-18　动压缩模量随轴向动应变变化的归一曲线（第 2～4 组试验）

6.2　盐渍土与环境岩土工程

6.2.1　盐渍土概述

《工程岩土学》定义，在地表 1m 厚度内，易溶盐含量大于 0.5%的土称为盐渍土。《工程地质手册》定义，盐渍土系指含有较多易溶盐类的岩土；对易溶盐含量大于 0.5%，具有吸湿、松胀等特性的土称盐渍土。《岩土工程勘察规范》(2009 年版) GB 50021—2001 第 6.8.1 条规定，易溶盐含量大于 0.3%，具有吸湿、松胀等特性的土称盐渍土。

在我国，盐渍土分布范围很广，不仅严重危害当地的农业生产，而且在工程建设方面，盐渍土的溶陷性、膨胀性和腐蚀性等特殊性质还带来一系列的环境岩土工程问题。例如，路基翻浆冒泥、边坡失稳、建筑物开裂、地下金属管线腐蚀等，严重地威胁着人类的生产和生活。为了尽量避免和预防盐渍土对工程建设及周围环境造成较大的影响和危害，从环境岩土工程角度开展对盐渍土的研究是十分必要的。

近年来，我国对盐渍土及土壤盐渍化的问题进行了大量的调查和研究工作，并积累了一定的经验，特别是在编制《盐渍土地区建筑技术规范》GB/T 50942—2014 的过程中，进行了大规模的调查、勘察和试验研究，积累了大量的资料，提高了对我国盐渍土工程性质及其环境危害的认识，也总结出一套勘察、设计、施工的经验。

6.2.2 我国盐渍土的分布及其成因分析

1）我国盐渍土的分布

主要分布在西北干旱地区的青海、新疆、甘肃、宁夏、内蒙古等地势低平的盆地和平原地区；其次，在华北平原、松辽平原、大同盆地以及青藏高原的一些湖盆洼地中也有分布。另外，滨海地区的辽东湾、渤海湾、莱州湾等沿海地区均有相当面积存在。

（1）滨海盐渍土

滨海盐渍土，表层含盐量一般在 1%～4%。华南一带因淋溶作用强烈，含盐量较低，很少超过 2%，而且盐分以氯盐、亚硫酸盐为主；华北、东北一带淋溶作用相对较弱，土层盐分淋失较少，所以含盐量较高，可达 3%以上，盐分以氯盐为主，土体呈微碱性。除浅层外，滨海盐渍土的下部土层也都含有一定量的盐分，而且沿深度的分布比较均匀。

（2）内陆盐渍土

内陆盐渍土分布面积广，含盐量高，类型繁多，成分复杂，其含盐量一般高达 10%～20%，甚至超过 50%，尤以青海柴达木盆地、新疆塔里木盆地的盐渍土为最高，地表常结成几厘米至几十厘米厚度不等的盐壳。内陆盐渍土的盐分以氯盐、亚氯盐、亚硫酸盐为主，但在河西走廊及内蒙古西部则以氯盐为主，很少见到硫酸盐。

（3）碱性盐渍土

碱性盐渍土分布面积小，厚度不大且零散，比较集中的地区是在东北松嫩平原、三江平原及宁夏银川平原等地，其形成与当地成土母质有直接关系。碱性盐渍土一般碳酸钠和碳酸氢钠含量较高，遇水膨胀、分散、泥泞，干时收缩。黄河、淮河、海河地区碱性盐渍土多呈岛状分布，穿插于其他盐渍土之间。新疆、青海、甘肃、内蒙古等地则与沙丘呈复域分布，其表面常呈龟裂状。

2）我国盐渍土的成因分析

我国盐渍土的成因，大致可分为原生型和次生型两类。所谓原生型是指由含盐母岩直接风化而成的；次生型是指离子从远处经过迁移积聚而成的。对某一地区盐渍土的成因进行分析时，不能绝对地分为原生的或次生的。

盐渍土的生成、发展与演化是所在地区各种自然条件（地形、地质、水文、气候等）和人类活动等因素综合作用的产物，其形成过程实际上是各种易溶盐在土层中逐渐聚集的过程。根据我国实际调查情况，盐渍土的成因必须具备以下一些条件：首先，具有充裕的物源，我国盐渍土所含盐分主要来源于岩石中盐类或含盐废弃物的溶解、工业废水或矿水的注入和海水的渗入三个方面；其次，必须具有离子迁移和在土中重新分布的条件，如具有地下水流或地表水流或风力的搬运营力；最后，具有盐类积聚的自然条件，通常指蒸发量与降雨量之间的关系，只有蒸发量明显大于降雨量时，地表才有盐类滞留和积聚的可能性。在上述几个条件中，气候条件是引起土质盐渍化的主要外在因素；内在因素则是易溶盐的存在并可以通过地形、地质、水文等条件发生迁移和积聚。盐渍土的形成过程，可以归纳为以下几种主要途径：

（1）地下水影响下的积盐过程

在毛细水作用下，地下水中的盐分随水溶液而上升，如果在毛细管带范围内，因湿度降低（地表蒸发）或温度降低，都会使毛细水中盐分析出，形成盐渍土。

（2）地表水影响下的积盐过程

在干旱地区，骤降暴雨等形成的地表径流溶解沿途的盐分后成为含盐的地表水，在强烈的地面蒸发下，其流程一般不长，水中的盐分即在地表及地表一定深度下聚集，形成盐渍土。

（3）海水成因

海水通过海潮侵袭或因海面上飓风等方式直接进入滨海陆地地面，经蒸发，盐分析出并积聚在土中，形成盐渍土。另外，海水还会通过直接补给沿岸地下水，在地表蒸发作用下，通过毛细水作用积聚在土体表层，形成盐渍土。

（4）盐湖、沼泽退化

一些内陆盐湖或沼泽在新构造运动和气候的变化下退化干涸，生成大片的盐渍土。

（5）人类经济活动

由于人类发展和灌溉的不当，造成了两方面的影响：一方面是矿化的水直接使土壤盐渍化，形成盐渍土；另一方面是恶化了一个地区或流域的水文和水文地质条件，引起土体和地下水中的水溶性盐类随土中毛细水作用向上运行而积聚于地表，造成了土的盐渍化。

（6）其他成因

在西北地区，大风将含盐的砂土吹落到山前戈壁和沙漠等地，积聚成新的盐渍土层。另外，植物也可以通过根系从深层土中吸取盐分，通过直接分泌或枯死分解，使盐分聚集在土表层之中，形成盐渍土。

6.2.3 盐渍土的分类

盐渍土的分类方法很多，但其分类原则无非是根据盐渍土本身的特点（如含盐性质、含盐程度、形成条件、地理位置等），按其对工业、农业或工程建设的影响和危害程度进行分类。例如，农业上是考虑对一般农作物生长的有害程度，按可溶盐类别和含量进行分类；而工程上则需考虑对工程建设和环境的影响和危害程度，进行盐渍土的分类。

由于盐渍土对不同工程对象的危害特点和影响程度是不同的，如对铁路或公路路基的影响和危害就与对建筑物地基和基础不同，所以各部门都根据各自的特点和需要来划分盐渍土的类别。下面介绍目前国内外几种主要的盐渍土分类方法。

1）按土中含盐的溶解度分类（表 6.2-1）

盐渍土按盐的溶解度分类 表 6.2-1

盐渍土名称	含盐成分	溶解度/%（$t=20°C$）
易溶盐渍土	氯化钠（NaCl）、氯化钾（KCl）、氯化钙（$CaCl_2$）、硫酸钠（Na_2SO_4）、硫酸镁（$MgSO_4$）、碳酸钠（Na_2CO_3）、碳酸氢钠（$NaHCO_3$）等	9.6～42.7
中溶盐渍土	石膏（$CaSO_4 \cdot 2H_2O$）、无水石膏（$CaSO_4$）	0.2
难溶盐渍土	碳酸钙（$CaCO_3$）、碳酸镁（$MgCO_3$）等	0.0014

2）按盐的化学成分分类（表 6.2-2）

盐渍土按盐的化学成分分类 表 6.2-2

盐渍土名称	$\frac{c(Cl^-)}{2c(SO_4^{2-})}$	$\frac{2c(CO_3^{2-})+c(HCO_3^-)}{c(Cl^-)+2c(SO_4^{2-})}$
氯盐渍土	>2.0	—
亚氯盐渍土	1.0～2.0	—
亚硫酸盐渍土	0.3～1.0	—
硫酸盐渍土	<0.3	—
碱性盐渍土	—	>0.3

注：表中$c(x)$表示x离子在 0.1kg 土中所含毫摩尔数，即 mmol/0.1kg。

3）按土中含盐量分类（表 6.2-3）

盐渍土按含盐量分类 表 6.2-3

盐渍土名称	盐渍土层的平均含盐量/%		
	氯盐渍土及亚氯盐渍土	硫酸盐渍土及亚硫酸盐渍土	碱性盐渍土
弱盐渍土	0.3～1.0	—	—
中盐渍土	1.0～5.0	0.3～2.0	0.3～1.0
强盐渍土	5.0～8.0	2.0～5.0	1.0～2.0
超盐渍土	>8.0	>5.0	>2.0

4）按地理位置和生成环境分类

（1）滨海盐渍土

滨海盐渍土主要分布在长江以北的江苏、山东、河北、天津和辽宁等省的滨海平原，长江以南沿海也有零星分布。滨海盐渍土主要受海水浸渍形成，其主要特点是土层上下含盐量差异较小，盐分以氯化物为主，硫酸盐、碳酸盐次之，阳离子以钾、钠占绝对优势，盐中的 Cl^-/SO_4^{2-}比值大于内陆盐渍土，$Na^+/(Ca^{2+}+Mg^{2+})$的比值小于内陆盐渍土。一般，脱离海水影响时间越长，受降水淋洗作用就越强，土中盐分含量就越少，反之则多。

（2）冲积平原盐渍土

冲积平原盐渍土主要分布在黄河、淮河和海河冲积平原、松辽平原及三江平原上。因受东南季风的影响，这些地区夏季炎热多雨，春季干旱多风，蒸发强烈。如松辽平原年降雨量 300～600mm，年蒸发量高达 1500～1800mm，使土层发生周期性积盐或脱盐，特别在雨季，平原低洼处常有洪水泛滥和内涝产生，促使地下水位升高，盐渍化加剧。在灌溉不当、排水不良、河床淤积或上游修建水库的情况下，亦会有同种现象发生。

（3）内陆盐渍土

内陆盐渍土主要集中在东经 105°以西、北纬 35°以北的广大干旱地区，多为盆地型盐渍土，包括新疆的塔里木盆地、准噶尔盆地，以及甘肃河西走廊、青海柴达木盆地、宁夏银川平原、内蒙古河套地区等。

5）按形成条件分类

（1）盐土

从地表向下 1～2m 深度的垂直剖面内，易溶盐含量大于 1%的土称为盐土。干旱季节，盐土表面常有白色盐霜及盐壳形成。

（2）碱土

碱土的特点是在地表 0.3～0.4m 深范围内含较多的碳酸钠和碳酸氢钠，没有或仅含有微量的其他盐类。其黏土部分被吸附性钠离子所饱和，常具有柱状结晶，因吸附钠离子作用，使土的分散度增高，呈现出过高的吸附性、膨胀性、塑性和遇水崩解性。

（3）胶碱土（龟裂黏土）

胶碱土是沙漠地区所特有的一种土，大部分是黏土质，通常整个断面上易溶盐含量不多，地面无植物生长。干燥时地面开裂呈多角形，潮湿时土体膨胀，裂缝挤密，泥泞不堪。

6.2.4 盐渍土的工程特性

盐渍土作为一种典型的环境土，其物理力学性质与成因类型、地理环境、含盐性质、气候变化等因素密切相关。盐渍土的三相组成与一般土不同，其易溶盐同时存在于固态和液态之中，并在含水率或温度改变时，互相发生相态变化。因此，盐渍土中盐分的存在及其易变性，会使土的工程特性变得十分复杂。

1）盐渍土的溶陷性

盐渍土中的可溶盐经水浸泡后溶解、流失，致使土体结构松散，在土的饱和自重压力下出现溶陷。有的盐渍土浸水后，需在一定压力作用下，才会产生溶陷。盐渍土溶陷性的大小，与易溶盐的性质、含量、赋存状态和水的径流条件以及浸水时间的长短等有关。盐渍土按溶陷系数可分为两类：当溶陷系数占值小于 0.01 时，称为非溶陷性土；当溶陷系数占值大于或等于 0.01 时，称为溶陷性土。

2）盐渍土的盐胀性

硫酸（亚硫酸）盐渍土中无水芒硝（Na_2SO_4）的含量较多，无水芒硝在 32.4℃以上时为无水晶体，体积较小；当温度下降至 32.4℃时，吸收 10 个水分子的结晶水，成为芒硝（$Na_2SO_4 \cdot 10H_2O$）晶体，使体积增大，如此不断的循环反复作用，使土体变松。盐胀作用是盐渍土由于昼夜温差大引起的，多出现在地表下不太深的地方，一般约为 0.3m。碳酸盐渍土中含有大量吸附性阳离子，遇水时与胶体颗粒作用，在胶体颗粒和土颗粒周围形成结合水薄膜，减少了颗粒间的黏聚力，使其互相分离，引起土体盐胀。资料证明，当土中的 Na_2SO_4 含量超过 0.5%时，其盐胀量显著增大。

3）盐渍土的腐蚀性

盐渍土均具有腐蚀性。硫酸盐盐渍土具有较强的腐蚀性，当硫酸盐含量超过 1%时，对混凝土产生有害影响，对其他建筑材料也有不同程度的腐蚀作用。氯盐渍土具有一定的腐蚀性，当氯盐含量大于 4%时，对混凝土产生不良影响，对钢铁、木材、砖等建筑材料也具有不同程度的腐蚀性。碳酸盐渍土对各种建筑材料也具有不同程度的腐蚀性。腐蚀程度除与盐类的成分有关外，还与建筑结构所处的环境条件有关。

4）盐渍土的吸湿性

氯盐渍土含有较多的一价钠离子，其水解半径大，水化胀力强，在其周围能形成较厚的水化薄膜。因此，氯盐渍土具有较强的吸湿性和保水性。这种性质使氯盐渍土在潮湿地区极易吸湿软化，强度降低，而在干旱地区，土体容易压实。氯盐渍土吸湿的深度一般只限于地表，深度约为 10cm。

5）有害毛细作用

盐渍土有害毛细水上升能引起地基土的浸湿软化和造成次生盐渍土，并使地基土强度降低，产生盐胀、冻胀等不良作用。影响毛细水上升高度和上升速度的因素，主要有土的矿物成分、粒度成分、土颗粒的排列、孔隙的大小和水溶液的成分、浓度、温度等。

6）盐渍土的起始冻结温度和冻结深度

盐渍土的起始冻结温度是指土中毛细水和重力水溶解土中盐分后形成盐溶液的起始冻结温度。起始冻结温度随溶液浓度的增大而降低，且与盐的类型有关。根据铁道部第一勘测设计院的试验资料，当水溶液浓度大于 10%后，氯盐渍土的起始冻结温度比亚硫酸盐渍土低得多。当土中含盐量达到 5%以上时，土的起始冻结温度下降到−20℃以下。盐渍土的冻结深度可以根据不同深度的地温资料和不同深度盐渍土中水溶液的起始冻结温度判定，也可在现场直接测定。

7）对土的物理性质的影响

（1）氯盐渍土的含氯量越高，液限、塑限和塑性指数越低，可塑性越低。资料表明，氯盐渍土比非盐渍土的液限低2%～3%，塑限低1%～2%。

（2）氯盐渍土由于氯盐晶粒充填了土颗粒间的孔隙，一般能使土的孔隙比降低，土的密度、干密度提高。但硫酸盐渍土由于Na_2SO_4的含量较多，Na_2SO_4在32.4℃以上时为无水芒硝，体积较小，当温度下降到32.4℃时，吸水后变成芒硝（$Na_2SO_4 \cdot 10H_2O$），体积变大，经反复作用后使土体变松，孔隙比增大，密度减小。

8）对土的力学性质的影响

（1）盐渍土的含盐量对抗剪强度影响较大，当土中含有少量盐分，在一定含水率时，使黏聚力减小，内摩擦角降低；当盐分增加到一定程度后，由于盐分结晶，使黏聚力和内摩擦角增大。所以，当盐渍土的含水率较低且含盐量较高时，土的抗剪强度就较高，反之就较低。三轴试验表明，盐渍土土样的垂直应变达到5%的破坏标准和达到10%的破坏标准的抗剪强度相差较大，10%破坏标准的抗剪强度要比5%破坏标准的小20%左右。浸水对黏聚力的影响较大，而对内摩擦角的影响不大。

（2）由于盐渍土具有较高的结构强度，当压力小于结构强度时，盐渍土几乎不产生变形，但浸水后，盐类等胶结物软化或溶解，模量有显著降低，强度也随之降低。

（3）氯盐渍土的力学强度与总含盐量有关，总的趋势是总含盐量增大，强度随之增大。当总含盐量在10%范围内时，载荷试验比例界限（P_0）变化不大；超过10%后，P_0有明显提高。原因是土中氯盐含量超过临界溶解含盐量时，氯盐以晶体状态析出，对土粒产生胶结作用，使土的强度提高。相反，氯盐含量小于临界溶解含盐量时，则以离子状态存在于土中，对土的强度影响不太明显。

硫酸盐渍土的总含盐量对强度的影响与氯盐渍土相反，即硫酸盐渍土的强度随总含盐量增加而减小，原因是硫酸盐渍土具有盐胀性和膨胀性。资料表明，当总含盐量为1%～2%时，载荷试验比例界限（P_0）产生较明显的影响，且P_0随总含盐量的增加而很快降低；当总含盐量超过2.5%时，P_0降低速度逐渐变慢；当总含盐量等于12%时，P_0降低到非盐渍土的1/2左右。

6.2.5　盐渍土的工程危害及其工程评价

1）盐渍土的工程危害

近年来，随着我国西部盐渍土地区的大规模开发和建设，各类建筑物、道路、铁路等基础设施显著增多。由于盐渍土中含盐量较高，地下水矿化度大，具有溶陷性、膨胀性和腐蚀性等特殊性质，因此，带来了不少环境岩土工程问题，对工程建设造成较大的影响和危害。

我国盐渍土的分布很广，各地区盐渍土的成因、组成和工程特性有明显差别。因此，不同地区的盐渍土地基危害的表现形式也有所不同。例如，在地下水位很高的盐湖地区或滨海地区，其危害主要表现为对基础和地下设施的腐蚀作用；在地下水位很深的内陆盐渍土地区，地基溶陷问题比较突出，而腐蚀现象相对并不十分严重；在以硫酸钠为主的盐渍土地区，盐胀对地基造成的危害比较严重。

（1）对建筑物和地下管线的影响

盐渍土中多含有大量可溶性无机盐类。由于这些盐类的状态随着温度、湿度（降雨量和蒸发量）和浓度的变化而出现积聚或淋溶、结晶或溶解等现象，使地基土体发生溶陷或盐胀，诱发其上的建筑物产生较大的不均匀沉降而开裂、倾斜甚至破坏；同时，盐类的离子对混凝土和钢材的腐蚀性和腐蚀程度等也会随之发生变化。盐渍土地基的溶陷和盐胀对塔、罐、槽、井、池和管道等构筑物及地下设施等也会造成一定的危害。

（2）对公路、铁路的影响

①松胀

松胀一般发生在硫酸盐盐渍土地区。由于昼夜温度升降的反复作用，使硫酸盐盐渍土填筑的路基表层发生周期性体积变化，土体结构破坏而松胀，导致路基整体强度下降并产生不均匀沉陷。此外，夏季气候炎热，地温升高，硫酸钠溶液经毛细管上升至地面，继而水分蒸发后，留下无水的盐结晶，久而久之在土的表层形成一层污雪状松散层，这一过程也会使路基表层土体处于松散状态。松胀现象常使路面形成波浪、鼓包和开裂，路肩边坡失稳，且易遭冲蚀和吹蚀作用，使路肩上脚踏下陷，行走不便，给养路工作带来困难并影响行车安全。

②膨胀

因碳酸盐具有遇水膨胀的特点，所以用碳酸盐盐渍土填筑的路堤，当浸水或淋溶时，土将很快地转变成亲水性显著的柱状碱土。这种碱土的塑性强，渗透系数小，往往造成边坡溜坍、路肩泥泞等病害。在我国东北地区的滨洲、通让、平齐、长白铁路上，这种病害较为严重。硫酸盐盐渍土填筑的路基，季节性温度变化引起的较深范围内土体的体积变化会导致路基季节性的隆起和下沉，造成路面鼓包和开裂或路基不稳定。兰新铁路哈密附近一些硫酸盐盐渍土路基，在铁路通车两年后，有的地段的路基冬季膨胀隆起高达百余毫米，严重危及行车安全。

③冻胀和翻浆

东北地区的滨洲、通让、平齐、长白等铁路线上，有些盐渍土地段，冬季冻胀隆起，春融沉陷以及翻浆冒泥相当严重，冬季冻胀隆起高达 104～130mm，春融沉陷个别地段可达 500mm，严重影响了列车的正常运行。

④溶蚀和退盐

盐渍土路基受雨水冲洗，表层盐分被溶解后随着雨水下渗，造成退盐作用，结果使路基变松。土体由盐土变成碱土，增加土的膨胀性和不透水性，降低了路基的稳定性。降雨量小的地区，路肩出现许多细小的冲沟；降雨量大的地区，路基体内形成空洞，小空洞的直径为数十厘米，大的达1.5～2.0m，容易使路基发生下沉，危及行车安全。

⑤路基的次生盐渍化

路基的次生盐渍化是由于盐渍土地区的地下水中含有较多的易溶盐类，通过毛细管作用使水分上升，如果路堤没有足够的高度，则毛细管水被蒸发，盐则留于土中，填土中的含盐量逐渐积累增大而变成盐渍土。路基的次生盐渍化影响了路堤的密实度及稳定性，致使路基产生病害。由于地下水的侵蚀性以及盐类在表层积聚和结晶时的膨胀，从而造成路面破坏。例如成昆铁路有一段（约45km）处在白垩纪含盐砂页岩地区，含盐类型为芒硝、钙芒硝、食盐等，经水溶解后形成高矿化度水流，对路基、隧道衬砌、铁轨等造成侵蚀性破坏，路基遭盐胀隆起，严重影响了列车运行。

（3）对桥涵工程的影响

盐渍土地区桥涵工程的腐蚀问题比较突出，腐蚀程度随介质的矿化度不同而异，矿化度越高则腐蚀越严重；同时也与介质的酸碱度、气候环境条件、建筑物选材及施工质量等因素有密切关系。常年无水桥涵工程的主要部位腐蚀位于地面以上1m至地下水位之间。在地下水位以下，随着距地面深度的增加，盐渍土的腐蚀性逐渐减弱，地面1m以上一般没有腐蚀现象。

（4）地下金属管道的腐蚀问题

随着经济建设的发展，埋入地下的金属管线遍及全国各地。在盐渍土地区，由于土壤中可溶盐的溶解，游离的阴离子对金属（输油管道）的腐蚀问题越来越突出。经调查，在山东、河北的滨海盐土及盐渍化土中，最大孔蚀速率达每年1.5mm，10年内每20km的平均穿孔数为3.6。在内陆盐渍土中，最高可达10.9孔，严重影响金属管线的寿命，并造成环境污染。

2）盐渍土的工程评价

由于盐渍土的成因环境、含盐性质、母质岩性等多种多样，使得盐渍土的工程性质非常复杂。目前对盐渍土的研究和实践经验还远远不够，因此要对盐渍土作出统一的工程评价尚有一定的困难。本节只能根据局部地区的经验，作一些简单介绍。

（1）盐渍土的岩土工程评价准则

盐渍土的岩土工程评价应根据勘测季节的代表性，分别评价盐渍土的腐蚀性、溶陷性和盐胀性，并提出工程防治措施，必要时尚应分析评价当地砂石及水源的适宜性和可行性。

（2）盐渍土的腐蚀性评价

①盐渍土对基础的腐蚀性，可分为强腐蚀性、中腐蚀性、弱腐蚀性和微腐蚀性四个等级。受环境类型影响，水和土对混凝土结构的腐蚀性，应符合《岩土工程勘察规范》（2009年版）GB 50021—2001表12.2.1的规定；环境类型的划分按《岩土工程勘察规范》（2009年版）GB 50021—2001附录G执行。

②当环境土层为弱盐渍土、土体含水率小于 3%、工程处于 A 类使用环境条件时，可初步认定工程场地及其附近的土为弱腐蚀性，可不进行腐蚀性评价。

③土对钢结构、水和土对钢筋混凝土结构中的钢筋、水和土对混凝土结构的腐蚀性评价应符合现行国家标准《岩土工程勘察规范》(2009 年版) GB 50021 的规定。

④水和土对砌体结构、水泥和石灰的腐蚀性评价应符合现行国家标准《盐渍土地区建筑技术规范》GB/T 50942 的规定。

⑤对于丙级工程，当同时具备弱透水性土、无干湿交替、不冻区段三个条件时，盐渍土的腐蚀性可降低一级。

⑥水、土对基础腐蚀的防护应符合现行国家标准《工业建筑防腐蚀设计标准》GB/T 50046 的规定。

(3) 盐渍土的溶陷性评价

根据资料，只有干燥和稍湿的盐渍土才具有溶陷性且大多为自重溶陷性，土的自重压力一般均超过起始溶陷压力。当盐渍土地基符合下列条件之一时，可初步判定为非溶陷性或不考虑溶陷性对建筑物的影响。

当碎石盐渍土、砂土盐渍土以及粉土盐渍土的湿度为饱和，黏性盐渍土状态为软塑—流塑，且工程的使用环境条件不变时，可不考虑溶陷性对建筑物的影响。

碎石类盐渍土经洗盐后粒径大于 2mm 的颗粒超过全质量的 70%时，可判定为非溶陷性土。

当需进一步判定溶陷性时，应根据现场土体类型、场地复杂程度、工程重要性等级，采用《盐渍土地区建筑技术规范》GB/T 50942—2014 规定的方法测定盐渍土的溶陷系数δ进行评价。

①当溶陷系数大于或等于 0.01 时，应判定为溶陷性盐渍土。根据溶陷系数的大小可将盐渍土的溶陷程度分为下列三类：

当 $0.01 < \delta \leqslant 0.03$ 时，溶陷性轻微；

当 $0.03 < \delta \leqslant 0.05$ 时，溶陷性中等；

当 $\delta > 0.05$ 时，溶陷性强。

②盐渍土地基的溶陷等级分为三级，Ⅰ级为弱溶陷，Ⅱ级为中溶陷，Ⅲ级为强溶陷。溶陷等级的确定应符合表 6.2-4 的规定。

盐渍土地基的溶陷等级 表 6.2-4

溶陷等级	总溶陷量S_{rx}/mm
Ⅰ级 弱溶陷	$70 < S_{rx} \leqslant 150$
Ⅱ级 中溶陷	$150 < S_{rx} \leqslant 400$
Ⅲ级 强溶陷	$S_{rx} > 400$

③各类盐渍土场地的溶陷性均应根据地基的溶陷等级，结合场地的使用环境条件 (A

或 B）作出综合评价。根据大量科研及工程试验研究表明，盐渍土的溶陷性一般处于地表 2～3m 范围内，对基础的影响轻微。当换土部分的填土，应用非溶陷性的土层分层夯实并控制夯实后的干密度，符合规范要求后可不考虑溶陷性影响。

（4）盐渍土的盐胀性评价

盐渍土的盐胀性主要是由于硫酸钠结晶吸水后，体积膨胀造成。盐胀性宜根据现场试验测定有效盐胀厚度和总盐胀量确定。

①盐渍土地基中硫酸钠含量小于 1%且使用环境条件不变时，可不考虑盐胀性对建筑物的影响。

②当初步判定为盐胀性土时，应根据现场土体类型、场地复杂程度、工程重要性等级，宜采用《盐渍土地区建筑技术规范》GB/T 50942—2014 规定的试验方法测定盐胀性。

③盐渍土的盐胀性，可根据盐胀系数（δ_{yz}）的大小和硫酸钠含量C_{ssn}按如表 6.2-5 所示分类。

盐渍土盐胀性分类　　表 6.2-5

指标	非盐胀性	弱盐胀性	中盐胀性	强盐胀性
盐胀系数	$\delta_{yz} \leqslant 0.01$	$0.01 < \delta_{yz} \leqslant 0.02$	$0.02 < \delta_{yz} \leqslant 0.04$	$\delta_{yz} > 0.04$
硫酸钠含量	$C_{ssn} \leqslant 0.5$	$0.5 < C_{ssn} \leqslant 1.2$	$1.2 < C_{ssn} \leqslant 2$	$C_{ssn} > 2$

注：当盐胀系数和硫酸钠含量两个指标判断的盐胀性不一致时，应以硫酸钠含量为主。

④盐渍土地基的总盐胀量除可按《盐渍土地区建筑技术规范》GB/T 50942—2014 附录 C 直接测定外，也可按下式计算：

$$S_{yz} = \sum_{i=1}^{n} \delta_{yzi} h_i,\ (i = 1,2,\cdots,n) \tag{6.2-1}$$

式中：S_{yz}——盐渍土地基总盐胀量的计算值（mm）；

δ_{yzi}——室内试验测定的第i层土的盐胀系数；

n——基础底面以下可能产生盐胀的土层层数。

⑤盐渍土地基的盐胀等级分为三级，Ⅰ级为弱盐胀，Ⅱ级为中盐胀，Ⅲ级为强盐胀。盐胀等级的确定应符合表 6.2-6 的规定。

盐渍土地基的盐胀等级　　表 6.2-6

盐胀等级	总盐胀量S_{yz}/mm
Ⅰ级　弱盐胀	$30 < S_{yz} \leqslant 70$
Ⅱ级　中盐胀	$70 < S_{yz} \leqslant 150$
Ⅲ级　强盐胀	$S_{yz} > 150$

⑥各类盐渍土场地的盐胀性均应根据地基的盐胀等级，结合场地的使用环境条件（A 或 B）进行综合评价。

⑦盐渍土的盐胀性主要因温度或湿度变化所产生的体积变化而引起的地基变形，主要是由于硫酸钠结晶吸水后的体积膨胀所造成。一般在地面 3m 以下大气的影响作用较弱，对于线路基础来说可不考虑盐胀性影响。

（5）盐渍土的承载力评价

①盐渍土的承载力应采用载荷试验确定，试验方法可按《建筑地基基础设计规范》GB 50007—2011 附录 H 执行。对完整、较完整和较破碎的盐渍岩，可根据室内饱和单轴抗压强度，按《建筑地基基础设计规范》GB 50007—2011 规定的公式计算，但折减系数宜取小值，并应考虑盐渍盐的水溶性影响。

②盐渍土在干燥状态下，强度高、承载力较大，但在浸水状态下，强度和承载力迅速降低，压缩性增大。土的含盐量越高，水对强度和承载力的影响越大。因此，盐渍土的承载力应采用载荷试验确定。对有浸水可能的地基，宜采用浸水载荷试验确定。有经验的地区也可采用静力触探、旁压试验等原位测试方法确定。

6.2.6 盐渍土的地基处理方法

1）盐渍土地基处理的基本原则

（1）盐渍土地基的处理应根据土的含盐类型、含盐量和环境条件等因素选择地基处理方法和抗腐蚀能力强的建筑材料。

（2）所选择的地基处理方法应在有利于消除或减轻盐渍土溶陷性和盐胀性对建（构）筑物的危害的同时，提高地基承载力和减少地基变形。

（3）选择溶陷性和盐胀性盐渍土地基的处理方案时，应根据水环境变化和大气环境变化对处理方案的影响，采取有效的防范措施。

（4）采用排水固结法处理盐渍土地基时，应根据盐溶液的黏滞性和吸附性，缩短排水路径，增加排水附加应力。

（5）处理硫酸盐为主的盐渍土地基时，应采用抗硫酸盐水泥，不宜采用石灰材料；处理氯盐为主的盐渍土地基时，不宜直接采用钢筋增强材料。

（6）水泥搅拌法、注浆法、化学注浆法等在无可靠经验时，应通过试验确定其适用性。

（7）盐渍土地基处理施工完成后，应检验处理效果，判定是否能满足设计要求。

2）盐渍土的地基处理方法

盐渍土地基处理的目的主要在于改善土的力学性能，消除或减少地基因浸水或温度变化而引起的溶陷、盐胀和腐蚀等特性。地基土处理的原则是在已有相对成熟的盐渍土地基处理方法中，根据盐渍土的特性，参考该类盐渍土的主要病害及以往的工程处治措施的实际效果，选择易于实施、环境影响小、技术可行、经济合理、安全可靠的综合处治方案。与其他种类土的地基处理目的有所不同，盐渍土地基处理的范围和厚度应根据盐渍土的性质、含盐类型、含盐量等，并针对盐渍土的不同性状，对盐渍土的溶陷性、盐胀性、腐蚀性采用不同的地基处理办法。盐渍土地基处理的常用方法见表 6.2-7。

盐渍土地基处理的常用方法　　**表 6.2-7**

方案比较地基	消除盐胀				消除溶陷					
	化学方法	设置变形缓冲层	设置地面隔热层	换土垫层法	浸水预溶法	强夯法	浸水预溶加强夯法	换土垫层法	盐化处理法	桩基法
造价	一般	一般	一般	很高	高	高	很高	很高	一般	很高
工期	长	较短	较短	长	长	短	较短	长	长	较短
消除病害的效果	一般	一般	一般	较好	基本消除	基本消除	基本消除	较好	一般	基本消除
施工技术特别要求	—	—	—	—	—	—	控制注水量	—	—	—
施工难度	难	易	难	易	用水困难	易	用水困难	易	易	—

（1）以盐胀性为主的盐渍土的地基处理

这类盐渍土的地基处理主要是减小或消除盐渍土的盐胀性，可采用下列方法：

①换土垫层：即使硫酸盐盐渍土层很厚，也无须全部挖除，只要将有效盐胀范围内的盐渍土挖除即可。

②设地面隔热层：地面设置隔热层，使盐渍土层的浓度变化减小，从而减小或完全消除盐胀，不破坏地坪。

③设变形缓冲层：在地坪下设一层 20cm 左右厚的大粒径卵石，使下面土层的盐胀变形得到缓冲。

④化学处理：如将氯盐渗入硫酸盐盐渍土中，抑制其盐胀性，当 Cl^-/SO_4^{2-} 大于 6 时，效果显著，原因在于硫酸钠在氯盐溶液中的溶解度随浓度增加而减少。

（2）以溶陷性为主的盐渍土的地基处理方法

这类盐渍土的地基处理主要是减小地基的溶陷性，可通过现场试验后，按如表 6.2-8 所示选用不同的方法。

溶陷性为主盐渍土的地基处理方法　　**表 6.2-8**

处理方法	适合条件	注意事项
浸水预溶法	厚度不大或渗透性较好的盐渍土	需经现场试验确定浸水时间和预溶深度
强夯法和强夯置换法	地下水位以上，孔隙比较大的低塑性土	需经现场试验，选择最佳夯击能量和夯击参数
浸水预溶 + 强夯法	厚度较大，渗透性较好的盐渍土，处理深度取决于预溶深度和夯击能量	需经试验选择最佳夯击能量和夯击参数
浸水预溶 + 预压法	土质条件同上，处理深度取决于预溶深度和预压深度	需经现场试验，检验压实效果
换填垫层法	溶陷性较大且厚度不大的盐渍土	宜用灰土或易夯实的非盐渍土回填
砂石（碎石）桩法	粉土和粉细砂层，地下水位较高	振冲所用的水应采用场地内地下水或卤水，切忌一般淡水
盐化法	含盐量很高，土层较厚，其他方法难以处理，且地下水位较深	需经现场试验，检验处理效果

注：据徐攸的《盐渍土的工程特性、评价及改良》。

（3）盐渍土的防腐蚀处理措施

盐渍土的腐蚀主要是盐溶液侵入建筑材料所造成的，所以采取隔断盐溶液的侵入或增加建筑材料的密度等措施，可以防护或减小盐渍土对建筑材料的腐蚀程度。《工业建筑防腐蚀设计标准》GB/T 50046—2018 提出的防护措施，可以参照使用。对于盐渍土地区基础防腐的关键就是耐久性设计，通过依靠混凝土良好的配合比设计、合理的构造措施、外防护措施、防水设计和裂缝控制等处理措施来提高其耐久性。

6.3 冻土与环境岩土工程

6.3.1 冻土的物理力学性质

冻土是指具有负温或零温度的含冰土体。

冻土应根据土的颗粒级配和液、塑限指标，按《土的工程分类标准》GB/T 50145—2007 确定土类名称。

按冻土含冰特征，可定名为少冰冻土、多冰冻土、富冰冻土、饱冰冻土和含土冰层。少冰冻土为肉眼看不见分凝冰的冻土；多冰冻土、富冰冻土和饱冰冻土为肉眼可看见分凝冰，但冰层厚度小于 2.5cm 的冻土；冰层厚度大于 2.5cm，且其中含土时，称为含土冰层，若其中不含土时，应定名为纯冰层（ICE），其鉴别特征见表 6.3-1。

冻土的描述及定名　　表 6.3-1

<table>
<tr><th>土类</th><th colspan="2">含冰特征</th><th>冻土定名</th></tr>
<tr><td rowspan="5">Ⅰ未冻土</td><td>处于非冻结状态的岩、土</td><td>按《土的工程分类标准》GB/T 50145—2007 定名</td><td>—</td></tr>
<tr><td rowspan="4">肉眼看不见分凝冰的冻土（N）</td><td>①胶结性差，易碎的冻土（N_f）</td><td rowspan="5">少冰冻土（S）</td></tr>
<tr><td>②无过剩冰的冻土（N_{bn}）</td></tr>
<tr><td>③胶结性良好的冻土（N_b）</td></tr>
<tr><td>④有过剩冰的冻土（N_{bc}）</td></tr>
<tr><td rowspan="4">Ⅱ冻土</td><td rowspan="4">肉眼可见分凝冰，但冰层厚度小于 2.5cm 的冻土（V）</td><td>①单个冰晶体或冰包裹体的冻土（V_x）</td></tr>
<tr><td>②在颗粒周围有冰膜的冻土（V_c）</td><td>多冰冻土（D）</td></tr>
<tr><td>③不规则走向的冰条带冻土（V_r）</td><td>富冰冻土（F）</td></tr>
<tr><td>④层状或明显定向的冰条带冻土（V_s）</td><td>饱冰冻土（B）</td></tr>
<tr><td rowspan="2">Ⅲ厚层冰</td><td rowspan="2">冰厚度大于 2.5cm 的含土冰层或纯冰层（ICE）</td><td>①含土冰层（ICE + 土类符号）</td><td>含土冰层（H）</td></tr>
<tr><td>②纯冰层（ICE）</td><td>ICE + 土类符号</td></tr>
</table>

按冻结状态待续时间，分为多年冻土、隔年冻土和季节冻土。

多年冻土：指持续冻结时间在 2 年或 2 年以上的土。

季节冻土：地壳表层冬季冻结而在夏季又全部融化的土。

隔年冻土：指冬季冻结而翌年夏季并不融化的那部分冻土。

此外，按冻土中易溶盐含量或泥炭化程度分类还可划分出盐渍化冻土和泥炭化冻土，对此类应进行专门研究。

1）土的起始冻结温度和冻土的未冻含水率

各种土的起始冻结温度是不一样的，砂土、砾石土约在 0℃时冻结，可塑的粉土在 –0.20～0.50℃开始冻结，坚硬黏土和粉质黏土在–0.60～1.20℃开始冻结。对同一种土，含水率越小，起始冻结温度越低，如图 6.3-1 所示。当土的温度降到起始冻结温度以下时，部分孔隙水开始冻结。随着温度进一步降低，土中未冻水的含量逐渐减少，但不论温度多低，土中仍含有未冻水。冻土中未冻水的含量对其力学性质有很大影响。根据未冻水含量和冰的胶结程度，可将冻土分为以下三类。

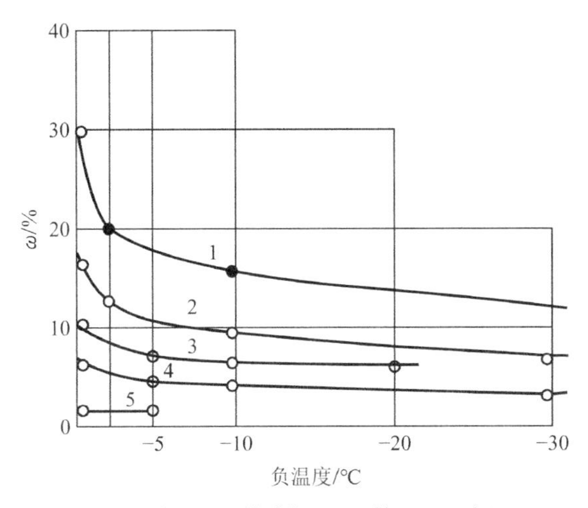

1，2—黏土；3—粉质黏土；4—粉土；5—砂土

图 6.3-1　冻土起始冻结温度与含水率的关系

（1）坚硬冻土：土中未冻水含量很少，土粒由冰牢固胶结，土的强度高，压缩性小，在荷载下表现为脆性破坏，与岩石相似，称为坚硬冻土。当土的温度低于下列数值时，易呈坚硬冻土状态：粉砂–0.3℃，粉土–0.6℃，粉质黏土–1.0℃，黏土–1.5℃

（2）塑性冻土：含大量未冻水，土的强度不高，压缩性较大。当土的温度在 0℃至坚硬冻土的温度上限之间，饱和度$S_r < 80\%$时，呈塑性冻土状态，称为塑性冻土。

（3）松散冻土：由于土的含水率较低，土粒未被冰所胶结，仍呈冰前的松散状态，其力学性质与未冻土无大差别，称为松散冻土。砂土与碎石土常呈松散冻土。

2）冻土的构造和融沉性

由于土的冻结速度、冻结的边界条件及土中水的多少不同，在冻结中可以形成晶粒状构造、层状构造、网状构造三种冻土构造，见图 6.3-2。晶粒状构造，冻结时没有水分转移，土颗粒与冻晶融合在一起，没有冰和矿物颗粒的离析现象，水分就在原来的孔隙中结成晶粒状的冰，一般的砂土或含水率小的黏性土具有这种构造。层状构造，土呈单向冻结，有水分转移，土中出现冰和矿物颗粒的离析，形成冰夹层，在饱和的黏性土或粉砂中常见。网状构造，是由于多向冻结条件下有水分转移而形成。

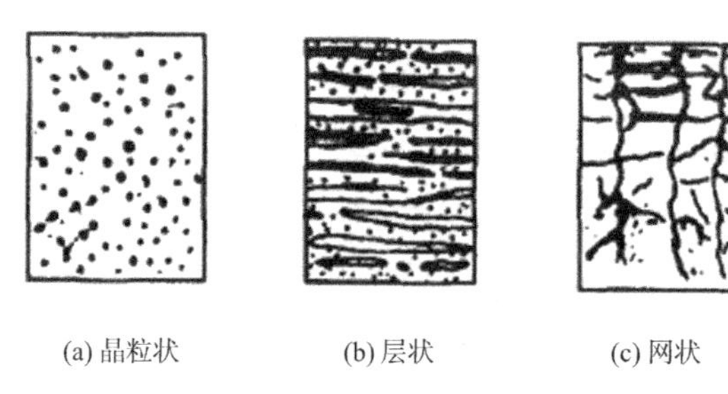

(a) 晶粒状　　(b) 层状　　(c) 网状

图 6.3-2　冻土的构造

多年冻土的构造与其融沉性有很大关系。晶粒构造的冻土，融沉性一般不大，而层状和网状构造的冻土在融化时可产生很大的融沉。多年冻土的融沉性是评价其工程性质的重要指标。冻土的融沉性可由试验测定出的融化下沉系数δ_s表示：

$$\delta_s = \frac{h_1 - h_2}{h_1} = \frac{e_1 - e_2}{1 + e_1} \times 100\% \tag{6.3-1}$$

式中：h_1，e_1——分别为冻土试样融化前的厚度与孔隙比；

h_2，e_2——分别为冻土试样融化后的厚度与孔隙比。

根据δ_s值可将多年冻土地基分为五类：

$\delta_s < 1\%$　　Ⅰ不融沉的；

$1 \leqslant \delta_s < 3\%$　　Ⅱ弱融沉的；

$3 \leqslant \delta_s < 10\%$　　Ⅲ融沉的；

$10 \leqslant \delta_s < 25\%$　　Ⅳ强融沉的；

$\delta_s \geqslant 25\%$　　Ⅴ融陷的。

3）冻土的主要物理指标

冻土由四相组成，即矿物颗粒、冰、未冻水和气体。表示冻土物理性质的指标除天然重度ρ、天然含水率ω及土粒相对密度G_s等一般的常用物理指标外，还有以下几个与含水状态有关的指标。

（1）相对含冰量i_0：冰的重量与全部水重（包括冰）之比（%）。

（2）冰夹层含水率（或包裹体含水率）ω_b：冰夹层（冰包裹体）的水重与土骨架重的百分比（%）。

（3）未冻水含量ω_r：$\omega_r = (1 - i_0)\omega$。

（4）重量含冰量（或饱冰度）：冰的重量与土的总重之比（%）。

$$V = \frac{i_0\omega}{1 + \omega} \tag{6.3-2}$$

（5）冰夹层含冰量（或包裹体含冰量）：指冰透镜体和冰夹层体积占冻土总体积的百分比。

$$B_b = \frac{G_s\omega_b}{0.9 + G_s(\omega - 0.1\omega_r)} \tag{6.3-3}$$

（6）冻胀量：土在冻结过程中的相对体积膨胀，用小数表示。

$$V_p = \frac{\lambda_r - \lambda_d}{\lambda_r} \tag{6.3-4}$$

式中：λ_r，λ_d——分别为冻土融化后和融化前的干重度（kN/m^3）；按冻胀量，冻土可分为（季节性冻土的冻胀性分类与此处所列者不同）：

$V_p \leqslant 0$，不冻胀的；

$0 < V_p < 0.02$，弱冻胀的；

$V_p \geqslant 0.02$，冻胀的。

天然状态下多年冻土的干重度γ_d常被用来评价其融沉性。例如，对粉质黏土来说，$\gamma_d < 13kN/m^3$，属融陷或强融沉；$\gamma_d = 13 \sim 15kN/m^3$，属融沉；$\gamma_d = 15 \sim 17kN/m^3$，属弱融沉；$\gamma_d > 17kN/m^3$，属不融沉。

4）多年冻土的强度

冻土的抗压强度与冰的胶结作用有关，比未冻土大许多倍且与温度和含水率有关。如图 6.3-3 所示，冻土的抗压强度随温度降低而增高。这是因为温度降低时不仅含冰量增加，而且冰的强度也增大的缘故。在一定的负温下，冻土的抗压强度随土的含水率的增加而增大。因为含水率越大，起胶结作用的冰也越多。然而，含水率过大，其抗压强度反而减小并趋于某个定值，即相当于纯冰在该温度下的强度。

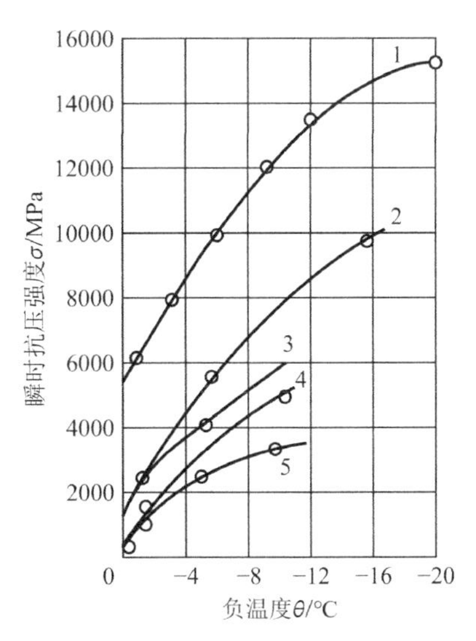

1—砂；2，3—粉土；4，5—黏土

图 6.3-3　冻土瞬时抗压强度与负温度的关系

冻土中因有冰和未冻水存在，故在长期荷载作用下有强烈的流变性，见图 6.3-4。长期荷载作用下冻土的极限抗压强度比瞬时荷载作用下的抗压强度要小很多倍，见图 6.3-5，且与冻土的含冰量及温度有关，在选用地基承载力时必须考虑这一点。

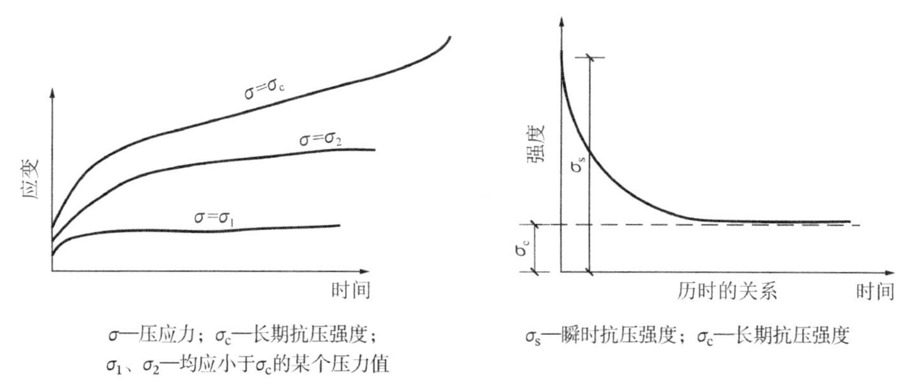

σ—压应力；σ_c—长期抗压强度；
σ_1、σ_2—均应小于σ_c的某个压力值

图 6.3-4　冻土的应力与时间的关系

σ_s—瞬时抗压强度；σ_c—长期抗压强度

图 6.3-5　冻土的抗压强度与荷载作用

如图 6.3-6 所示，多年冻土在抗剪强度方面的表现与抗压强度类似，长期荷载作用下冻土的抗剪强度比瞬时荷载作用下的抗剪强度要低很多。所以，一般情况下只考虑其长期抗剪强度。此外，由于冻土的内摩擦角不大，近似地把冻土看作理想黏滞体，即$\varphi=0$，可以计算冻土地基的极限荷载或临塑荷载，以试验求得的长期黏聚力c_c代替公式中的c值。

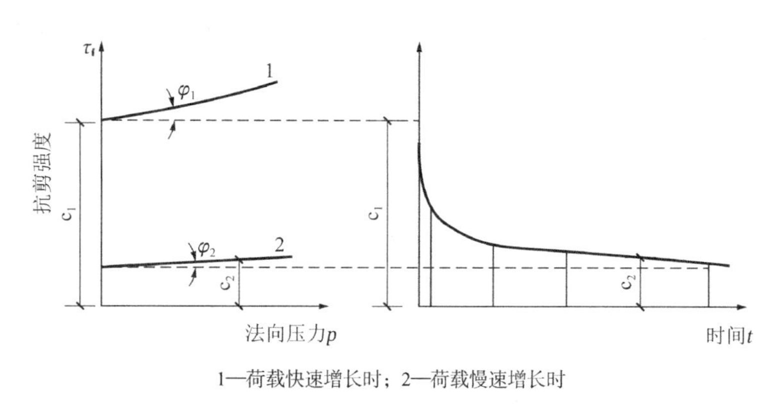

1—荷载快速增长时；2—荷载慢速增长时

图 6.3-6　冻土的抗剪强度τ_f与法向压力p及荷载作用时间t的作用

冻土融化后的抗压强度与抗剪强度将显著降低。对于含冰量很大的土，融化后的黏聚力约为冻结时的 1/10 时，会使建于冻土上的建筑物因地基强度破坏而造成严重事故。

5）冻土的变形性质

在短期荷载作用下，冻土的压缩性很低，类似岩石，可不计其变形。在荷载长期作用下，冻土的变形不断增大，特别是温度为−0.1～−0.5℃的塑性冻土，其变形可能相当大。例如，含冰量较多的粉质黏土在温度为−0.1～−0.5℃时，其压缩系数可达 0.05～0.2MPa^{-1}。在此种情况下必须考虑冻土地基的变形。

冻土融化后，土的结构发生破坏，往往变成高压缩性和松散的土体，产生剧烈的变形。如图 6.3-7（a）所示，冻土在融化前后的孔隙比e发生了明显的突变，这也就是产生地基融陷的原因。如图 6.3-7（b）所示孔隙比变化Δe与压力p的关系。土所受的压力p越大，融化

前后的孔隙比之差Δe也越大。在一定压力范围内（$p < 500\text{kPa}$），这一关系可看作线性关系，并以下式表示：

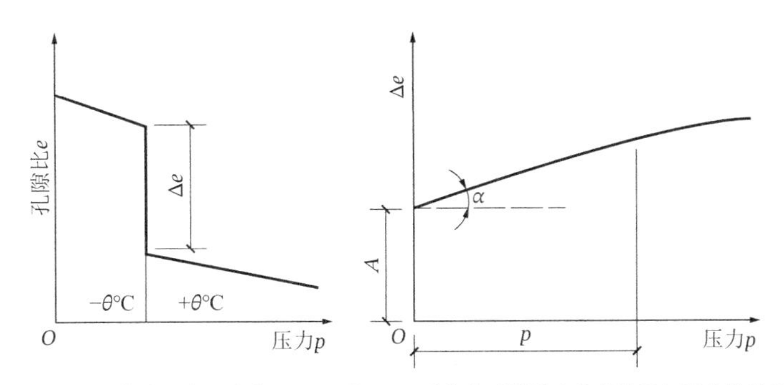

(a) 冻土的压缩曲线，在温度由−0°C上升至+0°C时，孔隙比有突变　(b) 融化前后孔隙比的变化量与压力的关系

图 6.3-7　冻土融化前后的孔隙比变化曲线

$$\Delta e = A + ap \tag{6.3-5}$$

式中：A——Δe-p曲线在纵轴上的截距，称为融陷系数；

a——Δe-p曲线的斜率$a = \tan\alpha$，称为冻土融化时的压缩系数。

冻土地基的融陷变形计算公式为：

$$s = \frac{\Delta e}{1+e_1}h = \frac{A}{1+e_1}h + \frac{ap}{1+e_1}h = A_0 + a_0 ph \tag{6.3-6}$$

式中：e_1——冻土的原始孔隙比；

h——土层融化前的厚度；

A_0——相对融陷量：$A_0 = \frac{A}{1+e_1}$；

a_0——引用压缩系数：$a_0 = \frac{a}{1+e_1}$；

p——作用在冻土上的总压力，即自重压力和附加压力之和。

上述公式表明，冻土地基的融陷变形由两部分组成：一部分与压力无关，另一部分与压力有关。

6.3.2　冻土的工程分类

冻土和冰是所谓的塑性体，尤其是冰，其塑性变形明显。当负温度接近 0°C时，冻土变形呈塑性；而当温度低于 0°C时，冻土变形则呈弹性。试验测得冻土变形可分为 3 阶段：

（1）直线变形阶段：当压力小于或等于 100kPa 时，冻土呈弹性变形；当压力大于 100kPa 时，冻土变形由弹性和塑性两部分组成。

（2）非直线变形阶段：自第一临界点以后，塑性变形或非直线变形急剧增加。

（3）流动变形阶段：自第二临界点以后，压力不再增加，而变形继续增大，冻土处于“流动状态”。第二临界点的压力称为极限强度。由于恒温下长期荷载作用在技术上难以保证，因此极限强度的试验仅有少数得到成功，见图 6.3-8。图 6.3-8 中，P_0为比例极限，P_i为强度极限，是确定地基基本承载力的重要依据。

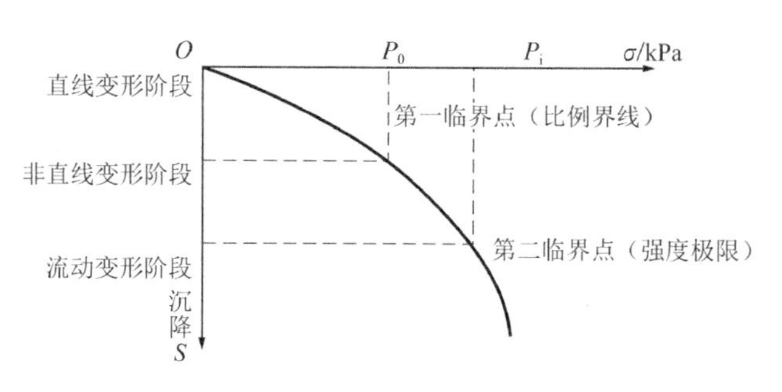

图 6.3-8　冻土的应力-应变关系

多年冻土或季节冻土的工程分类均应以冻土地基的冻、融作用对工程建筑物稳定性的影响为根本原则，结合工程实践及历年来大量室内外物理力学观测试验资料进行综合分析确定。

1）多年冻土按融沉性分类

融沉是多年冻土地基上工程建筑物破坏的主要原因。对冻土地基进行融沉性分析定级，主要根据冻土的颗粒成分、总含水率采用融化下沉系数作为分类控制指标，将其划分为 5 类，如表 6.3-2 所示。

多年冻土按融沉性分类　　　　表 6.3-2

土的名称	总含水率ω/%	平均融沉系数δ_0	融沉等级	融沉类别	冻土类型
碎（卵）石，砾、粗、中砂（粒径 < 0.075mm 的颗粒含量 ≤ 15%）	$\omega < 10$	$\delta_0 \leqslant 1$	Ⅰ	不融沉	少冰冻土
	$\omega \geqslant 10$	$1 < \delta_0 \leqslant 3$	Ⅱ	弱融沉	多冰冻土
碎（卵）石，砾、粗、中砂（粒径 < 0.075mm 的颗粒含量 > 15%）	$\omega < 12$	$\delta_0 \leqslant 1$	Ⅰ	不融沉	少冰冻土
	$12 \leqslant \omega < 15$	$1 < \delta_0 \leqslant 3$	Ⅱ	弱融沉	多冰冻土
	$15 \leqslant \omega < 25$	$3 < \delta_0 \leqslant 10$	Ⅲ	融沉	富冰冻土
	$\omega \geqslant 25$	$10 < \delta_0 \leqslant 25$	Ⅳ	强融沉	饱冰冻土
粉、细砂	$\omega < 14$	$\delta_0 \leqslant 1$	Ⅰ	不融沉	少冰冻土
	$14 \leqslant \omega < 18$	$1 < \delta_0 \leqslant 3$	Ⅱ	弱融沉	多冰冻土
	$18 \leqslant \omega < 28$	$3 < \delta_0 \leqslant 10$	Ⅲ	融沉	富冰冻土
	$\omega \geqslant 28$	$10 < \delta_0 \leqslant 25$	Ⅳ	强融沉	饱冰冻土
粉土	$\omega < 17$	$\delta_0 \leqslant 1$	Ⅰ	不融沉	少冰冻土
	$17 \leqslant \omega < 21$	$1 < \delta_0 \leqslant 3$	Ⅱ	弱融沉	多冰冻土
	$21 \leqslant \omega < 32$	$3 < \delta_0 \leqslant 10$	Ⅲ	融沉	富冰冻土
	$\omega \geqslant 32$	$10 < \delta_0 \leqslant 25$	Ⅳ	强融沉	饱冰冻土
黏性土	$\omega < \omega_p$	$\delta_0 \leqslant 1$	Ⅰ	不融沉	少冰冻土
	$\omega_p \leqslant \omega < \omega_p + 4$	$1 < \delta_0 \leqslant 3$	Ⅱ	弱融沉	多冰冻土
	$\omega_p + 4 \leqslant \omega < \omega_p + 15$	$3 < \delta_0 \leqslant 10$	Ⅲ	融沉	富冰冻土

续表

土的名称	总含水率ω/%	平均融沉系数δ_0	融沉等级	融沉类别	冻土类型
黏性土	$\omega_p + 15 \leqslant \omega < \omega_p + 35$	$10 < \delta_0 \leqslant 25$	Ⅳ	强融沉	饱冰冻土
含土冰层	$\omega \geqslant \omega_p + 35$	$\delta_0 > 25$	Ⅴ	融陷	含土冰层

注：1. 总含水率ω，包括冰和未冻水；
2. 盐渍化冻土、冻结泥炭化土、腐殖土、高塑性黏土不在表列。

2）季节性冻土按冻胀性分类

季节性冻土地基引起工程建筑物破坏的根本原因主要是冬季冻结所产生的冻胀作用。根据我国严寒及多年冻土地区的调查资料，不少建筑物的破坏都是由于土的冻胀作用造成的。因此，对地基土进行冻胀性分类时，应以冻胀系数作为分类依据。各类土按上述原则划分为 4 类，见表 6.3-3。

各类冻胀土与冻胀系数的关系　　表 6.3-3

<table>
<tr><th>土的名称</th><th>冻前天然含水率ω/%</th><th>冻前地下水位距设计冻深的最小距离h_w/m</th><th>平均冻胀率η/%</th><th>冻胀等级</th><th>冻胀类别</th></tr>
<tr><td rowspan="3">碎（卵）石，砾、粗、中砂（粒径 $<$ 0.075mm、含量 $\leqslant$ 15%），细砂（粒径 $<$ 0.075mm、含量 $\leqslant$ 10%）</td><td>非饱和</td><td>不考虑</td><td>$\eta \leqslant 1$</td><td>Ⅰ</td><td>不冻胀</td></tr>
<tr><td>饱和含水</td><td>无隔水层</td><td>$1 < \eta \leqslant 3.5$</td><td>Ⅱ</td><td>弱冻胀</td></tr>
<tr><td>饱和含水</td><td>有隔水层</td><td>$\eta > 3.5$</td><td>Ⅲ</td><td>冻胀</td></tr>
<tr><td rowspan="6">碎（卵）石，砾、粗、中砂（粒径 $<$ 0.075mm、含量 $>$ 15%），细砂（粒径 $<$ 0.075mm、含量 $>$ 10%）</td><td rowspan="2">$\omega \leqslant 12$</td><td>> 1.0</td><td>$\eta \leqslant 1$</td><td>Ⅰ</td><td>不冻胀</td></tr>
<tr><td>$\leqslant 1.0$</td><td rowspan="2">$1 < \eta \leqslant 3.5$</td><td rowspan="2">Ⅱ</td><td rowspan="2">弱冻胀</td></tr>
<tr><td rowspan="2">$12 < \omega \leqslant 18$</td><td>> 1.0</td></tr>
<tr><td>$\leqslant 1.0$</td><td rowspan="2">$3.5 < \eta \leqslant 6$</td><td rowspan="2">Ⅲ</td><td rowspan="2">冻胀</td></tr>
<tr><td rowspan="2">$\omega > 18$</td><td>> 0.5</td></tr>
<tr><td>$\leqslant 0.5$</td><td>$6 < \eta \leqslant 12$</td><td>Ⅳ</td><td>强冻胀</td></tr>
<tr><td rowspan="7">粉砂</td><td rowspan="2">$\omega \leqslant 14$</td><td>> 1.0</td><td>$\eta \leqslant 1$</td><td>Ⅰ</td><td>不冻胀</td></tr>
<tr><td>$\leqslant 1.0$</td><td rowspan="2">$1 < \eta \leqslant 3.5$</td><td rowspan="2">Ⅱ</td><td rowspan="2">弱冻胀</td></tr>
<tr><td rowspan="2">$14 < \omega \leqslant 19$</td><td>> 1.0</td></tr>
<tr><td>$\leqslant 1.0$</td><td rowspan="2">$3.5 < \eta \leqslant 6$</td><td rowspan="2">Ⅲ</td><td rowspan="2">冻胀</td></tr>
<tr><td rowspan="2">$19 < \omega \leqslant 23$</td><td>> 1.0</td></tr>
<tr><td>$\leqslant 1.0$</td><td>$6 < \eta \leqslant 12$</td><td>Ⅳ</td><td>强冻胀</td></tr>
<tr><td>$\omega > 23$</td><td>不考虑</td><td>$\eta > 12$</td><td>Ⅴ</td><td>特强冻胀</td></tr>
<tr><td rowspan="7">粉土</td><td rowspan="2">$\omega \leqslant 19$</td><td>> 1.5</td><td>$\eta \leqslant 1$</td><td>Ⅰ</td><td>不冻胀</td></tr>
<tr><td>$\leqslant 1.5$</td><td rowspan="2">$1 < \eta \leqslant 3.5$</td><td rowspan="2">Ⅱ</td><td rowspan="2">弱冻胀</td></tr>
<tr><td rowspan="2">$19 < \omega \leqslant 22$</td><td>> 1.5</td></tr>
<tr><td>$\leqslant 1.5$</td><td rowspan="2">$3.5 < \eta \leqslant 6$</td><td rowspan="2">Ⅲ</td><td rowspan="2">冻胀</td></tr>
<tr><td rowspan="2">$22 < \omega \leqslant 26$</td><td>> 1.5</td></tr>
<tr><td>$\leqslant 1.5$</td><td rowspan="2">$6 < \eta \leqslant 12$</td><td rowspan="2">Ⅳ</td><td rowspan="2">强冻胀</td></tr>
<tr><td>$26 < \omega \leqslant 30$</td><td>> 1.5</td></tr>
</table>

续表

土的名称	冻前天然含水率ω/%	冻前地下水位距设计冻深的最小距离h_w/m	平均冻胀率η/%	冻胀等级	冻胀类别
粉土	$26 < \omega \leqslant 30$	$\leqslant 1.5$	$\eta > 12$	Ⅴ	特强冻胀
	$\omega > 30$	不考虑			
黏性土	$\omega \leqslant \omega_P + 2$	> 2.0	$\eta \leqslant 1$	Ⅰ	不冻胀
		$\leqslant 2.0$	$1 < \eta \leqslant 3.5$	Ⅱ	弱冻胀
	$\omega + 2 < \omega \leqslant \omega + 5$	> 2.0			
		$\leqslant 2.0$	$3.5 < \eta \leqslant 6$	Ⅲ	冻胀
	$\omega_P + 5 < \omega \leqslant \omega_P + 9$	> 2.0			
		$\leqslant 2.0$	$6 < \eta \leqslant 12$	Ⅳ	强冻胀
	$\omega_P + 9 < \omega \leqslant \omega_P + 15$	> 2.0			
		$\leqslant 2.0$	$\eta > 12$	Ⅴ	特强冻胀
	$\omega > \omega_P + 15$	不考虑			

注：1. ω_P为塑限含水率（%）；
2. 盐渍化冻土不在表列；
3. 塑性指数大于22时，冻胀性降低一级；
4. 粒径小于0.005mm的颗粒含量大于60%时，为不冻胀土；
5. 碎石类土当填充物大于全部质量的40%时，其冻胀性按填充物土的类别判定。

3）冻土按开挖难易分类

根据开挖难易，冻土可分为坚硬冻土、塑性冻土和松散冻土三种。

坚硬冻土系土的矿物颗粒被冰良好地胶结，处于坚固状态，开挖时比较困难。

塑性冻土系土的部分矿物颗粒被冰所胶结，土中含有大量不冻结的薄膜水，其吸附作用及粘结作用远较冰的胶结作用弱。冻土的这种塑性状态常见于黏性土中。因土中含有相当数量的未冻水，而且负温度值一般只有−0.1～−0.3℃，工程开挖时困难较小。

松散冻土只在温度低的砂类土和砾石土中常见，冰的胶结作用只在土的个别矿物颗粒之间存在，而整个土体则保持松散状态，工程开挖较易。

以上3种冻结状态的冻土详见表6.3-4。

冻土在各种冻结状态下的特征　　表6.3-4

特征名称	坚硬冻土	塑性冻土	松散冻土
温度	有夹冰时在0℃或0℃以下		
土的物理状态	坚硬冻结为冰所胶结	半胶结有塑性	非冻结松散
特征名称	坚硬冻土	塑性冻土	松散冻土
外貌	显出冰结晶块和冰夹层，融化时土变软	在孔隙中不见有冰，有时用放大镜观察时看到呈小结晶的冰	可以看到发出稀疏闪光的冰结晶块
开挖困难程度	等于岩石类土	等于一般的融解土，取决于土的密度	
通常所遇到的土	所有各种大块碎类土、黏土类土和泥炭	所有各种黏土类土、粉土和细砂土	所有各种松散土

6.3.3　冻土的地基评价及处理方法

1）冻土的地基承载力特征值

可根据设计等级区别保持冻结地基或容许融化地基，结合当地经验用载荷试验或其他原位测试方法综合确定。不能进行原位试验确定时，可按冻结地基土的土质、物理力学指标，用表6.3-5确定。

冻土承载力特征值　　表6.3-5

土的名称	不同土温时的承载力特征值f_a/kPa					
	−0.5℃	−1.0℃	−1.5℃	−2.0℃	−2.5℃	−3.0℃
碎砾石类土	800	1000	1200	1400	1600	1800
砾砂、粗砂	650	800	950	1100	1250	1400
中砂、细砂、粉砂	500	650	800	950	1100	1250
黏土、粉质黏土、粉土	400	500	600	700	800	900

注：1. 表中数值适用于不融沉、弱融沉、融沉3类冻土；
2. 强融沉冻土，黏性冻土的承载力取值应乘以0.6～0.8系数；碎石冻土和砂冻土的承载力取值应乘以0.4～0.6系数；
3. 当含水率小于或等于未冻水含水率时，应按不冻土取值；
4. 表中温度是使用期间基础底面下的最高地温，应按《冻土地区建筑地基基础设计规范》JGJ 118—2011附录D的规定确定；
5. 本表不适用于盐渍化冻土及冻结泥炭化土。

2）冻土的桩基承载力特征值

冻土的桩基承载力参数无实测资料时，可分别按表6.3-6、表6.3-7的规定取值。

冻土桩端阻力特征值　　表6.3-6

含冰率	土名	桩沉入深度/m	不同土温时的承载力特征值/kPa							
			−0.3℃	−0.5℃	−1.0℃	−1.5℃	−2.0℃	−2.5℃	−3.0℃	−3.5℃
< 0.2	碎石土	任意	2500	3000	3500	4000	4300	4500	4800	5300
	粗砂和中砂	任意	1500	1800	2100	2400	2500	2700	2800	3100
	细砂和粉砂	3～5	850	1300	1400	1500	1700	1900	1900	2000
		10	1000	1550	1650	1750	2000	2100	2200	2300
		≥15	1100	1700	1800	1900	2200	2300	2400	2500
	粉土	3～5	750	850	1100	1200	1300	1400	1500	1700
		10	850	950	1250	1350	1450	1600	1700	1900
		≥15	950	1050	1400	1500	1600	1800	1900	2100
	粉质黏土及黏土	3～5	650	750	850	950	1100	1200	1300	1400
		10	800	850	950	1100	1250	1350	1450	1600
		≥15	900	950	1100	1250	1400	1500	1600	1800

续表

含冰率	土名	桩沉入深度/m	不同土温时的承载力特征值/kPa							
			−0.3℃	−0.5℃	−1.0℃	−1.5℃	−2.0℃	−2.5℃	−3.0℃	−3.5℃
0.2～0.4	上述各类土	3～5	400	500	600	750	850	950	1000	1100
		10	450	550	700	800	900	1000	1050	1150
		≥15	550	600	750	850	950	1050	1100	1300

注：本表不适用于盐渍化冻土及冻结泥炭化土。

冻土与基础间的冻结强度特征值（kPa）　　表 6.3-7

融沉等级	温度						
	−0.2℃	−0.5℃	−1.0℃	−1.5℃	−2.0℃	−2.5℃	−3.0℃
	粉土、黏性土						
Ⅲ	35	50	85	115	145	170	200
Ⅱ	30	40	60	80	100	120	140
Ⅰ、Ⅳ	20	30	40	60	70	85	100
Ⅴ	15	20	30	40	50	55	65
	砂土						
Ⅲ	40	60	100	130	165	200	230
Ⅱ	30	50	80	100	130	155	180
Ⅰ、Ⅳ	25	35	50	70	85	100	115
Ⅴ	10	20	30	35	40	50	60
	砾石土（粒径小于 0.075mm 的颗粒含量小于等于 10%）						
Ⅲ	40	55	80	100	130	155	180
Ⅱ	30	40	60	80	100	120	135
Ⅰ、Ⅳ	25	35	50	60	70	85	95
Ⅴ	15	20	30	40	45	55	65
	砾石土（粒径小于 0.075mm 的颗粒含量大于 10%）						
Ⅲ	35	55	85	115	150	170	200
Ⅱ	30	40	70	90	115	140	160
Ⅰ、Ⅳ	25	35	50	70	85	95	115
Ⅴ	15	20	30	35	45	55	60

注：1. 插入桩侧面冻结强度按Ⅳ类土取值；
　　2. 本表不适用于盐渍化冻土及冻结泥炭化土。

3）季节冻土的地基设计

（1）设计冻深

季节性冻土的地基设计冻深z_d应按下式计算：

$$z_d = z_0\psi_{zs}\psi_{zw}\psi_{ze} \tag{6.3-7}$$

式中：z_d——设计冻深（m）。若当地有多年实测资料时，也可取$z_d = h - \Delta z$，h和Δz分别为实测冻土层厚度和地表冻胀量。

z_0——标准冻深（m）。系采用在地表平坦、裸露、城市之外的空旷场地中不少于 10 年实测最大冻深的平均值。当无实测资料时，按《建筑地基基础设计规范》GB 50007—2011 附录 F 采用。

ψ_{zs}——土的类别对冻深的影响系数，按表 6.3-8 采用。

ψ_{zw}——土的冻胀性对冻深的影响系数，按表 6.3-9 采用。

ψ_{ze}——环境对冻深的影响系数，按表 6.3-10 采用。

土的类别对冻深的影响系数　　表 6.3-8

土的类别	影响系数ψ_{zs}	土的类别	影响系数ψ_{zs}
黏性土	1.00	中、粗、砾砂	1.30
细砂、粉砂、粉土	1.20	碎石土	1.40

土的冻胀性对冻深的影响系数　　表 6.3-9

冻胀性	影响系数ψ_{zw}	冻胀性	影响系数ψ_{zw}
不冻胀	1.00	强冻胀	0.85
弱冻胀	0.95	特强冻胀	0.80
冻胀	0.90	—	—

环境对冻深的影响系数　　表 6.3-10

周围环境	影响系数ψ_{ze}	周围环境	影响系数ψ_{ze}
村、镇、旷野	1.00	城市市区	0.90
城市近郊	0.95	—	—

（2）基础的最小埋深

当建筑基础底面以下允许有一定厚度的冻土层时，可用下式计算基础的最小埋深：

$$d_{min} = z_d - h_{max}$$

式中：h_{max}——基础底面下允许残留冻土层的最大厚度（m），按表 6.3-11 查取。当有充分依据时，基底下允许残留冻土层厚度也可根据当地经验确定。

建筑基底下允许残留冻土层厚度 h_{max}　　表 6.3-11

冻胀性	基础方式	供暖方式	基底平均压力/kPa						
			90	110	130	150	170	190	210
弱冻胀土	方形基础	供暖	—	0.94	0.99	1.04	1.11	1.15	1.20
		不供暖	—	0.78	0.84	0.91	0.97	1.04	1.10
	条形基础	供暖	—	> 2.50	> 2.50	> 2.50	> 2.50	> 2.50	> 2.50
		不供暖	—	2.20	2.50	> 2.50	> 2.50	> 2.50	> 2.50
冻胀土	方形基础	供暖	—	0.64	0.70	0.75	0.81	0.86	—

续表

冻胀性	基础方式	供暖方式	基底平均压力/kPa						
			90	110	130	150	170	190	210
冻胀土	方形基础	不供暖	—	0.55	0.60	0.65	0.69	0.74	—
	条形基础	供暖	—	1.55	1.79	2.03	2.26	2.50	—
		不供暖	—	1.15	1.35	1.55	1.75	1.95	—
强冻胀土	方形基础	供暖	—	0.42	0.47	0.51	0.56	—	—
		不供暖	—	0.36	0.40	0.43	0.47	—	—
	条形基础	供暖	—	0.74	0.88	1.00	1.13	—	—
		不供暖	—	0.56	0.66	0.75	0.84	—	—
特强冻胀土	方形基础	供暖	0.30	0.34	0.38	0.41	—	—	—
		不供暖	0.24	0.27	0.31	0.34	—	—	—
	条形基础	供暖	0.43	0.52	0.61	0.70	—	—	—
		不供暖	0.33	0.40	0.47	0.53	—	—	—

（3）季节冻土地基的防冻害措施

地下水位以上的基础，基础侧面应回填非冻胀性的中砂或粗砂，其厚度不应小于 10cm。地下水位以下的基础，可采用桩基础、自锚式基础（冻土层下有扩大板或扩底短桩）或采取其他有效措施。宜选择地势高、地下水位低、地表排水良好的建筑场地。低洼场地，宜在建筑四周向外 1 倍冻深距离范围内，使室外地坪至少高出自然地面 300～500mm，防止雨水、地表水、生产废水、生活污水浸入建筑地基，并设置排水设施。山区应设截水沟或在建筑物下设置暗沟，以排走地表水和潜水流。

4）多年冻土地基的设计

将多年冻土用作建筑地基时，可采用下列 3 种状态之一进行设计。一栋整体建筑物必须采用同一种设计状态；同一建筑场地应遵循一个统一的设计状态。

（1）保持冻结状态的设计

多年冻土以冻结状态用作地基。在建筑物施工和使用期间，地基土始终保持冻结状态。存在下列情况之一时可采用：多年冻土的年平均地温低于−1.0℃的场地；持力层范围内的地基土处于坚硬冻结状态；最大融化深度范围内，存在融沉土、强融沉土、融陷性土及其夹层的地基；非供暖建筑或供暖温度偏低，占地面积不大的建筑物地基。

（2）逐渐融化状态的设计

多年冻土以逐渐融化状态用作地基。在建筑物施工和使用期间，地基土处于逐渐融化状态。存在下列情况之一时可采用：多年冻土的平均地温为−0.5～−1.0℃的场地；持力层范围内的地基土处于塑性冻结状态；在最大融化深度范围内，地基为不融沉性土和弱融沉性土；室温较高、占地面积较大的建筑，或热载体管道及给排水系统对冻层产生热影响的地基。

（3）预先融化状态的设计

多年冻土以预先融化状态用作地基。在建筑物施工之前，使地基融化至计算深度或全部融化。存在下列情况之一时可采用：多年冻土的年平均地温不低于−0.5℃的场地；持力层范围内地基土处于塑性冻结状态；在最大融化深度范围内，存在变形量为不允许的融沉土、强融沉土、融陷性土及其夹层的地基；室温较高、占地面积不大的建筑物地基。

6.3.4　冻土的地基评价及处理方法

寒区环境工程地质就是致力于研究季节冻土和多年冻土区，由于工程经济活动引起和超出寒区环境自控能力而发生冻土工程地质环境变化，出现影响人类工程经济活动、生活健康和安全等寒区环境恶化问题。它的实质就是人类活动导致水（地表和地下）冻结、地下冰融化及雪崩等变异而产生一系列寒区环境工程地质问题。目的是通过研究，合理地开发、利用、控制、改造寒区环境，诱导寒区环境工程地质问题向有益方向发展，最大限度地避免或限制其向不利方向发展，有效地保护寒区环境质量和稳定性。客观地说，冻土研究从一开始就着重研究冻土环境问题。随着国民经济发展，又开展了建筑区的冻土工程地质研究。然而，这两者缺乏有机的联合而未形成寒区环境工程地质研究体系。

近些年来，寒区工程的不断修建及其引发的大量环境岩土工程及其地质问题，以及环境保护意识的增强，环境工程地质的研究也愈来愈引起寒区科学工作者的关注和重视。随着全球气候转暖、高纬度与高海拔多年冻土增温、冻土退化，人们更加意识到以往采用保护冻土原则所修建的工程正在不断发生变化，其环境工程地质条件也在不断地恶化。为保护人类生产、生活的冻土环境，必须从环境工程地质的整体效益重新审视寒区工程建筑的可靠性和稳定性。为经济可持续发展，建立并应用环境工程地质体系的观点去规划和修建新的工程、整治已有工程，切实从环境工程地质的角度保证工程体系、冻土地质体系与环境体系的协调性和稳定性，以最低的环境成本和代价确保自然资源和环境的可持续利用。

1）城镇环境岩土工程问题

40 多年来，在大、小兴安岭、青藏高原无人居住的森林、高原的多年冻土地区建设起一座座拥有几万至上十万人口的城镇。群体工程建筑及密集人类生产、生活等产生的热岛效应，对热扰动极为敏感的多年冻土产生极其严重的影响，主要表现在下列两方面：

（1）城镇群体工程建筑与多年冻土融化的地面沉陷

多年冻土区的城镇工业与民用建筑物绝大部分是供暖建筑，由于建筑群的“热岛”效应，使多年冻土上限也融化下降。城镇的“热岛”效应使得城镇地区多年冻土变为高温不稳定带。城镇建设和开拓，大量砍伐森林和树木，铲除植被，改变多年冻土埋藏条件，加速多年冻土地下冰融化，引起地面下沉。近年来，多年冻土区供暖建筑应用架空通风桩基础，城镇建设已逐渐依据冻土环境工程地质条件全面、合理地选址、规划和开发，既保证建筑区多年冻土的合理融化，又保护非建筑区的冻土环境。

（2）城镇供热管道与多年冻土区群体工程地基稳定性

目前多年冻土区主要采用独立供热和群体连片供热方式。热源集中的锅炉房地基融化深度一般是常规供暖房屋地基融化深度的1～1.5倍，采用架空通风基础后的融化深度可减少30%以上。建筑群间的供热管道敷设方式，前期均采用地沟式形成以供热管道为中心的融化圈，融化深度可达其埋深的7倍以上，昆仑山口泵站暖气地沟及两侧2m宽范围下的融化盘已延伸至10m深以上。近年来新建室外供热管道采用地面式，虽然可减少部分影响，但是供热管道仍直接影响着多年冻土的热状态，使多年冻土的地温升高。因此，多年冻土供热管道的布局与埋设方式需从冻土环境工程地质条件的变异性出发进行研究和设计，减少对建筑群多年冻土地基稳定性的直接影响。

2）交通工程环境岩土工程问题

（1）路面及路基融化下沉

多年冻土上修筑道路后，阻挡地表水排泄，积水呈沼泽化，或挖掘取土，破坏地表植被，改变了多年冻土的水热平衡状态，引起多年冻土地下冰融化，多年冻土上限下降，路面和路基下沉。地温高的多年冻土上限下降幅度大，地温低的多年冻土上限下降深度小。黑色路面下形成常年不冻结的融化夹层。这些地段均是地下冰较丰富的含土冰层、饱冰及富冰多年冻土地带。

（2）道路边坡融冻泥流与滑塌

融冻泥流发生于具有高含冰量的多年冻土地带，特别是斜坡上高含冰量的多年冻土地带。平缓山坡（$<25°$）往往为徐徐蠕动，在较陡的斜坡则出现滑动和坍塌。青藏公路的昆仑山、五道梁、北麓河、风火山、开心岭、温泉及桃二九等地，东北大兴安岭的满归至古莲公路等地的斜坡地带均可见到人类工程活动引发出道路边坡融冻泥流和滑塌。一般来说，融冻滑塌的滑动床上侧的陡坎越高越陡，地下冰层则越厚越纯。

（3）路基隧道冻胀及冰丘与冰椎

道路冻胀是寒区道路重要病害之一。具有冻胀敏感性土、土中含有丰富水分、适宜的冻结条件和时间是土体冻胀的三大基本要素。在多年冻土地区修筑道路后，改变了地下水径流、排泄条件，路基上方往往形成冰丘与冰椎，如东北大兴安岭的冷布露铁路道岔房冰丘、古莲新建城镇道路引起串珠冰椎、青藏公路唐南段K3395＋100前后的爆炸性充水鼓丘等。隧道渗水冻结形成冰钟乳、冰盖和冰塞的现象在东北、西北多年冻土区的隧道普遍存在。如何从寒区环境工程地质条件入手，研究和协调人类工程与冻土环境的相互作用，仍有待探索。

（4）施工方式对多年冻土的影响

实践证明，在森林植被生态系统很脆弱的多年冻土地区，一旦遭受破坏，恢复极其缓慢甚至是不可逆的，尤其是在青藏高原，这个问题显得更为严峻。20世纪70年代起因修建输油管道及青藏公路改扩建工程而破坏植被的地带，至今尚未恢复。多年冻土融化，上限下降，地面下沉，变成低洼或积水地，对多年冻土的稳定性产生影响。应该指出的是，多年冻土区的施工营地扎寨也要切实注意冻土环境保护，切勿大面积地破坏植被。

施工及运输便道往往会直接破坏多年冻土区脆弱的植被生态环境。大量的冻土调查研究表明，植被发育良好的地段，厚层地下冰就发育。一旦地表植被遭受破坏，多年冻土的融化深度增大，地下冰融化。通常情况下，无植被覆盖地段的多年冻土融化深度比有植被地段增大 11%～30%，泥炭覆盖地段可减小融化深度 50%以上。多年冻土地区植被遭破坏后，难以恢复，引起水土流失和沙漠化。实践证明，人类工程活动的决策与实施只有依据和践循寒区环境工程地质的研究成果，才能切实地保护冻土环境和工程建筑物的稳定性。

3）矿山工程环境岩土工程问题

（1）采场边坡稳定性

随着露天采矿深度增加，采场边坡稳定性问题变得愈为突出。在寒区的露天采场边坡，问题就显得更加突出。据了解，在多年冻土地区露天矿藏中，松散层及破碎层的厚度均较大，体积含冰量也很大，最大者可达 70%～90%，含有多层的地下冰层。矿区地面剥离使得地下冰消融。一方面因融冰水使边坡土体湿润，减小休止角，形成热融滑塌和溯源热融滑塌；另一方面冬季在边坡上形成冰椎和冻胀，严重地影响采场边坡稳定性。为保证采矿安全进行，确保采场边坡稳定性，除用岩土工程的技术方法治理外，还应从冻土环境工程地质条件方面进行研究。

（2）积煤场对多年冻土热状态的影响

积煤场中煤的自燃，不仅烧失大量的煤炭资源，还会产生大量热量融化积煤场下卧多年冻土层，引起地面下沉。一般情况下，引起地面下沉的面积是积煤场面积的 1.5～2 倍，大者可达 3 倍。同时引起相当范围内多年冻土年平均地温升高，使多年冻土的稳定性减弱，影响周围工程建筑的稳定性及环境。积煤场的影响程度及其场地选择和冻土环境保护的协调研究尚需进一步探讨。

（3）矿区地面剥离对冻土的影响

多年冻土区的煤矿及金矿开采都有大面积的地面剥离工程，机械化作业程度高，毁林面积大，植被和土壤破坏严重，使得多年冻土区的生态、环境遭到永久性或逆向演变，土壤进一步干旱化，由此引起的冻土环境问题尚待进一步研究解决。合理布置场地，借助日光能源的自然解冻法已取得成功并有很好的经济效益，但应避免过大地破坏生态平衡，切实注意保护非采区的冻土环境。

4）水利工程环境岩土工程问题

（1）水库库区的岸坡稳定性

我国大兴安岭黑龙江流域开发、南水北调引水工程西线等都有库容较大的水库分布于多年冻土区。不论是在东北，还是在青藏高原东部，库区常水位范围的多年冻土内均有厚度不一的地下冰层分布，水库水温融蚀极不稳定的高温多年冻土地下冰，引起库岸热融塌或滑坡，向源滑动，库岸后退。高水位淹没地区，地下冰融化，引起地面下沉，形成湖沼。

（2）引水渠道的沼泽化与盐碱化

干旱寒区的引水灌渠，由于渠道渗漏不合理的秋灌制度，在冻融作用下引起渠系构筑物冻胀破坏和地表土壤盐渍化。在调水区局部地段，因地下水位下降而出现地表沙漠化，在灌溉地带则因地下水位上升而引起土壤盐渍化及沼泽化湿地。现有的引大入秦和南水北调工程中的水土资源重分布及其平衡过程的研究都积极地与引水工程建设同步协调进行，有效防止了调水过程的负效应产生。

（3）坝区水电设施对多年冻土的影响

南水北调引水工程由高坝、水库、输水隧道、抽水泵站及引水渠道等多种水工建筑物组成。水库蓄水后近坝库岸及泄洪道的多年冻土发生重大变化，地下冰被水热侵蚀及坡脚土层受水侵蚀，在重力作用下，岸坡土体强度破坏而导致边坡失稳。

5）多年冻土区的环境及环境岩土工程调查与研究

冻土一直被作为寒区的自然地理和地质环境，应从工程地质环境的角度进行研究。冻土学的发生和发展与寒冷地区的资源开发及相应的工程建设有着不可分割的联系。我国冻土学不仅研究了冻土环境，还开展了冻土的工程地质条件和工程建筑地基两个方面的研究，涉及了冻土工程地质环境、岩土工程及环境工程等问题，在我国寒区的工民建、道路、水利、采矿、管道工程建设和环境保护等方面做出重大贡献。

（1）我国多年冻土的基本特征

我国已查明多年冻土面积达 $2.15 \times 10^5 km^2$，占国土面积的 22.3%；若包括冻结深度大于 0.5m 的季节性冻土在内，我国的冻土面积约占国土面积的 68.6%，而高海拔多年冻土面积达 $1.73 \times 10^6 km^2$。多年冻土连续分布面积占多年冻土面积的 40%～80%，钻探揭露多年冻土的最大厚度，青藏高原为约 128.1m，祁连山区为 139.3m。实测的多年冻土年平均地温为 0～3℃，多年冻土下界海拔为 2800（阿尔泰山）～5300m（珠穆朗玛）。地下冰广泛发育，其埋藏深度主要分布于多年冻土上限至地温年变化深度范围，厚度从几厘米至 6～8m，以及大块冰和冰楔的冰体。在此基础上，编制了中国冰雪冻土图（1∶400万）、东北大、小兴安岭多年冻土分布图（1∶200万）、青藏公路沿线多年冻土图（1∶60万）、青藏高原冻土图（1∶300万）、吉林省季节冻深图集以及许多的地区性和专门性冻土图及冻土工程地质图等。

（2）冻土工程地质评价

大量的冻土工程地质勘察中都以各项具体工程为中心进行建筑区冻土工程地质条件评价。在评价冻土工程地质条件和工程运营后地质环境的整治方面积累了丰富的经验与方法，这些都是环境工程地质第一环节评价的宝贵财富。从土体冻胀性、冻土融沉性、冻土强度性质直到各项工程的冻土工程地质条件及工程冻害防治等，各项生产报告和专题论文各有侧重地从某个具体方面或要素进行冻土稳定性和敏感性评价，论述到以人类经济工程活动为中心的寒区环境工程地质评价。在重点抓住冻土条件与人类工程的依存演变关系，以及由工程体和冻土地质体组成的新客体与人类经济、生活空间的关系之后，已逐步地由单一评价转向系统性、综合性评价，达到多因素敏感性分析，既全面考虑又突出重点地进行环境工程地质评价。

（3）气候变暖对冻土的影响

近年来，全球气候变化与多年冻土的演变关系已引起冻土科学及工程技术工作者的关切。研究表明，东北大、小兴安岭100年来气温升高0.7℃，使多年冻土南界北退20～30km，推测50年后气温升高1℃，南界将北退80～200km，年平均地温将升高0.7℃。青藏高原的增温是从20世纪70年代开始，温度上升幅度达0.75℃左右。近15～20年来，岛状多年冻土年平均地温升高0.3～0.5℃，大片连续多年冻土区内上升0.1～0.3℃，预测2040年后，青藏高原年平均地温将普遍提高0.4～0.5℃。应用数值模拟方法模拟气候变暖条件下青藏高原高温冻土热状况变化趋势，青康公路多年冻土下界面的海拔高度由3800m上升到4150m。我国西部冰冻圈地带多年冻土的地温稳定性将减弱，极不稳定带多年冻土将消失，不稳定带的面积将扩大，各带的冻土强度下降。在人类工程活动与气候变暖的叠加作用下，多年冻土退化的速度将会更快。因此，考虑全球气候变暖对冻土影响的寒区环境工程地质研究与评价具有重要意义。

（4）冻土区生态环境研究

目前我国多年冻土区生态环境的破坏主要来自火灾及人类生活、经济与工程活动，在局部地域中后者往往是主要因素。火灾频繁发生必然破坏冻土的水热状况，影响森林-冻土间长期形成的生态平衡与冻土环境。火灾后地温升高，多年冻土上限下降，地下冰融化及地面沉陷。研究表明，火灾与工程活动（如筑路、建房、给水供电、采矿等），大量地砍伐森林、树木，铲除植被，采矿废水四处宣泄等，破坏了生态环境，造成冻土退化，水体污染。

6）寒区环境岩土工程的研究任务

从我国寒区环境工程地质研究的现状出发，同时考虑寒区环境岩土工程研究的特殊性及冻土学今后的发展方向，提出以下的研究内容和任务。

（1）开展寒区环境工程地质研究

冻土是寒区地质环境的特殊地质体，它与寒冷地区自然环境、地质环境，以及受人类工程经济活动影响的工程技术环境、农业生物环境及社会经济环境等组成冻土环境。冻土环境决定了冻土的生存和发展。因此，寒区环境工程地质研究不能脱离这个系统环，而应该包括冻土工程地质、寒区工程、冻土环境与资源、社会经济等问题，综合地对已建及拟建的寒区工程稳定性进行评价和预测，采取保治结合的原则和措施防止冻土工程地质环境及条件的恶化。

寒区环境工程地质应以冻土地质环境为基础，以人类工程经济活动所构成的人类生存环境系统作为一个中心，吸收环境学的理论观点，研究冻土地质环境系统的问题，以工程地质学的理论和方法研究具体环境工程地质问题，使人类工程经济活动与大环境协调发展，应用岩土工程的理论和技术方法解决场区环境工程地质的监测、防护、治理与监理等问题。

从而将过去以某个具体工程为中心的天然冻土工程地质评价的观念转变为以人类工程经济活动为中心的与大环境相协调的环境工程地质评价。由此可见，寒区环境工程地质不仅要研究建筑场地的冻土、地质条件及其物理力学性质，评价与预测其稳定性和采取的技术措施，而且要研究人类工程经济活动所引起的大环境质量变化、演变和发展规律，评价与预测因此而形成的次生环境，采取保护措施，使冻土环境得到合理开发和利用。

（2）进行和加强寒区岩土工程的监测

寒区环境岩土工程应侧重研究冻土环境在时间和空间上变化的评价及预测，目的在于开发、利用、改造和保护冻土环境。如果人类工程活动的决策方案实施后，经过预期时间的考验，达到决策的技术要求，需要总结经验。但在实际的实施过程中时常发现问题，这就要求将发生的问题作为反馈信息，追踪、审理和修订原环境工程地质评价和预测，吸取教训，总结经验。这就是建立环境岩土工程研究系统中运转反馈信息控制、监测过程的必要原因。因此，进行和加强寒区环境岩土工程的监测工作，将为评价人类工程经济活动与冻土工程地质环境之间的相互关系和影响提供更科学的依据。

（3）开展寒区环境岩土工程预报

大量实践说明，人类工程经济活动对冻土工程地质条件有重大影响。在勘察阶段往往认为是良好的一些冻土条件，或仅局部地段需作处理；然而，在工程建筑物建造和运营过程中，由于人类生活、生产活动的影响，导致冻土工程地质条件恶化。所以，在寒区进行国土和工程开发的规划、设计时，不仅应根据勘察期的冻土工程地质条件，更重要的应考虑和根据人类工程经济活动后可能引起变化的环境工程地质条件。预报主要有两方面：其一，在个别地段和具体工程建筑中，由于人类的具体生活、生产活动引起的冻土工程地质条件变化的预报；其二，由于人类工程经济活动在大范围生产开发和建筑群体工程的综合作用引起大面积的冻土环境工程地质条件变化的预报。后者应注意人类工程经济活动导致的冻土环境各因素变化而引起冻土环境工程地质条件变化，如积雪、植被、土的组分和含水率、地下冰、山坡坡度和坡向、大气降水渗透、地表水和地下水、沼泽化等。前者是在后者预报的基础上对具体条件的精确化，地形整平、土的开挖和填筑、土的疏干或液化、森林砍伐和造林、植被铲除和种植、人工覆盖层敷设、地下工程的建筑等冻土环境的人工改造。只有根据冻土环境岩土工程预报进行人类工程建设的“决策”才有科学依据。

（4）建立寒区环境岩土工程数据库

大量的野外现场资料（地面调查、工程勘探、长期观测等）及室内外试验测试数据是寒区环境岩土工程地质数据库建立的基础。目前，市场经济使得各承接任务的单位难以进行数据资料的交换。尽管如此，对以前大量工作资料进行专项分类、归并及储存，将极有利于避免以后工作的重复和提高有效利用率。同时也对各种资料、数据进行评价和校正，建立研究区系统的寒区环境岩土工程数据库，为寒区环境岩土工程综合评价和未来工程项目的环境工程评价提供有力保障。这是我国勘察行业普遍面临的问题。

6.4　软土与环境岩土工程

在我国，地质复杂且多变，软土同样分布广泛。由于软土天然含水率高、承载力低、沉降变形较大、固结时间长、透水性及稳定性差，在荷载作用下易发生不均匀沉降、剪切破坏，如强度降低从而造成沥青路面呈波浪状、沉陷断裂，水泥混凝土板悬空断裂及桥梁基础沉降引起桥面塌陷，严重影响公路的正常使用功能，造成巨大的直接或间接经济损失。鉴于此，修筑公路时，遇到软土地段，尤其是位于重大路段的软土地段，要适当地进行软土地基处理，通过有效的处理措施，控制施工后的沉降量，减少不均匀沉降，控制沉降的时间等，使软土地基具有良好的物理力学性质，满足道路地基的良好工作性能。所以，软土地基的工程处理技术的研究尤为重要。软土系饱和软黏土，是指天然孔隙比大于或等于 1.0，且天然含水率大于液限的细粒土，包括淤泥、淤泥质土、泥炭、泥炭质土等。软土的分类标准如表 6.4-1 所示。

软土分类标准　　　　**表 6.4-1**

土的名称	划分标准	备注
淤泥	$e \geqslant 1.5$，$I_L > 1$	e为天然孔隙比； I_L为液性指数； W_u为有机质含量
淤泥质土	$1.5e \geqslant 1.0$，$I_L > 1$	
泥炭	$W_u > 60\%$	
泥炭质土	$10\% > W_u > 60\%$	

6.4.1　软土成因与分布

1）软土的成因

软土是第四纪后期由地表流水所形成的沉积物质，多数分布于海滨、湖滨、河流沿岸等地势比较低洼地带，地表常年潮湿和积水。软土由于厚度不同，对工程的影响也不同。软土多分布于沼泽化湿地地带，而泥沼多分布于沼泽地区，软土的形成时间晚于沼泽的形成时间。软土按沉积环境及成因分为：滨海沉积——滨海相、泻湖相、溺谷相及三角洲相（海陆过渡环境沉积）；湖泊沉积——湖相、三角洲相；河滩沉积——河漫滩、牛轭湖相；沼泽沉积——沼泽相。

（1）滨海环境沉积软土：滨海相、泻湖相、溺谷相、三角洲相

滨海相：常与海浪、岸流和潮汐的水动力作用形成的较粗颗粒相掺杂，使其不均匀和极疏松，增强了淤泥的透水性能，易压缩固结。

泻湖相：沉积层颗粒微细、孔隙比大、强度低、分布范围较宽阔，常形成滨海平原。

溺谷相：孔隙比大、结构疏松、含水率高，分布范围略窄，其边缘表层常有泥炭沉积。

三角洲相：由于河流和海潮复杂的交替作用，而使淤泥与薄层砂交错沉积，受海流和波浪的破坏，分选程度差，结构不稳定，多交错成不规则的尖灭层或透镜体夹层，结构疏

松，颗粒细小。

滨海沉积主要分布在温州、连云港、沿海海岸地区，是在较弱的海浪岸线及潮汐作用下，逐渐停积淤成，表层硬壳层 0～3m，下部为淤泥夹粉细砂，淤泥厚 3～60m，常常含贝壳及海生物残骸。泻湖相厚度较大，分布广。溺谷相一般分布较深，但分布范围窄，松软。

（2）湖泊环境沉积软土：湖相、三角洲相

是近代淡水盆地和咸水盆地的沉积，其物质来源与周围岩性基本一致，是在稳定的湖水期逐渐沉积而成，沉积物中夹有粉砂颗粒，呈明显的层理。淤泥结构松软，呈暗灰色、灰绿或暗黑色，表层硬层不规律，时而有泥炭透镜体。

湖泊沉积主要分布在武汉后湖、江苏太湖、洞庭湖、云南等地区。沉积类型为淡水湖盆沉积，在稳定的湖水期逐渐沉积，沉积相带有季节性，表层硬质，厚度 0～5m，淤积厚度一般为 5～25m，泥炭层多呈透明状。

（3）河流环境沉积软土：河漫滩相、牛轭湖相

成层情况较为复杂，成分不均匀，走向和厚度变化大，平面分布不规则，一般是软土呈带状或透镜体状，其间与砂或泥炭互层，厚度不大。

河滩沉积主要分布在长江、珠江中下游及河口，淮河、松辽平原等地带。平原河流流速较小，黏性土缓慢沉积而成，不均匀，含有砂和泥炭层，厚度一般小于 20m。

（4）沼泽环境沉积软土：沼泽相

分布在地下水、地表水排泄不畅的低洼地带且在蒸发量不大的情况下所形成的一种沉积物，多伴以泥炭，常出露于地表，下部分布有淤泥层或底部与泥炭互层。

沼泽沉积主要分布在江苏盐城、泗洪一带。地表水排泄不畅的低洼地带，蒸发量不足以干化淹水地区情况下形成的沉积物，多以泥炭为主，下部分布有淤泥或底部有泥炭护层，厚度一般在 10m 左右。

2）软土的野外鉴别

（1）泥炭和泥炭质土

主要在沼泽区形成，由植物掺合组成，有明显的植物纤维结构，具有特殊气体，重度小，相对密度小，力学强度低，构造无规律和土质松软的土。泥炭的野外鉴别方法见表 6.4-2。

泥炭的野外鉴别法 表 6.4-2

颜色	深灰色或黑色
夹杂物	有腐朽的动植物遗物，其含量超过 60%
构造	构造无规律，土质松软
搓条情况	一般情况下能搓成 1～3mm 的土条，当动植物残渣甚多时，仅能搓成 3mm 以上的土条
浸水情况	浸水后体积膨胀，极易崩解，变为稀软的淤泥，其余部分为植物根、动物残体渣滓悬浮于水中
干后强度	干后大量收缩，部分杂质脱落，故有时无定形

（2）淤泥和淤泥质土

指在静水或缓慢流水环境中沉积，经生物化学作用形成，并含有有机质的软土。淤泥

和淤泥质土的野外鉴别方法见表6.4-3。

淤泥和淤泥质土野外鉴别法　　　　表6.4-3

颜色	夹杂物	构造	浸水情况	搓条情况	气味	干后强度
多呈暗色，以灰色为多见	有动植物残骸，如草根、小螺壳等	构造长呈层状，但有时不明显，长见细微层理	浸水后外观无显著变化，在水面上出现气泡	一般能搓成3mm左右的土条，单易断裂	由较明显的臭味	干后发生较显著的体缩，锤击时呈粉末，用手指能捻散

3）软土的分布

《软土地区岩土工程勘察规程》JGJ 83—2011中，按工程性质，结合自然地质地理环境，可将我国软土划分为三个软土分布区，沿秦岭走向向东至连云港以北的海边一线，作为Ⅰ、Ⅱ地区的分界线；沿苗岭、南岭走向向东至莆田的海边一线，作为Ⅱ、Ⅲ地区的分界线。

Ⅰ区主要包括华北平原、环渤海湾以及东北三江平原等地区。渤海湾盆地形成于中生代和新生代，沿岸为淤泥质平原海岸，泥深过膝，宽1.5～10km不等。海湾中部粒度较细，多黏土软泥和粉砂质软泥。环渤海湾地区主要包括天津、唐山、沧州、青岛等地，分布软土以滨海相沉积为主。华北平原是华北陆台上的新生代断陷区，晚第三纪和第四纪时期形成了连片的大平原，平原边缘断块山地相对隆起，大平原轮廓日趋鲜明。新生代相对下沉，接受了较厚的沉积，局部沉积竟达千米。华北平原海拔多不及百米，地势平缓倾斜。黄河在孟津以下形成了巨大的冲积扇，扇缘向东直逼鲁西南山地丘陵的西侧，黄河冲积扇的中轴部位淤积较高。在华北平原，主要是河北南部、河南北部以及山东西部等地区，如河北衡水，分布有较多以河滩沉积和冲洪积为主的软土，而且软土层通常夹有一定量的泥砂。另外，在东北的三江平原也分布有以河湖相和沼泽相沉积为主的软土，多为淤泥质土。

Ⅱ区主要指的是长江中下游地区，该区软土的成因各不相同。长江中下游平原位于扬子准地台褶皱断拗带内，燕山运动产生一系列断陷盆地，后经长江切通、贯连和冲积后而形成。受新构造运动影响，平原边缘白垩系—第三系红层和第四纪红土层微微掀升，经流水冲切，成为相对高度20～30m的红土岗丘，中部和沿江沿海地区则继续下降形成泛滥平原和滨海平原。首先，在第四纪新构造运动中，地壳和海平面频繁升降。最后一次大海侵结束后，长江携带的泥砂不断沉积，在江口发育三角洲，形成了现在的长江三角洲地区。该处分布有巨厚的滨海相和三角洲相软土，土层极其软弱，地基承载力极低，尤其以上海地区软土最为显著。其次，在长江中下游沿岸地区分布有大量以河滩相和冲洪相沉积为主的软土，最突出的主要有武汉、南京、镇江等地区的软土。在我国东部沿海即江苏、浙江和福建等地，还分布有大量以滨海相沉积为主的软土，主要包括连云港、杭州、舟山、台州、温州、福州等地区。此外，由于长江中下游地区的特殊地貌，分布在长江中下游平原区域的淡水湖泊众多，湖荡星罗棋布。两湖平原上，较大的湖泊有1300多个，包括小湖泊在内，则共计1万多个，面积1.2万多km^2。该区域内的湖泊中，以鄱阳湖、洞庭湖、太湖、洪泽湖、巢湖等的面积较大。在这些湖泊周围分布有较多的软土，主要包括湖泊沉积和沼泽沉积的淤泥和淤泥质土。

Ⅲ区主要包括珠江流域和云贵高原。珠江流域北靠南岭，南邻南海，西部为云贵高原，中部丘陵、盆地相间，东南部为三角洲冲积平原，地势西北高，东南低。在平均海拔为1000～2000m的云贵高原上分布有盆地和湖泊群，最典型的是昆明滇池，在湖泊群附近分布有较多的湖沼相沉积软土。在云贵高原的部分地区和两广地区的低山丘陵间存在着许多盆地和谷地，其间分布有较多的山地型软土。在珠江三角洲地区，如广州、佛山和深圳等地，广泛分布有巨厚的三角洲相沉积软土。在环北部湾地区和湛江等地分布有以滨海相沉积为主的软土。

6.4.2 软土的工程特性

软土具有高含水率、弱透水性、固结速度缓慢、大孔隙比、高压缩性、低抗剪强度、触变性、流变性等工程性质，软土工程特性见表6.4-4。

软土工程特性 表6.4-4

软土特点	工程性质
高含水率	天然含水率较大，多在40%～70%之间，饱和度在90%～100%，重度一般在14.0～19.0kN/m^3
弱透水性，固结速度缓慢	渗透系数较小，一般为10^{-8}～10^{-6}cm/s，对地基排水固结不利，路堤填筑后沉降延续时间长，尤其是高液限软土，大部分具结构性（蜂窝结构和絮凝结构）。部分海相软土间夹粉土或粉砂薄层，致使其水平渗透系数比垂直渗透系数差别很大
大孔隙比，高压缩性	孔隙比大于1.0，压缩系数a_{1-2}一般大于0.5MPa^{-1}，最大可达10MPa^{-1}以上。软土在外力作用下，最初外力全部由孔隙水承担，随着水分的排出，外力逐渐传递到土骨架上，孔隙水压力减少，有效应力增加
低抗剪强度	十字板剪切强度＜35kPa。对排水条件较差，加荷速率较快的路堤，稳定计算时宜采用快剪强度指标。对排水条件较好，地基能达到一定程度固结时，可采用固结快剪强度指标
触变性	在天然状态下软土有一定的结构强度，但一经扰动或振动，结构便被破坏，强度显著降低，甚至呈流动状态。灵敏度一般为2～6，最大达到10以上
流变性	在荷载作用下，软土承受剪应力的作用产生缓慢而长期的剪切变形并导致抗剪强度的衰减，在主固结沉降完成之后还可能继续产生较大的次固结沉降

6.5 软土主要物理力学指标

软土的性质，可根据室内试验的物理力学参数进行判定，我国各地区和各种成因类型的软土的物理力学性质指标汇总见表6.5-1～表6.5-9。

各类软土的物理力学性质指标 表6.5-1

成因类型	含水率 ω/%	重度 γ/（kN/m^3）	孔隙比 e	抗剪强度		压缩系数 a_{1-2}/MPa^{-1}	灵敏度S_t
				φ/°	c/kPa		
滨海沉积	40～100	15～18	1.0～2.3	1～7	2～20	1.2～3.5	2～7
湖泊沉积	30～60	15～19	0.8～1.8	0～10	5～30	0.8～3.0	4～8
河流沉积	35～70	15～19	0.9～1.8	0～11	5～25	0.8～3.0	4～8
沼泽沉积	40～120	14～19	0.52～1.5	0	5～19	＞0.5	2～10

注：此表引用《工程地质手册》（第四版）。

中国软土主要分布地区软土的工程地质特征表 表 6.5-2

区划	海陆相	沉积相	土层埋深	天然含水率ω	重度γ	孔隙比e	饱和度S_r	液限ω_L	塑限ω_P	塑性指数I_P	液性指数I_L	有机质含量	压缩系数a_{1-2}	垂直渗透系数	抗剪强度（固快）		无侧限抗压强度q_u
															内摩擦角	黏聚力	
			m	%	kN/m³	—	%	%		%	—	%	MPa⁻¹	cm/s	°	kPa	kPa
北方Ⅰ区	沿海	滨海	2～24	43	17.8	1.21	98	44	25	19.2	1.22	5.0	0.88	5.0×10^{-6}	10	11	40
		三角洲	5～29	40	17.9	1.11	97	35	19	16	1.35	—	0.67	—	—	—	—
中部Ⅱ区	沿海	滨海	2～30	52	17.0	1.42	98	42	21	2	—	2.3	1.06	4×10^{-8}	11	4	50
		泻湖	1～30	50	16.8	1.56	98	47	25	22	1.34	6	1.30	7×10^{-8}	13	6	45
		溺谷	2～30	58	16.3	1.67	97	52	31	26	1.90	8	1.55	3×10^{-7}	15	8	26
		三角洲	2～19	43	17.6	1.24	98	40	23	17	1.11	—	1.00	1.5×10^{-6}	17	6	40
	内陆	高原湖泊	—	77	15.6	1.93	—	70	—	28	1.28	18.4	1.60	—	6	12	—
		平原湖泊	—	47	17.4	1.31	—	43	23	19	—	9.9	—	2×10^{-7}	—	—	—
		河漫滩	—	47	17.5	1.22	—	39	—	17	1.44	—	—	—	—	—	—
南方Ⅲ区	沿海	滨海	1～20	88.2	15.0	2.35	100	55.9	34.4	21.5	2.56	6.8	2.04	3.59×10^{-7}	2.1	6	4.8
		三角洲	1～19	50.8	17.0	1.45	100	33.0	18.8	14.2	1.79	2.75	1.32	7.33×10^{-7}	5.2	11.6	13.8

注：此表引用《软土地区岩土工程勘察规程》JGJ 83—2011。

上海地区软土物理力学性质指标统计表 表 6.5-3

名称	成因	含水率ω/%	密度ρ/（g/cm³）	相对密度G_s	孔隙比e	液限ω_L/%	塑限ω_P/%	塑性指数I_P	压缩系数a_{1-2}/MPa⁻¹	压缩模量$E_{s(1-2)}$/MPa	固结快剪切		三轴UU		无侧限抗压强度	高压固结试验		波速试验	
											c/kPa	φ/°	c_u/kPa	φ_u/°	q_u/kPa	c_c/kPa	c_s	V_p/（m/s）	V_s/（m/s）
淤泥质粉质黏土	滨海平原	36.0～49.7	1.71～1.86	2.72～2.74	1.00～1.36	29.6～40.1	17.8～23.0	10.3～17.0	0.30～1.03	2.20～5.97	8.5～14.2	12.1～28.0	21.0～40.0	0	31～66	0.169～0.472	0.024～0.070	708～1449	84～142
	变异系数	0.110	0.022	0.001	0.104	0.066	0.060	0.145	0.290	0.292	0.240	0.250	0.18	—	0.186	0.266	0.336	0.176	0.126

续表

名称	成因	含水率 ω/%	密度 ρ/（g/cm^3）	相对密度 G_s	孔隙比 e	液限 ω_L/%	塑限 ω_P/%	塑性指数 I_P	压缩系数 $a_{1\text{-}2}$/MPa^{-1}	压缩模量 $E_{s(1\text{-}2)}$/MPa	固结快剪切		三轴 UU		无侧限抗压强度	高压固结试验		波速试验	
											c/kPa	φ/°	c_u/kPa	φ_u/°	q_u/kPa	c_c/kPa	c_s	V_p/（m/s）	V_s/（m/s）
淤泥质黏土	滨海平原	40.0～59.6	1.64～1.79	2.72～2.74	1.12～1.67	34.4～50.2	19.0～26.0	17.0～25.1	0.55～1.65	1.32～3.58	11.5～15.7	8.5～16.9	18.0～44.0	0	42～77	0.429 0.628	0.041 0.109	874～1481	100～166
	变异系数	0.080	0.018	0.001	0.075	0.078	0.067	0.112	0.196	0.179	0.037	0.162	—	—	0.152	0.107	0.263	0.121	0.114
淤泥质黏性土	湖沼平原	31.2～50.2	1.70～1.88	2.72～2.75	0.81～1.42	28.7～45.5	17.2～24.3	10.7～22.0	0.34～1.16	1.33～4.83	9.0～17.0	10.0～20.5	—	—	—	—	—	—	—
	变异系数	0.109	0.025	0.003	0.112	0.095	0.069	0.153	0.249	0.230	0.139	0.214	—	—	—	—	—	—	—

注：此表引用《岩土工程勘察规范》DGJ 08—37—2002。

深圳地区软土物理力学性质指标统计表（平均值）　　表 6.5-4

名称	成因	含水率 ω/%	密度 ρ/（g/cm^3）	孔隙比 e	液限 ω_L/%	塑性指数 I_P	液性指数 I_L	压缩模量 $E_{s(1\text{-}2)}$/MPa	固结快剪切		三轴 UU		直剪快剪		固结不排水	
									c/kPa	φ/°	c_u/kPa	φ_u/°	c_q/kPa	φ_q/°	c_{cu}/kPa	φ_{cu}/°
淤泥	滨海平原	71.9	1.55	1.991	52.8	22.2	1.877	1.87	19.2	7.1	3.1	1.2	6.6	2.5	9.5	14.0
	变异系数	0.16	0.04	0.17	0.11	0.16	0.29	0.21	0.19	0.26	0.26	0.29	0.25	0.25	0.29	0.11
淤泥质土	海陆交互	51.2	1.68	1.348	44.5	18.3	1.434	2.64	20.7	12.2	8.4	3.5	21.8	2.4	13.9	13.0
	变异系数	0.21	0.06	0.07	0.17	0.23	0.29	0.23	0.25	0.27	0.28	0.25	0.21	0.28	0.26	0.21
	湖沼洪积	46.2	1.74	1.206	44.1	19.3	1.088	2.71	23.1	5.8	9.3	2.5	12.7	4.5	15.4	11.5
	变异系数	0.11	0.03	0.11	0.13	0.12	0.10	0.15	0.29	0.22	0.24	0.24	0.27	0.28	0.24	0.19

注：此表引用《深圳市基坑支护技术规范》SJG 05—2019。

杭（州）嘉（兴）湖（州）平原软土物理力学性质指标统计表 表 6.5-5

指标			深度/m					
			0～10		10～20		20～30	32.5～46.3
			淤泥	淤泥质土	淤泥	淤泥质土	淤泥质土	淤泥质土
天然含水率		ω	53.5～65.2	36.0～54.2	53.2～61.9	35.7～53.3	39.6～48.6	37.9～43.3
天然湿密度		ρ	1.58～1.71	1.69～1.86	1.64～1.68	1.69～1.86	1.74～1.83	1.78～1.86
天然孔隙比		e	1.500～1.955	1.011～1.482	1.501～1.737	1.028～1.483	1.069～1.307	1.015～1.210
液性指数		I_L	1.08～1.96	1.04～1.91	1.41～1.88	1.05～2.10	1.08～1.51	1.07～1.54
压缩系数		a_{1-2}	0.84～1.80	0.51～1.53	1.31～1.73	0.50～1.33	0.50～0.80	0.38～0.50
压缩模量		$E_{s(1-2)}$	1.28～2.54	1.46～4.07	1.38～1.97	1.61～4.32	1.96～4.16	4.36～4.98
直剪快剪	黏聚力	c	3.0～19.0	5.0～24.0	5.0～10.0	7.0～20.0	5.0～26.0	21.8～35.7
	内摩擦角	φ	0.4～4.8	0.5～5.1	1.0～2.9	1.0～6.8	1.4～4.5	5.5～8.2
直剪固快	黏聚力	c	14.0～23.0	11.0～20.0		16.0～23.0	15.0～24.0	
	内摩擦角	φ	6.6～14.0	7.4～15		6.8～13.9	4.5～17.2	
三轴快剪	黏聚力	c_{uu}		4.0～18.0	8.0～9.0	4.0～20.0		26.0～27.0
	内摩擦角	φ_{uu}		0.6～1.7	1.4～1.9	0.5～1.3		2.2～2.5
渗透系数	垂直	K_V	2.63×10^{-7}～1.50×10^{-6}	4.73×10^{-8}～1.50×10^{-6}	8.30×10^{-8}～5.37×10^{-7}	3.70×10^{-8}～1.40×10^{-6}	2.00×10^{-7}～1.10×10^{-6}	3.00×10^{-7}～7.90×10^{-6}
	水平	K_h	5.83×10^{-7}～4.10×10^{-6}	6.50×10^{-8}～4.10×10^{-6}	2.50×10^{-8}～1.44×10^{-7}	3.10×10^{-8}～3.40×10^{-6}	2.20×10^{-7}～6.30×10^{-6}	3.70×10^{-7}～9.00×10^{-5}
无侧限抗压强度	原状土	q_u	8.0～18.0	10.0～30.0		18.0～35.0		64.0～64.7
	重塑土	q'_u		2.0～13.0		3.0～10.0		5.0～12.0
	灵敏度	S_t		1.0～4.2		2.2～6.0		4.9～11.5
静力触探	锥尖阻力	q_c	0.28～0.38	0.34～0.58		0.42～0.60	0.45～0.60	
	侧壁阻力	f_s	9.7～13.2	5.18～20.45		6.57～16.0	7.30～8.20	
十字板	原状土	c_u		12.5～30.2		15.2～32.2		
	灵敏度	S_t		1.9～4.3				

注：此表引用《公路软土地基路堤设计规范》DB33/T 904—2021。

萧（山）绍（兴）姚（余姚）平原软土物理力学性质指标统计表　　表 6.5-6

指标			深度/m					
			0～10		10～20		20～30	> 30
			淤泥	淤泥质土	淤泥	淤泥质土	淤泥质土	淤泥质土
天然含水率		ω	51.8～64.9	36.4～53.6	51.4～62.4	35.1～52.2	35.0～46.1	35.0～45.8
天然湿密度		ρ	1.55～1.69	1.67～1.84	1.58～1.67	1.68～1.85	1.74～1.85	1.75～1.85
天然孔隙比		e	1.512～1.842	1.015～1.485	1.516～1.898	1.074～1.483	1.012～1.246	1.041～1.245
液性指数		I_L	1.28～2.96	1.03～1.93	1.13～2.25	1.03～2.72	1.02～1.79	1.04～1.44
压缩系数		a_{1-2}	0.97～2.17	0.50～1.48	1.21～1.94	0.45～1.36	0.31～0.82	0.53～0.88
压缩模量		$E_{s(1-2)}$	1.26～2.21	1.57～3.95	1.41～2.09	1.69～4.33	2.39～6.23	2.33～4.13
直剪快剪	黏聚力	c	4.0～16.0	4.0～18.0	6.0～18.0	4.0～26.0	8.0～32.0	14.0～30.0
	内摩擦角	φ	0.4～5.5	0.5～6.1	1.0～4.0	0.7～9.2	1.5～11.2	2.8～7.2
直剪固快	黏聚力	c	9.0～15.0	10.0～24.0	9.0～12.0	11.0～21.0	15.0～26.0	
	内摩擦角	φ	10.0～14.3	9.4～15.4	9.5～19.9	13.4～18.7	13.8～16.5	
三轴快剪	黏聚力	c_{uu}	4.0～9.0	4.0～10.0		8.0～11.0		
	内摩擦角	φ_{uu}	1.6～3.3	1.2～3.0		1.6～2.0		
渗透系数	垂直	K_V	6.20×10^{-7}～7.80×10^{-6}	9.30×10^{-7}～5.70×10^{-6}		1.40×10^{-7}～4.80×10^{-6}	9.00×10^{-7}～5.70×10^{-5}	
	水平	K_h	2.10×10^{-7}～2.60×10^{-6}	7.50×10^{-7}～1.40×10^{-6}		3.12×10^{-7}～4.40×10^{-6}	4.90×10^{-6}～2.70×10^{-5}	
无侧限抗压强度	原状土	q_u	19.0～46.0	32.0～60.0	22.0～45.0	26.0～65.0	45.0～82.0	
	重塑土	q'_u	7.0～19.0	7.0～18.0	6.0～16.0	7.0～22.0	9.0～25.0	
	灵敏度	S_t	2.3～5.0	2.1～4.8	3.6～4.6	2.5～5.6	2.6～5.0	
静力触探	锥尖阻力	q_c	0.28～0.48	0.25～0.72		0.32～0.86	0.58～1.06	0.58～0.88
	侧壁阻力	f_s	7.5～7.8	4.3～13.8		5.8～14.2	9.9～16.7	11.7～19.1
十字板	原状土	c_u	1.0～4.2	2.5～8.4		2.7～3.6		
	灵敏度	S_t	1.4～4.1	2.0～4.9		2.0～5.8		

注：此表引用《公路软土地基路堤设计规范》DB33/T 904—2021。

宁（波）奉（化）平原软土物理力学性质指标统计表 表 6.5-7

指标			深度/m					
			0～10		10～20		20～30	> 30
			淤泥	淤泥质土	淤泥	淤泥质土	淤泥质土	淤泥质土
天然含水率		ω	54.5～68.4	37.3～53.7	51.2～56.5	35.8～52.7	35.0～49.7	35.0～42.3
天然湿密度		ρ	1.59～1.68	1.67～1.82	1.62～1.69	1.67～1.81	1.67～1.83	1.72～1.83
天然孔隙比		e	1.510～1.902	1.052～1.470	1.505～1.583	1.050～1.479	1.018～1.474	1.023～1.232
液性指数		I_L	1.30～1.49	1.06～1.65	1.11～1.64	1.03～1.65	1.02～1.35	1.04～1.34
压缩系数		$a_{1\text{-}2}$	1.17～1.79	0.52～1.41	1.14～1.81	0.57～1.29	0.45～1.15	0.42～0.82
压缩模量		$E_{s(1\text{-}2)}$	1.55～2.00	1.64～3.67	1.29～2.23	1.84～3.46	2.13～4.48	2.52～4.81
直剪快剪	黏聚力	c	2.0～7.0	3.0～10.0	6.0～13.0	5.0～11.0	5.0～18.0	8.0～10.0
	内摩擦角	φ	0.9～8.0	0.9～9.0	1.4～6.5	2.2～11.5	2.3～18.5	3.0～9.5
直剪固快	黏聚力	c	6.0～9.0	9.0～12.0	9.0～10.0	9.0～14.0	11.0～16.0	
	内摩擦角	φ	8.0～16.5	8.2～15.7	8.4～8.9	8.1～9.6	4.2～9.4	
三轴快剪	黏聚力	c_{uu}		1.4～7.0		3.0～10.0		
	内摩擦角	φ_{uu}		1.4～2.2		1.6～3.2		
渗透系数	垂直	K_V		1.30×10^{-7}～5.90×10^{-7}		1.00×10^{-7}～2.00×10^{-7}	1.20×10^{-7}～1.80×10^{-7}	
	水平	K_h		1.60×10^{-7}～1.30×10^{-6}		1.50×10^{-7}～3.10×10^{-7}	1.40×10^{-7}～2.30×10^{-7}	
无侧限抗压强度	原状土	q_u	14.1～20.0	15.0～24.0		16.0～31.0	2.2～3.0	
	重塑土	q'_u	3.3～7.4	3.0～6.7		4.2～6.7	4.4～6.7	
	灵敏度	S_t	5.0～6.0	4.8～5.6		2.3～5.3	4.2～5.0	
静力触探	锥尖阻力	q_c	0.23～0.49	0.30～0.67	0.31～0.68	0.37～1.06	0.62～1.16	
	侧壁阻力	f_s	4.8～7.2	5.4～14.5	6.1～8.7	6.2～15.0	8.9～13.7	
十字板	原状土	c_u	2.1～12.3	4.0～15.1		4.5～22.1	6.9～23.3	
	灵敏度	S_t	1.2～5.2	1.0～6.8		1.0～6.4	1.2～5.6	

注：此表引用《公路软土地基路堤设计规范》DB33/T 904—2021。

温（岭）黄（岩）平原软土物理力学性质指标统计表 表 6.5-8

指标			深度/m					
			0～10		10～20		20～30	
			淤泥	淤泥质土	淤泥	淤泥质土	淤泥质土	淤泥质土
天然含水率		ω	54.0～71.1	36.5～56.2	53.6～69.7	36.4～54.9	52.5～65.6	36.1～52.6
天然湿密度		ρ	1.58～1.68	1.69～1.83	1.55～1.69	1.67～1.85	1.62～1.69	1.69～1.82
天然孔隙比		e	1.576～1.966	1.041～1.491	1.511～1.888	1.043～1.485	1.505～1.776	1.013～1.468
液性指数		I_L	1.06～2.18	1.02～1.74	1.05～1.99	1.01～1.75	1.09～1.52	1.02～1.44
压缩系数		a_{1-2}	1.06～2.21	0.53～1.36	1.14～2.07	0.55～1.32	0.56～1.47	0.48～1.18
压缩模量		$E_{s(1-2)}$	1.12～2.24	1.68～3.85	1.22～2.11	1.75～3.56	1.76～4.28	1.89～4.26
直剪快剪	黏聚力	c	3.0～13.0	6.0～16.5	5.0～13.0	4.0～16.0	6.0～27.0	6.0～22.0
	内摩擦角	φ	0.5～3.7	0.7～7.5	0.5～4.3	0.5～4.9	0.7～6.7	0.6～6.8
直剪固快	黏聚力	c	7.0～15.0	9.0～16.0	8.0～18.0	9.0～18.0	9.0～19.0	18.0～23.0
	内摩擦角	φ	3.0～18.6	7.0～17.2	3.3～16.5	5.0～17.5	3.0～12.5	12.5～14.0
三轴快剪	黏聚力	c_{uu}	1.6～13.0	5.0～15.0	2.0～14.0	3.0～17.0	2.5～13.0	
	内摩擦角	φ_{uu}	0.2～4.2	0.9～3.1	1.1～2.8	1.2～2.0	0.8～3.0	
渗透系数	垂直	K_V	1.58×10^{-7}～1.30×10^{-6}	4.00×10^{-7}～1.45×10^{-6}	1.20×10^{-7}～1.80×10^{-6}	1.00×10^{-7}～2.60×10^{-6}		3.50×10^{-7}～1.20×10^{-6}
	水平	K_h	1.42×10^{-7}～2.90×10^{-6}	5.40×10^{-8}～2.70×10^{-6}	1.30×10^{-7}～2.30×10^{-6}	1.30×10^{-7}～4.00×10^{-6}		3.20×10^{-7}～1.30×10^{-6}
无侧限抗压强度	原状土	q_u	12.0～2.62	13.0～29.0	13.0～35.0	11.0～39.0	22.0～41.0	28.0～39.0
	重塑土	q'_u	2.0～10.0	3.0～17.0	2.0～11.0	4.0～10.9	6.8～10.0	6.5～9.0
	灵敏度	S_t	2.0～9.5	1.8～5.3	2.1～8.8	2.2～5.6	2.4～4.9	3.0～6.4
静力触探	锥尖阻力	q_c						
	侧壁阻力	f_s						
十字板	原状土	c_u						
	灵敏度	S_t						

注：此表引用《公路软土地基路堤设计规范》DB33/T 904—2021。

温（州）瑞（安）平（阳）平原软土物理力学性质指标统计表 表 6.5-9

指标			深度/m							
			0～10		10～20		20～30		> 30	
			淤泥	淤泥质土	淤泥	淤泥质土	淤泥质土	淤泥质土		
天然含水率		ω	55.5～87.2	43.6～53.0	54.1～77.2	39.3～52.6	53.8～71.6	38.6～51.0	53.0～64.0	37.0～50.2
天然湿密度		ρ	1.49～1.85	1.68～1.80	1.52～1.69	1.68～1.83	1.53～1.70	1.67～1.89	1.60～1.68	1.69～1.85
天然孔隙比		e	1.507～2.292	1.178～1.495	1.507～2.132	1.078～1.491	1.514～2.062	1.092～1.468	1.508～1.791	1.022～1.460
液性指数		I_L	1.04～2.00	1.04～1.46	1.07～1.96	1.02～1.70	1.04～1.62	1.01～1.37	1.03～1.17	1.01～1.06
压缩系数		$a_{1\text{-}2}$	0.73～3.69	0.68～1.18	0.67～3.37	0.56～1.12	0.75～2.34	0.51～1.39	1.04～1.35	0.69～1.15
压缩模量		$E_{s(1\text{-}2)}$	0.51～2.76	1.92～3.07	0.56～3.19	1.96～2.67	1.13～2.57	1.67～4.27	2.02～2.66	2.09～2.95
直剪快剪	黏聚力	c	1.6～20.0	3.1～15.0	1.40～22.0	4.0～22.0	7.0～20.0	9.0～28.0	10.0～1.50	12.0～21.0
	内摩擦角	φ	0.1～9.0	0.3～18.6	0.1～7.1	0.7～20.7	0.3～6.0	0.6～12.8	1.6～4.6	1.0～3.1
直剪固快	黏聚力	c	7.0～17.0	3.0～7.0	6.0～20.0	15.0～17.7	8.0～18.0			12.0～16.0
	内摩擦角	φ	8.6～17.2	11.5～19.1	9.4～17.1	11.7～18.9	8.1～13.4			19.1～20.1
三轴快剪	黏聚力	c_{uu}	3.0～12.0		3.0～14.0		13.0～16.0			
	内摩擦角	φ_{uu}	0.4～2.0		0.3～1.8		0.8～2.3			
渗透系数	垂直	K_V	2.70×10^{-7}～1.10×10^{-6}	2.70×10^{-7}～1.70×10^{-6}	1.10×10^{-7}～1.50×10^{-6}		1.40×10^{-7}～3.90×10^{-6}			
	水平	K_h	2.80×10^{-7}～5.50×10^{-6}	2.70×10^{-7}～3.50×10^{-6}	2.30×10^{-7}～1.60×10^{-6}		1.50×10^{-7}～2.90×10^{-6}			
无侧限抗压强度	原状土	q_u	6.0～32.1	30.4～38.1	15.7～47.0	20.0～50.0	15.9～50.8	13.5～54.2		45.1～46.2
	重塑土	q'_u	3.0～12.0	20.0～21.5	3.6～15.4	5.3～21.3	6.7～19.4	6.2～23.2		11.4～14.7
	灵敏度	S_t	2.9～5.0	1.4～1.9	2.7～6.0	2.3～5.6	2.5～5.2	2.2～5.7		3.07～4.05
静力触探	锥尖阻力	q_c	0.17～0.46	0.35～0.69	0.15～0.65	0.35～0.99	0.41～0.65	0.55～0.99		0.66～1.11
	侧壁阻力	f_s	3.0～8.5	6.2～11.4	3.6～9.8	6.2～14.1	6.3～10.4	7.1～24.5		11.8～25.1
十字板	原状土	c_u	7.0～21.3	16.0～36.0	9.0～20.7	10.0～43.0		21.0～34.0		
	灵敏度	S_t	2.0～4.7		3.0～4.3	3.9～4.5				

注：此表引用《公路软土地基路堤设计规范》DB33/T 904—2021。

6.5.1 软土地基与处理

1）软土地基承载力经验值，见表 6.5-10～表 6.5-13。

软土地基承载力特征值 f_{ak}　　表 6.5-10

名称	地基承载力特征值 f_{ak}/kPa	备注
淤泥	40～55	浙江甬台温沿海
淤泥质土	60～70	浙江杭嘉湖
淤泥	40～60	上海
淤泥质土	60～80	

软土预制桩的桩侧阻力特征值（浙江）　　表 6.5-11

名称	第一指标	第二指标	第三指标	侧摩阻力特征值 q_{sa}/kPa	
	土的状态	锥尖阻力 q_c/kPa	$a_{1\text{-}2}$	$H \leqslant 20$m	$H > 20$m
淤泥	—	< 350	$a_{1\text{-}2} > 1.3$	4～5	5～6
淤泥质土	—	350～650	$0.8 < a_{1\text{-}2} < 1.3$	6～7	7～8
		650～1000	$0.5 < a_{1\text{-}2} < 0.8$	8～10	10～12

注：此表引用《建筑地基基础设计规范》DB 33/T 1136—2017。

软土的极限桩侧阻力标准值（上海）　　表 6.5-12

名称	第一指标	预制桩	灌注桩
	比贯入阻力 p_s/MPa	f_s/kPa	f_s/kPa
淤泥质土	0.5～0.7 0.4～0.8	15～30 15～35	15～25 15～30

注：此表引用《岩土工程勘察规范》DGJ 08—37—2002。

软土渗透系数 k 经验值　　表 6.5-13

名称	渗透系数 k		备注
	cm/s	m/d	
淤泥	2.00×10^{-8}～1.90×10^{-7}	1.73×10^{-5}～1.64×10^{-4}	深圳
淤泥质土	1.50×10^{-7}～2.30×10^{-5}	1.29×10^{-4}～1.99×10^{-2}	
淤泥质黏土	$(2.0$～$4.0) \times 10^{-7}$	—	上海
淤泥质粉质黏土	$(2.0$～$5.0) \times 10^{-6}$	—	上海
淤泥质粉质黏土夹粉砂	$(0.7$～$53.0) \times 10^{-4}$	—	
淤泥	10^{-10}～10^{-8}	—	《基坑工程手册》

2）软土地基处理方法

软土地基的处理方法较多，从不同角度出发，许多学者对其做了各种方法的归纳和分类。与对地基处理方法进行分类的目的一样，有的学者从学科领域把地基处理方法分为物理法和化学法；从加固范围分为浅层加固和深层加固；从加固机理、施工工艺、所用材料方面，又可细分为若干门类。本节将目前工程中常采用的一些软土地基处理方法分类如下。

（1）密实法

密实法是指软弱的饱和土和松散的非饱和土，在荷载（动荷载、静荷载以及冲击荷载）作用下，使土体的孔隙体积不断减小、地基土的承载力增加、土体密实度提高、土体的压缩性降低。承载力的提高只与土的密度改变有关。对排水固结法而言，土体的密度与预压荷载的大小和作用时间相联系。当不考虑预压周期时，土体的密度只取决于预压荷载的大小。

（2）真空预压

真空预压是以大气压力作为预压荷载，在拟加固场地表面铺设一层透水的砂垫层，再在其上覆盖一层不透气的密封薄膜，然后用真空装置抽气，使密封膜内产生一定的真空度，土体中产生负的孔隙水压力，在膜内外压差的作用下，使土体固结。瑞典于 20 世纪 40 年代末首先应用该法，随后日本和美国等国相继进行了探索和研究，我国交通部一航局在 20 世纪 70 年代末，成功在新港集装箱码头工程中使用，并取得了可喜的研究成果。通过多年探索，已能使膜内真空度达 600mm 水银柱高，相当于 80kPa 的预压荷载。

（3）堆载预压方法

堆载预压是利用填土、砂石料或其他重物对地基施加预压荷载，使孔隙水得以排出，以达到土体结构固结的目的。加固后软土地基承载力的大小主要取决于其上部堆积载荷的大小。堆载预压的原理与真空预压不同，真空预压可一次将荷载加到最大值，而不使土体产生剪应力增量，不必考虑地基产生剪切破坏。堆载预压方法必须考虑加荷速率对土体结构产生的影响，通常情况下采用分级加载，每隔一定周期（1d 左右）要进行桩体竖向变形、边桩位移、孔隙水压力等数值的观测，要求竖向变形不超过 10mm/d，边桩位移不应超过 4m/d。预压方法主要用于淤泥质土、淤泥和冲填土等饱和的黏性土地基。对于透水性比较好的薄砂层黏性土，可以不再设置纵向的排水通道，也可以取得良好的固结效果。对于透水性差的黏性土，为了缩短预压排水固结周期，通常还要设置纵向排水结构物，例如排水纸板、砂井等。

（4）强夯法

强夯法又可称为动力固结法或者动力压实法，这种方法通常是以 80～400kg 的重锤，从 6～40m 落距高处自由落下，将土体夯实。强夯法不仅适用于处理砂土、碎石土、黏性土、粉土、杂填土和素填土等土质地基，同时由于能够提高地基的强度、改善抗振动液化的能力、降低压缩性、消除土的湿陷性，这种方法也常用于处理可液化的砂土地基或湿陷性黄土地基等。

（5）置换法

置换法也称换填法，是将基础下部一定范围内的软弱土层挖除，然后分层换填模量和强度相对较高的碎石、灰土、砂或者素土，使之达到设计要求的密度，最终形成一个较好的持力结构层，以达到提高承载力和减少路基变形的目的。一般来讲，置换法后路基承载力的提高取决于土的置换作用。

（6）复合地基法

复合地基法是在天然地基中设置一定数量的增强结构体（桩体）使桩和土体共同承担荷载，并使地基具有密实法和置换法形成的加固效应。由于设置增强体的方法不同和所选用的桩体材料不同，复合地基法对地基的密实作用和置换作用效应不同，进而提高路基承载力的幅值也不尽相同。复合地基的面积置换率通常为 3%～25%，其他的个别方法，例如碎石桩的面积置换率可以达到 40%。通常情况下，复合地基既具有置换作用，又具有密实作用，但也存在仅有置换作用而无密实作用的情况。根据不同的桩体材料性状，复合地基一般可以分为 3 类：①散体材料桩体组成的复合地基；②一般粘结性强度桩体组成的复合地基；③高粘结性强度桩体组成的复合地基。

（7）加筋法

常用的加筋法有两种：一是土工织物法，二是加筋土法。在公路工程中前者的应用较多。土工织物是以人工合成的聚化物为原料而制成的各类产品。土工织物已经成功应用于我国的公路工程，并已广泛用于边坡稳定、软基处理、支护结构、道路翻浆防治、护岸护坡、路基路面综合排水以及沥青路面裂缝处理等方面，并且成功解决了大量的工程实际问题。

（8）灌浆法

灌浆法是运用液压、气压或者电动化学的原理，把具有充填性、胶结性等特点的材料注入各种介质之间的裂缝和孔隙之中，实现其强度和密实度的增加。灌浆法的主要目的是加固结构和防渗。例如，在建筑工程建设过程中，除了需要提高灌浆对象的模量和强度之外，还需要达到恢复构筑物的整体稳定、降低渗透性、截断水流等诸多方面的目的。过去该方法主要用于改善强渗透地层，近些年来，针对软土的灌浆法进行了一些试验，并取得了良好的工程效果。

（9）抛石挤淤法

在路基的底部投掷一定数量的片石，进而将淤泥挤出路基基底范围，实现提高地基的整体强度。该方法施工简单、方便、迅速，主要适用于常年存在积水的洼地，厚度较薄，排水困难，表层没有硬壳，同时片石能够沉入底部的泥沼地带或者深度为 3～4m 的软土地区。

（10）化学药剂方法

化学药剂方法是把化学药剂或水泥乳浆等液体注入土中，使其形成固结土，从而降低地基的透水性并有效增加地基的强度。类似于冻结法，化学药剂法主要用于阻止水体渗透和稳定开挖面。注入方法通常包括单管筛网方式、单管钻杆方式、多层管双相方式、套管单相方式、套管双套筒方式等。药剂仅限于水玻璃系的药剂与酸性材料硅胶合用，使固结物呈中性。该方法近年来得到了较好的应用。此外，研究人员还研制出无公害和更具经济性的二氧化碳气体、水玻璃的气液反应砂浆等化学药剂，与此同时采用电渗析注入药剂的方法研究也有一定进展。对于注入化学药剂法而言，今后可通过改善压力注入施工技术，以提高水泥系材料的渗透注入效果。总之，注入化学药剂法作为永久的软土地基加固措施而得到广泛应用。

6.6　黄土与环境岩土工程

6.6.1　概述

黄土是一种以粉粒为主、多孔隙、弱胶结的黄色第四纪沉积物，具有独特的内部物质成分、外部形态特征和工程力学性质，不同于同时期的其他沉积物。国内外一些地质界黄土工作者，根据成因将黄土划分为黄土和黄土状土两大类。其中，凡以风力搬运沉积又没有经过次生扰动的、大孔隙的、无层理的、黄色粉质的土状沉积物称为黄土（也称原生黄土），其他成因的、黄色的、常具有层理的和夹有砂、砾石层的土状沉积物称为黄土状土（也称次生黄土）。黄土和黄土状土广泛分布于亚洲、欧洲、北美和南美洲等地的干旱和半干旱地区，面积约为 $1.3\times10^{7}km^{2}$，约占地球陆地总面积的 9.8%。我国黄土和黄土状土比较发育，地层全，厚度大，其分布面积占世界黄土分布总面积的 4.9%左右，主要集中在北纬 30°～48°之间，而以 34°～45°间最为发育。

由于从环境岩土工程角度来看，主要是根据土的物理力学性质来评价其工程特性及其对环境的影响，对区分黄土和黄土状土的必要性不是很大。因此，除非特别指明，本节将黄土和黄土状土统称为黄土。

在天然含水率条件下，黄土往往具有较高的强度和较低的压缩性。在上覆地层自重压力或自重压力与建筑物荷载共同作用下，受水浸湿后土体结构迅速破坏，产生显著的附加下沉，土体强度也随之明显降低，这种黄土称为湿陷性黄土。在任何条件下受水浸湿后也不发生湿陷，则称为非湿陷性黄土。湿陷性黄土又分为自重湿陷性黄土和非自重湿陷性黄土。凡在上覆地层自重应力下受水浸湿发生湿陷的，叫自重湿陷性黄土。凡在上覆地层自重应力下受水浸湿不发生湿陷，只有在自重应力和外荷载的附加应力共同作用下受水浸湿才发生湿陷的叫非自重湿陷性黄土。非湿陷性黄土与一般黏性土的工程特性无异，可按一般黏性土地基进行考虑。湿陷性黄土与一般黏性土不同，不论作为建筑物的地基、建筑材料或地下结构的周围介质，其湿陷性会对建筑物和环境产生很大的不利影响，必须予以特别考虑。本节将主要讨论湿陷性黄土的基本性质和环境岩土工程问题。

1）我国湿陷性黄土的主要特征及其区域分布

（1）我国湿陷性黄土的主要特征

我国的湿陷性黄土多为粉土和粉质黏土，一般都覆盖在下卧的非湿陷性黄土层上，其厚度最大可达 30m 以上，多为 5～15m，且有从西到东逐渐减小的趋势，湿陷性具有自西向东和自北向南逐渐减弱的规律。我国湿陷性黄土一般具有下列主要特征：

①黄色是基本色调，通常为黄褐、褐黄、次黄、棕黄等颜色；

②含盐量较大，特别是富含碳酸盐类，另外硫酸盐、氯化物等含量也较高；

③矿物组成主要为石英和长石，碎屑矿物和黏土矿物（以伊利石为主）等含量也较高，化学成分以 SiO_2 为主，Al_2O_3 和碱土金属钙镁等含量也较高；

④颗粒组成以粉粒（0.005～0.05mm）为主，含量常在 60%以上，大于 0.25mm 的颗粒粒径没有或很少；

⑤一般具有肉眼可见的大孔隙，天然孔隙比常在 1.0 左右，呈松散结构状态；

⑥天然剖面上具有垂直节理；

⑦具有湿陷性、易溶蚀和易冲刷性等。

（2）我国湿陷性黄土的区域分布

我国湿陷性黄土的分布面积约占我国黄土分布总面积的 60%，大部分分布在北纬 34°～41°、东经 10°～114°之间的年降雨量在 250～500mm 的黄河中游地区。除此之外，在山东中部、甘肃河西走廊、西北内陆盆地、东北松辽平原等地也有零星分布，但面积一般较小，且不连续。现分述如下。

①东北区：湿陷性黄土主要分布在松辽平原的西南部、中部、北部和南部等地有黄土状岩石分布，很少具有湿陷性，或湿陷性不强烈。

②华北区：湿陷性黄土主要分布在燕山南麓、太行山东麓、泰山与鲁山北部山麓。这一区域的湿陷性黄土多在河谷之中或者山前、山间的低缓丘陵之上，但分布不算广泛。

③黄河中游地区（三门峡—龙羊峡之间的黄河及其支流流域）：湿陷性黄土发育最为广泛，主要分布在黄河及其支流的河谷地区。另外，在某些山前边坡、丘陵、黄土塬顶也有所分布。本区黄土分布既广又厚，地层发育比较齐全，分布连续，是我国湿陷性黄土分布的典型地区。

④西北的其他内陆盆地地区：湿陷性黄土分布比较零散，主要在柴达木盆地东南部、河西走廊、天山南北麓以及准噶尔盆地、塔里木盆地的边缘地区有所分布。

大量资料证明，湿陷性黄土因沉积的地质年代不同，其湿陷性有很大差别。一般形成年代越久，大孔结构退化，土质越趋密实，湿陷性减弱，甚至不具湿陷性；反之，形成年代越近，黄土湿陷性越明显。如全新统黄土和上更新统黄土一般具有湿陷性，而中更新统黄土和下更新统黄土通常不具有湿陷性。也就是说，我国湿陷性黄土主要是在第四纪全新世（Q_4）至晚更新世（Q_3）这段地质历史时期里形成的，如表 6.6-1 所示。

黄土按沉积年代划分　　　　**表 6.6-1**

<table>
<tr><th colspan="2">地质年代</th><th colspan="2">地层划分</th><th>基本特性</th></tr>
<tr><td rowspan="2">全新世 Q_4</td><td>近期 $Q_4^{3\sim4}$</td><td rowspan="3">新黄土</td><td>现代上层黄土
（新近堆积黄土）</td><td rowspan="3">一般有湿陷性，结构疏松，无侧限强度多小于 100kN/m²，干密度多在 13kN/m³ 左右</td></tr>
<tr><td>早期 $Q_4^{1\sim2}$</td><td>现代下层黄土</td></tr>
<tr><td colspan="2" rowspan="2">晚更新世 Q_3
中更新世 Q_2
早更新世 Q_1</td><td rowspan="2">马兰黄土
离石黄土上部
离石黄土下部
午城黄土</td></tr>
<tr><td>老黄土</td><td>一般无湿陷性，结构密实，无侧限强度多大于 100kN/m²，干重度可达 16kN/m³</td></tr>
</table>

（3）湿陷性黄土的结构特征

黄土的结构特征主要是指黄土中固体颗粒和孔隙的大小、形状、排列及胶结方式。黄土的结构特征与其湿陷性等物理力学性质密切相关。

黄土的孔隙按其成因类型可以分为粒间孔隙、胶结物孔隙和次生的根洞、虫孔、节理和裂隙以及溶蚀孔洞等（表 6.6-2）。其中，次生的孔隙均为大孔隙（＞0.032mm）；原生的粒间孔隙分为支架孔隙和镶嵌孔隙，前者由骨架颗粒相互支架构成，孔径远大于组成孔隙的骨架颗粒，属中孔隙（0.008～0.032mm），而后者由骨架颗粒相互穿插紧密排列组成，属小孔隙（0.002～0.008mm）；介于原生与次生孔隙之间的胶结物孔隙则形成于胶结物中，杂乱分布，为微孔隙（＜0.002mm），它的连通性差，透水性弱。上述各类孔隙中，中孔隙一般对荷载和水作用的反应远比大孔隙、小孔隙和微孔隙的反应更敏感强烈。中孔隙占孔隙总体积的 60%左右，是黄土湿陷变形的最主要原因。另外，在地域分布上，从西北向东南，大孔隙和微孔隙逐渐增加，小孔隙有所减少，中孔隙显著减少，这与黄土湿陷性由西北向东南逐渐减弱的变化规律基本一致。

湿陷性黄土中孔隙的分类　　　　**表 6.6-2**

孔隙种类	孔隙直径/μm	孔隙主要成因
大孔隙	≥32	根洞、虫孔、裂隙等
中孔隙	8～32	支架孔隙
小孔隙	2～8	镶嵌孔隙
微孔隙	＜2	胶结物孔隙

根据黄土微结构的研究，黄土结构通常可以分为接触胶结、接触-基底胶结和基底胶

结 3 种类型，如图 6.6-1 所示。接触胶结（如陕西靖边的马兰黄土），颗粒多为棱角状，彼此接触较多，粒间孔隙大，胶结物含量少，主要呈薄膜状包着颗粒，颗粒连接脆弱，结构较松散，湿陷性较强；接触-基底胶结（如陕西延安的马兰黄土），骨架颗粒多为半棱角状，有的彼此接触，有的在颗粒镶嵌处有胶结物，粒间孔隙较少，结构较密实，其湿陷性较接触胶结的低；基底胶结（如陕西洛川的马兰黄土），骨架颗粒较细，彼此不相接触，呈星点状分布于胶结物中，胶结物丰富，多呈团聚状，胶结充分，结构致密，湿陷性弱或没有湿陷性。

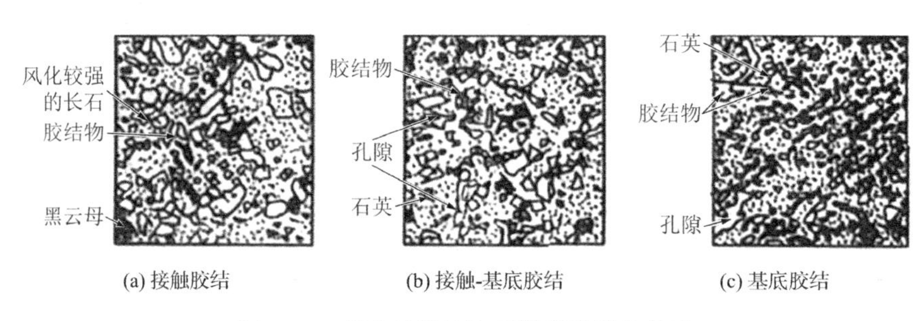

图 6.6-1　黄土的微结构-颗粒间的胶结关系

2）湿陷性黄土的基本地貌类型

黄土地貌形态的基本组成与基本地貌类型是塬、墚、峁及黄土台地。

（1）黄土塬

黄土塬是由较为完整的黄土地层堆积成的较为完整的地块。塬面较平坦，向河流倾斜，倾角仅 2°～5°，塬面面积数十至数百平方公里。黄土塬周围被深切沟谷环绕，主要分布在陕北与陇东，其中洛川塬和西峰塬较为著名。

（2）黄土墚

黄土墚指黄土高原区的长条形黄土地貌，长数十米至数十公里，宽仅数十米到数百米，墚脊起伏较大，横断面呈穹隆状，两侧为深切沟谷，谷坡坡度较陡。

（3）黄土峁

黄土峁是孤立的黄土丘，呈圆穹状，峁与峁间地势凹下。峁与墚常连在一起，并称为黄土墚峁或黄土丘陵。

（4）黄土台地

河谷两侧二级阶地以上各级阶地的阶面被黄土掩埋，厚层黄土下伏冲积层，这种黄土掩埋阶地，工程上常称为黄土台地。

3）湿陷性黄土的物理力学性质

湿陷性黄土的物理力学性质和其他岩土体一样，是通过某些指标反映出来，其变化与土质成分、颗粒组成、组织结构、成因年代、堆积环境等密切相关。我国湿陷性黄土的主要物理力学性质指标如表 6.6-3 所示。

我国湿陷性黄土的主要物理力学指标　　**表 6.6-3**

指标	新近堆积黄土			其他类型湿陷性黄土		
	最大值	最小值	常见值	最大值	最小值	常见值
干重度/（kN/m^3）	15.3	11.2	12.5～13.0	15.8	11.6	13.0～13.5
孔隙比	1.64	0.75	0.85～1.05	1.41	0.62	0.95～1.12
含水率/%	30.5	6.0	14～22	28.2	6.4	12～24
饱和度/%	95.4	12.3	40～70	94.0	21.0	30～70
液限/%	35	19	25～29	35	23	26～31
塑性指数	16	6	8～12	16	8	9～12
压缩系数/MPa^{-1}	1.55	0.16	0.20～0.70	1.92	0.03	0.10～0.60
湿陷系数	0.107	0.000	0.02～0.08	0.128	0.015	0.03～0.10

湿陷性黄土的某些物理力学性质指标，有时可以反映它的湿陷性的大小和敏感程度。例如，在其他条件相同时，黄土的孔隙比越小，湿陷性越弱，西安地区黄土的孔隙比小于 0.9 时一般就不再具有湿陷性或者湿陷性很轻微。黄土的天然含水率与湿陷性的关系也非常密切，在其他条件相同时，黄土的湿陷性通常随含水率的增大而逐渐减弱，如当湿陷性黄土的天然含水率大于 24%（西安）或 25%（兰州）时，通常情况下湿陷性就不存在。湿陷性黄土的饱和度与湿陷系数呈反比关系，饱和度越低，土的湿陷系数越大，湿陷越强烈。在西安地区，当饱和度大于 70%时，只有 3%左右的黄土具有轻微的湿陷性；当饱和度大于 75%时，黄土已基本不具湿陷性。因此，研究黄土的环境岩土工程问题时，必须同时注意研究它的基本性质与湿陷性之间的关系。

根据前人的研究成果和各地区的资料，总结出我国湿陷性黄土的物理力学性质具有下面一些特征和变化规律：

湿陷性黄土在天然状态下具有低天然重度、低含水率和高孔隙的特点，其垂直方向的渗透系数多小于水平方向的渗透系数，而垂直方向的抗压强度多大于水平方向的抗压强度。

当黄土的含水率低于塑限时，水分变化对强度的影响较大，随含水率的增加，土的内摩擦角和黏聚力明显降低；当含水率大于塑限时，含水率对抗剪强度的影响减小。当黄土的含水率相同时，土的干重度越大，抗剪强度越高。

在一个地区内，低阶地（一、二级阶地）与高阶地（三级以上阶地和黄土塬、黄土梁）比较，湿陷性黄土的含水率增大，天然重度增加，孔隙比减小，压缩性增大，湿陷系数减小，湿陷性降低。

在水平区域分布上，由北向南，由西向东，湿陷性黄土的粉粒（0.005～0.05mm）含量变化不大，但砂粒（＞0.05mm）含量逐渐减少，黏粒（＜0.005mm）含量逐渐增加，天然含水率和天然重度趋于增加，孔隙比减小，液限和塑性指数略有增大，压缩性增大，湿陷系数减小，湿陷性降低。

我国主要黄土地区中湿陷性黄土的物理性质和粒度成分具有西北-东南向的分带性。即：陇西地区和陇东陕北地区的指标相近，关中地区和汾河流域地区的指标也比较接近。

在垂直剖面上，随深度的增加，湿陷性黄土的细砂粒（0.05～0.1mm）和粗粉粒（0.01～0.05mm）含量逐渐减小，黏粒含量逐渐增加，天然重度逐渐变大，含水率趋于增加（同时受地下水埋藏地表水和大气降水渗入等影响），孔隙比变小，黏聚力和内摩擦角变大。相对密度和塑性状态指标与深度变化的关系不明显。

在沉积时间上，地层由老到新，黄土的粒度由细到粗，砂粒（> 0.05mm）含量增多，黏粒（< 0.005mm）含量减少，压缩性减小，湿陷系数增加，湿陷性增大。

在化学成分方面，不同地区不同时代黄土的化学成分是接近的，但其主要化学成分有如下的变化规律：在黄河中游地区，SiO_2、FeO、CaO、Na_2O 自西北向东南逐渐减少；相应的 Fe_2O_3、Al_2O_3 等成分有所增加。不同时代黄土自老到新，SiO_2、FeO 等含量逐渐增加，而 Fe_2O_3、Al_2O_3 含量减少。

4）黄土湿陷的原因及机理

湿陷性黄土发生湿陷的原因很复杂，其湿陷过程是一个复杂的物理化学过程。湿陷的发生是由土内部固有的特殊因素和外界适当条件共同作用的结果，因此必须从产生湿陷的基因和诱因两个方面来研究分析。

基因，即内部因素，是产生湿陷的决定性因素。它是土本身所具备湿陷性的本质方面的东西，主要指土的结构特征和物质成分。黄土的大孔性和多孔性微观结构状态是其湿陷的首要基因。此外，黄土中粉粒、黏粒和可溶盐含量、天然孔隙比和天然含水率等基因对黄土湿陷性的影响也很大。

诱因，即外界条件，指土本身以外的能够造成和影响湿陷的因素。外界条件有很多，例如浸水、加压、地质地理环境、气候条件、形成时间过程等，但水和压力是最主要的两个方面。

湿陷性黄土之所以能够产生湿陷，首先是因为它含约 60%的粉粒，组织结构是粉粒点式接触大孔性结构和粉粒叠盖式多孔性结构，孔隙比大，这为产生湿陷提供了充足的空间条件；其次是湿陷性黄土富含水溶盐，颗粒间存在加固黏聚力，它遇水后降低或消失，这为湿陷时颗粒的运移创造了必要条件；最后是湿陷性黄土含有适量的黏粒，其遇水有膨胀性，体积增大，能够使湿陷性黄土颗粒移动，并能使土的抗剪强度明显降低。因此，在压力和水的浸入作用（楔入和溶解）下，黄土的多孔性结构破坏、溶盐加固黏聚力消失、黏粒膨胀、土强度降低等综合性因素，是产生黄土湿陷的原因和机理。

6.6.2 湿陷性黄土的环境岩土工程问题

湿陷性黄土在我国分布较广，近些年来，随着这些地区工程建设的大量进行，引发了多种环境岩土工程问题。这里所说的环境岩土工程问题，包括自然灾变引起的环境岩土工程问题和人类工程活动造成的环境岩土工程问题两方面的内容。湿陷性黄土地区的环境岩土工程问题很多，与一般地区的环境岩土工程问题相比既有共性，又有特殊性。湿陷性黄土地区主要环境岩土工程问题有：湿陷性，地基强度与压缩性，边坡稳定性和黄土岩溶、冲沟、泥石流，以及古墓、砂井砂巷、水渠水库蓄水及其他工程活动所引起的环境岩土工程问题。

1）黄土地基湿陷问题

湿陷性黄土最主要也是最重要的特征是其湿陷性。黄土湿陷性造成的建筑物地基变形一般比较迅速且非常强烈，常常是正常压缩变形的数倍，有时甚至是数十倍，而且其变形速度也远比正常压密固结快得多。图 6.6-2 中S_1为在一定压力下产生的压缩变形；S_2是在上述压力下变形稳定后再浸水产生的湿陷变形。对于湿陷性黄土，通常S_2远大于S_1。如图 6.6-2（a）所示，为湿陷性黄土（S_2较大）浸水后的湿陷变形；如图 6.6-2（b）所示，为非湿陷性黄土（S_2很小）浸水后的正常压缩变形。

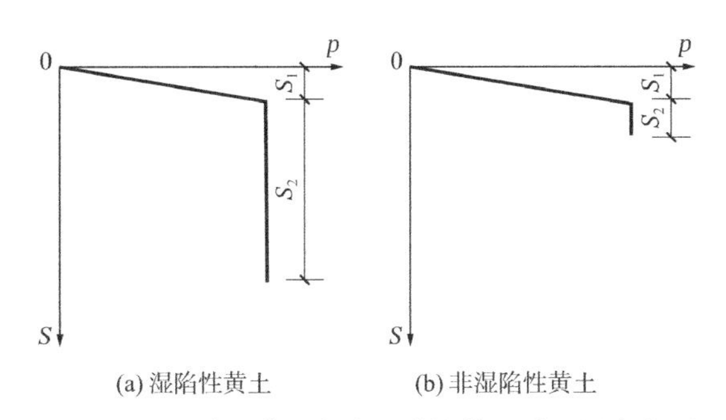

图 6.6-2　湿陷性黄土与非湿陷性黄土受压浸水变形

黄土地基中发生的湿陷往往是大规模的，黄土湿陷性对工程建筑物百害而无一利。如果对黄土湿陷性重视不够或事先没有正确评估和有效消除地基的湿陷性，则地基受水浸湿后往往发生事故，使建筑物产生大幅度的沉降或者差异沉降，轻者造成建筑物开裂或倾斜，影响建筑物或地下管线的正常使用和安全，严重时甚至使建筑物完全破坏。因此，正确研究黄土的湿陷变形规律和评价方法，对于消除它的弊病与祸患有着十分重要的现实意义。

（1）湿陷系数

黄土的湿陷系数是研究与评价黄土湿陷性的重要参数，它是单位厚度土样在自重压力或自重压力与附加压力共同作用下浸水后产生的湿陷值，一般可以通过室内浸水试验确定，用δ_s表示。

黄土湿陷系数的测定通常受到浸水前土样原始含水率、孔隙比和干重度等因素的影响。通常，天然含水率和干重度越大，孔隙比越小，则湿陷系数越小，反之亦然。当天然含水率达到 24%～25%，或孔隙比小于 0.8，或干重度大于 16.0kN/m^3 时，则湿陷系数一般小于 0.02，几乎不具有湿陷性。

湿陷系数的大小除由黄土的湿陷本性决定外，还与土样承受的压力有关。湿陷系数一般随压力增加而变大，而在到达某一程度后又逐渐变小，如图 6.6-3 所示。

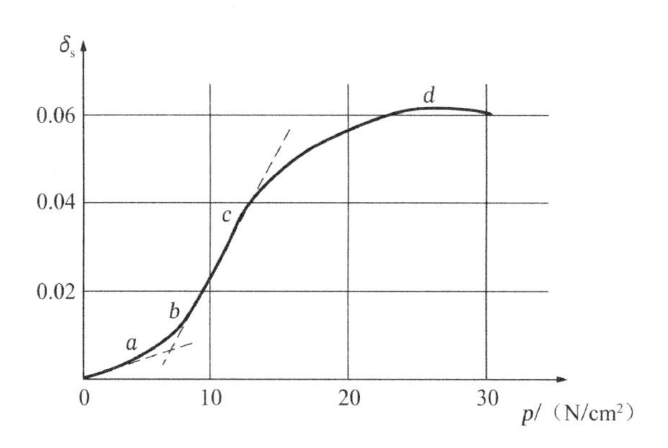

图 6.6-3　湿陷系数与压力的关系

我国黄土的湿陷系数自西北向东南逐渐变小，且高级阶地大于低级阶地，见表 6.6-4。另外，湿陷系数还有随深度增加而变小的趋势。

我国各地黄土湿陷系数（δ_s）统计表　　　　**表 6.6-4**

地区	湿陷系数（δ_s）	
	低级阶地	高级阶地
山东	0.021～0.041	
河北	0.024～0.048	
河南	0.023～0.045	
汾河流域	0.031～0.070	0.027～0.069
关中地区	0.029～0.072	0.030～0.078
陇东—陕北	0.034～0.079	0.030～0.084
陇西	0.027～0.090	0.039～0.110

湿陷系数的大小反映了黄土湿陷的强烈程度，湿陷系数越大，表示受水浸湿后的湿陷量越大，因而对建筑物和周围环境的危害也越大。一般认为：$\delta_s < 0.03$，为弱湿陷性；$0.03 \leqslant \delta_s \leqslant 0.07$，为中等湿陷性；$\delta_s > 0.07$，为强湿陷性。

（2）湿陷起始压力

湿陷起始压力是指黄土在受水浸湿后开始产生湿陷的最小压力。考虑到实际建筑物允许有一定的下沉变形，现实中应用的湿陷起始压力是指允许有一定湿陷变形情况下“开始”较剧烈的湿陷时所需要的压力。通常采用室内压缩试验（双线法、单线法）与野外浸水载荷试验方法（包括单线法、双线法及饱和曲线法）测定，用P_{sh}表示。

湿陷起始压力可以反映黄土湿陷的敏感程度。通常，黄土的孔隙比、黏粒含量和含水率等对湿陷起始压力有较大的影响。一般情况下，湿陷起始压力随天然含水率、黏粒含量和埋藏深度的增加而增大，随孔隙比的减小而增大，随湿陷系数的增加而减小。

（3）黄土地基湿陷性评价

黄土地基的湿陷性评价内容有：定性（确定湿陷性黄土与非湿陷性黄土）、划类（划分自重湿陷性与非自重湿陷性黄土）、分级（划分湿陷等级）与判定湿陷起始压力；此外，还要评定湿陷性黄土的分布范围、深度界限与厚度大小，区分湿陷性强烈程度，找出其在地层中的规律性等。

①黄土湿陷性的确定

黄土的湿陷性一般是根据室内浸水压缩试验测定的湿陷性系数作出评价。根据室内压缩试验结果，湿陷系数δ_s可按下式计算：

$$\delta_s = \frac{h_p - h'_p}{h_0} \tag{6.6-1}$$

式中：h_p——在压力p作用下浸水前土样压缩稳定时的高度；

h'_p——在压力p作用下浸水后土样压缩稳定时的高度；

h_0——土样的原始高度。

对于测定湿陷系数δ_s的浸水压力的选择，我国《湿陷性黄土地区建筑标准》GB 50025—2018 按黄土层位于基底下 10m 以内和 10m 以下分别规定采用 200kPa 和上覆土的饱和自重应力（当大于 300kPa 时用 300kPa）作为浸水压力。在此压力下：

当$\delta_s < 0.015$时，一般定为非湿陷性黄土；

当$\delta_s \geqslant 0.015$时，一般定为湿陷性黄土。

另外，如有当地经验，划分湿陷性界限的湿陷系数δ_s也可取 0.02。

②黄土湿陷类型的划分

确定了湿陷性黄土后，就要划分它是自重湿陷性还是非自重湿陷性。自重湿陷性黄土，在土自重压力下受水浸湿发生湿陷。非自重湿陷性黄土在土自重压力下受水浸湿不发生湿陷，必须有一定的附加荷载才发生湿陷。

划分自重湿陷性黄土与非自重湿陷性黄土，通常取自重湿陷系数$\delta_{zs} = 0.015$作为标准：

当$\delta_{zs} \geqslant 0.015$时，定为自重湿陷性黄土；

当$\delta_{zs} < 0.015$时，定为非自重湿陷性黄土。

③黄土场地湿陷类型的评定

通常，一个湿陷系数只代表黄土地基中某一黄土层在某一压力作用下的湿陷性质，并不表示整个黄土地基湿陷性的强弱。评价整个黄土地基的湿陷类型，一般采用实测自重湿陷量或计算自重湿陷量Δ_{zs}来判定：

当$\Delta_{zs} \geqslant 7\text{cm}$时，定为自重湿陷性黄土场地；$\Delta_{zs} < 7\text{cm}$时，定为非自重湿陷性黄土场地。自重湿陷量$\Delta_{zs}$通常可按下式进行计算：

$$\Delta_{zs} = \beta_0 \sum_{i=1}^{n} \delta_{zsi} h_i \tag{6.6-2}$$

式中：β_0——因地区土质而异的修正系数，可按表 6.6-5 取值；

δ_{zsi}——第i层土样的自重湿陷系数；

h_i——第i层土的厚度（cm）；

n——计算厚度内土层的数目。

修正系数 β_0 **表 6.6-5**

地区	陇西	陇东、陕北、晋西	关中	其他地区
修正系数	1.5	1.2	0.9	0.5

用式(6.6-2)计算自重湿陷量Δ_{zs}时，土层总厚度从天然地面算起（当挖、填方厚度和面积较大时，从设计地面算起），一直算到其下全部湿陷性黄土层的底面为止，其中非自重湿陷性黄土层不累计在内。

④黄土场地湿陷程度的评定

湿陷性黄土地基湿陷的强烈程度，按地基湿陷量的计算值Δ_s划分的湿陷等级表示（表 6.6-6）。湿陷等级高，地基受水浸湿时发生的湿陷变形大，对建筑物的危害性也较严重；反之，危害性较轻。

地基湿陷量的计算值Δ_s（cm）按下式计算：

$$\Delta_s = \sum_{i=1}^{n} \beta \delta_{si} h_i \tag{6.6-3}$$

式中：δ_{si}——第i层黄土的湿陷系数；

h_i——第i层黄土的厚度（cm）；

β——考虑地基土受水浸湿可能性和侧向挤出等因素的修正系数。

地基湿陷量的计算值Δ_s的累计范围自基础底面算起（基础埋深未定时，取地面下 1.5m 算起），对非自重湿陷性黄土场地，累计至基底下 10m（或压缩层）深度为止；对自重湿陷性黄土，则累计至其非湿陷性黄土层的顶面为止，其中湿陷系数δ_s（10m 以下为δ_{zs}）小于 0.015 的土层不应累计。根据地基湿陷量计算值Δ_s的大小按表 6.6-6 划分湿陷性黄土地基的湿陷等级。

湿陷性黄土地基的湿陷等级 **表 6.6-6**

湿陷等级	地基湿陷量的计算值Δ_s/cm	
	非自重湿陷性黄土地基	自重湿陷性黄土地基
Ⅰ	$\Delta_s \leqslant 15$	$\Delta_s \leqslant 15$
Ⅱ	$15 < \Delta_s \leqslant 35$	$15 < \Delta_s \leqslant 40$
Ⅲ	$\Delta_s > 35$	$\Delta_s < 40$

2）黄土边坡稳定性问题

边坡稳定性是任何地基土均能遇见的问题，而湿陷性黄土地基还有它的特殊性。黄土边坡稳定性是湿陷性黄土地区的主要环境岩土工程问题之一。黄土边坡包括自然边坡和人工边坡，这两种边坡的稳定性对工程建筑和环境影响都比较大。

黄土自然边坡一般比较陡，有时可近似直立形成垂直陡壁。由于湿陷性的存在，黄土自然边坡在受水和附加荷载的共同作用下极易出现崩塌、滑坡、错落等环境岩土工程问题，危及建筑物和相关人员的安全。

人工边坡，常常是为某种工程建设的需要，按一定的边坡陡度采用“一坡到顶”“折线形”与“平台形”等边坡设计形式。同样，在水和附加荷载的共同作用下，稍不慎重，难免造成湿陷事故或塌滑。

（1）黄土边坡的环境病变类型

黄土边坡，特别是人工黄土路堑边坡，其环境岩土工程问题是复杂而多样的。根据在湿陷性黄土地区进行的实际调查资料，黄土边坡常见的环境病变可以分为崩塌、滑坡或错落、坡脚坍塌、坡面剥落、坡面冲刷五大类。

①崩塌

崩塌是指在地势陡峭的黄土边坡处，巨大的土体或部分土体突然沿节理或裂隙等软弱面倒塌、下错或崩落的现象。引起崩塌的主要因素是黄土层中存在节理或边坡较高或过陡，在风化和水的冲蚀、浸润以及湿陷变形等共同作用下，致使坡体产生崩塌。另外，黄土层中所夹砂层的剥蚀，黄土边坡下部出现黏土砂砾层等的变形，以及坡脚严重受冲刷等，都可能引起崩塌。

崩塌一般发生过程急剧，规模大小不一，较大规模的有数千至数万立方米。崩塌后的土体一般呈块状堆积于坡脚，可使房屋、道路毁坏，河流堵塞，铁路中断。

②滑坡和错落

滑坡是由于水的作用、人工切坡、地震活动、流水冲刷等因素的影响，黄土抗剪强度降低，土体原有的稳定性平衡遭到破坏，土体沿着某一明显的滑动带或滑动面下滑而其滑动面一般呈上陡下缓的圆弧状。滑坡多数发生在黄土地区的高级阶地前缘、冲沟的两侧以及丘陵的边沿等处，常呈群集出现。大型滑坡常常发生在具有松散结构的浅黄色湿陷性黄土层（Q_3）中，松散结构的新近堆积黄土（$Q_4^{3\sim4}$）中也常见有小型滑坡发生。

错落与滑坡相似，它一般也是指在水的作用、人工切坡、地震活动等因素的影响下，松散的土体在重力作用下沿某一构造面压实而突然整体向下错动的一种现象。

我国黄土高原的滑坡相当发育，而且危害性很大，破坏力强。例如甘肃引洮工程沿线的大塞子至何家梁一带每几公里就有一个滑坡，有的地方每1km就有数个。宝鸡卧龙寺车站附近的滑坡，在1928年和1955年先后两次滑动，后一次深层滑坡的滑动土体约达$3\times10^7m^3$，将铁路线向南推移了110多米。青海大通东峡的滑坡削去了半个山梁，使一个自然村庄趋于毁灭，附近某厂为了整治滑坡花费数百万元，达这个厂总投资的两倍。

③坡脚坍塌

在结构松散的湿陷性新黄土层中（Q_3和$Q_4^{3\sim4}$），黄土边坡的坡脚土体一般比较松软，受水浸湿或冲刷后极易发生局部坍塌。坡脚坍塌是湿陷性黄土地区普遍存在的一种环境岩土工程问题，虽然规模一般比较小，但是它可能是产生滑坡的前提条件，个别时候也可能引起规模较大的坍塌，造成严重的后果。因此，对坡脚坍塌现象也必须予以足够重视。

④坡面剥落

坡面剥落也是湿陷性黄土边坡经常发生的一种环境病害现象。它可以出现在各种湿陷性黄土边坡中，但对于不同地区的不同黄土层，其呈现的形态特征亦有所不同。黄土边坡的这种环境病变不是坡体整体变形，一般很难根治和处理。根据有关野外调查资料，坡面剥落主要有以下几种类型：层状剥落、片状剥落、鱼鳞状剥落和混合状剥落等。

⑤坡面冲刷

水流冲刷是黄土地区极为普通的一种现象，也是黄土地区水土流失的主要原因。黄土边坡的坡面冲刷是湿陷性黄土地区边坡变形的普遍性环境病害之一。

湿陷性黄土边坡的坡面冲刷可以分为以下几种主要情况：坡肩冲刷坍塌、坡面冲刷串沟、坡面冲刷跌水、坡脚冲刷掏空、坡面冲刷沟穴、岩石接触的冲刷沟穴等。黄土边坡坡面的冲刷现象和湿陷性黄土地区的地层、岩性、微地貌条件、水文条件和土体结构等有密切关系。

松散结构的湿陷性新黄土，其抗冲刷性一般较密实结构的老黄土差。对于在新黄土层中开挖的陡边坡，坡面常结有硬壳，对防止坡面冲刷可起到良好的保护作用，但在径流集中处，则常冲成深沟和沟穴。当边坡由不同岩性的土层构成时，在接触面处也易形成沟穴。

（2）黄土边坡环境病变的主要影响因素

综合实际黄土边坡的调查研究资料可以看出，影响黄土边坡环境病变的各种因素可以归纳为内在因素、外界条件和人为影响三个主要方面。

①内在因素

边坡发生环境病变的内在因素主要是指黄土本身的性质，是影响边坡变形的决定性因素，它主要包括黄土的层位和成因类别、结构和构造、边坡土质的均匀性、下卧岩层的特征、物质组成、物理力学性质等。

②外界条件

外界条件是湿陷性黄土边坡发生环境病变的诱因，主要是指边坡所处的环境条件，它会促进边坡变形的发生和发展，是引起边坡变形的导火线和直接原因。外界条件主要包括地貌单元和微地貌特征、水文地质条件、地下水位上升、地表水作用、风化作用、振动作用等方面。

③人为因素

人为因素的影响系指勘察、设计、施工和维修管理不当而造成的一些不利条件以及人为对边坡的破坏等。有时这种影响也可成为边坡发生环境病变的直接原因。

3）黄土岩溶

黄土岩溶是黄土地区的一个典型环境岩土工程问题，它可直接引起路基下沉、边坡坍塌、建筑物开裂、倾斜甚至完全破坏。由于黄土岩溶的发生，特别是陷穴、地下暗洞和暗穴等的存在，不易被人发现，时常在工程建筑物修建后，导致突然发生建筑事故，其损失极为严重。如黄土地区铁路路基因暗穴引起轨道悬空，造成行车事故；因陷穴持续发育造成厂房开裂报废等。因此，在湿陷性黄土地区进行工程建设，必须对这些问题进行充分调查和分析论证，得出定性定量评价，以确保建筑物的正常使用和安全。

黄土岩溶与一般岩溶相类似，但也有其特殊之处。黄土岩溶主要是由黄土的湿陷性及水的溶蚀和潜蚀共同作用的结果，其中湿陷性黄土的结构特征和湿陷性是产生岩溶的基因，水的溶蚀和潜蚀作用是产生岩溶的诱因和动力。黄土岩溶的类型主要有碟形地、陷穴、暗穴、暗洞、暗沟、天生桥和黄土柱等。

碟形地通常发生在略低于周围地面的平坦黄土高地或黄土塬上。由于雨水等不断在凹形地积聚和下渗，黄土不断发生自重湿陷，使地表逐渐形成圆形或似圆形、直径几米至十几米、深度 1m 左右的碟形地。

黄土陷穴一般发生在沟谷附近，它是由于坡面径流集中，流水沿着地面某些小型孔洞或缝隙、节理等下渗，使黄土发生自重湿陷、化学溶蚀和机械潜蚀作用而形成。黄土陷穴最常见的有漏斗状、竖井状和串珠状等几种类型。当黄土陷穴形成于地下时称作暗穴和暗洞。当水下渗到不透水层或弱透水层时，就汇集成地下水流并逐渐向横行发展，溶蚀和潜蚀作用而形成通向沟谷的暗沟。另外，由于陷穴的不断发展，在特定条件下还可形成天然漏斗、天生桥甚至形成黄土柱等岩溶景观。

由于形成黄土岩溶条件的差异性并不是所有地区的黄土地层中都有黄土岩溶发生，而是有一定的分布规律。

（1）地层层位上的分布规律

黄土岩溶易产生在结构疏松的新黄土地层中，主要分布在现代上层黄土（$Q_4^{3\sim4}$）、现代下层黄土（$Q_4^{1\sim2}$）及马兰期湿陷性黄土地层（Q_3）中。离石期黄土（Q_2）及午城期黄土（Q_1）因形成时代较早，结构较紧密且含黏粒较多，使岩溶发育受到限制。

（2）地貌上的分布规律

在黄土陷穴和河谷阶地边缘、冲沟两岸及沟床中常有陷穴等岩溶发育。一般距阶地和沟谷边坡越近，陷穴越多。阶地高差越大、沟谷越深，陷穴越深。例如，渭河、泾河、洛河、汾河等阶地边缘及冲沟两岸陷穴发育较广泛，一般深度 5～10m，深者可达 20m。

对于陷穴等黄土岩溶问题，要贯彻“预防为主、及早发现、根治、防患未然”的原则。在可能产生和发展黄土岩溶的地带，根据其形成和发展的原因，采取加强排水及防水，进行地基加固和开展必要的巡查及水土保持工作等预防措施，以有效防止黄土陷穴的发生和发展。对已经发现的黄土陷穴，应采取灌砂、灌泥浆、开挖回填夯实等措施进行彻底处理。

4）其他环境岩土工程问题

（1）黄土冲沟

黄土冲沟是水力冲刷、侵蚀的结果，是在一定的地形条件下，先在低凹处侵蚀成小洞并逐渐扩大成浅沟，再进一步冲刷就形成冲沟。冲沟的形成发展过程常常与湿陷作用及黄土陷穴的发育相联系。在新构造运动的配合下，有的冲沟发育很快，如陕西绥德的有些冲沟每年可增长 1m 以上，个别达 8～9m。冲沟的形状，在陕西地区多呈“V”形，陇东地区则多为“U”形。我国陇西—陇东—陕北地区冲沟最为发育，山西比较发育，关中—豫西地区不是很发育。处在发育时期的冲沟地段，不宜作为建设场地。

（2）山洪泥流

山洪泥流是一种携带大量固体物质的山洪急流，黄土地区常常为携带大量黄土的泥流。它具有突然爆发、历时短暂、来势凶猛和破坏力大等特点。由于黄土中一部分胶结物遇水后易于溶解，使土体散化，另外黄土地区冲沟发育，沟壁较陡，遇水后也容易发生崩塌和滑坡，再加上黄土高原有降雨量少但暴雨集中的特点，洪水在流动过程中侵蚀黄土，使其化为“泥浆”而形成泥流。黄土地区的山洪泥流危害很大，例如在陇海铁路元龙车站附近，一次山洪泥流曾造成了宽 1km、长 3km 的洪积扇，并将附近桥梁和路基冲毁，掩埋了部分建筑物。

（3）古墓、砂井与砂巷

古墓、砂井与砂巷是由人类活动造成的一种环境岩土工程问题。西北黄土地区，人类活动历史悠久，古坟墓穴较多，埋藏较深，在天然地面下 8～12m，不易发现，容易造成隐患。

砂井、砂巷是人工挖掘的地下洞穴，陇西地区较多，特别是兰州附近。由于气候干燥，为减少土壤中水分蒸发，过去常在农田上铺设一层卵石。这些卵石取自地下卵石层中，采取时由地面向下挖掘竖井至卵石层下 1～2m，在井底再挖多条 4～6m 的放射状水平巷道。这些砂井和砂巷深浅不一，分布和密度没有规律，对建筑物影响很大，勘察与处理都比较麻烦。

（4）水利工程诱发的环境岩土工程问题

湿陷性黄土地区的水渠、水池、水塘、水库等水利工程，往往由于水的渗漏、淹没、浸湿致使黄土层遭到自上而下的浸水或自下而上的浸水，使地基软化，强度降低，造成湿陷事故。此外，湿陷性黄土地区的水利工程建设还可能造成附近土体盐渍化、黄土潜蚀、水库边岸再造等其他环境岩土工程问题。

6.7 膨胀土和分散性土与环境岩土工程

6.7.1 膨胀土的特征与评价

膨胀土的黏粒成分主要由亲水性矿物组成，是一种非饱和、结构不稳定的黏性土，具有显著的吸水膨胀和失水收缩的变形特性。在 20 世纪 30 年代，人们开始认识到它具有膨胀、收缩的特性，其体积变化可达原体积的 40%以上；同时，其胀缩性又是可逆的。在天然状态下，它的工程性状较好，呈硬塑—坚硬，强度较高，压缩性较低，因而过去常被看作是一种较好的天然地基。当作为建筑物地基时，如未经处理或处理不当，往往会造成不均匀的胀缩变形，导致房屋、路面、边坡、地下建筑等的开裂和破坏，且不易修复，危害极大。在我国，过去对它缺乏认识，在建筑物设计和施工中没有采取必要的防治措施，以致造成大量房屋开裂和破坏，如湖北郧县，建在膨胀土上的 13000 幢房屋竟有 90%以上受到不同程度的破坏。

膨胀土广泛分布在美国、苏联、中国、印度、澳大利亚、加拿大、南非、以色列等 40 多个国家的年蒸发-蒸腾量超过年降雨量的半干旱或半湿润地区，其地理位置大致在北纬 60°到南纬 50°之间。在我国则分布于广西、云南、湖北、河南、安徽、四川、陕西、河北、江西、江苏、山东、山西、贵州、广东、新疆、海南等二十几个省，总面积约在 1073km^2 以上。

近些年来，各国对膨胀土的破坏机理、工程性状评价、设计和处理等各方面进行了研究，以苏联、中国、美国、加拿大、南非、印度、澳大利亚、以色列等国的研究成果较为突出，苏联、中国等还编制了膨胀土地区的建筑规范。

1）膨胀土的特性

（1）地貌特征

在二级或二级以上的阶地、山前和盆地边缘丘陵地带一般分布有膨胀土，埋藏较浅，常见于地表。其微地貌有以下共同特征：低丘缓坡和垄岗式地形，多呈微起伏状，坡度平缓；一般在沟谷头部、水库岸边和路堑边坡上常见浅层滑坡；在旱季地表常出现地面裂隙，到雨季则多闭合。

（2）膨胀土的工程地质特征

我国膨胀土形成的地质年代大多为第四纪晚更新世（Q_3）及其以前，少量为全新世（Q_4）。成因大多为残积，有的是冲积、洪积或坡积。岩性为颜色灰白、灰绿、灰黄、棕红或褐黄等色；土的类别以黏土为主；结构致密，多呈硬塑或坚硬状态；裂隙较发育，有竖向、斜交和水平三种，竖向裂隙有时出露地表，向下逐渐减小以致消失，裂隙面光滑，呈油脂或蜡状光泽，有擦痕或水渍以及铁、锰氧化物薄膜，裂隙中常填有灰绿、灰白色黏土，在大气影响深度或不透水界面处附近常有水平裂隙，在邻近边坡处，裂隙往往构成滑坡的滑动面；包含物常含铁、铉或钙质结核，有的富集成层或呈透镜体。

膨胀土地区的地下水多为上层滞水或裂隙水，水位变化大，随季节而异。

（3）膨胀土的矿物成分

膨胀土的矿物成分主要是次生的黏土矿物——蒙脱石和伊利石。蒙脱石的亲水性强，遇水浸湿时，膨胀强烈，对土建工程危害较大，而伊利石次之。我国蒙自、宁明、邯郸、平顶山等地的膨胀土以前者为主，而合肥、成都、郧县、临沂等地则以后者为主。

（4）膨胀土的主要物理力学性质指标

黏粒（< 2μm 的土粒）含量高，超过 20%；天然含水率接近塑限，饱和度一般大于 85%；塑性指数大多大于 17.0，多数在 22～35 之间；液性指数小，在天然状态呈硬塑或坚硬状态；缩限一般大于 11%，但红黏土类型膨胀土的缩限偏大；土的压缩性小，多属低压缩性土；c、φ值在浸水前后相差较大，尤其是c值可下降 2～3 倍以上。

（5）膨胀土的主要工程特性指标

膨胀土的主要工程特性指标有自由膨胀率δ_{ef}、膨胀率δ_{ep}、收缩系数λ_s和膨胀力P_e。它们的确定或试验方法参见《膨胀土地区建筑技术规范》GB 50112—2013。

①自由膨胀率δ_{ef}

自由膨胀率δ_{ef}是人工制备的烘干土在水中增大的体积与其原有体积之比，用百分数表示。自由膨胀率与黏土矿物的种类有关，一般来说，当土中黏粒含量大于 30%时，主要黏土矿物为蒙脱石，$\delta_{ef} < 80\%$；当为伊利石并含少量蒙脱石时，δ_{ef}为 50%～80%；当为高岭石时，$\delta_{ef} < 40\%$。当$\delta_{ef} < 40\%$时，一般应视为非膨胀土。不过，不应单凭δ_{ef}这一个指标就下判断。如由碳酸盐岩风化而成的红黏土，其δ_{ef}值一般都小于 40%，但却具有膨胀土的某些特性。

自由膨胀率可用来判定黏性土在无结构力影响下的膨胀潜势，如表 6.7-1 所示。

膨胀土的膨胀潜势 **表 6.7-1**

自由膨胀率/%	膨胀潜势
$40 \leqslant \delta_{ef} < 65$	弱
$65 \leqslant \delta_{ef} < 90$	中
$\delta_{ef} > 90$	强

②膨胀率δ_{ep}

膨胀率是指原状土样在一定压力下浸水膨胀稳定后所增加的高度与原始高度之比，用百分数表示。土的含水率越低，其膨胀率和膨胀量也越高。为了比较不同土的膨胀性，需要规定统一的压力值，这个压力有采用 5kPa（如我国等），也有采用 6.9kPa。

③收缩系数λ_s

收缩系数是指原状土样在直线收缩阶段含水率减少 1%时的竖向收缩变形的线缩率。

④膨胀力P_e

膨胀力是指原状土样在体积不变时由于浸水膨胀而产生的最大应力，可由压力p与膨胀率δ_{ep}的关系曲线来确定，它等于曲线上当$\delta_{ep} = 0$时所对应的压力。膨胀力与土的初始密度有密切关系，初始密度越大，膨胀力越大。原状土的膨胀力一般大于重塑土。

我国几个膨胀土地区有关膨胀土的上述几个工程特性指标如表 6.7-2 所示。

我国几个地区膨胀土的主要膨胀特性指标　　**表 6.7-2**

指标	自由膨胀率δ_{ef}/%	膨胀率δ_{ep}/%	线胀率δ_{SL}/%	收缩系数λ_s	膨胀力P_e/kPa
数量	40～58	1～4	2～8	0.2～0.6	10～110

（6）胀缩可逆性

胀缩可逆性是指膨胀土具有吸水膨胀、失水收缩、再吸水再膨胀、再失水再收缩的变形特征。试验表明，对膨胀土的原状土样和压实土样进行多次反复的胀缩试验后，每一次膨胀和收缩后试样的高度、直径和体积都基本相同，每一次胀缩后的膨胀率、收缩率、胀限（即膨胀含水率）和缩限也都基本相同，这充分说明了膨胀土的胀缩变形是可逆的。也可认为：膨胀土的性质不会因反复胀缩而发生进一步的变化。

膨胀土这个胀缩可逆性的特性也正可用来解释为什么膨胀土地基有时上升，有时下沉，房屋裂缝有时张开，有时闭合。

2）影响胀缩变形的因素

（1）黏土矿物和化学成分：含蒙脱石越多，其吸水和失水的活动性越强，胀缩变形也越显著。这种现象常用膨胀晶格理论和扩散双电层理论来解释。同一种矿物，其膨胀性与其所吸附阳离子价有关，价越低，膨胀性越大，如钠蒙脱石的膨胀性要比钙蒙脱石大 3.6 倍。

（2）黏粒含量：当矿物成分相同时，土的黏粒含量越大，则吸水能力越强，胀缩变形也越大。

（3）土的孔隙比：在黏土矿物和天然含水率都相同的条件下，土的天然孔隙比越小，则浸水后膨胀量越大，收缩量越小，反之亦然。

（4）含水率的变化：含水率变化的因素除气象条件外，还有植物吸湿、地基土受热、地表水渗入、管道漏水以及地下水位的变化等。土的含水率一有变化，就会导致土的胀缩变形。一般情况下，含水率越大，则膨胀越小；含水率越小，则膨胀越大；当含水率等于土的缩限时，膨胀量最大。土的含水率对收缩的影响恰与上述情况相反，含水率越小，则收缩越小，当含水率等于缩限时，收缩为零。

由于吸力不仅能反映土中含水率的情况，还能反映土的微观结构和孔隙水的化学成分，近年来，不少人倾向于采用吸力代替含水率来预估膨胀土的膨胀性状。土中竖向应变与吸力间的关系可用不稳定指数I_{pt}来表示。目前已有多种试验方法用来测定I_{pt}和吸力，但这些方法大多很费时间，而且精度要求很高（如需要严格控制温度和湿度等），不同方法测定的结果又可能相差很大。因此，这些室内外试验技术都需要进一步研究和改进。也就是说，根据吸力变化来预估土的膨胀性在理论上是比较合理的，但目前还不易用于实际。

3）膨胀土地基的勘察与评价

（1）工程地质勘察的特点

膨胀土地基勘察阶段的划分、工作内容和要求除应按一般工程勘察规定执行外，还应根据膨胀土的特点来突出某些内容和要求。如在选择场地勘察阶段，应以工程地质调查为主，其主要内容是查明有无膨胀土；在初勘阶段，应确定膨胀土的胀缩性，并对场地的稳定性和工程地质条件作出评价；在详勘阶段，主要是确定地基土层的胀缩等级以便作为设计施工的依据。取土勘探点的数量不应小于勘探点总数的一半，在详勘阶段，每幢主要建筑物下的取土勘探点不少于 3 个。

大气影响深度是自然气候作用下，由降水、蒸发、地温等因素所引起的土层胀缩变形的有效深度。它是膨胀土的活动带，应由各气候区各种现场观测资料确定。一般来说，这个深度在平坦场地约在 5m 以内，其下土的含水率受气候的影响很小。所以，在膨胀土地区，取样工作的重点应在大气影响深度以内，即在地面下 5m 以内必须取样，并每隔 1m 取样；反之，在大气影响深度以下，则可适当加大取样间距。

对于重要或有特殊要求的建筑场地，必要时应进行现场浸水载荷试验，以进一步确定地基土的胀缩性状和承载力。

（2）膨胀土地基的评价

迄今为止，国内外用以判别膨胀土的方法不少，标准也不统一。我国目前采用综合的判别方法，即根据现场的工程地质特征、自由膨胀率和建筑物的破坏特征三部分来综合判定。其中，前两者是用来判别是否属于膨胀土的主要依据，但又不是唯一的因素。必要时，还需进行土的黏土矿物和化学成分等试验。对于受某些化工生产废料（如含硫的酸性溶液）浸染的某些矿渣（如电熔炉生产的矿渣），也应考虑含水率增大时的膨胀特性。

不应单纯从成因这个因素来划分是否为膨胀土。例如下蜀纪黏土，在武昌青山地区属非膨胀土，而在合肥地区却属膨胀土；又如红黏土有的为膨胀土，而有的却为非膨胀土。

当场地具有下列工程地质特征时，自由膨胀率$\delta_{ef} > 40\%$的土，一般应判为膨胀土：①裂隙发育，常有光滑面和擦痕，有的裂隙中充填着灰白、灰绿色黏土，在自然条件下呈坚硬或硬塑状态；②多出露于二级或二级以上阶地、山前和盆地边缘丘陵地带，地形平缓，无明显自然陡坎；③常见浅层塑性滑坡和地裂，新开挖坑（槽）壁易发生坍塌，地裂多为单向延伸，在斜坡地带多平行于地形等高线；④建筑物裂缝随气候变化而张开和闭合。

参考文献

[1] 周健，贾敏才. 固体废弃物堆埋场抗震稳定性研究现状[J]. 世界地震工程, 2001, 17(3): 38-42.

[2] 李宏，李宇鹏，唐小微. 垃圾填埋场中的岩土力学[J]. 建筑科学, 2012, 28(S1): 79-83+88.

[3] 刘毓氚，李琳，贺怀建. 城市固体废弃物填埋场的岩土工程问题[J]. 岩土力学, 2002(5): 618-621.

[4] 薛强，詹良通，胡黎明，等. 环境岩土工程研究进展[J]. 土木工程学报, 2020, 53(3): 80-94.

[5] 严立俊. 城市固体废弃物变形与强度相关特性研究[D]. 杭州：浙江理工大学, 2015.

[6] 陈云敏，柯瀚. 城市生活垃圾的工程特性及填埋场的岩土工程问题[J]. 工程力学, 2005(S1): 119-126.

[7] 刘松玉, 詹良通, 胡黎明, 等. 环境岩土工程研究进展[J]. 土木工程学报, 2016, 49(3): 6-30.

[8] 赵阳. 城市固体废弃物动力特性试验研究[D]. 大连: 大连理工大学, 2010.

[9] 冯世进, 陈云敏, 高丽亚, 等. 城市固体废弃物的剪切强度机理及本构关系[J]. 岩土力学, 2007(12): 2524-2528.

[10] 李鹤. 高厨余垃圾填埋场降解固结性状及液气诱发灾害治理方法[D]. 杭州: 浙江大学, 2021.

[11] 原鹏博. 城市固体废弃物大型单剪试验研究[D]. 兰州: 兰州大学, 2011.

[12] 吕玺琳, 翟新乐, 黄茂松, 等. 中高龄期模型固体废弃物三轴试验与强度特性分析[J]. 岩土力学, 2015, 36(S1): 346-350.

[13] Chen W H. Time-settlement behavior of milled refuse[D]. Evanston: Noorthwestem University, 1974.

[14] 王樱峰. 城市生活垃圾材料的降解渗透特性及渗透机理研究[D]. 杭州: 浙江理工大学, 2018.

[15] Sowers G F. Foundation Problems In Sanitary Land Fills[J]. ASCE Sanitary Engineering Division Journal, 1968, 94(1): 103-116.

[16] Manassero M, Van Impe W F, Bouazza A. Waste disposal and containment technical committee on environmental geotechincs[C]//Proc. 2nd International Congress on Environmental Geotechnics, 1996.

[17] Park H I, Park B, Lee S. Analysis of long-term settlement of municipal solid waste landfills as determined by various settlement estimation methods[J]. Journal of the air & waste management association, 2007, 57(2): 243-251.

[18] Wall D K, Zeiss C. Municipal Landfill Biodegradation and Settlement[J]. Journal of Environmental Engineering, 1995, 121(3): 214-224.

[19] Merz R C. Special studies of sanitary landfill[D]. University of Southern California, 1967.

[20] Arvid Landva. Geotechnics of Waste Fills: Theory and Practice[M]. ASTM, 1990.

[21] Yen B C, Scanlon B. Sanitary landfill settlement rates[J]. Journal of the Geotechnical Engineering Division, 1975, 101(5): 475-487.

[22] Sowers G F. Discussion of "Sanitary Landfill Settlement Rates"[J]. Journal of the Geotechnical Engineering Division, 1976, 102(6): 653-653.

[23] Howland J D, Landva A O. Stability Analysis of a Municipal Solid Waste Landfill[C]//Stability & Performance of Slopes & Embankments Ⅱ. ASCE, 2010.

[24] Mitchell R A, Hatch S E, Siegel R A. Stability and Closure Design for a Landfill on Soft Clay and Peat[C]//Stability & Performance of Slopes & Embankments Ⅱ. ASCE, 2010.

[25] Eid H T, Stark T D, Evans W D. Municipal solid waste slope failure I: Waste and foundation soil properties[J]. Journal of Geotechnical and Geoenvironmental Engineering, 2000, 126(5): 397-407.

[26] Singh S, Murphy B J. Evaluation of the stability of sanitary landfills[M]. 1990.

[27] 张季如, 陈超敏. 城市生活垃圾抗剪强度参数的测试与分析[J]. 岩石力学与工程学报, 2003, 22(1): 110-114.

[28] Matasovic N, Kavazanjian E, Anderson R L. Performance of Solid Waste Landfills in Earthquakes[J]. Earthquake Spectra, 1998, 14(2): 319-334.

[29] Machado S L, Vilar O M, Carvalho M F. Constitutive model for long term municipal solid waste mechanical behavior[J]. Computers & Geotechnics, 2008, 35(5): 775-790.

[30] Gabr M A, Valero S N. Geotechnical Properties of Municipal Solid Waste[J]. Geotechnical testing journal, 1995, 18(2): 241-251.

[31] Grisolia M, Napoleoni Q, Tancredi G. The use of triaxial tests for characterization of MSW[M]. 1995.

[32] Augello A J, Bray J D, Abrahamson N A, et al. Dynamic properties of solid waste based on back-analysis of

O II landfill[J]. Journal of Geotechnical & Geoenvironmental Engineering, 1998, 124(3): 211-222.

[33] Ling H I, Leshchinsky D. Seismic Stability and Permanent Displacement of Landfill Cover Systems[J]. Journal of Geotechnical & Geoenvironmental Engineering, 1997, 123(2): 113-122.

[34] 徐攸在. 盐渍土地基[M]. 北京: 中国建筑工业出版社, 1993.

[35] 杨劲松, 姚荣江, 王相平, 等. 中国盐渍土研究: 历程、现状与展望[J]. 土壤学报, 2022, 59(1): 10-27.

[36] 薛继连. 盐渍土、软土地区重载铁路路基修建技术[M]. 北京: 科学出版社, 2009.

[37] 樊自立, 马英杰, 马映军. 中国西部地区的盐渍土及其改良利用[J]. 干旱区研究, 2001(3): 1-6.

[38] 刘永恩, 王汝镛. 黄河三角洲滨海盐渍土的现状及其利用途径[J]. 土壤通报, 1993(S1): 11-14.

[39] 代红娟, 付玉涛. 察尔汗盐湖地区盐渍土工程地质特征及地基处理[J]. 山东交通学院学报, 2022, 30(2): 108-117.

[40] 田龙龙, 孟雄飞, 熊玉成. 天山南麓某工程盐渍土特性分析与处理对策[J]. 路基工程, 2021(4): 206-211.

[41] 张彧. 青海地区盐渍土工程特性及改良机理研究[R]. 西宁: 青海省交通科学研究院, 2021.

[42] 法哈德. 硫酸盐盐渍土工程特性研究[D]. 徐州: 中国矿业大学, 2021.

[43] 李维东. 西北盐渍土地区地基冻胀特性及其对路基变形影响研究[D]. 兰州: 兰州理工大学, 2021.

[44] 吴祥. 浅谈我国盐渍土的分布、成因以及危害[J]. 农业灾害研究, 2020, 10(8): 90-91.

[45] 梁凤荣. 盐渍土改良与利用技术模式探索[J]. 农业工程技术, 2020, 40(5): 47+49.

[46] 赵天宇. 内陆寒旱区硫酸盐渍土盐胀特性试验研究[D]. 兰州: 兰州大学, 2012.

[47] 高民欢, 李斌, 金应春. 含氯盐和硫酸盐类盐渍土膨胀特性的研究[J]. 冰川冻土, 1997(4): 58-65.

[48] 李芳, 高江平, 陈建. 盐渍土盐胀对低层建筑的危害及其防治[J]. 土木工程学报, 1999(5): 46-50.

[49] 张平川, 董兆祥. 敦煌民用机场地基的破坏机制与治理对策[J]. 水文地质工程地质, 2003(3): 78-80.

[50] 王鹰, 谢强, 赵小兵. 含盐地层工程性能及其对铁路工程施工的影响[J]. 矿物岩石, 2000(4): 81-85.

[51] Ladanyi B and Melouki M. Determination of creep properties of frozen soil by means of the borehole stress relaxation test[J]. Canadian Geotechnical Journal, 1993, 30: 170-186.

[52] 马巍. 冻土力学[M]. 北京: 科学出版社, 2014.

[53] Andersland O B. Frozen Ground Engineering, 2nd Edition[M]. 2003.

[54] 武文娟. 寒区交通工程冻土问题的研究要点与综述[J]. 水利与建筑工程学报, 2021, 19(5): 92-98.

[55] 陈正汉, 郭楠. 非饱和土与特殊土力学及工程应用研究的新进展[J]. 岩土力学, 2019, 40(1): 1-54.

[56] 刘琨, 徐舜华, 田文通, 等. 基于试验的多年冻土典型路基形变研究[J]. 地震工程学报, 2019, 41(6): 1597-1606.

[57] 俞祁浩, 樊凯, 钱进, 等. 我国多年冻土区高速公路修筑关键问题研究[J]. 中国科学: 技术科学, 2014, 44(4): 425-432.

[58] 刘伟博, 喻文兵, 陈琳, 等. 多年冻土地区机场跑道修筑技术现状[J]. 冰川冻土, 2015, 37(6): 1599-1610.

[59] 孟祥连. 青藏铁路冻土工程设计回顾与思考[J]. 中国铁路, 2011(11): 5-8.

[60] 牛富俊, 李国玉, 赵淑萍, 等. 冻土工程与环境研究的新进展——第八届国际冻土工程会议回顾[J]. 冰川冻土, 2009, 31(6): 1166-1177.

[61] 乔建伟, 郑建国, 刘争宏, 等. "一带一路"沿线特殊岩土分布与主要工程问题[J]. 灾害学, 2019, 34(S1): 65-71.

[62] 王盛源. 工程实用软土力学[M]. 北京: 人民交通出版社, 2012.

[63] 唐益群. 软土环境工程地质学[M]. 北京: 人民交通出版社, 2007.

[64] 编写委员会. 岩土工程手册[M]. 北京: 中国建筑工业出版社, 1994.

[65] 程占括. 滨海地区软土路基处理与固化剂加固软土力学性质研究[D]. 江西: 东华理工大学, 2020.

[66] 聂影. 复杂应力条件下饱和重塑黏土动力特性试验研究[D]. 大连: 大连理工大学, 2008.

[67] 蒋明镜. 现代土力学研究的新视野——宏微观土力学[J]. 岩土工程学报, 2019, 41(2): 195-254.

[68] 徐元芹, 李萍, 李培英, 等. 闽浙沿岸沉积物的工程地质特性及其成因简析[J]. 海洋学报（中文版）, 2010, 32(1): 107-113.

[69] 刘汉龙, 赵明华. 地基处理研究进展[J]. 土木工程学报, 2016, 49(1): 96-115.

[70] 王宝勋. 海积软土力学特征与固化新技术研究[D]. 长沙: 中南大学, 2008.

[71] 王连俊, 杨天琪, 帅宇轩, 等. 强夯垫层法对河谷区软土地基加固效果研究[J]. 公路, 2022, 67(1): 46-52.

[72] 张涛, 刘松玉, 蔡国军. 太湖软土地基沉降特性分析[J]. 岩土力学, 2015, 36(S1): 253-259.

[73] 刘东生. 中国的黄土堆积[M]. 北京: 科学出版社, 1965.

[74] 刘祖典. 黄土力学与工程[M]. 西安: 陕西科学技术出版社, 1997.

[75] 张吾渝. 黄土工程[M]. 北京: 中国建材工业出版社, 2018.

[76] 乔平定, 李增均. 黄土地区工程地质[M]. 西安: 陕西人民出版社, 1990.

[77] 孙广忠 .西北黄土的工程地质力学特性及地质工程问题研究[M]. 兰州: 兰州大学出版社, 1989.

[78] 蔡怀恩, 秦广平, 吕雪漫, 等. 湿陷性黄土地区岩土工程勘察的相关问题探讨[C]//2018 年全国工程勘察学术大会论文集, 2018.

[79] 王梅. 中国湿陷性黄土的结构性研究[D]. 太原: 太原理工大学, 2010.

[80] 王小军. 黄土地区高速铁路建设中的重大工程地质问题研究[D]. 兰州: 兰州大学, 2008.

[81] 王朝阳, 范敏, 杨泓全. 湿陷性黄土的环境岩土工程问题及防治对策[J]. 地下空间与工程学报, 2005(S1): 33-35.

[82] 陈正汉, 刘祖典. 黄土的湿陷变形机理[J]. 岩土工程学报, 1986, 8(2): 1-12.

[83] 周树华, 魏兰英, 伍法权, 等. 运用轻便动力触探仪研究黄土的岩土工程特性[J]. 岩土工程学报, 1999(6): 719-722.

[84] 王谦, 刘钊钊, 王兰民, 等. 黄土地基抗震处理技术研究进展与展望[J]. 防灾减灾工程学报, 2021, 41(6): 1366-1381.

[85] 南静静. 湿载作用下黄土力学特性及微结构演变研究[D]. 西安: 长安大学, 2021.

[86] 周朝正. 湿陷性黄土地区岩土工程勘察和地基处理要点研究[J]. 工程技术研究, 2020, 5(23): 238-239.

[87] 张苏民. 湿陷性黄土的术语和基本概念[J]. 岩土工程技术, 2000(1): 42-46.

[88] 张利生. 湿陷性黄土试验方法探讨[J]. 岩土力学, 2001, 22(2): 207-210.

[89] 钱征宇. 郑西客运专线湿陷性黄土工程技术的新进展[C]//客运专线工程技术学术研讨会论文集（下）, 2008.

[90] 王清雅. 中国黄土研究简史[D]. 北京: 中国地质大学（北京）, 2020.

[91] 李娜, 孙军杰, 王谦, 等. 黄土地基改性处理技术研究进展评述与展望[J]. 地球科学进展, 2017, 32(2): 209-219.

[92] 孔令伟, 陈正汉. 特殊土与边坡技术发展综述[J]. 土木工程学报, 2012, 45(5): 141-161.

[93] 李昌镐, 侯精明, 刘海松, 等. 湿陷性黄土地区海绵城市建设湿陷性风险模拟评估研究[J]. 水资源与水工程学报, 2021, 32(1): 220-225.

[94] 杨晶. 影响黄土湿陷性因素的试验及微观研究[D]. 太原: 太原理工大学, 2007.

[95] 李海鹏, 朱恒元. 某高填方机场湿陷性黄土处理效果评价与稳定性分析[J]. 土工基础, 2019, 33(6): 634-638.

[96] 郑健龙. 公路膨胀土工程理论与技术[M]. 北京: 人民交通出版社, 2013.

[97] 孔纲强. 特殊路基工程[M]. 北京: 科学出版社, 2013.

[98] 王保田. 膨胀土的改良技术与工程应用[M]. 北京: 科学出版社, 2008.

[99] 王亚辉, 刘杰, 刘建政, 等. 膨胀土变形特性的影响因素分析[J]. 山西建筑, 2018, 44(21): 59-60.

[100] 陈善雄, 余颂, 孔令伟, 等. 膨胀土判别与分类方法探讨[J]. 岩土力学, 2005(12): 1895-1900.

[101] 杨和平, 曲永新, 郑健龙, 等. 中国西部公路建设中膨胀土工程地质问题的初步研究[J]. 长沙交通学院学报, 2003(1): 19-24.

[102] 冷挺, 唐朝生, 徐丹, 等. 膨胀土工程地质特性研究进展[J]. 工程地质学报, 2018, 26(1): 112-128.

[103] 缪林昌, 刘松玉. 论膨胀土的工程特性及工程措施[J]. 水利水电科技进展, 2001(2): 37-40+48-70.

[104] 龚壁卫, 周晓文, 包承纲. 南水北调中线工程中的膨胀土研究[J]. 人民长江, 2001(9): 9-10+17.

[105] 王文良, 王晓谋, 王家鼎. 膨胀土地区机场跑道的地基处理研究[J]. 地震工程学报, 2016, 38(3): 431-438+444.

第 7 章

能源环境岩土工程

核科学技术的发展已有 100 多年的历史，随着核科学的不断发展，核能和核技术不仅应用于国防工业，而且在工业、农业和医学领域也得到了广泛应用。类似其他工业，核工业也会产生废物，即放射性废物，也称核废物。核废物是危险物的一种，按照放射强度的差异，放射性废物可分为低放废物、中放废物和高放废物。其中，按照美国核管理委员会（NRC）的定义，高放废物包括下列核废物：不处理的乏燃料，乏燃料后处理第一循环萃取的溶液或随后萃取循环的浓缩废物，高放废液的固化物，主要核素有锝、铯、锶、钚、镅和镎等超铀元素。高放废物是一种放射性强、毒性大、核素半衰期长并且发热的特殊废物，其安全处置难度极大，面临一系列科学、技术、工程、人文和社会学的挑战。其中，最大的难点是如何使之永久、可靠地与生物圈隔离，保证隔离时间超过 1万年。世界各国对高放废物的处置曾经提出了很多方案，目前普遍认可的处置方案是深地质处置法。自 1985 年以来，与世界大多数国家一样，我国选择了深部地质处置作为高放废物处置的主攻方向，开展了大量的前期研究工作。2003 年颁布的《中华人民共和国放射性污染防治法》明确了我国高放废物实施集中深部地质处置的基本政策。高放废物深地质处置法是把高放废物埋藏在距地表 500～1000m 的稳定地层之中，使之永久与人类生存环境相隔离。埋藏高放废物的地下工程称为高放废物处置库。高放废物处置库的概念模型如图 7-1 所示，包括固化体、废物罐、缓冲回填材料和围岩。

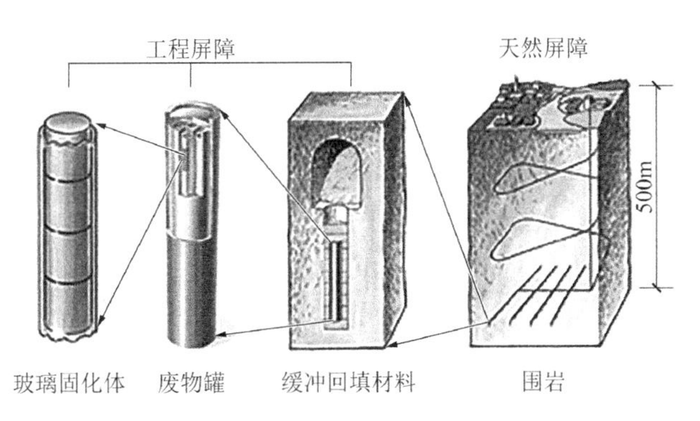

图 7-1　高放废物处置库概念图

高放废物处置库采用“多重屏障体系”的概念进行设计，由里向外依次为固化体、废物罐、外包缓冲回填材料与围岩地质体（图 7-2）。固化体、废物罐以及缓冲回填材料称为工程屏障，围岩称为天然屏障。各国根据地质条件的不同，选择不同岩性的岩体作为天然屏障。

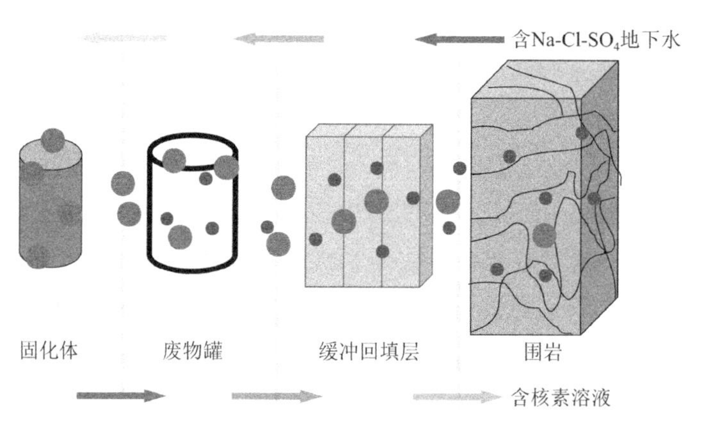

图 7-2　多重屏障体系示意图

随着核能技术的发展，有核国家将核能用于国防和能源领域，核电站越建越多，产生的核废料也持续增加。目前全世界正在运行的核电站有 400 多座，每年预计将产生 1万多吨的重金属乏燃料，只有不足 1/3 的乏燃料接受了循环处理，其余的则会放置在中间储存设施中。目前全世界储存的乏燃料约有 20万 tHM。这些乏燃料后处理所产生的高放废物中含有几十种放射性核素，其放射性强度从形成到衰变再到正常水平往往需要经历数百万年之久。许多核素的生物毒性都很大，属于极毒或者高毒类，同时具有高释热率（如 90Sr 和 137Cs）。此外，高放废物会因自身的强辐射场作用产生 C_2H_4、CH_4、CO、H_2 等燃爆性气体。高放废物的这些复杂特性，导致其处置费用高、难度极大且面临一系列工程、技术及社会科学方面的挑战。挑战的最大难点在于如何确保在高放废物与生物圈之间进行安全可靠、长期有效的隔离，且隔离时间长达数万年甚至更长时间。《放射性废物安全管理条例》规定：高放废物地质处置的安全隔离期不得少于 1万年。

7.1　放射性废物分类

放射性废物（Radioactive Waste）可以产生于任何应用放射性核素的单位，但主要来自核燃料的制造、使用及后处理等阶段，核设施的退役，研究实验室，有关工业部门及医疗部门 5 个方面。放射性废物按放射性活度水平分为豁免废物、低水平放射性废物、中水平放射性废物和高水平放射性废物。各国对于放射性废物的分类有所不同。国际原子能机构（International Atomic Energy Agency，IAEA）将放射性废物分为 6 类：豁免废物（EW）、极短半衰期废物（VSLW）、极低水平放射性废物（VLLW）、低水平放射性废物（LLW）、中水平放射性废物(ILW)、高水平放射性废物(High-Level Radioactive Waste，HLW)，如图 7.1-1 所示是该分类系统的示意图。根据我国国家标准《放射性废物的分类》GB 9133—1995，放射性废物具体有表 7.1-1 的分级体系。

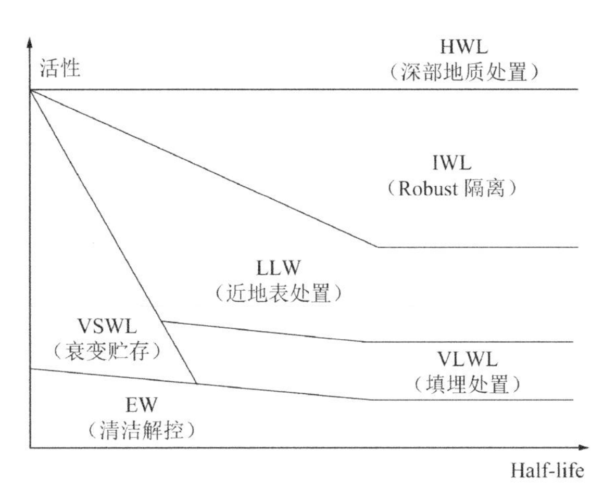

图 7.1-1　放射性废物分类体系示意图

放射性废物的分类　　**表 7.1-1**

一级分类	二级分类	分类标准
放射性气载废物	低放废气	浓度不超过 4×10^7Bq/m^3
	中放废气	浓度大于 4×10^7Bq/m^3
放射性液体废物	低放废液	浓度不超过 4×10^6Bq/m^3
	中放废液	浓度大于 4×10^6Bq/m^3，小于或者等于 4×10^{10}Bq/m^3
	高放废液	浓度大于 4×10^{10}Bq/m^3
放射性固体废物	半衰期大于 30a 的α发射体核素的放射性比活度在单个包装中大于 4×10^6Bq/kg 的α废物	
	除α废物外，放射性固体废物按其所含寿命最长的放射性核素的半衰期长短分为 5 种	含有半衰期不大于 60d 的放射性核素
		含有半衰期大于 60d、小于或等于 5a 的放射性核素
		含有半衰期大于 5a、小于或等于 30a 的放射性核素
		含有半衰期大于 30a 的放射性核素
		豁免废物

7.2　高放废物地质处置场选址

1985 年，深地质处置法被确立为我国的高放废物处置方案。1993 年，国家技术监督局（现更名为国家质量监督检验检疫总局）发布了国家标准《放射性废物管理规定》GB 14500—1993。1998 年，国家核安全局（现更名为国家环保部核安全与辐射环境管理司）批准并发布了核安全导则《放射性废物地质处置库选址》，该导则对选址准则、选址方法、所需资料以及专业术语进行了说明。2003年我国发布《中华人民共和国放射性废物污染防治法》，明确规定“高水平放射性固体废物实行集中的深地质处置”，首次从国家层面确立了深地质处置策略。2006年国防科工委（现更名为国防科工局）、科技部和环保总局（现更名为生态环保部）联合发布了《高放废物地质处置研究开发规划指南》，提出了高放废物深地质处置开发的技术路线和总体设想。

同世界上大多数国家一样（表7.2-1），我国处置库选址工作的原则是“由大到小，由面到点，由表及里，由浅入深”。综合各国处置库发展的实际经验，2002年徐国庆建议我国高放废物处置工作的进度安排如表7.2-2所示。

各国核废料处置工程研究进展 表7.2-1

国家	项目名称	场址	废物类型	地质体	埋深	缓冲回填材料	运行状态
阿根廷	Sierra del Medio	Gastre		花岗岩		Quaternary 膨润土	可行性分析
比利时			HLW	塑性黏土	225m	Foca 黏土 + 35%石英砂	可行性分析
加拿大	OPG DGR	Ontario	200000m^3 L&ILW	泥质石灰岩	680m	Avonseal 膨润土 + 25%碎石	2011 年获取执照
			Spent fuel	·			选址
芬兰	VLJ	Olkiluoto	L&ILW	闪长岩			1992 年运行
		Loviisa	L&ILW	花岗岩	60～100m		1998 年运行
	Onkalo	Olkiluoto	Spent fuel	花岗岩	120m	膨润土 + 水泥	试运行
法国			HLW	泥岩	400m	FoCa 膨润土	选址
德国	Schacht Asse Ⅱ	Lower Saxony		盐丘	500m	含盐水泥	1995 年关闭
	Morsleben	Saxony-Anhalt	40000m^3 L&ILW	盐丘	750m	含盐水泥	1998 年关闭
	Gorleben	Lower Saxony	HLW	盐丘	630m	含盐水泥	提案搁置
	Schacht Konrad	Lower Saxony	303000m^3 L&ILW	沉积岩		Montigel 膨润土	修建中
日本			HLW		800m	Kunigel V1 膨润土 + 30%石英砂	选址
韩国	Gyeongju		L&ILW			Jinmyeong 膨润土/膨润土-石英砂	修建中
瑞典	SFR	Forsmark	63000m^3 L&ILW	花岗岩	80m	MX-80 膨润土	1988 年运行
		Forsmark	Spent fuel	花岗岩	50m	MX-80 膨润土	2011 年获取执照
瑞士			HLW	黏土	450m	FEBEX 膨润土	选址
英国	Nirex		HLW			水泥	可行性分析
美国	Yucca Mountain Project	Nevada	07000THLW	凝灰岩	200～300m	MX-80 膨润土 + 15%石英砂	拟重启
中国		甘肃北山	HLW	花岗岩		GMZ膨润土/GMZ膨润土-石英砂	地下实验室建设

我国高放废物地质处置各阶段时间安排（徐国庆，2002）　　表 7.2-2

阶段			时间/年	备注
处置库	选址	区域预选	1985—1989	完成
		地区预选	1990—2005	提交两个预选地区的可行性研究报告，并推荐一个作为场地预选区
		场地预选	2006—2010	提交两个预选场地的可行性研究报告，并推荐一个作为场地特性评价的场地
		场地特性评价	2011—2016	对推荐的场地进行特性评价工作，并提交相应报告
		场地确认	2017—2019	提交场地安全分析报告、环评报告和处置库设计报告
	设计		2020—2022	对处置库的地面和地下设施以及运行进行设计，申请处置库建造许可证
	建造		2034—2039	完成运输巷道、通风巷道及处置工程建造，申请处置库运行许可证
	运行		2040—	接受并处置放射性废物
地下实验室	场地预选		1990—2010	与处置库选址同时进行，所选场地经国家主管部门批准后领取下一步工作许可证
	场地特性评价		2011—2016	与处置库场地特性评价同时进行，搜集处置库设计所需的各类数据和资料
	场地确认		2017—2019	提交地下实验室场地可行性报告、完成安全分析报告和环评报告
	设计		2020—2022	与处置库设计工作同时进行，领取地下实验室建造许可证
	建造		2023—2027	完成地下实验室的地面与地下设施建造，为处置库的先导工程完成后申请和领取地下实验室运行许可证
	运行		2028—2033	完成各种试验，进行处置演示，随后进入处置库主体工程建造阶段

1986—1989 年，在对全国地质背景调查的基础上，我国筛选出 5 大片、9 省（自治区）作为候选预选区，进行了广泛的自然地理考察和中等比例尺精度的区调工作，编纂了相应的评价报告。经过对比研究，最后选定甘肃北山地区作为首选预选场址。

如图 7.2-1 所示，为甘肃北山预选场址地理位置及卫星影像图。预选区位于甘肃省西北部，包括敦煌-阿拉善及其以北地区，地理位置为北纬 40°00′～42°00′，东经 96°40′～98°40′，距离首都北京大约 1800km，面积 88000km^2。区域内海拔 1600～1800m，地形相对平缓，以平原化干燥剥蚀低山、残丘与洪积及剥蚀平地为主。地表呈典型的岩漠戈壁景观，植被稀少，基岩裸露，区内代表性地貌如图 7.2-2 所示。该预选区为典型的大陆干旱气候区，降雨稀少，蒸发量大，干冷多风。预选区构造属于塔里木板块东段北缘次级构造单元柳园—穿山驯古大陆边缘及其南侧的敦煌板块。预选区的主构造方向为近东西向，断裂构造以基底断裂为主，有中秋井—金庙沟南逆断层、二道井—红旗山大断裂，以及北山南缘的疏勒河断裂等。

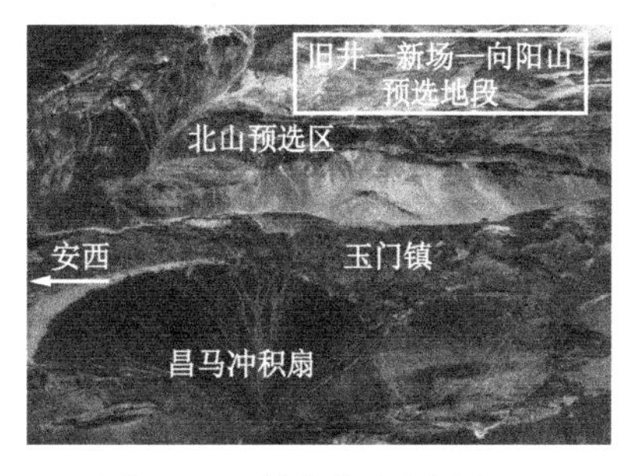

图 7.2-1　甘肃北山预选场址地理位置及卫星影像图

图 7.2-2　甘肃北山预选场址代表性花岗岩露头

7.3 工程屏障体系

工程屏障系统（Engineered Barrier System，EBS）是高放废物多重屏障体系中的人工屏障部分，主要包括固化体、废物罐以及缓冲回填材料，少数国家还设置有防水罩等其他屏障。各国处置库工程屏障系统的组成虽然不尽相同，但是均受到足够重视，也提出了相应的技术要求。

7.3.1 固化体

高放废物的固化是指将废液转化成固体或将固体废物与某些固化基材一起转化成稳定、牢固、惰性的固体物，称为玻璃固化体（Vitrified HLW）。高放废物转化为玻璃固化体的 3 个目的：一是固体物质便于安全运输、贮存和处置；二是放射性核素可以有效固结；三是固体高放废物体积相对较小。固化体要求废物包容量大、放射性核素浸出率低和稳定性好。目前，已有或正在研究的固化体形式多达 30 种，分为玻璃固化体、陶瓷固化体、金属固化体以及复合固化体。地质库工程屏障系统中固化体非常重要，研究成果较多，主要集中在固化体浸出率、导热性、化学稳定性、辐射稳定性和机械强度等方向。

7.3.2 废物罐

废物罐（Waste Container）是指固化体与缓冲回填材料之间的废物容器。其主要作用是在处置库运行期内阻止核素从固化体中释放和迁移，同时也利于废物的贮存和运输。选择罐体制造材料的因素是抗腐蚀性、强度以及寿命。符合要求的材料有很多，例如钽、铌、钛钯合金、铬镍合金、不锈钢、钛、铜、高镍基合金以及低碳钢等。考虑到成本等因素，目前关于后 6 种金属材料的研究相对较多，尤其是对低碳钢、钛、铜、C22 合金以及高镍基合金的腐蚀机理和规律进行了较多的研究。其中，C22 合金是一种高镍基合金，被美国能源部选作 Yucca 处置工程的废物罐候选材料。另外，钛和低钛合金被广泛研究能否用于制造高抗腐蚀性废物罐体，被认为是一种很有前景的罐体备选材料。

7.3.3 缓冲回填材料

缓冲回填材料（Buffer Backfilling Material）是指废物罐之间及废物罐与围岩之间的填充材料。瑞典、加拿大和比利时等国家以结晶岩为处置库围岩，均将缓冲回填材料作为工程屏障系统的最后一道人工屏障。其作用为：（1）工程屏障：缓冲围岩对废物罐的压力，保持废物罐位置固定，维护处置库的结构稳定性；（2）防渗屏障：填充废物罐之间、废物罐与围岩之间的孔隙，以及近场围岩中的裂隙和孔隙，阻止可能具有腐蚀性的地下水向废物罐渗流；（3）化学屏障：阻止放射性气体和水溶性化合物向围岩迁移；（4）导热作用：传导放射性核素衰变产生的热量。

自 20 世纪 70 年代，各国开展了缓冲回填材料的研究，研究内容主要包括缓冲回填材料的组成、性状以及处置库对缓冲回填材料的技术要求。

7.3.4　缓冲回填材料的组成

1）膨润土矿物组成和结构特性

通过试验和理论研究，普遍认为膨润土是缓冲回填材料的最佳原料。膨润土（Bentonite）是一种主要由蒙皂石（Smectite）族矿物组成的富含黏土的物质，包括蒙脱石（Montmorillonite）、贝得石（Beidellite）、绿脱石（Nontronite）、皂石（Saponite）、锂蒙脱石（Hectorite）、锌蒙脱石（Sauconite）等。颜色有白色、淡灰色、淡黄绿色、褐红色、淡红色、黑色以及斑杂色等。结构构造种类比较多，有块状、角砾状、微层纹状、斑杂状及土状构造等；以泥质结构为主，尚有火山碎屑、角砾凝灰以及粉砂状结构。

如图 7.3-1 所示，是典型的黏土矿物结构类型。黏土矿物晶体结构是由硅氧四面体和铝氧八面体晶片组合而成。在晶片形成过程中，不同黏土矿物会有不同程度的同晶置换现象，晶片中部分高价阳离子（如 Si^{4+}、Al^{3+}）会被低价阳离子（如 Mg^{2+}和 Fe^{2+}）取代。有时，碱金属离子（如 Na^{+}和 K^{+}或 Ca^{2+}和 Mg^{2+}）也会参加到同晶置换反应中来。

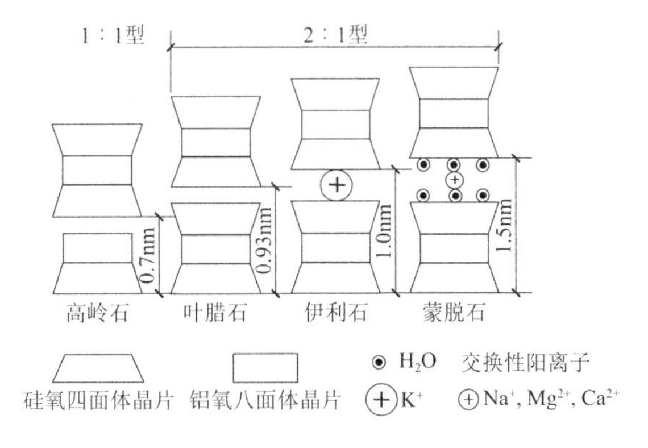

图 7.3-1　典型黏土矿物结构排列

如图 7.3-2 所示，是典型的蒙脱石晶格单元。其晶胞的上、下面都为硅氧四面体，中间夹着一片铝氧八面体，属于 2 : 1 型矿物。八面体晶片中的 Al^{3+}会部分地被 Mg^{2+}或 Fe^{2+}所置换，导致三层结构中正电荷短缺，晶格总体上呈负电性。为了补偿晶格间正电荷的不足，可交换阳离子（通常是 Na^{+}、Mg^{2+}和 Ca^{2+}等）被吸附到相邻的晶格单元间。

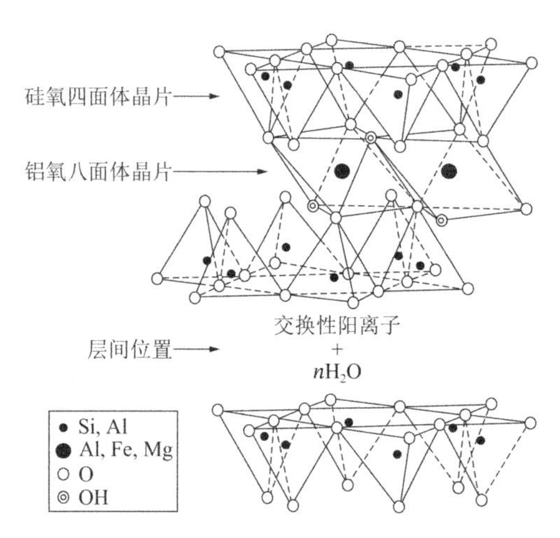

图 7.3-2　蒙脱石晶格单元

按层间可交换阳离子的数量和种类，可将蒙脱石划分为钠基蒙脱石、钙基蒙脱石和铝基蒙脱石等。相应地，可将膨润土根据所含蒙脱石类型划分为：钠基膨润土、钙基膨润土和铝基膨润土等。与其他类膨润土相比，钠基膨润土具有优良的膨胀性、低渗透性和高吸附性，被选为高放废物地质处置的缓冲回填材料。

理想的蒙脱石结构式为：$(Na, K, Ca, Mg)_{0.33}(Al_{1.67}Mg_{0.33})Si_4O_{10}(OH)_2$，而天然产出的膨润土中的蒙脱石，硅氧四面体层中的 Si^{4+}常常被 Al^{3+}置换，铝氧八面体层中的 Al^{3+}被 Fe^{2+}和 Fe^{3+}置换。例如，美国 MX-80 膨润土的结构式为：$Na_{0.30}(Al_{1.55}Fe_{0.20}{}^{3+}Fe_{0.11}{}^{2+}Mg_{0.24})Si_{3.96}O_{10}(OH)_2$，日本 Kunigel V1 膨润土的结构式为：$(Ca_{0.05}Na_{0.38}K_{0.01})(Al_{1.55}Fe_{0.09}{}^{3+}Fe_{0.01}{}^{2+}Mg_{0.34}Ti_{0.01})(Si_{3.90}Al_{0.10})O_{10}(OH)_2$。

2）膨润土的工程特性

膨润土作为缓冲回填材料，在高放废物深地质处置库中起着工程屏障、防渗屏障、化学屏障和导热作用，要求能够维护处置库的结构稳定性，阻隔地下水的渗入，吸附随胶体扩散的核素，对核废料衰变释放的热量具有良好的扩散作用。因此，基于处置库对缓冲回填材料的要求，膨润土具备了以下最主要的工程特性。

（1）极强的吸水膨胀性

膨润土吸水膨胀现象是由于水分侵入晶层之间而导致单元体积扩大所引起的。钠基膨润土自由膨胀率很大，饱水后材料体积是干燥体积的 5～6 倍。如果膨润土干密度很大，膨胀后体积甚至可达 10 倍以上。这样就可以密封膨润土中的孔隙以及膨润土与围岩之间的缝隙。需要指出的是，钠基膨润土的膨胀性能优于钙基膨润土。

（2）优良的抗渗性

膨润土比一般的黏性土具有更低的渗透性。膨润土种类、干密度、干湿循环以及渗入液种类等对膨润土的渗透系数有影响。钙基膨润土比钠基膨润土的渗透系数大 3 倍。干密度增大，膨润土渗透系数减小，干密度大于 1.75g/cm³ 时，大部分膨润土的渗透系数都小于 1×10^{-13}m/s。

（3）极强的阳离子交换能力

一般来讲，在钠基膨润土的蒙脱石阳离子交换区，主要吸附有 Na^{+}，并有少量 Ca^{2+}，该 Na^{+}会与接触的溶液中的其他阳离子发生交换反应，取得平衡。该反应，一方面改变溶液中阳离子浓度，另一方面，影响矿物的沉淀和溶解。膨润土的阳离子交换容量很高，可达 80～120meq/100g。除了阳离子交换能力之外，作为膨润土主料的蒙脱石，位于其结晶体边缘的表面氢氧基可以形成络合物，表现出吸附能力。同时，膨润土会与入渗地下水之间发生矿物-水化学反应，改变地下水的化学特性。

（4）阻止核素迁移

由于膨润土缓冲材料受地下水饱和后膨胀，形成微孔隙结构，渗透性变得极低，扩散作用成为控制溶质迁移的主导机理。由于静电效应以及黏土表面的总体负电性，与中性类型（如 HTO）相比，某些阳离子（如 Cs^{+}）具有较大的有效扩散系数。一般认为，阳离子具有较大的扩散系数，是因为表面扩散作用的缘故。关于膨润土中核素迁移方面的研究，已积累了大量的研究成果，包括迁移机制以及各相关影响参数的效应。

（5）添加材料的研究

部分国家将膨润土和石英砂、石墨等混合作为新型缓冲回填材料进行研究。结果表明，膨润土中加入石英砂后，缓冲回填材料的工程性质有了很大程度的优化。

7.4　研究进展

2008年，由中国工程院潘自强、钱七虎院士主导的“高放废物地质处置战略规划”咨询课题，提出我国高放废物地质处置研究开发和处置库工程建设可分为3个阶段：

（1）实验室研究开发和处置库选址阶段（2006—2020年）

其目标是完成各学科领域实验室研究开发任务，初步选出处置库场址并完成初步场址评价；确定地下实验室场址，完成地下实验室的可行性研究，并建成地下实验室。

（2）地下现场试验阶段（2021—2040年）

其目标是完成地下实验室现场试验，完成场址详细评价，并最终确认处置库场址；掌握处置库建造技术，完成处置库设计和可行性研究，并开始建造处置库。

（3）处置库建设阶段（2041年—21世纪中叶）

其目标是2050年前后建成处置库，开展示范处置，并开始接收高放废物。

7.4.1　选址和场址评价

选址和场址评价是21世纪我国高放废物地质处置研究工作的重点。主要开展了处置库场址的区域筛选和对比，甘肃北山5个预选地段（旧井、新场-向阳山、野马泉、沙枣园和算井子地段）、新疆阿奇山、雅满苏和天湖地段、内蒙古塔木素和诺日公地段的选址和场址评价，高放废物处置库候选围岩的对比研究，高放废物处置库场址评价方法研究，黏土岩的初步调研，场址适宜性评价等。

1）高放废物处置库场址区域筛选

1985—1986 年，我国筛选出 6 大高放废物处置库预选区，即华东预选区、华南预选区、西北预选区（甘肃北山预选区）、西南预选区、内蒙古预选区和新疆预选区，之后开展了初步的踏勘工作，但一直未对这些预选区进行系统对比。在重新收集研究各大预选区资料的基础上，核工业北京地质研究院于 2011 年提交了题为《中国高放废物处置库场址区域筛选》的成果报告，该报告全面比较了 6 大预选区的社会经济和自然条件。经专家评议、定量打分和定性评价以及综合分析，提出了我国高放废物处置库预选区的排序，即西北预选区（甘肃北山）、新疆预选区、内蒙古预选区、华南预选区、华东预选区、西南预选区。2011 年 7 月 22 日，国防科工局和国家环保部联合召开专家评审会，对该报告进行评审，会议确定“在目前的情况下，西北预选区（甘肃北山）可作为我国高放废物处置库首选预选区”。该区具有人口稀少、交通方便、土地无耕种价值、动植物资源和矿产资源贫乏等适宜的社会经济条件和地处戈壁、地形平缓、地壳稳定、气候干燥、地表水系不发育、地下水贫乏、花岗岩体完整、岩体工程质量优良和工程地质条件适宜等有利条件。

2）高放废物处置库预选区预选地段筛选

核工业北京地质研究院在甘肃北山预选区已有的旧井、新场—向阳山和野马泉 3 个地段的基础上，又筛选出沙枣园和算井子地段。在新疆筛选出雅满苏岩体、天湖岩体、阿奇山 1 号岩体和 2 号岩体、卡拉麦里岩体。在内蒙古阿拉善筛选出宗乃山-沙拉扎山岩体。中国科学院地质与地球物理研究所筛选出内蒙古阿拉善的塔木素和诺日公地段。另外，核工业北京地质研究院和东华理工大学开始了盆地黏土岩的筛选工作。

3）甘肃北山的选址和场址评价

2000 年以来，在甘肃北山开展了真正意义上的系统性选址和场址评价，重点是对旧井、新场—向阳山、野马泉、沙枣园、算井子 5 个地段开展场址评价。“高放废物地质处置甘肃北山深部地质环境初步研究”（简称北山一期）于 1999 年获得批准立项。该项目开展了甘肃北山旧井地段地质、水文地质、地球物理调查，完成我国高放废物地质处置第 1 批钻孔（北山 1、2 号钻孔），获得了旧井地段 1∶50000 地质图、水文地质图、地球物理成果、北山 1、2 号钻孔全孔岩芯各种数据、光学钻孔电视图像、钻孔雷达、声波钻孔电视数据、地应力数据，初步建立钻孔施工方法、水文地质试验方法、钻孔电视方法、钻孔雷达方法、地应力测量方法、水文地球化学测井方法等。

此后，分别于 2002—2004 年、2005—2007 年、2008—2010 年、2011—2013 年、2014—2015 年开展了北山二期—北山六期的高放废物地质处置甘肃北山选址和场址评价研究。通过甘肃北山 6 期项目的研究，基本查清了甘肃北山预选区旧井、新场—向阳山、野马泉、沙枣园、算井子 5 个预选地段的深部地质环境，发现了岩体质量极好的新场岩体、算井子岩体和芨芨槽岩体。此外，首次获得甘肃北山场址的深部岩石样品、原状地下水样品、深部地质环境数据和资料，如钻孔电视图像、钻孔雷达图像和深部岩体渗透率等。尤其是通过引进钻孔电视、钻孔雷达、钻孔水文地球化学测井系统和钻孔双栓塞水文地质试验系统等世界先进设备，取得了场址评价方法方面的重大突破，建立了一套完整的花岗岩场址特性评价方法技术体系和高放废物处置库选址准则。通过与美国 INTERA 公司合作，开展了新场岩体处置库系统性能评价，认为新场岩体作为处置库场址是十分安全的。这一系列工作，为我国高放废物处置库和地下实验室选址的下一步工作奠定了坚实基础。以场址评价工作为基础，还开展了一系列基础研究，如甘肃北山断裂活动性研究、裂隙调查和三维裂隙网络建模、水-岩反应的地球化学模拟、水文地质数值模拟、岩石力学特性研究、地应力研究、岩体质量评价研究、地学信息库的建设等。

1）新疆预选区的选址和场址评价

2012 年起，核工业北京地质研究院在新疆的阿奇山 1 号和 2 号岩体、雅满苏岩体、天湖岩体开展了系统的地面地质调查、地球物理测量，并施工了 8 个深钻孔，获得了场址的深部岩石样品和地下水样品，评价了场址的适宜性。

2）内蒙古预选区的选址和场址评价

中国科学院地质与地球物理研究所于 2012 年开始在内蒙古的塔木素花岗岩体、诺日公花岗岩体开展了地面地质调查和地球物理测量，并施工了 4 个深钻孔，获得了场址的深部岩石样品和地下水样品，并评价了场址的适宜性。

3）黏土岩的初步调研

20 世纪 90 年代就开展了我国高放废物处置库场址围岩类型的筛选，提出我国可作为高放废物处置库围岩的类型有花岗岩、黏土岩、盐岩和凝灰岩。在综合考虑各类岩石的分布和社会经济条件等的基础上，优先对花岗岩场址进行了研究。进入 21 世纪，由于对黏土岩的关注程度上升，因而开展了新一轮的黏土岩场址的调研。核工业北京地质研究院对我国各大盆地，包括塔里木、准噶尔、二连、东北、松辽、鄂尔多斯、华北、四川、长江口、珠江口、汉江、鄱阳湖、洞庭湖等盆地黏土岩进行了调研，结果表明我国这些盆地中不同程度地产有石油、天然气、页岩气、煤矿、铀矿、盐矿、地下水资源等，要选出地质条件和社会经济条件适宜的场址尚需开展大量工作。东华理工大学也开展黏土岩调研，提出甘肃省陇东地区、青海省柴达木盆地西北缘、山东省淄博地区和巴音戈壁盆地的黏土岩可作为重点预选区进行进一步的研究。

1）高放废物处置库候选围岩的争论

我国在 1985 年开展高放废物处置库场址筛选时，就考虑了 4 种围岩，即花岗岩、黏土岩、凝灰岩和盐岩。我国花岗岩分布广泛，花岗岩具有作为处置库围岩的各种有利条件，且已有瑞典、芬兰等国选择花岗岩作为处置库围岩，外加我国高放废物处置库首选预选区甘肃北山又广泛分布有花岗岩体。因此，从 1990 年以来就一直针对花岗岩场址开展工作，并取得重要成果，而对黏土岩的研究工作则很少。针对这一情况，郑华铃等建议重点研究黏土岩处置库预选场址，并反对选择花岗岩作为处置库围岩。这引发了花岗岩与黏土岩之争。中国工程院“高放废物地质处置战略研究”课题对此进行了讨论，其主要结论如下：

（1）世界各国根据不同的地质条件以及不同的社会经济条件，选择了花岗岩、黏土岩（泥岩、板岩、塑性黏土）、凝灰岩和盐岩作为高放废物地质处置库的围岩。对这些围岩的各种特性进行了室内研究和地下实验室现场研究，认为各种围岩均有其优缺点，通过增设工程屏障，在这些围岩中均可建造满足安全要求的处置库。各国选择不同的围岩取决于各国的地质条件和社会经济条件。

（2）花岗岩具有分布范围广、岩体规模大、机械强度高、导热好、导水率低、溶解度低、地下巷道稳定等优点，但也存在裂隙及其随机分布的较难评价等缺点。通过增设以膨润土为缓冲回填材料的工程屏障，可有效弥补花岗岩裂隙的弱点。大量现场试验和安全评价证明花岗岩可作为高放废物处置库的围岩。

（3）黏土岩具有岩层延伸稳定、导水率极低、裂隙自愈合能力、对放射性核素和地下水具有强烈的阻滞作用等优点，但也具有层理发育、导热性能较差、机械强度低、地下巷道需全程支护、建造难度大及废物回取困难等缺点，且黏土岩层上、下具有含水层，黏土岩盆地可能产有煤、石油、天然气、页岩气、地热、铀矿等矿产。通过采用地下工程支护、使需处置的废物充分冷却等措施，可有效弥补黏土岩的弱点。大量现场试验和安全评价证明黏土岩可作为高放废物处置库的围岩。

（4）我国国土辽阔，各种围岩种类齐全，花岗岩、黏土岩、盐岩、凝灰岩、玄武岩等均有发育。考虑到我国的地质条件，特别是适于高放废物处置库的黏土岩体（大部分为地槽形砂泥岩互层）选择较困难，我国的高放废物处置库围岩宜重点选择花岗岩，但也要考虑选择产状平缓、厚度较大且稳定的黏土岩的可行性，也有必要对黏土岩开展进一步的研究。

这几点结论是对围岩类型的客观总结。此后，尽管还不时有处置库围岩类型的争论，但我国继续坚持主攻花岗岩场址的战略。

2）处置工程技术和工程屏障研究

21 世纪对处置库工程屏障和处置工程技术研究进入了新的阶段。对内蒙古高庙子膨润土开展了较系统工作，并开始了对废物罐材料的筛选和腐蚀行为的研究，对玻璃固化体的性能也开展了研究，提出了处置容器的初步方案。在处置工程技术方面，开展了处置库和地下实验室的调研和概念设计工作，还对甘肃北山花岗岩的力学特性、地下硐室稳定性等开展了研究。

（1）膨润土特性研究

我国高放废物地质处置拟采用膨润土作为缓冲回填材料。1994—1996 年期间开展了膨润土矿床筛选工作，初步选出内蒙古高庙子膨润土矿床作为中国高放废物处置库缓冲回填材料的首选矿床。该矿床储量达 1.27亿 t，绝大部分为优质膨润土，其蒙脱石含量可达 63.77%～80.92%。进入 21 世纪以来，缓冲材料方面的研究集中于高庙子钠基膨润土。我国科研团队对内蒙古高庙子膨润土的矿物学特性、微观结构特征、热传导特性、膨胀特性、力学特性、饱和和非饱和渗透特性、土水特性、压实特性、多场耦合特性、添加剂、老化特性、膨润土-水反应、膨润土-金属材料反应、数值模拟等开展了研究，期间还建立了一系列试验台架，其中最重要的是核工业北京地质研究院于 2010 年建成的我国首台缓冲回填材料热-水-力-化学耦合条件下特大型试验研究台架。该台架的设计是以中国高放废物地质处置概念模型为基础，内径 900mm、内高 2230mm。3 个功率为 1000W 电加热元件组成的加热器外径为 300mm、高度为 1600mm。缓冲材料由高庙子钠基膨润土压制成形，钠基膨润压实土块的干密度为 1710kg/m³。压实膨润土与试验腔体间充填粉碎后的高密度膨润土颗粒，试验腔体内膨润土的平均密度为 1600kg/m³。为连续监测缓冲材料的温度、湿度和压力等性能，共安装了温度、湿度、土应力等 100 多个传感器。该台架主要由 8 部分组成：压实膨润土块体、不锈钢试验腔体、加热及温控系统、供水系统、传感器、气体测量和收集系统、实时数据采集系统和实时监控系统。这是我国目前尺寸最大的缓冲材料热-水-力-化学耦合试验台架，用以开展 1：2 尺寸的模拟高放废物地质处置库条件下缓冲材料长期性能试验研究。通过该装置的研制和建设，建立了缓冲材料试验台架的安装和试验方法，依据实测数据和理论分析，揭示了热-水-力-化学耦合作用条件下膨润土的相对湿度是在加热器的热效应和外部供水的湿效应共同作用下发生变化，压实膨润土应力的变化主要是由于膨润土遇水膨胀和加热器的热效应引起，试验模拟了高放废物地质处置室内加热器（废物罐）运行初期的位移过程，为缓冲材料和高放废物地质处置库的设计提供了重要的工程参数和理论依据。

（2）岩石力学研究

在岩石力学方面，刘月妙、杨春和等系统测定了甘肃北山花岗岩的基本力学特性及时温效应。核工业北京地质研究院建立了我国尺寸最大的花岗岩裂隙水流模拟装置。陈亮等建立了甘肃北山花岗岩的弹塑性损伤模型；赵星光研究了卸载速率变化对岩爆倾向性的影响，获得了甘肃北山花岗岩发生岩爆的应力条件。陈亮、宗自华等结合高放废物地质处置工程的特殊性，提出考虑岩体容积、温度、地下水环境特征参数和断裂分布等因素的适合于高放废物地质处置库选址的新岩体质量评价体系。陈亮、赵星光、刘月妙等研究了热-水-力耦合条件下处置库围岩花岗岩的长期稳定性。周宏伟等开展了温度-应力作用下甘肃北山花岗岩的细观破坏试验。杨春和等研究了甘肃北山预选区岩体力学与渗流特性。

3）放射性核素迁移研究

放射性核素迁移研究是高放废物地质处置研究中的重要基础性研究。进入 21 世纪，对核素迁移的研究逐渐深化，研究团队也不断壮大。2000 年以来，核素迁移研究围绕甘肃北山地区的地下水和花岗岩以及内蒙古高庙子膨润土进行。研究工作的特点是在低氧低浓条件下，紧密结合我国高放废物处置预选场址，采用甘肃北山真实样品，研究关键核素在甘肃北山真实样品中的化学行为，建立了原状地下水储存、运输装置，核素在岩石中的扩散试验装置，地下水特征参数测定装置等，初步掌握了特定地质环境下模拟地下水的制备方法和试验方法，测定了地下水、甘肃北山地下水、野外新鲜岩样的特征参数和成分，低氧低浓条件下核素在甘肃北山不同特征和不同深度岩样中的吸附分配比、扩散系数和弥散系数，研究了 pH 值、不同离子种类（硫酸根离子、碳酸根离子、钙离子等）、离子强度、温度、腐植酸低氧等因素对核素吸附分配比的影响，获得了低浓条件下部分核素在甘肃北山不同特征岩样中的弥散系数。此外，还开展了核素在花岗岩上的吸附作用研究，探讨了放射性核素在花岗岩表面的吸附机理。

4）安全评价研究

在 21 世纪，我国逐步开展了安全评价方法学的研究，引进了若干安全评价程序，并针对甘肃北山场址开展了初步安全评价研究，调研了国外的性能评价报告，包括美国的 TSPA-93、TSPA-95、瑞典 SKB 的 SR-97、瑞典 SKI 的 SKI-Project90、芬兰的 TVO-92、日本的 H-3 和 H-12、英国的 NIRREX-97、瑞士的 Kristallin-I 和加拿大的 EIA 等。国际原子能机构通过技术合作项目“中国高放废物处置场址评价和性能评价研究”（2003—2005 年），赠送了用于性能评价的 GoldSim、Porflow、Amber、FracMan 等软件，可开展完整的从源项、近场、远场到生物圈的剂量计算，并初步建立起开展性能评价工作的能力。

5）地下实验室

21 世纪近 20 年完成了地下实验室的战略规划、选址、工程设计和建造技术的研究。

（1）地下实验室战略规划

我国正在开展地下实验室建设。2005 年 12 月，由潘自强和钱七虎院士主导的中国工程院咨询课题“我国高放废物地质处置战略研究”研讨会，专门研讨地下实验室战略问题，会上核工业北京地质研究院王驹提出了“建造我国特定场区地下实验室”的设想，即“在高放废物处置库预选区的适当地点建造地下实验室”的设想。中国核工业集团公司在 2009 年开展了地下实验室战略规划研究，提出了建设思路和初步的建设方案。2014 年，核工业北京地质研究院牵头完成了两份重要报告，即《我国高放废物地质处置地下实验室有关战略问题的总体考虑》和《国家高放废物地质处置地下实验室战略规划及实施方案》，并正式上报国家国防科工局。这两份报告提出了我国地下实验室的总体定位、功能、技术路线、建设原则、规划目标、规划内容、时间节点、经费需求和具体实施方案。其中，提出的我国地下实验室的总体定位是：建设在特定场区（处置库重点预选区）有代表性的岩石之中、位于 500m 深左右、功能较完备且具有扩展功能的，为高放废物地质处置研究开发服务和场址评价服务的，具有国际先进水平的科研设施和平台，也即“特定场区型”地下实验室，或称为“第三代地下实验室”。报告中还提出了我国地下实验室应具备以下基本功能：评价场址深部环境；开展 1∶1 工程尺度验证试验；开发处置库施工、建造、回填和封闭技术以及相应的设备，完善概念设计，优化工程设计方案；为未来的处置库安全评价、环境影响评价提供各种现场数据；为公众参观地下实验室、了解地质处置技术的安全性能、提高对高放废物安全处置的信心提供窗口；为国际合作提供地下试验巷道和学术交流场所。规划还提出，我国不仅要在花岗岩中建设地下实验室，还应在黏土岩中建设地下实验室。

（2）地下实验室场址筛选

通过高放废物地质处置库场址筛选和场址评价工作，我国在甘肃、新疆、内蒙古共筛选出 11 个处置库预选地段，即位于甘肃北山的旧井、新场—向阳山、野马泉、算井子、沙枣园；位于新疆的雅满苏、天湖、阿奇山 1 号和 2 号岩体地段；位于内蒙古的塔木素和诺日公等预选地段。以这些地段为基础筛选出 9 个花岗岩地下实验室候选场址，即位于甘肃北山的旧井西、新场、算井子和沙枣园场址；位于新疆的雅满苏、天湖东和阿奇山 1 号场址；位于内蒙古的塔木素和诺日公场址。经综合比选，从上述 9 个候选场址中选出了我国地下实验室的 4 个初步候选场址，即新场、沙枣园、雅满苏、诺日公场址。根据专家咨询会的意见，最终确定甘肃北山的新场为推荐场址，沙枣园为备选场址。

（3）地下实验室建造技术研究

为掌握地下实验室建造技术，国家国防科工局批复了“高放废物地质处置地下实验室安全技术评价研究”项目。项目由核工业北京地质研究院联合中核第四研究设计工程有限公司、四川大学、中国矿业大学（北京）、中国人民解放军理工大学、中国科学院武汉岩土力学研究所共 6 家单位共同承担。项目在甘肃北山旧井地段十月井开挖了“地下实验室建设安全技术研究北山坑探设施”（简称“北山坑探设施”，BET）。北山坑探设施主体结构主要由硐门、斜井、平巷、水仓、试验硐室和通风钻孔等组成。BET 为试验平台，项目展开了 5 个专题研究：地下实验室施工过程安全技术研究；地下实验室多参量监测技术研究；近场围岩导水断裂带探测系统研究；地下实验室动力灾害预测与防治技术研究；地下工程长期稳定性评价研究。通过 BET 开挖和现场试验研究，提出了地下实验室工程安全要求及评价指标，掌握了高放废物地质处置地下实验室工程设计、建造有关的关键技术，为地下实验室设计和建造提供理论基础和技术支撑。

（4）地下实验室工程设计

以甘肃北山新场为地下实验室场址，完成了我国北山地下实验室工程的初步设计。该地下实验室位于地下 560m 深，主要由地下设施和地面设施组成。地下设施包括 3 条竖井（1 条人员竖井、2 条通风井），1 条长约 7km、直径 7.0m 的斜坡道，联络通道，通风排水等辅助系统，−240m 试验巷道，−560m 试验巷道等，其中主要的现场试验在−560m 的试验巷道中开展。地面设施包括科研及展示中心、运行控制中心、样品存储及分析中心、设备中心、生活区、消防供电等辅助配套设施。

7.5 展望

当前，国家对高放废物的地质处置问题高度重视，健全完善了很多相关法律法规。此外，经费的大量投入、参与单位的增加、国际合作的加强、研究的深入，都使得我国高放废物地质处置的综合实力逐渐提高并且取得突破进展。然而，目前还存在一些重大技术难题。例如，在工程建设方面，处置库开挖技术、工程开挖损伤研究、废物罐可回取研究等都是一些重大攻关项目；在地质方面，场址区域水文特征和地质参数的研究、地下水的同位素特征、放射性核素随地下水的迁移、深部地质体的地球物理测量、深部地质环境和条件随时间的变化、深部岩石受到外部因素（中高温、高压、地壳应力、还原条件、水流作用和化学作用）影响的地球化学行为等方面的研究仍然是难点；在安全评价研究方面，裂隙介质水文地质模拟、大规模流场模拟、关键块体识别和建模、初步试算能力、地质处置系统综合性能的分析与评估、计算机模拟仿真分析等方面的研究仍亟待加强。为了增加安全评价结果的可信度和说服力，需加大相关软件的研发力度以增强自身竞争力。此外，应重视鉴定场址范围内的构造活动，识别导水的构造和裂隙的分布，以减少对评价结果的影响和干扰。安全评价的研究是高放废物地质处置研究规划中非常重要的一环，而且贯穿整个规划始终，应该从长期发展的角度来考量。即使这样，未来仍会有许多不确定性，这无疑会给安全评价的研究带来挑战。随着工程建设的技术升级，可能会要求重新进行评价，因此还需具备应变能力。此外，鉴于处置高放废物的费用很高，研究人员需要有大局观，不仅要考虑系统安全，还要兼顾废物的优化和最小成本管理。这就要求安全评价人员在保证系统工程质量的情况下寻求最佳的经济方案。需要强调的是，不能只考虑系统总体，而忽视子系统的安全评价，两者应该兼顾。

参考文献

[1] 王志雄, 周宏春. 放射性废物处置概论[M]. 北京: 科学出版社, 1996.

[2] 罗嗣海, 钱七虎, 周文斌, 等. 高放废物深地质处置及其研究概况[J]. 岩石力学与工程学报, 2004, 23(5): 831-838.

[3] 国家环境保护局. 放射性废物的分类: GB 9133—1995[S]. 北京: 中国标准出版社, 1996.

[4] IAEA. IAEA safety standards series No. GSG-1, Classification of Radioactive Waste[S]. Vienna, 2009.

[5] 沈珍瑶. 高放废物处理处置方法[J]. 辐射防护, 2002, 22(1): 37-39.

[6] SKB. Treatment and Final Disposal of Nuclear Waste, RD & D-Programme 98[R]. Sweden: Swedish Nuclear Fuel and Waste Management Company, 1999.

[7] Miller W, Alexander R, Chapman N, et al. Natural Analogue Studies in the Geological Disposal of

Radioactive Wastes[R]. Vienna: International Atomic Energy Agency, 1994.

[8] Laurence S C. Site Selection and Characterization Processes for Deep Geological Disposal of High Level Nuclear Waste[R]. Albuquerque: Sandia National Laboratories, 1996.

[9] Laverov N P, Omelianenko B T, Velichkin V T. Geological Aspects of the Nuclear Waste Disposal Problem[R]. Berkeley: Lawrence Berkeley Laboratory, 1994.

[10] NRC. Geotechnical Site Investigations for Underground Projects[M]. Washington: National Academy Press, 1984: 155-168.

[11] SKB. Integrated Account of Method, Site Selection and Programme Prior to the Site Investigation Phase, TR-01-03[R]. Sweden: Swedish Nuclear Fuel and Waste Management Company, 2001.

[12] Wen Z J. Physical property of China's buffer material for high-level radioactive waste repositories[J]. Chinese Journal of Rock Mechanics and Engineering, 2004, 23(5): 794-800.

[13] IAEA. Siting of Geological Disposal Facilities, Safety Guide, Safety Series[R]. Vienna: International Atomic Energy Agency, 1994.

[14] IAEA. Experience in Selection and Characterization of Sites for Geological Disposal of Radioactive Waste[R]. Vienna: International Atomic Energy Agency, 1996.

[15] Tang A G X, Grahamb J, Blatz J. Suctions, stresses and strengths in unsaturated sand-bentonite[J]. Engineering Geology, 2002, 64: 147-156.

[16] IAEA. Siting, Design and Construction of a deep Geological Repository for the Disposal of High Level and Alpha Bearing Wastes, IAEA-TECDOC-563[R]. Vienna: International Atomic Energy Agency, 1990.

[17] Larry P C, Makoto N, John A A. Concepts of repository and the functions of bentonite in repository environments: a state of the art review[J]. Journal of the Faculty of Environmental Science and Technology, 2008, 13(1): 1-5.

[18] IAEA. Scientific and Technical Basis for Geological Disposal of Radioactive Wastes, Technical Report Series, 413[R]. Vienna: International Atomic Energy Agency, 2003.

[19] Thorsager P, Lindgren E. Summary Report of Work Done During Basic Design, SKB Report R-04-42[R]. Sweden: Swedish Nuclear Fuel and Waste Management Company, 2004.

[20] 国家技术监督局. 放射性废物管理规定: GB 14500—2002[S]. 北京: 中国标准出版社, 1993.

[21] 国家核安全局. 放射性废物地质处置库选址: HAD 401—06[S]. 北京, 1998.

[22] 徐国庆. 2000—2040 年我国高放废物深部地质处置研究初探[J]. 铀矿地质, 2002, 18(3): 160-167.

[23] 王驹. 中国高放废物处置库甘肃北山预选区旧井地段 1∶5万区域地质特征研究[R]. 北京: 核工业北京地质研究院, 2001.

[24] 王驹, 徐国庆, 金远新, 等. 我国高放废物处置库甘肃北山预选区地壳稳定性研究[J]. 中国核科技报告, 1999(S4): 1-12.

[25] 金远新, 王驹, 陈伟明, 等. 甘肃北山芨芨槽花岗岩体岩石地球化学特征[C]//第二届废物地下处置学术研讨会论文集. 敦煌, 2008.

[26] JNC. Project to Establish the Scientific and Technical Basis for HLW Disposal in Japan, Supplementary Report[R]. Tokyo: Japan Nuclear Cycle Development Institute, 1999.

[27] Komine H, Ogata N. Experimental study of swelling characteristics of compacted bentonite[J]. Canadian Geotechnical Journal, 1994, 31(4): 478-490.

[28] 温志坚. 高放废物地质处置中的工程材料问题[C]//第 260 次香山科学会议论文集. 北京, 2005.

[29] 闵茂中. 放射性废物处置原理[M]. 北京: 原子能出版社, 1998.

[30] Brookins D G. The Geological Disposal of High Level Radioactive Waste[M]. Athens: Theophrastus

Publications, 1986.

[31] Ringwood A E. Uniaxial hot-pressing in bellows containers[J]. Nuclear and Chemical Waste Management, 1983, 4: 135-140.

[32] Roy R. Radioactive Waste Disposal, Volume 1: the Waste Package[M]. New York: Pergamum Press, 1982.

[33] 罗嗣海, 钱七虎, 周文斌, 等. 高放废物深地质处置及其研究概况[J]. 岩石力学与工程学报, 2006, 25(4): 831-838.

[34] Witherspoon P A, Bodvarsson G S. Geological Challenges in Radioactive Waste Isolation-third Worldwide Review[R]. California: Lawrence Berkeley Laboratory, 2001.

[35] Semenov B, Bell M. Progress towards the demonstration of safe disposal of spent fuel and high level radioactive waste: a critical issue for nuclear power[C]//International Symposium, Geological Disposal of Spent Fuel and High Level and Alpha Bearing Wastes. Vienna, 1993.

[36] Gordon G M. Corrosion considerations related to permanent disposal of high-level radioactive waste[J]. Corrosion, 2002, 58: 811-824.

[37] Lopez R S, Cheung S C H, Dixon D A. The Canadian program for sealing underground nuclear fuel waste vaults[J]. Canadian Geotechnical Journal, 1984, 21(3): 593-596.

[38] Braithwaite J W, Molecke M A. High-Level waste canister corrosion studies pertinent to geologic isolation[J]. Nuclear Waste Management and Technology, 1979, 1(1): 37-50.

[39] Nuttall K, Urbanic V F. An Assessment of Materials for Nuclear Fuel Immobilization Containers[R]. Manitoba: Atomic Energy of Canada Limited, 1981.

[40] Mckay P, Mitton D B. An electrochemical investigation of localized corrosion on Titanium in chloride environments[J]. Corrosion, 1985, 41: 52-62.

[41] Xia X, Idemitsu K, Arima T, et al. Corrosion of carbon steel in compacted bentonite and its effect on neptunium diffusion under reducing condition[J] Apply Clay Science, 2004, 28: 89-100.

[42] OECD. Engineered Barrier Systems and the Safety of Deep Geological Repositories. State-of-the-art Report[R]. Paris: Radioactive Waste Management Committee, 2003: 21-22.

[43] Borje T, Bert A. Migration of Fission Products and Actinides in Compacted Bentonite, SKB Technical Report 86-140[R]. Sweden: Swedish Nuclear Fuel and Waste Management Company, 1986.

[44] Borje T. Radionuclide Diffusion and Mobilities in Compacted Bentonite, SKB Technical Report 83-84[R]. Sweden: Swedish Nuclear Fuel and Waste Management Company, 1983.

[45] Pusch R. Required Physical and Mechanical Properties of Buffer Masses, KBS-TR-33[R]. Sweden: Swedish Nuclear Fuel and Waste Management Company, 1976.

[46] 王驹, 范显华, 徐国庆, 等. 中国高放废物地质处置十年进展[M]. 北京: 原子能出版社, 2004.

[47] 王驹, 陈伟明, 苏锐, 等. 高放废物地质处置及其若干关键科学问题[J]. 岩石力学与工程学报, 2006, 25(4): 801-812.

[48] Wang J. On area-specific underground research laboratory for geological disposal of high-level radioactive waste in China[J]. Journal of Rock Mechanics and Geotechnical Engineering, 2014, 6(2): 6.

[49] Wang J, Chen L, Su R, et al. The Beishan underground research laboratory for geological disposal of high-level radioactive waste in China: Planning, site selection, site characterization and in situ tests[J]. Journal of Rock Mechanics and Geotechnical Engineering, 2018, 10(3): 411-435.

第 8 章

机场工程环境岩土问题

8.1 机场环境岩土工程问题分析方法

本章将介绍如何通过分析岩土工程勘测、土石方工程设计资料及运用沉降、稳定计算结果，来分析机场场区存在的主要岩土工程问题，用于指导机场岩土工程方案设计，针对性地解决机场环境岩土工程问题，为机场工程建设和运营提供科学依据。

8.1.1 勘测资料分析

首先，要进行勘测资料分析，了解区域地质情况、气象资料、地震烈度、水文地质资料、交通状况等基本条件；其次，要全面了解道面影响区、边坡稳定影响区的地层分布情况，查明场区是否存在特殊土，包括湿陷性土、红黏土、填土、软土、膨胀岩土、冻土、盐渍土、混合土、污染土等的平面分布和竖向分布，也要了解不良地质状况，包括岩溶和土洞、滑坡和崩塌、泥石流、采空区、地面沉陷以及地震液化的空间分布；再次，了解地下水分布、流向、腐蚀程度以及暗河等；最后，应认真研读勘测报告的结论和建议。通过研究分析勘测报告，从勘测角度对场区岩土工程本身存在的问题（内因）有个大致全面的了解和掌握。

8.1.2 设计资料分析

通过研读研究报告或者设计资料，尤其是机场场区地势设计、排水设计资料（外因），了解场区填方高度（道面影响区、边坡稳定影响区）、挖方区填料或者可能购置的填料状况，从设计角度提出分析场区存在的岩土工程问题。

8.1.3 主要环境岩土工程问题分析

通过上述分析，既掌握了勘测资料，又掌握了设计资料，综合分析机场整个场区场存在的主要岩土工程问题。

1）道面影响区的沉降和不均匀沉降

根据场区初步勘测资料，提取以跑道、平行滑行道中心线、站坪等道面影响区为基准（一般有钻孔布置），如各土层厚度、物理力学性能指标；根据场区土石方地势设计资料，提取对应场区钻孔的设计填方高度，对道面影响区的沉降和工后沉降进行分析计算。计算结果列表中，并绘制相应图纸，以计算不均匀沉降。根据《民用机场岩土工程设计规范》MH/T 5027—2013 第 4.2 节的地基沉降变形指标和第 4.2.1 条的飞行区道面影响区和飞行区土面区，设计使用年限内的工后沉降和工后差异沉降不宜大于表 8.1-1 中的规定。

工后沉降和工后差异沉降 **表 8.1-1**

场地分区		工后沉降/cm	工后差异沉降/%
飞行区道面影响区	跑道	20～30	沿纵向 0.1～0.15
	滑行道	30～40	沿纵向 0.15～0.20
	机坪	30～40	沿排水向 0.15～0.20
飞行区土面区		应满足排水、管线、建筑等设施的使用要求	

注：工后差异沉降的度量水平距离为 50m。

对于跑道和滑行道，当为软弱土地基时，可取表 8.1-1 中高值；当为高填方地基时，填筑级配良好的碎石土可取表 8.1-1 中低值，填筑细粒土或软弱土地基可取表 8.1-1 中高值。对于机坪，当面积大于 20000m^2 时，可取表 8.1-1 中低值；当面积小于或等于 20000m^2 时，可取表 8.1-1 中高值。

当计算工后沉降或工后不均匀沉降值小于表 8.1-1 中的低值时，地基只需要做简单处理，相当于岩土工程预处理，如清表、清除厚度不大的淤泥（沟、坑、塘）、做好垫层或者加设土工格栅、土工格室处理等。如北京大兴国际机场，地质状况良好，整个道面影响区采用强夯方法处理。当计算工后沉降或工后不均匀沉降值大于表 8.1-1 中的高值时，地基必须处理，地基处理不仅要做岩土工程预处理，还必须进行地基处理，以满足沉降和不均匀沉降要求。当计算工后沉降或工后不均匀沉降值介于表 8.1-1 中低高值之间时，应慎重考虑地基是否进行处理，应根据地基状况、机场定位、设计者经验等综合因素确定。

对于机场跑道来讲，在设计阶段开展机场跑道岩土工程评价，有助于确定地基是否需要处理、采用什么方法处理和地基处理至什么程度等关键性问题，这对减少设计失误、提高投资效率、延长跑道使用寿命具有重大的实用价值。

2）边坡稳定影响区的稳定性分析

根据场区初步勘测资料，提取平整区边线的边坡稳定影响区为基准（一般有钻孔布置）xxx，如各土层厚度、物理力学指标；根据场区土石方地势设计资料，提取对应区域钻孔的设计填方高度，对边坡稳定性进行验算分析，计算结果列表中。根据《民用机场岩土工程设计规范》MH/T 5027—2013 第 4.3.2 条的填方边坡稳定安全系数不得小于如表 8.1-2 所示数值。

填方边坡稳定安全系数 **表 8.1-2**

分析项目	计算方法	计算工况	稳定安全系数
填筑体稳定性	简化 Bishop 法数值分析法	正常条件下	1.30～1.35
		暴雨或连续降雨条件下	1.10～1.20
		地震条件下	1.02～1.05

续表

分析项目	计算方法	计算工况	稳定安全系数
填筑体与地基整体稳定性	简化 Bishop 法数值分析法	正常条件下，地基土固结度为 1	1.35～1.40
		正常条件下，地基土按实际固结度	1.30～1.35
		暴雨或连续降雨条件下	1.10～1.20
		地震条件下	1.02～1.05
填筑体与地基整体稳定性（若沿已知层面滑动）	不平衡推力法、数值分析法	正常条件下	1.25～1.30
		暴雨或连续降雨条件下	1.10～1.20
		地震条件下	1.02～1.05

注：表中“正常条件”指不考虑地震、暴雨或连续降雨。粗粒料填筑时，采用线性抗剪强度指标计算按表中取值，采用非线性抗剪强度指标计算应适当提高。边坡高度较大或边坡失稳危害较大时，稳定安全系数取大值。

当计算稳定安全系数小于表 8.1-2 中的低值时，地基必须处理，即地基除了必要的岩土工程预处理，还必须进行地基处理，以满足边坡稳定性要求。当计算稳定安全系数大于表 8.1-2 中的高值时，地基只需要做简单处理，相当于岩土工程预处理，如清表、清除厚度不大淤泥（沟、坑、塘）。当计算稳定安全系数介于表 8.1-2 中的低高值之间时，地基是否进行处理应慎重考虑，应根据地基状况、机场定位、设计者经验等综合因素确定。通过以上分析方法，机场存在的环境岩土工程问题主要有：

（1）通过分析场区工程地质、水文地质资料，从岩土工程本体（内因）得出场区特殊岩土（湿陷性土、红黏土、填土、软土、膨胀岩土、冻土、盐渍土、混合土、污染土）和不良地质（岩溶和土洞、滑坡和崩塌、泥石流、采空区、地面沉陷以及地震液化）等岩土工程问题；

（2）通过分析机场土石方工程设计资料，从岩土工程外部条件（外因）得出场区存在的高填方、高边坡等特殊结构条件；

（3）运用分层总和法进行沉降计算，运用简化 Bishop 法数值分析法进行稳定验算，可以得出场区道面影响区和边坡稳定影响区的主要岩土工程问题。

总之，通过分析内因（地质资料）、外因（设计资料）和理论计算，综合得出场区主要岩土工程问题。

8.2 机场工程环境岩土问题与对策

地基是机场工程重要的组成部分，是道面结构的最下层承受着由道面传来的飞机荷载和上部结构的自重，对道面结构的支承和稳定具有决定性作用。一个既均匀稳定又坚实的地基，是保证道面结构正常工作的前提。如果地基的强度或稳定性不足，在飞机荷载作用下，即使采用很坚固的面层，也无法避免道面结构发生各种病害或破坏。机场工程建设的实践表明，无论是刚性道面还是柔性道面出现的损坏现象，特别是平整度恶化，大部分都是由于地基强度不足，稳定性变差，在自重和外荷载作用下产生的过量变形所致。因此，处理好地基问题，对保证道面整体使用寿命具有十分重要的作用。

8.2.1 环境岩土问题的基本对策

（1）设置完善的排水系统

地基和基础中过多的水分能降低地基和基础的强度和稳定性，容易产生不均匀沉降。移动的飞机荷载产生高动水压力，也会使柔性道面基层的细颗粒产生唧泥，使其失去支承。因此，地基处理的基本对策是排除地表水。

为了消除各种水分对机场地基的危害，每个机场都需要设置一个完善的排水系统并加强管理和日常维修，始终保持排水畅通，使外界的水不进入场区，并使厂区内表面积水迅速排除，减少水分下渗，保持地基处于正常状态。南方多雨地区尤其要加强排水，而西北干旱少雨的地区也不可忽视。

（2）抬高道槽设计标高

机场通常不仅遭受地表水的威胁，还受到地下水的侵害。为了避免水使地基过湿而影响其强度和稳定性，在场道结构层设计中可结合机场的地势与排水设计，综合考虑采取抬高道槽的槽底标高的方法，使地基处于合理的高度。

在我国北方的广大地区，为了消除地基冻胀的危害，对位于地势平坦的低洼潮湿地带，道面结构层除了按防冻层要求设计外，可以适当抬高道槽设计标高，降低地基的湿度，这也是有效的防冻对策。在冻结深度（简称冻深）较浅的地区，即使原土层含水量较小，设计的防冻层厚度也建议大于该地区的冻深值，抬高道槽地基 50～100cm。对于冻深值较大的地区，土层在中等湿度以下时，由于聚冰及冻胀较小，冻深增大对冻胀的影响不大，所以防冻层厚度不一定大，建议根据土类和含水量大小确定抬高道槽地基。

（3）设置隔离层

我国南方地区大部分地下水位较高，机场地基受到严重威胁。在不宜采取抬高道槽标高来保证地基土最小填土高度时，为了阻断水分进入地基，设置隔离层是保持地基长期处于稳定的良好对策。

隔离层通常有两种类型：一是透水隔离法，即采用粗粒料，如卵石、砾石或粗砂等材料，阻断毛细水的作用，从而达到隔水的目的，其隔离层的厚度应大于毛细水上升高度，最小厚度大于 10cm，通常是 15～20cm；二是不透水隔离法，即采用油毡、纤维塑料膜或沥青砂等材料阻断水分的通道，隔断地下水进入地基，从而减少地基危害。

（4）分层碾压

对地基进行充分的压实，不但可以增强地基的强度和稳定性，还可以增强其水稳定性，有效延长道面的使用寿命。因此，对于一般情况下的地基，可以选择分层碾压法，其处理效果可靠而经济。

分层碾压是处理地基的传统方法，施工简单方便，通常是填筑某一厚度的土料，选择某种压实机械，碾压到设计的压实度。采用机械压实法时需要注意 4 个问题：一是严格控制含水率，用某种压实机械碾压地基填料时，如果其含水率较大或者较小，都很难达到较高的压实度，只有在最佳含水率下进行压实，土的密实程度才能达到要求，这不仅可以减少压实功率，而且压实后土的渗水率将最小，地基持久而稳定；二是合理选择压实机械，地基压实通常可选光轮压实机、羊脚压实机、轮胎压实机、振动压实机、冲击压实机等多种类型，压实作业项目不同，选用的压实机种类和规格也不同，应根据地基和填料工程性质选型，对砂土、粉土掺入黏土或其他改良材料进行压实，宜选用压实功率较大的静压式压实机、振动压实机和冲击压实机进行碾压；三是控制填料的厚度和碾压遍数，一般根据填料的土类、选择的碾压机械功率通过试验确定；四是保证压实度符合要求，要根据填料的深度和土类、场道位置，通过试验设计确定。

（5）换土法

消除特殊土危害最彻底的办法就是除去不良土，换上水稳定性好、强度高的土，即换土法。由于换土不但需要好土，还产生一定的弃土，并要分层碾压密实。采取换土法，需要注意 4 个问题：一是在不良土方量不大的情况下采用，即只适用局部的、土层较薄的特殊土，对于土层较厚的特殊土，不宜采用换土法；二是选择合适的弃土位置，考虑运距与费用等问题，需要进行经济效益分析；三是选择合适的土源，一般砂土和砂砾土强度高，水稳定性好，即“好土”，其位置也应适当，不能太远；四是需要分层碾压，在换填土的施工中，需要根据填筑的土类、碾压机械控制填筑厚度，并达到要求的压实度。

8.2.2　机场工程典型环境岩土问题与对策

1）地基土强度不足

如果机场地基的强度不足、稳定性差，必将引起道面结构的各种损害。分析其原因发现，主要是对软土、膨胀土、湿陷性黄土、冻土等各种特殊土地基的处理不当，地基在荷载和自然因素的作用下发生损坏。

（1）软土

软土一般包括软黏性土、淤泥质土、淤泥、泥炭质土和泥炭等，通常呈软塑或流塑的黏性土，具有天然含水率大、透水性小、压缩性高、强度低、承载力和抗剪强度都很小的特性。我国沿海的广大地区及内陆江河流域的冲积平原或台地上分布着极广大的软土。近十余年来，许多新建机场存在软土问题。如天津滨海机场、济南遥墙机场、江苏南通机场、上海浦东机场等，福建长乐和厦门高崎机场，广东深圳和珠海机场，广西北海机场以及香港、澳门机场等，这些机场的场区内都分布着广泛发育且又比较深厚的高压缩性软土层，在填土荷载的作用下会产生较大的沉降，给机场建设带来困难。

常见的适用于软土地基的处理方法可分为四大类：一是排水固结法，包括堆载预压法、砂井（塑料排水板）堆载预压法、砂井（塑料排水板）真空预压法和井点降水法、电渗法等方法；二是振密和挤密法，包括砂桩法、碎石桩、强夯法、振冲挤密法、振冲量换法等方法；三是置换及拌入法，包括垫层法、开挖置换法、深层搅拌法、灌注桩法、粉体喷射桩法等方法；四是加筋法，包括土工聚合物、土工格栅、土工膜、土工格室、加筋土等方法。建议采用排水固结法处理软土地基，这是因为该法可以直接利用道基本身的荷载作为预压荷载，可以节约投资，技术也比较成熟。为了加快排水固结，需要超载预压时，超载部分填方可以用作飞行区平整土方，不存在多购土方而浪费。机场建设期一般是 2～3 年，基本可以满足预压固结的要求。

（2）膨胀土地基

膨胀土是一种具有吸水体积膨胀、失水体积收缩特点的黏性土。由于黏粒由蒙脱石和伊利石组成，这两类矿物具有强烈的亲水性，吸收水分后体积膨胀，失水后收缩，反复地膨胀与收缩，土体强度很快衰减，导致地基上的结构物发生破坏。膨胀土对机场道面破坏的表现形式有以下两种。

①道面基底脱空。造成基底脱空有两种情况：一是膨胀土地基遇水膨胀，将道面结构层拱起，当水分挥发后，膨胀土地基又收缩，隆起的道面结构层很难恢复到原位而造成脱空；二是膨胀土地基含水量减少而收缩造成上部道面结构的脱空。无论是哪种脱空，在飞机荷载作用下，都会造成道面结构层的断裂损坏而影响飞行安全。

②道面起伏不平。这是由于膨胀土地基在飞行区分布的不均匀性或是由于水活动的不平衡，造成膨胀土地基胀缩不均匀而引起道面结构的拱起和沉降的不均匀，从而导致道面起伏不平，影响机场道面的正常使用。

膨胀土地基处理的基本原则是消除或减少道面基层下膨胀土地基的胀缩变形及压力，保障机场道面的使用安全。根据场地膨胀土的情况，建议采取以下对策。

换土，即将地基部分的膨胀土清除掉，换填物理性能好的土。这是一种消除膨胀土危害最彻底的办法，但只适用膨胀土层很薄或局部存在，换除土方量不大的情况。考虑经济效益，当膨胀土层较厚或面积较大时，不宜换土。

改良土性，对于不宜采用换填的膨胀土地区，对道面结构层下地基一定深度范围内的膨胀土层掺加一定量的石灰、水泥或粉煤灰等活性材料，改良膨胀土的特性，有条件时最好将大气影响范围内的膨胀土全部进行改良，消除膨胀隐患。

（3）湿陷性黄土地基

以粉粒为主，是富含钙质的黏土。由于在颗粒间具有较大的结构强度，故在天然干燥的状态下，黄土仍可承受一定的荷重，变形量也较小。但有些黄土受水浸湿后，易溶盐溶解而破坏了土粒间的胶结作用，黏聚力减弱，在自重或一定外荷载的作用下，结构会迅速破坏而发生显著的附加下沉，具有这种性质的黄土称为湿陷性黄土。

由于我国各地黄土的堆积环境、地理、性质和气候条件不同，致使其堆积厚度、物理力学性质等方面都有明显差别，如湿陷性具有自西向东和自北向南逐渐减弱的规律。我国西北广大地区分布着湿陷性黄土，为了保证机场道面的安全和正常使用，需要根据湿陷性的大小对土地进行处理。

分析湿陷性黄土产生湿陷的原因，其内因是该土具有大孔结构，外因是水浸入的作用。因此，要从根本上避免或减弱湿陷性的危害，除了消除水的问题外（即加强排水），还要采取措施破坏其大孔结构，以便消除地基的湿陷性。建议优先选用如下处理方法：设置“好土”或灰土垫层、采用土或灰土桩挤密地基法、重锤夯实法、强夯法。

（4）冻土地基

冻土地基是指在北方冰冻地区，地基冻胀使道面向上隆起，严重时甚至高出几十厘米，有时使道面结构遭到破坏，影响飞机使用。产生冻胀的原因包括：一是水分冻结，体积将增加 9%；二是地基中的弱结合水向冻结区移动，如有地下水供给水源，冻结的过程又很缓慢，则这一过程会持续一段时间，从而使冻胀变得更加严重。春季来临，冰冻的地基开始融化，会使地基失去承载力，导致道面翻浆而损坏。

在冰冻地区建设机场时，为了抑制地基冻胀，达到整体稳定，应分析场区的地下水位、土质、毛细水的作用高度、气温和冻结深度等因素，对方案进行效果和效益评定后，再确定采取处理措施。除了遵循设置完善的排水系统、保持排水畅通、抬高道槽设计标高、设置隔离层、阻断地下水源补给等基本对策外，要通过设置防冻层对其地基进行处理，防冻层通常采用碎石、砂砾石、二灰土等材料。防冻层的厚度是根据冻胀的大小来确定。土中含水率的大小、地形特征（坡度大小）和土层的均匀程度，将直接影响冻胀的大小及可能造成的破坏程度。因此，设计防冻层时必须综合分析计算，以减小或防止冻胀对机场道面造成的破坏为原则。防冻层的基层最好是选用非冻胀材料构筑，其结构可采用松散材料。推荐两种构造形式供选择：一是防冻层不厚时，可全部用砂砾、碎石、炉渣等材料构筑，但炉渣作防冻层时，基层顶部应有石料封面层；二是防冻层较厚时，可采用底部设 15cm 厚砾石或碎石隔离层，中部以土回填，厚度不大于 50cm，顶部再作 15～20cm 砂砾或碎石基层。

2）沉降不均匀或沉降量过大

机场工程和工业与民用建筑工程相比，道面地基承受荷载较小，施工方往往对沉降问题重视不够。由于地基设计方案或施工控制不当，容易发生两种沉降问题：一是地基沉降不均匀，造成道面结构的沉陷或面层脱空，使道面平整度变差，或使面层失去支撑，严重影响飞机使用；二是地基沉降量过大，会使道面平整度恶化，造成结构性的破坏，危及飞行安全。

地基不均匀沉降主要发生在不均匀的建筑场地，沉降量过大则主要发生在高填方的建筑场地。从机场工程的特点分析，地基发生沉降问题主要是由原地基在附加荷载作用下产生的固结沉降、填筑材料本身的固结沉降及蠕变沉降造成。原地基的沉降与附加荷载大小、压缩层厚度、压缩层土质、排水条件及施工速率等有关，填筑材料本身的沉降与填料性质、施工工艺、压实控制指标及施工速率等相关，总沉降量及沉降速率在空间的分布决定了工后沉降量及差异沉降。

解决办法：

（1）沉降控制方法

对沉降不均匀或沉降量过大的地基，必须做好不均匀建筑场地填方区施工质量控制，尤其是高填方区施工质量控制。目前，地基施工质量要求主要是由压实度指标控制。由于飞机轮载作用的影响随着深度的增加而减小，故机场土方压实度标准从上到下，在一定范围内有所不同。地基顶面以下 100cm 范围内，其压实度要求高；100～400cm 范围内，压实度要求有所降低；而填方深度大于 4m，压实度要求更低。

（2）高填方地基处理对策

为了满足机场道面对地基的使用要求，在高填方的地基处理中，对于道槽应以消除沉降不均匀或沉降量过大、提高压实度（建议大于 95%）为原则，原地基的沉降和填筑体的自身沉降总剩余量建议小于 8cm，不均匀沉降坡差不大于 0.15%，采用压实度和变形模量（由试验分析提出要求）进行控制，并根据填土的高度、填料的性质及施工条件进行技术和经济综合比较，建议优先选用强夯、重锤夯击和冲压等方法。

①强夯法。一般分三种情况：一是对于道槽下原地基，包括道槽边向外侧 1：0.65 放坡范围，需要采用强夯方法处理，强夯的能量和间距应根据覆土的厚度、填方的高度与地基沉降计算而确定，通常原地基处理的强夯能量应不小于 2000kN · m。二是在道槽下原地基填筑陡坡处，需挖成 1：2 的台阶进行强夯处理。三是对于道槽下 10m 范围内的填筑体，采用分层强夯方法处理，建议分层的松铺厚度不大于 4m，强夯能量大于 2000kN · m。

②冲压法。应用冲击压实处理高填方地基，该方法具有施工简单方便、填料要求低、影响深度大、工作效率高等优点，故越来越多地被用来处理机场地基高填方，如昆明新机场地基采用冲压法处理。冲击法又分两种情况：一是道槽下原地基的冲压，应根据原地基的类型和性质确定冲压遍数；二是道槽下的填筑体采用分层冲压，一般根据冲压机的类型和功能、填料的类型和性质确定分层的厚度和冲压遍数，建议填料松铺厚度在 0.5～1.0m 范围内选取，冲压遍数由试验段确定，一般大于 15 遍。

③碾压法。碾压机械类型比较多，对于道槽下的原地基碾压，建议采用重型振动压路机，应根据原地基的类型和含水率确定碾压遍数。对于道槽下的填筑体，可采用分层碾压法，重型振动压路机和重型羊角碾均可选择，填料分层的敷设厚度建议取 0.4m，控制填料的含水率和碾压遍数由试验确定，并加强压实度的检测和控制。

3）边坡失稳

边坡包括天然斜坡和人工开挖边坡两类。在岩体重力、水、振动力和其他因素的作用下，边坡常常发生变形或破坏，导致机场设施破坏，造成一定的损失。建在丘陵或山区的机场，边坡是机场地基处理的重点问题，尤其是近几年，不少机场深挖高填，边坡稳定问题越来越突出。然而，这个问题往往被忽视，从而造成了不小的损失。

机场工程边坡失稳从现象上主要分为以下几类：一是边坡大量土体和岩体在重力作用下，沿一定的滑动面或滑动带整体向下滑动（即滑坡），如江西某机场，由于修建时考虑不周，以致建成后产生滑坡；二是边坡的岩土块脱离母体而突然从较陡的斜坡上崩落下来，顺着斜坡翻滚下来（即崩塌），这种破坏具有突发性，危害较大；三是边坡表层受风化，在冲刷和重力作用下，不断沿斜坡滚落（即剥落）。引起边坡失稳的根本原因在于地基处理不当，土体内部某个面上的剪应力达到或超过了它的抗剪强度，使稳定平衡遭到破坏。

边坡稳定问题主要是针对丘陵或山区机场，特别是近几年，为了节约用地，减少土石方挖填的工程量，保护自然环境，容易出现深挖高填情况，往往形成较陡的边坡，因此需要重视边坡稳定处理。目前整治边坡稳定的工程措施很多，尤其是对公路和水利水电工程进行了广泛深入的研究，取得了很多成功的经验，值得借鉴。对于机场工程，建议首先做好工程地质勘察，查明地质构造、岩土性质、地下水的埋藏条件和分布，分析不良地质现象和对边坡稳定性影响的因素，结合当地实际进行比较分析，确定处理方法，建议选择以下几种：

（1）挖除全部滑坡体或削坡减载。对于滑坡体较小、土石方工程量不大（与机场整体土石方量比）的情况，采用全部挖除是最可靠的办法，也是简单易行的方法，因而得到了广泛应用。当边坡较陡时，可以通过减缓边坡以增加其稳定性，即削坡减载法，可采用直接削坡、台阶削坡或挖填平衡等方式。削坡减载受滑面形态直接控制，受排水等因素影响，适用于具有较长的前缘缓坡段的滑坡，一般削方量占滑体 20%以下比较经济合理。

（2）设置抗滑桩或挡土墙。由于各种抗滑桩都具有施工灵活性强、对滑体扰动小、施工弃方少和对地下水径流影响小等优点，故得到了广泛应用，特别是在规模较小的天然边坡中应用较多，但也因滑坡面形态不同而效果各异。例如，对于陡直的边坡，因下滑力大，施工难度大，投资费用也高，不宜采用抗滑桩；对于浅小滑坡和在前缘具有缓坡滑面的滑坡，配合其他措施，采用挡土墙的方法处理比较合理。

（3）加筋增强法。对于机场工程人工边坡，常用加筋方法处理较好，即在填土中分层铺设土工合成材料，不仅可以增加地基的稳定性，又可以使荷载比较均匀地作用于地基。此外，加筋也可以和排水措施相结合，如在排水垫层上再铺两层土工织物，可取得更好的增强效果。

8.2.3　机场工程环境岩土问题处置案例

1）填海造地的机场岩土工程

由于沿海城市不断扩展与岛礁开发，填海造地成了机场岩土工程的一种趋势。日本关西国际机场，位于大阪湾东南 5km 处的泉州海上，填筑了一个长 4360m、宽 1250m 的机场岛，面积 511hm^2，在岛上修建一条 3500m × 50m 的跑道和长约 4km 的跨海大桥。机场填筑处平均水深 18m，海底为软弱冲积土层，厚 14～21m，其下（至水面下约 150m）为洪积黏土层。采用了先用排水砂桩施工法改良地基，再进行护岸及填筑的方法。填海土方量超过 1.5亿 m^3。目前，该机场出现了明显的下沉现象。

新加坡樟宜国际机场，约一半面积是填海造地。在加固 2 号跑道中，先采用静力加载或编织带竖向排水井，而后用强夯法的复合式地基处理。

美国 Newark 国际机场、法国 cotedazur 机场、日本羽田国际机场的扩建工程，均是填海造地工程。美国檀香山国际机场 1968 年完工的新跑道（3500m × 50m），我国 2014 年修筑的永暑岛机场均是在珊瑚礁上填海造陆而成的。新西兰奥克兰国际机场增建停机坪，填海 55hm^2。澳门机场及香港国际机场均属填海工程，厦门机场也两次向海上延长。

2）强夯法处理湿陷性黄土和回填土

为处理天然地基黄土湿陷和坑穴问题，咸阳机场和西宁机场分别采用夯击能量为 100t · m 和 300t · m 的强夯法施工。咸阳机场地基属Ⅲ级自重湿陷性黄土，自重湿陷性黄土分布在地表以下 3.5～10m，为消除土的自重湿陷性（5m 范围内），采用夯锤重 10t、落距大于 10m 的三遍夯法，强夯面积 55.9万 m^2；经荷载浸水试验，在 0.2MPa 的载荷下，3d 和 10d 浸水湿陷量为 0.36mm 和 0.355mm，综合其他指标，达到了预期效果。

法国 Rivera 国际机场扩建工程，是欧洲几十年来规模最大的填海造地工程，共计 150hm^2。填海深 5～10m，由 riverVar 的冲积层构成，厚度超过 100m 的疏松黏质粉土夹砂层。回填土为砂、砾石、泥灰和粉土，回填量达 1800万 m^3，需要压实处理的深度为 40m。使用了一台特制的起重量为 200t，提升高度 25m，有 185 个轮胎的超级起重台车。施工中，采用了 130～160t 重的落锤，落距 22m，夯击能量可达 3500t · m。强夯前，静载沉降量约 30m。然后，用强夯夯击两遍，强夯总沉降量为 85cm。经测试，天然地基平均极限压力为 240kPa，夯击后为 880kPa，回填土上部 5m 范围最佳密实度达 95%。回填土强度提高 4 倍，下面软弱粉土强度提高 1 倍。

3）机场软土地基岩土工程

采用袋装砂井超载预压法，用于宁波和温州机场的软土地基处理，效果很好。宁波机场表层为厚约 1m 的硬壳层，属超固结土，其下为多层淤泥质粉质黏土，孔隙比 1.0～1.5、压缩系数 0.04～0.12cm^2/kg，渗透系数 1.03×10^{-8}～1.03×10^{-6}cm/s（水平方向）、1.13×10^{-8}～8.85×10^{-8}cm/s（垂直方向）、十字板抗剪强度 22～50kPa，厚度 12～35m 不等。在埋深约 2m 处，不均匀地分布着厚约 40cm 的泥炭层，有机质含量为 30%左右，天然含水率 101.3%，孔隙比 2.8，压缩系数 0.25MPa^{-1}。采用的袋装砂井直径为 6cm，间距 1.5m，砂井深度 12～20cm。砂井顶部铺设厚 40cm 的排水砂垫层，超载堆土厚为 4m，试验段面积为(100 × 60)m^2。自 1985 年 10 月开始堆载加荷，1986 年 4 月开始卸荷，跑道中心总沉降量 100.5cm，完成土基的主固结阶段。1986 年 5 月测得土基回弹模量 5.69～6.81MPa（偏小），永久垫层上的回弹模量为 54.0～108.1MPa，满足了设计需要。

美国费城国际机场曾进行跑道延长的扩建，由于地处沼泽边缘，采用真空井点降水与砂井排水综合法处理疏浚河道吹填的黏土淤泥。我国深圳机场采取挖土置换法和局部砂井堆载预压的方法，处理软土地基（淤泥厚约 8m）。

4）机场膨胀土地基岩土工程

20 世纪 60 年代以来，国内外对膨胀土的研究有了可以遵循的勘测和处理方法。我国 1990 年 4 月通航的西双版纳民航机场，在设计阶段进行了机场膨胀土的工程地质勘察。该场区膨胀土出露于地表或埋藏于地表 1.5m 以下，厚 1.38～4.05m；下部（5m 以下）膨胀土对工程不造成损害；上部膨胀土为褐黄、灰黄色黏土，伊利石占比 54%，高岭土占比 43.4%，蒙脱石占比 2.5%，胀缩总率一般为 0.2～2.61，最大平均值 1.54，膨胀力 0～30kPa，在压力大于 10kPa 时，膨胀量均为负值，线缩率 0.8～2.5，收缩系数 0.16～0.5，最大平均值为 0.41。据此，场地土是以收缩为主的伊利石干缩型弱膨胀土。计算地基土体变形量为 5.35cm，属Ⅱ级膨胀土地基。

地基处理的措施是采取挖除置换一定深度的膨胀土层，并在道面下做混凝土基层，施工中严格控制回填土的质量和均匀性，保持施工场地排水通畅，防止管网漏水，避免基槽暴晒或浸泡等技术措施。

在对膨胀土机场道面设计研究中，运用对土的矿物成分的鉴定，通过其他一些膨胀土研究的独特概念（如活动区深度、模量值、吸入负压、土壤振幅、土壤波长、设计波长等），求出膨胀土对道面设计所需要的等效厚度，再与膨胀土地基上的机场道面现有厚度、现有道面的等效厚度进行对比，鉴定已有的道面结构。

5）盐渍土地基岩土工程

20 世纪 50 年代由于对盐渍土缺少认识，在戈壁滩上修建的机场受盐渍土主要是含量大于 1%的 $Na_2SO_4^2 \cdot 10H_2O$ 的破坏，柔性道面龟裂、鼓起、凹陷，刚性道面变形产生错台，经过实践找到了一些处理的方法。在盐渍土上修建机场，必须查明天然地基土的颗粒级配、盐碱物质来源的区域环境条件、地下水埋藏状况和动态、据 Cl^-/SO_4^{2-} 确定盐渍土类型，根据总含盐量确定盐渍土的等级。设计上采用换土和用不同材料、不同结构层次、不同厚度的隔离层、隔绝层、缓冲层和隔温层等方法，阻断毛细水通道，防止盐的搬运和集聚。在设计和施工中，严格控制使用材料的含盐量，使排水系统顺畅，防止水向基础层渗透。

6）冻土地基上的机场岩土工程

我国东北、华北北部和西北地区，道面冻害一直是一个难以控制的岩土工程问题。实质上是在冻深范围内，天然地基和人工基础不均匀冻胀的结果。因此在机场建设工程中，主要是探讨防止新覆盖道面不受冻害，合理设置防冻隔离层厚度问题。如东北某机场，自然冻土深度为 220cm，1982 年前后冬季冻起高度达 20cm，错台高达 10cm 以上，致使机场不能使用。1983 年后经道面冻胀量的系统调查测量，在进行盖层设计中，采用不同冻胀高度的变化，做相应不同厚度的（5～50cm）垫层方法进行结构调整计算，道面覆盖后情况良好。

7）机场环境工程地质评价和地质灾害预测

在目前新建或扩建机场的可行性研究阶段，对工程地质环境进行评价和地质灾害预测是科学论证新的机场工程的重要内容。如噪声的影响、大面积土地的利用和覆盖、原水文单元的改变、新水文单元的出现、小环境水均衡的产生、地形地貌的改变、不良工程地质和灾害问题的形成等，都是构成机场第二工程地质环境的重要因素。又如，机场范围矿产埋藏状况、地磁场的量级及异常情况、邻近工程对环境的综合影响、削山头、厚填土问题等，都是要查清的机场环境工程地质的内容。

8）机场工程天然建筑材料的勘察

机场道面混凝土骨料、基层和底基层用料的质量是机场道面工程质量保证的重要方面。材料的产地，开采运输条件，涉及机场工程造价。

以往工程实例说明，水泥混凝土由于含石膏和膨胀岩的骨料，造成道面鼓起和碎裂；使用含盐量超过限度的砂砾料或膨胀土做基层材料，造成道面破坏；基层材料级配和强度的悬殊差异，造成道面不均匀变形。

由于建筑材料的区域性工程地质特征，引出岩土工程的特殊设计方法或增加材料的投资，如在陕、甘、宁黄土区的机场工程。在出露的侏罗纪砂岩、页岩地层中，找大于 40MPa 的大规模储量石料，往往遇到困难。天然的中、粗砂异常缺少，因而需要进行超细砂混凝土的级配设计。而在江浙、滨海软土地带，勘察建筑材料又是一大难题。往往需要级配碎石和采石场残料（塘渣）作为大部分替代材料。在岛礁机场建设中，礁石的利用又是建筑材料研究的新课题。

因此，当代机场的修建中，为保证机场道面工程的质量和合理的经济造价，机场天然建筑材料的勘察和评价已构成了机场岩土工程不可缺少的内容。

8.3 某机场工程岩土工程技术报告框架

第 1 章　概述

1.1　项目建设背景

1.2　工程概况与勘察工作内容

　1.2.1　工程概况

　1.2.2　勘察工作内容

1.3　勘察阶段与勘察等级

1.4　勘察目的与任务

1.5　勘察主要依据、规范

　1.5.1　依据的主要技术标准

　1.5.2　依据的主要技术文件

1.6　勘察方案

1.6.1　工程区研究程度与机场勘察经验

1.6.2　勘探方案的设计原则

1.6.3　工程地质测绘与调查

1.6.4　工程物探

1.6.5　勘探点布置与勘探深度

1.6.6　地方建筑材料调查

1.6.7　勘探手段原则及应用目的

1.6.8　测试及取样要求

1.6.9　试验项目要求

1.7　勘探点测放及相关说明

1.8　勘察过程及提交成果说明

1.9　完成工作量

第 2 章　自然条件与区域地质

2.1　地理位置与交通

2.2　气候、气象

2.3　地形、地貌

2.4　区域地层

2.5　区域地质构造与新构造运动

2.5.1　地质构造

2.5.2　新构造运动及地震

2.6　水文地质条件

第 3 章　飞行区工程地质评述

3.1　场地工程地质条件

3.1.1　场地地形地貌

3.1.2　地层结构及岩性

3.1.3　场地地下水

3.1.4　不良地质作用及人类活动

3.2　地基土工程性质测试分析

3.2.1　地基土的物理力学性质

3.2.2　抗剪强度试验

3.2.3　基岩物理力学性质指标

3.2.4　重型动力触探试验

3.2.5　地基土的有机质含量

4.3.5　地基土电阻率测试

4.3.6　地基土承载力及变形指标

4.4　地基基础方案分析与建议

4.4.1　地基土工程特性分析与评价

4.4.2　地基处理后的浅基础方案分析

4.4.3　地基处理方法分析与建议

4.4.4　桩基础方案分析与参数建议

4.4.5　新建机坪

4.4.6　基础施工中的岩土工程问题

第 5 章　工作区工程地质评述

5.1　场地工程地质条件

5.1.1　场地地形地貌

5.1.2　地层结构及岩性

5.1.3　场地地下水

5.1.4　不良地质作用及人类活动

5.2　地基土工程性质测试分析

5.2.1　地基土的物理力学性质

5.2.2　抗剪强度试验

5.2.3　颗粒分析试验

5.2.4　标准贯入试验

5.2.5　重型动力触探试验

5.2.6　地基土压实性

5.3　岩土工程性质分析与评价

5.3.1　地基土的湿陷/冻胀/膨胀评价

5.3.2　地下水的腐蚀性评价

5.3.3　地基土的腐蚀性评价

5.3.4　地基土盐渍化评价

5.3.5　地基土电阻率测试

5.3.6　地基土冻胀性评价

5.3.7　地基土承载力及变形指标

5.4　地基处理方法分析与建议

5.4.1　地基土工程特性分析与评价

5.4.2　地基与基础选型建议

5.4.3　基础施工中的岩土工程问题

第6章 暗埋不良地质体评价

6.1 暗埋不良地质体成因及类型

6.2 暗埋不良地质体前期探查概况及经验

6.3 工作方法

6.4 暗埋不良地质体地质调查

6.5 物探方法先导探查及初步成果

6.5.1 物探方法的选择

6.5.2 物探区域及测线布置

6.5.3 物探仪器与参数的选择

6.5.4 物探探查初步结果

6.6 暗埋不良地质体验证

6.6.1 暗埋不良体探查与判别方法

6.6.2 暗埋不良地质体探查与判别方法

6.6.3 勘探验证探查点的布置

6.6.4 验证探查点的深度

6.6.5 验证探查手段的选择

6.6.6 暗埋不良地质体验证与探查结果

6.7 暗埋不良地质体加固处理方法

第7章 场地地震效应及场地类别

7.1 场地类别划分

7.2 场地地震特征参数

7.3 地震液化判定

7.4 抗震地段划分

第8章 场地稳定性与适宜性

8.1 场地稳定性评价

8.2 场地建设适宜性评价

第9章 岩土工程问题处理措施建议

9.1 场地初步整治及不良地质体处理

9.2 挖方工程

9.3 填方工程

第10章 环境工程地质问题与防治对策

10.1 机场防洪问题

10.2 地下水位上升影响预测与对策

第 11 章　地方建筑材料

11.1　地方材料调查

　　11.1.1　水泥

　　11.1.2　粉煤灰

　　11.1.3　沥青

　　11.1.4　机砖

　　11.1.5　石灰

　　11.1.6　砂砾石

　　11.1.7　块碎石

　　11.1.8　填方料

11.2　地方建筑材料选择

　　11.2.1　地方建筑材料选择原则

　　11.2.2　地方建筑材料选择建议

第 12 章　结论与建议

12.1　东飞行区

12.2　西飞行区

12.3　旅客航站区

12.4　工作区

12.5　不良地质体物探探查

12.6　天然建筑材料

8.4　机场环境岩土相关规范清单

1. 中华人民共和国住房和城乡建设部. 工程勘察通用规范: GB 55017—2021[S]. 北京: 中国建筑工业出版社, 2021.
2. 中华人民共和国住房和城乡建设部. 建筑与市政工程抗震通用规范: GB 55002—2021[S]. 北京: 中国建筑工业出版社, 2021.
3. 中华人民共和国住房和城乡建设部. 建筑与市政地基基础通用规范: GB 55003—2021[S]. 北京: 中国建筑工业出版社, 2021.
4. 中华人民共和国住房和城乡建设部. 岩土工程勘察规范: GB 50021—2000[S]. 北京: 中国建筑工业出版社, 2016.
5. 中华人民共和国住房和城乡建设部. 建筑地基基础设计规范: GB 50007—2011[S]. 北京: 中国建筑工业出版社, 2011.
6. 中华人民共和国住房和城乡建设部. 建筑抗震设计规范（2016 版）: GB 50011—2010

[S]. 北京: 中国建筑工业出版社, 2016.
7. 中华人民共和国住房和城乡建设部. 建筑工程抗震设防分类标准: GB 50223—2008[S]. 北京: 中国建筑工业出版社, 2008.
8. 中华人民共和国住房和城乡建设部. 工程岩体分级标准: GB/T 50218—2014[S]. 北京: 中国建筑工业出版社, 2014.
9. 中华人民共和国住房和城乡建设部. 工程岩体试验方法标准: GB/T 50266—2013[S]. 北京: 中国建筑工业出版社, 2014.
10. 中华人民共和国住房和城乡建设部. 土工试验方法标准: GB/T 50123—2019[S]. 北京: 中国建筑工业出版社, 2019.
11. 中华人民共和国住房和城乡建设部. 水利水电工程地质勘察规范: GB 50487—2008[S]. 北京: 中国计划出版社, 2009.
12. 中华人民共和国住房和城乡建设部. 城市轨道交通岩土工程勘察规范: GB 50307—2012[S]. 北京: 中国计划出版社, 2012.
13. 中华人民共和国住房和城乡建设部. 工程结构可靠性设计统一标准: GB 50153—2008[S]. 北京: 中国建筑工业出版社, 2008.
14. 中华人民共和国住房和城乡建设部. 建筑结构荷载规范: GB 50009—2012[S]. 北京: 中国建筑工业出版社, 2012.
15. 中华人民共和国住房和城乡建设部. 土工合成材料应用技术规范: GB/T 50290—2014[S]. 北京: 中国计划出版社, 2014.
16. 中华人民共和国住房和城乡建设部. 生活垃圾卫生填埋处理技术规范: GB 50869—2013[S]. 北京: 中国计划出版社, 2013.
17. 中华人民共和国住房和城乡建设部. 建筑边坡工程技术规范: GB 50330—2013[S]. 北京: 中国建筑工业出版社, 2013.
18. 中华人民共和国住房和城乡建设部. 湿陷性黄土地区建筑标准: GB 50025—2018[S]. 北京: 中国建筑工业出版社, 2018.
19. 中华人民共和国住房和城乡建设部. 膨胀土地区建筑技术规范: GB 50112—2013[S]. 北京: 中国建筑工业出版社, 2012.
20. 中华人民共和国住房和城乡建设部. 盐渍土地区建筑技术规范: GB/T 50942—2014[S]. 北京: 中国计划出版社, 2014.
21. 中华人民共和国国家质量监督检验检疫总局. 中国地震动参数区划图: GB 18306—2015[S]. 北京: 中国标准出版社, 2015.
22. 中华人民共和国住房和城乡建设部. 建筑基坑工程监测技术标准: GB 50497—2019[S]. 北京: 中国计划出版社, 2019.
23. 中华人民共和国住房和城乡建设部. 城市轨道交通工程监测技术规范: GB 50911—

2013[S]. 北京：中国建筑工业出版社, 2013.
24. 中华人民共和国住房和城乡建设部. 混凝土结构设计规范 (2015 版) : GB 50010—2010[S]. 北京：中国计划出版社, 2015.
25. 中华人民共和国住房和城乡建设部. 岩土工程勘察安全标准: GB/T 50585—2019[S]. 北京：中国计划出版社, 2019.
26. 中华人民共和国国家质量监督检验检疫总局. 供水水文地质勘察规范：GB 50027—2001[S]. 北京：中国计划出版社, 2001.
27. 中华人民共和国住房和城乡建设部. 建筑边坡工程鉴定与加固技术规范：GB 50843—2013[S]. 北京：中国建筑工业出版社, 2012.
28. 中华人民共和国住房和城乡建设部. 地基动力特性测试规范 (2015 版) : GB/T 50269—2015[S]. 北京：中国计划出版社, 2015.
29. 中华人民共和国住房和城乡建设部. 建筑地基处理技术规范：JGJ 79—2012[S]. 北京：中国建筑工业出版社, 2012.
30. 中华人民共和国住房和城乡建设部. 建筑桩基技术规范：JGJ 94—2008[S]. 北京：中国建筑工业出版社, 2008.
31. 中华人民共和国住房和城乡建设部. 建筑工程地质勘探与取样技术规程：JGJ/T 87—2012[S]. 北京：中国建筑工业出版社, 2012.
32. 中华人民共和国交通运输部. 水运工程岩土勘察规范: JTS 133—2013[S]. 北京：人民交通出版社, 2013.
33. 中华人民共和国交通运输部. 公路工程地质勘察规范：JTG C20—2011[S]. 北京：人民交通出版社, 2011.
34. 国家铁路局. 铁路工程地质勘察规范：TB 10012—2019[S]. 北京：中国铁道出版社, 2019.
35. 中华人民共和国交通运输部. 水运工程地基设计规范: JTS 147—2017[S]. 北京：人民交通出版社, 2018.
36. 中华人民共和国交通运输部. 公路桥涵地基与基础设计规范：JTG 3363—2019[S]. 北京：人民交通出版社, 2019.
37. 国家铁路局. 铁路桥涵地基和基础设计规范：TB 10093—2017[S]. 北京：中国铁道出版社, 2017.
38. 中华人民共和国水利部. 碾压式土石坝设计规范：SL 274—2020[S]. 北京，中国水利水电出版社, 2020.
39. 中华人民共和国交通运输部. 公路路基设计规范：JTG D30—2015[S]. 北京：人民交通出版社股份有限公司, 2018.
40. 国家铁路局. 铁路路基设计规范: TB 10001—2016[S]. 北京：中国铁道出版社, 2017.

41. 国家铁路局. 铁路路基支挡结构设计规范: TB 10025—2019[S]. 北京: 中国铁道出版社, 2019.
42. 国家铁路局. 铁路隧道设计规范: TB 10003—2016[S]. 北京: 中国铁道出版社, 2017.
43. 中华人民共和国铁道部. 铁路工程不良地质勘察规程: TB 10027—2022[S]. 北京: 中国铁道出版社, 2012.
44. 中华人民共和国铁道部. 铁路工程特殊岩土勘察规程: TB 10038—2022[S]. 北京: 中国铁道出版社, 2012.
45. 中华人民共和国住房和城乡建设部. 建筑基坑支护技术规程: JGJ 120—2012[S]. 北京: 中国建筑工业出版社, 2012.
46. 中华人民共和国住房和城乡建设部. 建筑地基检测技术规范: JGJ 340—2015[S]. 北京: 中国建筑工业出版社, 2015.
47. 中华人民共和国住房和城乡建设部. 建筑基桩检测技术规范: JGJ 106—2014[S]. 北京: 中国建筑工业出版社, 2014.
48. 中华人民共和国住房和城乡建设部. 建筑变形测量规范: JGJ 8—2016[S]. 北京: 中国建筑工业出版社, 2016.
49. 中华人民共和国住房和城乡建设部. 高层建筑岩土工程勘察标准: JGJ/T 72—2017[S]. 北京: 中国建筑工业出版社, 2017.
50. 中华人民共和国住房和城乡建设部. 既有建筑地基基础加固技术规范: JGJ 123—2012[S]. 北京: 中国建筑工业出版社, 2017.
51. 中华人民共和国国土资源部. 地质灾害危险性评估规范: DZ/T 0286—2015[S]. 北京: 中国地质出版社, 2015.
52. 国家能源局. 水电工程水工建筑物抗震设计规范: NB 35047—2015[S]. 北京: 中国电力出版社, 2015.
53. 中华人民共和国交通运输部: 公路工程抗震规范: JTG B02—2013[S]. 北京: 人民交通出版社, 2014.
54. 中华人民共和国交通运输部: 公路隧道设计规范 第一册 土建工程: JTG 3370.1—2018[S]. 北京: 人民交通出版社, 2019.
55. 河南省住房和城乡建设厅. 河南省建筑地基基础勘察设计规范: DBJ 41/138—2014[S]. 北京: 中国建筑工业出版社, 2014.
56. 河南省住房和城乡建设厅. 河南省基坑工程技术规范: DBJ 41/139—2014[S]. 北京: 中国建筑工业出版社, 2014.
57. 中国民用航空局. 民用机场岩土工程设计规范: MH/T 5027—2013[S]. 北京: 中国民航出版社, 2013.
58. 中国民用航空局. 民用机场勘测规范: MH/T 5025—2011[S]. 北京: 中国民航出版社, 2011.

59. 中国民用航空局. 民用机场高填方工程技术规范: MH/T 5035—2017[S]. 北京: 中国民航出版社, 2017.
60. 中国民用航空局: 民用机场飞行区土石方与道面基（垫）层施工技术规范: MH/T 5014—2022[S]. 北京: 北京中国民航出版社, 2022.
61. 中国民用航空局. 民用机场飞行区排水工程施工技术规范: MH/T 5005—2021[S]. 北京: 中国民航出版社, 2022.

参考文献

[1] 谢春庆. 机场工程地质与勘察[M]. 成都: 西南交通大学出版社, 2003.

[2] 周虎鑫. 高填方机场岩土工程技术指南[M]. 北京: 人民交通出版社, 2017.

[3] 冯春燕, 杨永康, 杨武, 等. 美兰机场玄武岩残积土岩土工程特性试验研究[J]. 广州大学学报（自然科学版）, 2017, 16(4): 33-38.

[4] 杨校辉. 山区机场高填方地基变形和稳定性分析[D]. 兰州: 兰州理工大学, 2017.

[5] 冯立本. 机场岩土工程的现状与发展趋势[C]//第四届全国工程地质大会论文选集（三）, 1992.

[6] 李健伟. 西南地区某山区机场高填方边坡稳定性研究[D]. 昆明: 昆明理工大学, 2020.

[7] 刘冬明. 浦东机场四跑道软弱土沉降变形特性及其控制对策[D]. 北京: 中国矿业大学（北京）, 2018.

[8] 赵云. 飞机荷载作用下高填方机场道基动力响应及累积沉降研究[D]. 杭州: 浙江大学, 2018.

[9] 王文良. 膨胀土高填方变形控制及边坡稳定性研究[D]. 西安: 长安大学, 2018.

[10] 伊梦祺. 陇南成州机场地基处理试验研究[D]. 兰州: 兰州理工大学, 2015.

[11] 王新志. 南沙群岛珊瑚礁工程地质特性及大型工程建设可行性研究[D]. 武汉: 中国科学院研究生院(武汉岩土力学研究所), 2008.

[12] 吴英姿. 机场跑道软土地基处理方案的可靠度分析与风险决策[D]. 杭州: 浙江大学, 2008.

[13] 赵熠. 金州湾填海造陆区碎石土性质及机场沉降研究[D]. 吉林: 吉林大学, 2021.

[14] 谢庄子. 饱和黄土地基机场高填方的稳定性研究[D]. 北京: 清华大学, 2019.

[15] 杨曦. 重庆某机场水库高填方区砂泥岩混合填筑料适宜性研究[D]. 成都: 成都理工大学, 2015.

[16] 梅源. 湿陷性黄土高填方地基处理技术及稳定性试验研究[D]. 西安: 西安建筑科技大学, 2013.

[17] 巩伟, 焦淑贤, 汪日灯. 改良滨海盐渍土路基填料试验研究与工程应用[J]. 中外公路, 2019, 39(5): 242-246.

[18] 张平川, 董兆祥. 敦煌民用机场地基的破坏机制与治理对策[J]. 水文地质工程地质, 2003(3): 78-80.

[19] 孙俊, 张旭. 阿里机场盐渍化冻土工程地质特性及其改良[J]. 水文地质工程地质, 2013, 40(1): 93-99.

[20] 段书珩. 碎石填充层在多年冻土区跑道建设中的应用研究[D]. 天津: 中国民航大学, 2019.

[21] 闫冰. 跑道永冻土地基力学特性及稳定性分析理论研究[D]. 天津: 中国民航大学, 2017.

[22] 郑刚, 龚晓南, 谢永利, 等. 地基处理技术发展综述[J]. 土木工程学报, 2012, 45(2): 127-146.

[23] 翁兴中, 赵文奇, 陈卫星, 等. 戈壁滩地区无人工基础机场跑道冻胀损坏修补技术[C]//第四届国际道路和机场路面技术大会论文集.

[24] 蔡怀恩. 浅谈机场建设工程选址勘察[J]. 岩土工程技术, 2014, 28(4): 212-213.

[25] 廖崇高，李天华. 西南某山区机场的工程地质分区及其评价[J]. 地质找矿论丛，2011，26(3): 350-353+358.

[26] 余艳，陈磊. 广州白云机场地下孔洞处理技术[J]. 人民长江，2008(10): 20-22.

[27] 孙丽丽，刘世杰，孙志超. 机场工程砂石桩 + CFG 桩地基处理施工技术应用[J]. 城市建设理论研究(电子版)，2017(13): 195-196.

[28] 刘维正，冯瑜，吴民晖，等. 机场高填方红黏土地基 GC-CFG 组合桩处理试验研究[J]. 铁道科学与工程学报，2022: 1-14.

[29] 张鹏恒，马立杰，聂亚伟. 机场工程地基处理技术方案对比分析[J]. 地基处理，2022，4(2): 139-144.

[30] 梁永辉，王卫东，冯世进，等. 高填方机场湿陷性粉土地基处理现场试验研究[J]. 岩土工程学报，2022，44(6): 1027-1035.

[31] 郝秀文，王铮. 岛礁机场场道工程吹填珊瑚砂地基处理施工技术研究[C]//2020 年工业建筑学术交流会论文集（上册）.

[32] 王树华，张鹏，周治钊，等. 机场岩溶空腔浅伏区地基处理技术研究[J]. 岩土工程技术，2020，34(5): 249-253+259.

[33] 周立新，皮进，李丽伟，等. 机场高填方边坡下人工窑洞群地基处理技术研究[J]. 施工技术，2019，48(13): 54-56.

[34] 王学军，李学东，安明. 机场场道道槽区盐渍土地基处理[J]. 施工技术，2018，47(S4): 1826-1828.

[35] 余虔. 贵州某高填方机场红黏土地基强夯置换法处理试验研究[J]. 价值工程，2017，36(32): 127-130.

[36] 王文良，王晓谋，王家鼎. 膨胀土地区机场跑道的地基处理研究[J]. 地震工程学报，2016，38(3): 431-438+444.

[37] 朱彦鹏，汪国栋，来春景，等. 山区机场粉质黏土高填方地基处理方法[J]. 兰州理工大学学报，2015，41(1): 117-121.